信息显示关键材料发展战略研究

Research on the Development Strategy of Key Materials for Information Display

信息显示关键材料发展战略研究项目组　著

科 学 出 版 社

北 京

内 容 简 介

本书对全球及我国显示产业与显示技术发展现状及发展趋势进行了研究分析，分别对显示功能材料、显示玻璃材料、显示配套材料、柔性显示高分子材料四大显示领域关键材料的制备工艺、产业链、技术难点、国内外发展现状、发展趋势、市场情况、国内外竞争格局及重点企业进行了全面的研究分析，并深入分析了我国信息显示关键材料发展短板与存在的重点问题，总结提出关键材料发展目标、产业发展路径与技术发展路线，提出了促进我国显示材料产业发展的对策建议。

本书涉及显示行业与显示材料等领域，系统性与综合性强，可为政府部门制定发展规划提供参考依据，也可供学术界、产业界及广大社会公众参阅。

图书在版编目（CIP）数据

信息显示关键材料发展战略研究 / 信息显示关键材料发展战略研究项目组著. —北京：科学出版社，2023.8

ISBN 978-7-03-072715-2

Ⅰ. ①信…　Ⅱ. ①信…　Ⅲ. ①电子材料－显示材料－发展战略－研究－世界　Ⅳ. ①TN04

中国版本图书馆CIP数据核字（2022）第119363号

责任编辑：陈会迎 / 责任校对：崔向琳
责任印制：张　伟 / 封面设计：有道设计

科学出版社 出版
北京东黄城根北街16号
邮政编码：100717
http://www.sciencep.com
北京中科印刷有限公司 印刷
科学出版社发行　各地新华书店经销
*
2023年8月第　一　版　开本：720×1000　B5
2024年1月第二次印刷　印张：21 1/2
字数：430 000

定价：298.00元
（如有印装质量问题，我社负责调换）

本书编委会

课题组成员名单

彭　寿	中国工程院院士	中国工程院
陈建峰	中国工程院院士	中国工程院
欧阳钟灿	中国科学院院士	中国科学院
张联盟	中国工程院院士	中国工程院
姜德生	中国工程院院士	中国工程院
黄小卫	中国工程院院士	中国工程院
梁新清	秘书长	中国光学光电子行业协会液晶分会
鲁　瑾	教授级高级工程师	中国电子材料行业协会
耿　怡	常务副秘书长	中国OLED产业联盟
冯明明	教授级高级工程师	重庆先进光电显示技术研究院
潘君友	总经理	浙江光昊光电科技有限公司
谢义成	教授级高级工程师	扬州中科半导体照明有限公司
吴一弦	教授	北京化工大学
王　丹	教授	北京化工大学
武德珍	教授	北京化工大学
蒲　源	教授	北京化工大学
刘　超	教授	武汉理工大学
王传彬	教授	武汉理工大学
沈　强	教授	武汉理工大学
涂　溶	教授	武汉理工大学
马立云	教授级高级工程师	中国建材国际工程集团有限公司
蒋　洋	教授级高级工程师	中能建绿色建材有限公司

张　健	教授级高级工程师	凯盛科技集团有限公司
张　冲	教授级高级工程师	中建材玻璃新材料研究院集团有限公司
官　敏	高级工程师	中建材玻璃新材料研究院集团有限公司
吴雪良	教授级高级工程师	中建材玻璃新材料研究院集团有限公司
洪　伟	教授级高级工程师	中建材玻璃新材料研究院集团有限公司
曹　欣	教授级高级工程师	中建材玻璃新材料研究院集团有限公司
蒋文玖	教授级高级工程师	中建材玻璃新材料研究院集团有限公司
秦旭升	高级工程师	中建材玻璃新材料研究院集团有限公司
吴　波	高级工程师	中建材玻璃新材料研究院集团有限公司
宋晓贞	工程师	凯盛科技集团有限公司
黄　毅	工程师	中建材玻璃新材料研究院集团有限公司
杜杰杰	工程师	中建材玻璃新材料研究院集团有限公司
许灵芝	经济师	北京化工大学
李　炎	会计师	中建材玻璃新材料研究院集团有限公司

前　言

“信息显示关键材料发展战略研究”是中国工程院战略研究与咨询项目。项目研究的起止时间是2021年1月至2022年4月，项目编号为2021-XZ-29。

本书研究的信息显示关键材料涵盖显示功能材料、显示玻璃材料、显示配套材料、柔性显示高分子材料四大领域，包括液晶显示（liquid crystal display，LCD）用液晶材料、有机发光二极管（organic light emitting diode，OLED）材料、量子点材料、次毫米/微米发光二极管（mini/micro-light emitting diode，Mini/Micro-LED）显示用芯片材料、激光显示用光源材料、电子纸材料、纳米发光二极管（light emitting diode，LED）显示材料、光场显示材料、LCD玻璃基板、OLED玻璃基板、触摸屏盖板玻璃、柔性玻璃、导光板玻璃、纳米微晶玻璃、增强现实/虚拟现实（augmented reality/virtual reality，AR/VR）玻璃晶圆、Mini/Micro-LED基板、靶材、光刻胶、掩模版、电子气体、光学膜、湿电子化学品、稀土抛光材料、柔性基板高分子材料、电致发光/变色高分子材料、光学胶（optically clear adhesive，OCA）、偏光片相关高分子薄膜材料、感光性聚酰亚胺（photosensitive polyimide，PSPI）材料、感光全息存储高分子材料、AR柔性显示用全息高分子材料等共30种信息显示关键材料。

全球范围内，新一轮科技革命和产业变革蓬勃兴起，信息显示已广泛应用于移动通信、教育、娱乐、医疗、交通、工业等诸多领域，形成了万亿元级市场规模，成为战略性高新科技领域基础性产业。信息显示关键材料领域作为显示产业的重要支撑，保障着显示产业的稳定发展。经过多年创新发展，我国已成为信息显示制造大国，信息显示产业规模居全球第一，但信息显示产业上游关键显示材料领域中有超过60%的关键材料依赖进口，如OLED终端发光材料、激光显示荧光粉材料、高世代薄膜晶体管液晶显示（thin film transistor liquid crystal display，TFT-LCD）玻璃基板、OLED玻璃基板、高纯度靶材、高分辨率光刻胶、高精细度掩模版、偏光片、湿电子化学品、柔性显示高分子材料领域中聚酰亚胺（polyimide，PI）薄膜、柔性OCA等多种关键材料国产化配套不足，基础能力薄弱，我国显示产业的发展面临极大阻碍。本书凝练我国信息显示关键材料发展存在的重点问题，提出了我国信息显示关键材料发展思路、目标、重点方向以及措施建议，对加强我国信息显示关键材料供应自主可控发展，保障我国信息显示产业安全意义重大。

本书是中国工程院战略研究与咨询项目“信息显示关键材料发展战略研究”综合研究成果，历时约一年撰写完成，在欧阳钟灿院士、陈建峰院士、张联盟院士和组长彭寿院士的指导下，以及编委会各位院士、行业专家的建议与指导下完成。其中，本书的“综合篇”及“显示玻璃材料发展战略研究”由彭寿院士主持撰写，“显示功能材料发展战略研究”由欧阳钟灿院士主持撰写，“显示配套材料发展战略研究”由张联盟院士主持撰写，“柔性显示高分子材料发展战略研究”由陈建峰院士主持撰写。本书在撰写过程中得到中建材玻璃新材料研究院集团有限公司、中国光学光电子行业协会液晶分会（China Optics and Optoelectronics Manufactures Association Liquid Crystal Branch，CODA）、中国电子材料行业协会（China Electronics Materials Industry Association，CEMIA）、武汉理工大学材料科学与工程学院、北京化工大学化学工程学院、蚌埠中光电科技有限公司、北京有色金属研究总院、浙江光昊光电科技有限公司等单位和行业专家的鼎力支持，在此表示衷心的感谢。

“信息显示关键材料发展战略研究”项目组

目　录

第一章 综 合 篇

第一节 信息显示产业发展现状及趋势

一、全球信息显示产业发展现状及趋势

（一）全球信息显示产业发展现状

信息显示产业是国民经济和社会发展的战略性、基础性和先导性产业，是电子核心产业的主要组成部分，是新一代信息技术领域的重要构成。信息显示广泛应用在文娱产品、医疗、安防、智能交通和工业制造等多个领域，其产业带动力和辐射力强，已经成为全球竞争的重要战场。

全球信息显示产业发展经历了四个重要时期：20世纪70～90年代初期，欧美信息显示技术向日本转移，日本主导全球TFT-LCD产业发展；20世纪90年代初期，美国、日本信息显示技术向韩国转移，韩国TFT-LCD出货量始终保持全球第一；20世纪90年代中期，日本信息显示技术向中国台湾省转移，中国台湾省TFT-LCD产能跃居全球第三；21世纪初，美国、日本、韩国信息显示产业向中国大陆转移，以京东方为代表的企业通过收购的方式，迅速壮大中国TFT-LCD产业。随着中国TFT-LCD产业的崛起，日本多家厂商已经退出TFT-LCD产业，韩国也已收缩TFT-LCD产业，将重心转移至OLED。目前，TFT-LCD技术是各类显示技术中最成熟、产业链最完整的主流技术，随着TFT-LCD技术飞速发展，其在对比度、分辨率、色域等方面均得到极大突破。但2020年以来，新冠疫情给全球经济带来巨大冲击，全球远程会议、远程教育、居家娱乐需求全面提升，为信息显示行业带来更大需求，产业整体呈现逆势上扬态势，全球信息显示产业全年产值规模超过千亿美元，中国成为全球信息显示产业发展的中坚力量。同时OLED、Micro-LED等新型显示技术蓬勃发展，正拓展和颠覆传统终端应用的形态，开启了信息显示产业更加广阔的新市场。

1. 产业规模稳步提升

受电视平均尺寸增加，大屏手机、车载显示和公共显示迅猛发展的拉动，近年来，全球信息显示产业保持了持续增长态势。2020年全球信息显示产业销售收入超过3000亿美元，其中显示面板销售收入超过1150亿美元。

2010～2020年全球显示面板产能情况（LCD+OLED）如图1-1所示。2020年全球重点企业面板产能情况如图1-2所示。

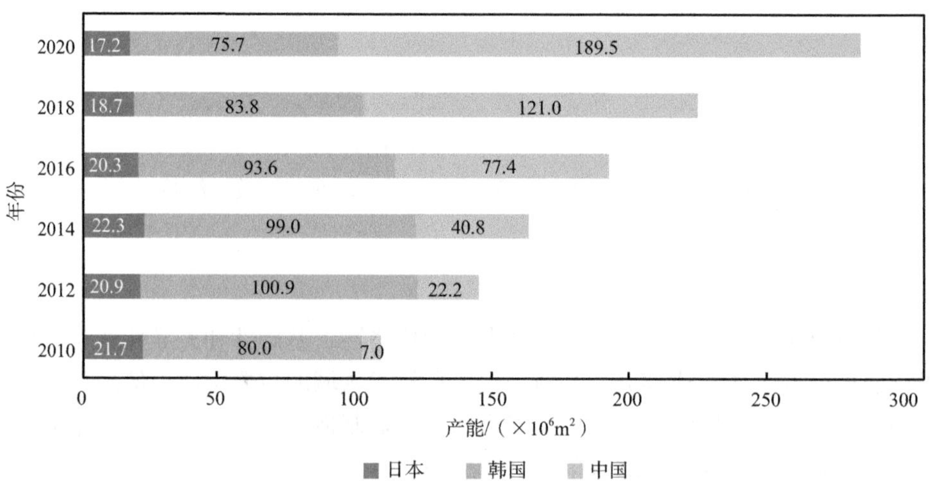

图 1-1 全球显示面板产能情况（LCD+OLED）

本书数据不包含港澳台数据

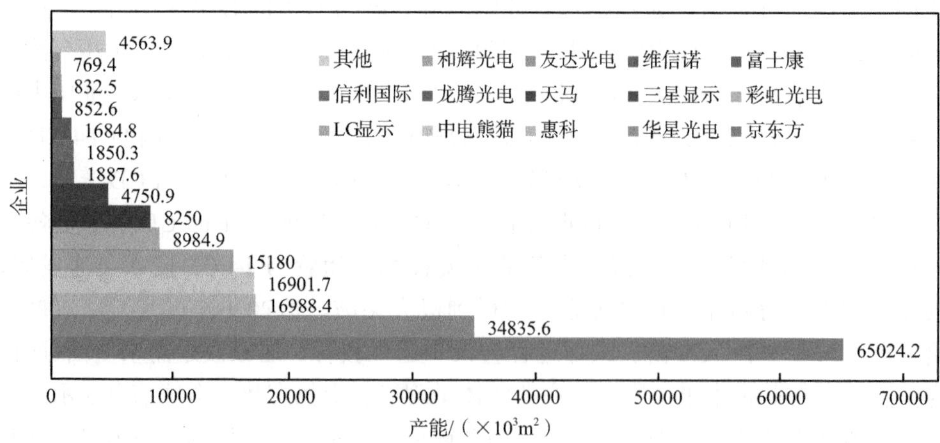

图 1-2 2020 年全球重点企业面板产能情况

截至2020年底，全球TFT-LCD面板生产线达50条（表1-1）；截至2021年第一季度，有源矩阵有机发光二极管（active-matrix organic light emitting diode,

AMOLED）面板生产线达45条（表1-2），全球显示面板年产能达3.56亿m^2。

表1-1 全球TFT-LCD面板生产线统计（截至2020年底）

序号	企业	生产线	产能/（$\times 10^3$片/月）	投产状态
1	京东方	北京5代线（B1）	60	已投产
2		成都4.5代线（B2）	45	已投产
3		合肥6代线（B3）	90	已投产
4		北京8.5代线（B4）	140	已投产
5		合肥8.5代线（B5）	90	已投产
6		重庆8.5代线（B8）	140	已投产
7		合肥10.5代线（B9）	120	已投产
8		福州8.5代线（B10）	150	已投产
9		武汉10.5代线（B17）	120	已投产
10		南京8.5代线（CECNJ）	60	已投产
11		成都8.6代线（CECCD）	120	已投产
12	TCL	深圳8.5代线（T1）	160	已投产
13		深圳8.5代线（T2）	155	已投产
14		武汉6代线（T3）	50	已投产
15		深圳11代线（T6）	90	已投产
16		深圳11代线（T7）	105	已投产
17		三星苏州8.5代线（T10）	125	已投产
18	信利国际	惠州4.5代线	60	已投产
19		汕尾5代线	50	已投产
20		眉山5代线	140	已投产
21	天马	上海4.5代线	30	已投产
22		成都4.5代线	30	已投产
23		武汉6代线	30	已投产
24		厦门5.5代线	30	已投产
25		厦门6代线	30	已投产
26	友达光电	昆山6代线	25	已投产
27		台中7.5代线（生产线1）	75	已投产
28		台中7.5代线（生产线2）	68	已投产
29		台中8.5代线（生产线1）	40	已投产
30		台中8.5代线（生产线2）	132	已投产

续表

序号	企业	生产线	产能/(×10³片/月)	投产状态
31	LG显示	广州8.5代线	120	已投产
32		坡州7.6代线	120	已投产
33		坡州8.5代线（生产线1）	203	已投产
34		坡州8.5代线（生产线2）	110	已投产
35	群创光电	台南7.6代线	100	已投产
36		高雄8.5代线	55	已投产
37		高雄8.6代线	45	已投产
38	三星显示	汤井8代线	110	已投产
39		汤井8.5代线（生产线1）	150	已投产
40		汤井8.5代线（生产线2）	146	已投产
41	惠科	重庆8.6代线	100	已投产
42		滁州8.6代线	155	已投产
43		绵阳8.6代线	120	已投产
44		长沙8.6代线	132	已投产
45	彩虹光电	咸阳8.6代线	120	已投产
46	夏普	广州10.5代线	90	已投产
47		大阪堺市10代线	80	已投产
48		龟山8代线（生产线1）	90	已投产
49		龟山8代线（生产线2）	50	已投产
50	松下	姬路8.5代线	20	已投产

表1-2 全球已经量产及规划AMOLED面板生产线（截至2021年第一季度）

序号	企业	地点	世代	产能/(×10³片/月)	技术	投产状态
1	三星显示	韩国牙山	4.5	45	LTPS硬	已投产
2			5.5	165	LTPS硬/柔	已投产
3			5.5	8	LTPS硬/柔	已投产
4			6	135	LTPS柔	已投产
5			6	30	LTPS柔	已投产
6			6	270	LTPS柔	已投产

续表

序号	企业	地点	世代	产能/($\times 10^3$片/月)	技术	投产状态
7	LG显示	韩国龟尾	4.5	19	LTPS柔	已投产
8			6	22.5	LTPS柔	已投产
9		韩国坡州	6	30	LTPS柔	已投产
10			6	15	LTPS柔	已投产
11			8	8.3	氧化物	已投产
12			8	26.3	氧化物	已投产
13			8	26.3	氧化物	已投产
14		中国广州	8.5	90	电视	已投产
15		韩国坡州	10.5	45	电视	2023年
16	JDI	日本石川	4.5	10	LTPS硬/柔	已投产
17			6	15	LTPS硬/柔	已投产
18		日本茂源	6	15	LTPS硬/柔	已投产
19	JOLED	日本石川	5.5	20	LTPS柔	已投产
20	夏普	中国台湾	4.5	4	LTPS柔	已投产
21			6	15	LTPS柔	已投产
22			6	15	LTPS柔	已投产
23		日本龟山	6	10	LTPS柔	已投产
24	友达光电	中国台湾	3.5	8	LTPS硬	已投产
25		新加坡	4.5	15	LTPS硬	已投产
26	京东方	中国鄂尔多斯	5.5	4	LTPS硬	已投产
27		中国成都	6	48	LTPS柔	已投产
28		中国绵阳	6	48	LTPS柔	已投产
29		中国重庆	6	48	LTPS柔	已投产
30		中国福州	6	48	LTPS柔	已投产
31	华星光电	中国武汉	6	45	LTPS柔	已投产
32	天马	中国上海	4.5	1.5	LTPS硬	已投产
33			5.5	15	LTPS硬	已投产
34		中国武汉	6	37.5	LTPS硬/柔	已投产
35		中国厦门	6	48	LTPS柔	已投产
36	维信诺	中国昆山	5.5	15	LTPS硬/柔	已投产
37		中国固安	6	30	LTPS柔	已投产
38		中国合肥	6	30	LTPS柔	已投产

续表

序号	企业	地点	世代	产能/(×10³片/月)	技术	投产状态
39	和辉光电	中国上海	4.5	15	LTPS 硬	已投产
40			6	30	LTPS 硬 / 柔	已投产
41	信利国际	中国惠州	4.5	30	LTPS 硬	已投产
42			6	30	LTPS 柔	已投产
43	柔宇科技	中国深圳	5.5	30	氧化物	已投产
44	湖南群显	中国长沙	6	45	LTPS 柔	已投产
45	坤同	中国西安	6	30	LTPS 柔	已投产

注：LTPS 指低温多晶硅（low temperature poly-silicon）

2. 产业格局加速重塑

全球信息显示产业呈现加速向中国转移的态势，行业竞争格局正从“三国四地”向“中韩争雄”加速重塑。日本、韩国正逐渐退出液晶面板市场，转向大尺寸OLED、量子点发光二极管（quantum dot light emitting diode，QLED）等产业，中国大陆成为全球最大的TFT-LCD产业基地，中国台湾省重点转向Micro-LED产业方向（图1-3）。

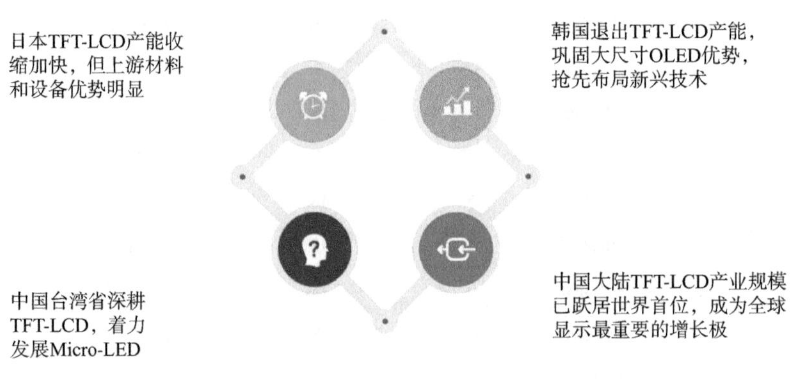

图 1-3 “三国四地”布局重塑图

3. 新兴技术层出不穷

随着TFT-LCD、AMOLED等主流技术日臻成熟，柔性折叠、印刷显示、Mini/Micro-LED、QLED等各类显示技术的量产化加速推进，4K/8K（K指水平方向的像素数量，1K=1024）、高分辨率、高色彩饱和度等成为新型显示技术的亮点。

如图1-4所示，2021年3月，三星显示发布了采用Mini-LED背光技术的Neo QLED 8K光质量子点电视；2021年9月，TCL发布了QLED原色量子点智屏系列新品。2021年3月，三星显示还推出了采用Micro-LED技术的110in（1in=2.54cm）的4K电视。

图 1-4 三星显示 Neo QLED 8K 光质量子点电视及 TCL QLED 原色量子点智屏

4. 行业并购整合加速

近年来，企业间的兼并重组速度明显加快，行业集中度大幅提升（图1-5）。日本、韩国厂商由于自身竞争力的原因逐渐退出市场，华星光电斥资10.8亿美元收购苏州三星，收购完成后，华星光电拥有3条8.5代和2条11代的高世代产线，全部满产后年产能将提升至5226万m^2。京东方斥资121亿元收购中电熊猫，收购完成后，拥有5条8.5代线、1条8.6代线、2条10.5代线，LCD面板年产能将提升至7700万m^2。全球显示领域“两超多强”的格局业已形成。

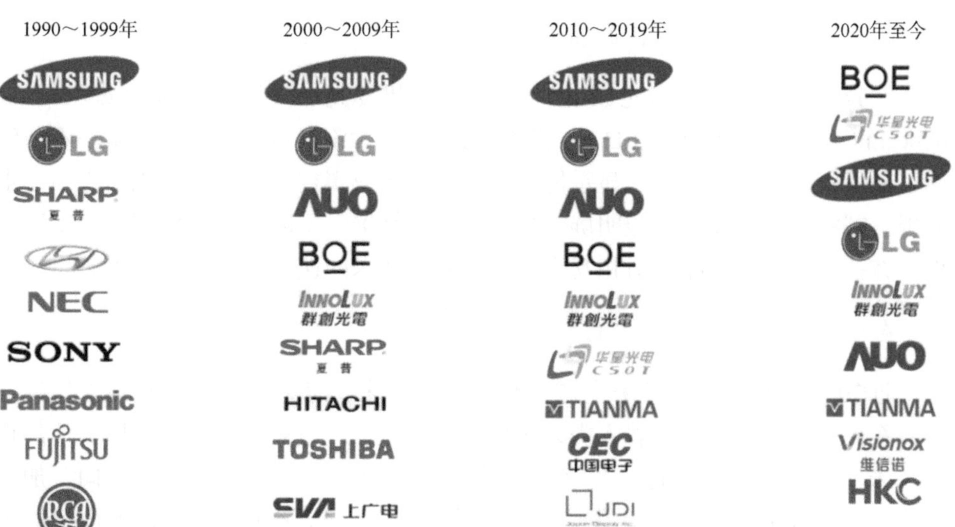

图 1-5 各年代显示行业企业整合变化情况

（二）全球信息显示产业发展趋势

随着第五代移动通信技术（5th generation mobile communication technology，5G）、集成电路、海量存储、大数据、人工智能算法等深度融合，赋能智慧城市、移动互联、数字经济以及显示关键材料及制造工艺的不断创新，全球信息显示产业将进入以大尺寸化、超高清化、信息化等为特征的新型工业化时代。

1. 大尺寸化和多场景应用成为发展动力

传统的显示应用（包括电视、显示器、计算机、手机、手表等）增长相对缓慢，但是新型显示应用（包括商业显示、行业显示、车载显示等）快速增长，正逐渐成为推动产业发展的新动能，车载显示的增长超过了16%，带动了信息显示产业的持续发展。另外，主流电视和显示器的尺寸不断增大，大屏幕的趋势越来越突出，这也进一步推动了产业规模的增长。

2. 行业的周期性波动逐渐趋弱

从全球市场来看，面板总体需求较为稳定。即使在周期性或某些特别因素影响下，个别地区的需求量出现下降，整体市场受到的影响并不明显。在疫情“宅经济”的作用下，远程办公、线上服务、居家娱乐等应用市场进一步扩大，以需求为核心的景气周期推动行业高速发展。2020年第一季度和第四季度我国电视面板零售量都明显下降，但由于北美、欧洲情况较好，全年的总量仍增长了5.1%。预期随着行业市场集中度的提升，产业格局变化和新增产能趋于理性，未来几年，全球显示行业供求关系将保持相对平衡，周期性波动幅度将大幅减弱。

3. 技术与产品创新迭代速度不断加快

在技术创新方面，白光OLED、量子点有机发光二极管（quantum dot organic light emitting diode，QD-OLED）、印刷OLED等技术不断推进，显示分辨率不断创新，显示效果、显示尺寸、显示能效等方面不断取得突破。在产品创新方面，水滴屏、刘海屏、瀑布屏、透明屏、折叠屏和环绕屏等不断涌现，应用场景持续拓展。在技术创新和产品创新相互推动下，显示技术的迭代发展不断加快。

4. 绿色低碳引领产业发展方向

近20年，温室效应带来全球变暖、冰川融化、海平面上升、雾霾天气频发等一系列变化，严重影响着人类未来生存，绿色低碳发展日益成为各国关注的重点。未来绿色化、智能化、数字化等将成为全球显示行业主要发展方向，加快建设“数字化研发、数字化供应链、数字化生产、数字化运营”全方位智能工厂、推动循环利用和废物资源化、使用清洁能源等成为显示行业低碳发展的重要途径。在国家驱动和产业主动的催化下，未来信息显示产业将更加绿色、更加环保。

二、我国信息显示产业发展现状及趋势

“十三五”期间，我国信息显示产业成绩斐然。中国已建成6代及以上TFT-LCD面板生产线35条，在建及投产8.5代及以上TFT-LCD面板生产线21条，出货量占据全球一半以上，中国成为全球最大的TFT-LCD产业基地。与此同时，我国OLED产业也实现了快速突破，随着多条8.5代、8.6代TFT-LCD以及10.5代、6代OLED面板生产线产能加速释放，我国TFT-LCD和OLED面板产能均保持高位增长，增速遥遥领先于全球面板产能增速，2018年TFT-LCD面板产能增速甚至达到了40.5%。2019年，TFT-LCD和OLED面板产能分别达到了11348万m^2和224万m^2，分别同比增长19.6%和19.8%。2020年TFT-LCD和OLED面板产能分别达到了20779万m^2和1423万m^2。经历数十年的耕耘发展，中国信息显示产业已经成为全球重要一极（图1-6）。

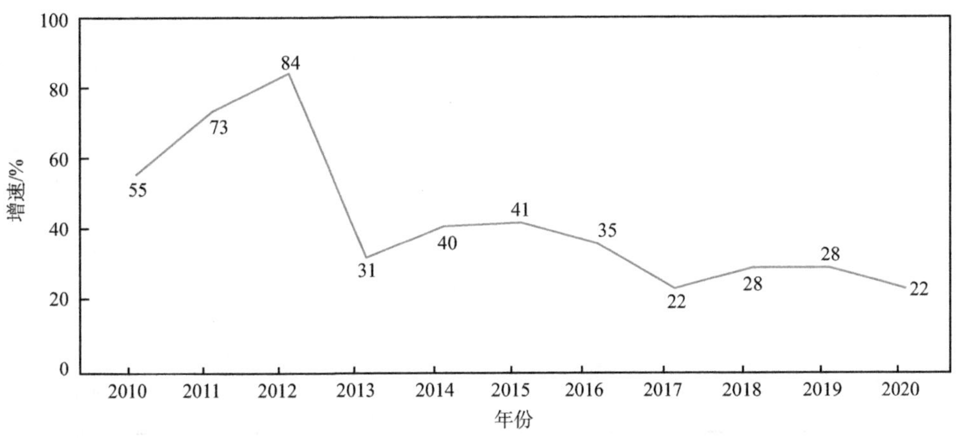

图1-6 中国显示面板（TFT-LCD和OLED）产能增速情况

（一）我国信息显示产业发展现状

1. 产业规模不断提升

自2010年以来，我国信息显示产业完成了从小到大、从弱到强的转变，实现了“缺芯少屏”向“中国制造”跨越，产业规模快速增长，面板出货量全球第一。到2020年底，我国全产业累计总投资约1.24万亿元，年产能约2.22亿m^2（表

1-3），直接营业收入达4460亿元，同比增长20%（图1-7），全球市场占有率达到40.3%，增速领跑全球，产业规模位居全球第一。在稳定优化产业链、供应链上，本地化配套水平明显提升，关键材料本地化配套率达到54%，显示装备从非核心领域向核心领域不断扩展，部分核心装备实现零的突破。

表1-3　中国面板生产线投资及产能分布

生产线种类	投资 / 亿元	年产能 / 万 m^2
6代以下 TFT-LCD 面板生产线	1260	1244
6代 TFT-LCD 面板生产线	983	797
8.5/8.6代 TFT-LCD 面板生产线	4494	13136
10.5代 TFT-LCD 面板生产线	2520	5602
6代以下 OLED 面板生产线	151	90
6代 OLED 面板生产线	2953	1333
合计	12361	22202

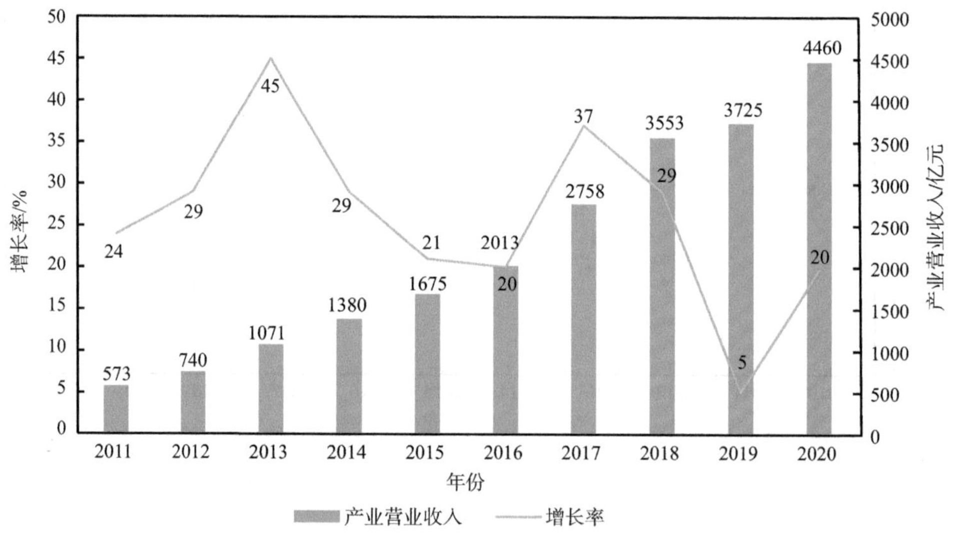

图1-7　中国显示产业营业收入和增长率

2. 产业集聚效应初显

经过十多年的发展建设，中国信息显示产业初步形成了京津冀地区、长三角地区、东南沿海地区以及成渝鄂地区的产业分布格局。四大区域在TFT-LCD、AMOLED面板生产线领域的总投资额超过了12000亿元，拥有已建或在建的10.5代TFT-LCD面板生产线5条，8.5/8.6代TFT-LCD面板生产线13条，6代AMOLED面板生产线11条，是国内面板产能的集中地，形成了“龙头企业-重大项目-产业链条-产业集聚-产业基地”的集群发展模式，引领中国信息显示产业快速发展。

3. 产业生态体系逐步完善

通过国家力量和体制优势，我国信息显示行业开始有效地整合与组织企业、高等院校、科研院所等单位进行关键技术的系统性开发，建立了信息显示产业综合竞争优势，补齐产业链关键材料和核心装备环节短板，构建完善的信息显示产业生态体系，解决我国信息显示产业“大而不强”及“卡脖子”问题。

4. 技术创新持续突破

近年来，针对新型显示技术快速涌现的趋势，我国成立了国家新型显示技术创新中心，建立以企业为主体、市场为导向、产学研深度融合的技术创新体系，围绕产业链开放协同的创新机制，全行业技术水平、创新水平稳步提升，TFT-LCD技术国际领先，光场显示技术、纳米LED显示技术等前沿领域与国际同步布局，液晶、偏光片、光刻胶等材料批量进入产线，在激光显示、Micro-LED显示方面取得了一定成果。华为5G MATE X荣获世界移动通信大会（Mobile World Congress，MWC）2019最佳新联接移动终端特别大奖，京东方柔性OLED荣获2020年代表国际前沿技术的柏林国际电子消费品展览会（Internationale Funkausstellung Berlin，IFA）创新显示技术金奖。这些为中国实现从显示大国转变为显示强国的目标打好了坚实的技术基础。

（二）我国信息显示产业发展趋势

未来10年，我国信息显示产业将加快产业结构优化升级，推进产业基础高级化，重塑产业链、供应链体系，逐步形成以国内大循环为主体、国内国际双循环相互促进的产业发展新格局。

1. 供应链国产化趋势加速

我国虽在显示器件制造领域领跑全球，但在一些关键材料、重点设备等方面依然与全球领先地区存在明显差距。目前，国内绝大多数企业的关键原材料和设备供应商集中于海外，产业链上游企业整体发展水平较低，缺乏核心竞争力，不利于产业高质量发展。随着国内显示面板制造领域产业规模的持续壮大，以及面板制造商出于产业链、供应链安全考虑而积极寻求国内供应，国内上游材料和设备等环节企业将迎来广阔发展空间，信息显示产业上下游协同发展进一步强化，企业积极推进供应链本土化、多元化的趋势明显（图1-8）。

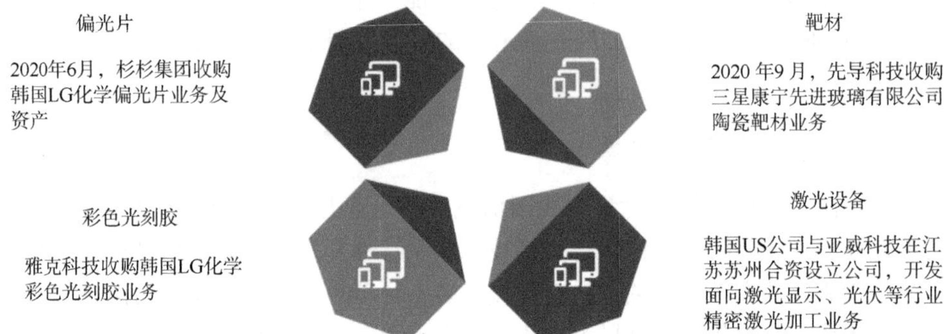

图 1-8　我国信息显示产业链上游企业并购业务

2. 区域发展呈现特色化趋势

随着信息显示产业链、供应链本土化发展，各产业集聚区正加快推进强链补链工程，以京津冀、长三角、东南沿海以及成渝鄂等地区为代表的信息显示产业格局进一步强化。以北京、固安为核心的京津冀地区产学研结合紧密，技术创新能力相对较高，形成新型显示、高端面板、超高清显示等一批产学研基地；以上海、合肥、南京和昆山为代表的长三角地区产业链上游基础良好，在靶材、偏光片、掩模版、湿电子化学品以及光刻胶等方面初具规模；以广州、深圳、厦门为代表的东南沿海地区具有贴近下游用户的优势，面板企业纷纷落地建设模组产线，推动智能终端产业发展；以成都、重庆、武汉为代表的成渝鄂地区通过持续的产线建设，成为我国信息显示产业新的增长亮点（图1-9）。

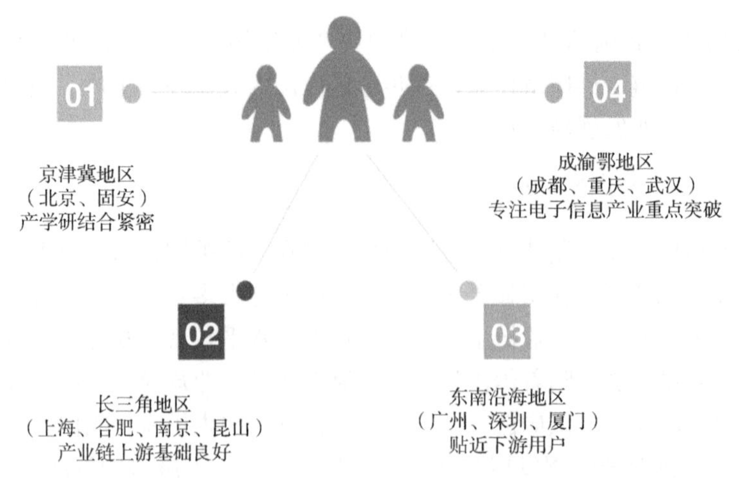

图 1-9　特色化发展趋势图

3. 产业深度融合步伐加快

作为智能交互的重要端口，新型显示是超高清视频、物联网等新兴产业的重要支撑和基础。5G商用加快了超高清视频产品的普及，“5G+8K”带给消费者前所未有的沉浸式体验，到2025年，8K显示渗透率有望提升7%。万物智联将有助于推动新型显示产品性能甚至产品形态的快速更新迭代，与智慧城市、智慧医疗、智慧教育、智慧零售、智能家居、车联网等多个行业完成深度融合并形成多样化行业解决方案，不断满足用户与消费者对于极致显示的追求。

第二节 信息显示技术发展现状及趋势

信息显示技术是电子信息产业的重要组成部分，在信息技术发展过程中发挥了重要作用，从电视、笔记本电脑到平板电脑、手机都离不开显示技术的支撑。显示技术属于光电技术，按发光方式可分为自发光和非自发光两类，主要包括LCD、量子点、OLED显示、Mini-LED显示、Micro-LED显示、激光显示、光场显示、纳米LED显示等（图1-10）。

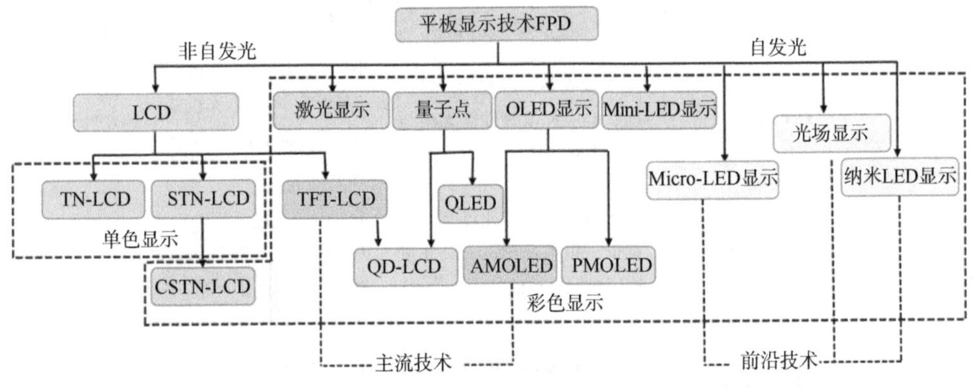

图1-10 显示技术图谱

TN-LCD指扭向阵列液晶显示（twisted nematic liquid crystal display）；STN-LCD指超扭向阵列液晶显示（super twisted nematic liquid crystal display）；CSTN-LCD指彩色超扭向阵列液晶显示（color super twisted nematic liquid crystal display）；PMOLED指被动矩阵有机发光二极管（passive-matrix organic light emitting diode）

回顾显示技术发展，显示技术的发展一共经历了四次跃迁。

（1）初代显示技术。20世纪中期，人们开始使用阴极射线管（cathode ray tube，CRT）技术探索显示领域。但受限于工作原理，CRT显示器很难达到34in以上，同时在清晰度、功耗、辐射等方面性能较差。

（2）过渡显示技术。等离子体显示屏（plasma display panel，PDP）曾以高清晰度、高对比度等特点受到用户的喜爱。但由于专利和技术封锁，成本一直居高不下，在市场竞争中，仅成为一种过渡方案。

（3）第二代显示技术。21世纪初期，LCD技术全面成熟，LCD显示器件不仅不占用大量的空间，且功耗大大降低，因而逐步替代CRT，开启了大尺寸、高分辨率、高对比度的显示高画质时代。

（4）第三代显示技术。2016年，可挠式OLED取得重大突破，AMOLED具有的轻薄、低能耗、高亮、柔性等诸多优势使其在高端产品中逐步取代LTPS-TFT-LCD的地位。

（5）第四代显示技术。2019年，三星显示推出基于Micro-LED显示技术的电视产品，华为、苹果、京东方、TCL等龙头企业均推出或计划推出Mini/Micro-LED显示技术的终端产品，LED新型显示技术正在走向成熟，有望成为第四代显示技术的主力。

表1-4对比了几种显示技术。

表1-4　几种显示技术对比情况

分类	技术名称	技术优劣	应用场景	产业化市场占比
主流显示技术	TFT-LCD	技术最成熟，需背光；对比度、响应速度等性能无法与自主发光相比	小、中、大尺寸；手机、平板电脑、电视、车载显示、可穿戴显示、商用显示等	约65%
	蒸镀 OLED	发光效率高、对比度高、功耗低、可柔性化；大尺寸量产困难，良率低	小、中、大尺寸（100in内）；手机、平板电脑、电视、可穿戴显示等	约28%
新型显示技术	印刷 OLED/QLED	对比度高、色域广、响应快；可大面积制备、低成本、材料利用率高；材料、装备不成熟	中、大尺寸（100in内）；电视、计算机、监视器等	日本 JOLED 公司少量出货
	激光显示	色彩还原度高，易搬运；功耗高；对比度、亮度不足	超大尺寸（≥100in）；激光电视、投影等	约6%
前沿显示技术	Mini/Micro-LED显示	高分辨率、高亮度、高对比度、长寿命、适用面广；但巨量转移难度大	VR、可穿戴显示、车载显示等	极少量出货，主要用于展示
	光场显示、纳米LED显示等下一代显示	光场显示图像立体、视点多，纳米LED性能高；光场显示分辨率低、亮度差；离实际应用还有较大差距	立体显示应用场景；微显示应用场景	暂未市场化

（一）信息显示技术发展现状

近年来，5G、人工智能、云计算等新一代信息技术的快速崛起为新型显示技术创新带来更为广阔的发展空间。目前，TFT-LCD及蒸镀OLED显示技术是最为主流的两种显示技术，并已实现大规模商业化应用；以印刷OLED/QLED显示、量子点显示、激光显示等为代表的新型显示技术正逐步成为信息显示产业发展的新动力；以Mini/Micro-LED显示、光场显示、纳米LED显示等为代表的前沿显示技术也在进一步演进之中。

1. LCD技术

LCD技术按驱动技术可分为非晶硅（amorphous-silicon，α-Si）、LTPS、铟镓锌氧化物（indium gallium zinc oxide，IGZO）三大工艺；按背光技术可分为冷阴极荧光灯（cold cathode fluorescent lamp，CCFL）、LED；按液晶阵列技术可分为扭向阵列（twisted nematic，TN）、垂直取向（vertical alignment，VA）、平面内转换（in-plane switching，IPS）、平面到线转换（plane-to-line switching，PLS）四种。

1）技术原理

LCD技术即液晶显示技术，因其不能自主发光，需要采用LED背光或CCFL背光，其显示原理是：当背光源发出亮度分布均匀的光线时，偏光片将光线转化成为偏振光，电流通过薄膜晶体管时产生电场变化，使液晶分子发生转动，改变光线的方向，从而控制了每个像素点的光是否射出，接着利用偏光片来决定像素的明暗状态。上层玻璃基板与彩色滤光片贴合，使每个像素点都包含红、绿、蓝三基色，不同颜色的像素呈现出的就是前端的图像。

TFT-LCD具有高响应度、高亮度、高对比度等优点，广泛应用于电视、手机、计算机等领域，是LCD的主流技术。

2）发展历程

19世纪末，奥地利植物学家发现了液晶同时具备液体的流动性和类似晶体的某种排列特性，在电场作用下，液晶分子的排列产生变化，发生光学性质的改变，这种现象称为电光效应。1964年，英国科学家制造了第一块液晶显示器。1972年，美国发明家James Fergason对于LCD的研究促成了首台液晶电视的诞生。2003年，液晶电视正式进入市场。2004年1月，夏普第一家工厂投入生产，其基材尺寸为1500mm×1800mm（6代），因基材的尺寸与日本榻榻米的尺寸相同，被戏称为“榻榻米”工厂。2007年，iPhone智能手机采用了LCD屏，使LCD应用领域得到极大拓展，从小尺寸的显示器到100in的大尺寸的显示屏，真正占据产业主导地位。

2002年，上海广电集团和日本NEC合资设立上海广电NEC，并建设了中国第一条LCD产线。2003年，京东方在国内自主建设了一条5代LCD产线。2017年12月，京东方的全球第一条10.5代LCD产线于合肥正式投产，国内厂商实现了从追赶到反超，中国开始走在了LCD产业的前列。

2020年，韩企关停在中国所有LCD产线，随后，华星光电以10.8亿美元收购三星苏州8.5代LCD产线。京东方收购中电熊猫8.5代和8.6代LCD产线。国内华星光电与京东方的LCD领域双巨头格局愈加凸显。

3）技术发展现状

自20世纪90年代起，α-Si便成为TFT-LCD的主流技术。α-Si技术成熟稳定、成本较低，可在所有尺寸产品上实现较高的良率（97%～99%），同时适用范围广，是电视、桌面型显示器、笔记本电脑、车载显示等大部分主要产品市场的主流技术，在手机市场具备高性价比优势。但是，由于α-Si TFT-LCD的迁移率很低，在面对高分辨率和高亮度的需求升级下，α-Si技术已无法满足最新显示效果的要求。

LTPS技术拥有更高的电子迁移率（50～200cm^2/（V·s）），分辨率更高、反应速度更快、亮度更高，适合于高分辨率、小尺寸显示屏和阵列基板行驱动，现有的柔性屏产品大多采用LTPS技术制造。

IGZO技术具有迁移率高（10～50cm^2/（V·s））、均一性好、透明性好与工艺简单等优点。相对于α-Si技术，IGZO在光照下的稳定性更高。但其使用寿命短，对水、氧相当敏感，需要结合保护层使用，并且在使用时间过长后，可靠度与稳定性都会出现一定程度的下降等。一片LTPS面板需要经过7～11道掩模来制造，而IGZO只需要经过5～7道掩模，相对于LTPS技术，IGZO具有明显的成本优势。尤其在大尺寸面板上，考虑到成本问题，IGZO技术具有巨大优势。

低温多晶氧化物（low temperature polycrystalline oxide，LTPO）技术是LTPS技术和IGZO技术的结合。LTPO技术在LPTS的基础上增添了一个氧化物层，氧化物层使电子更快、更好地通过LPTS的晶体管，降低了激发像素点所需能耗，从而降低屏幕显示时的功耗。应用LTPO技术制造的显示屏支持可变的屏幕刷新率（可达到120Hz），未来有望成为主流背板技术。相对于LTPS、IGZO技术，LTPO技术的结构和工艺复杂程度均有所增加，稳定性有很大提升空间。

2012年，夏普就已将IGZO技术用于LCD驱动，并实现了中小尺寸显示屏量产。2014年，LG显示成功将IGZO技术应用于OLED，实现了大尺寸OLED电视量产。我国台湾省友达光电也发布65in 4K×2K的IGZO超高清解析液晶电视屏，其6代线和8代线已具备生产IGZO的能力。对于LTPO技术，目前国际上尚处于试运用阶段，2019年，苹果的Apple Watch系列率先运用了LTPO技术。

国内的α-Si技术经过京东方、华星光电等面板厂消化、再吸收，现在技术已达到领先水平。LTPS技术水平也赶上国外龙头企业，目前正处于齐头并进状态。IGZO技术在国内则处于起步阶段，大部分国内企业仍需要走技术授权路线。2013年，京东方在重庆采用IGZO技术建成了8.5代面板生产线。LTPO技术由于制造工艺复杂、成本更高，目前国内尚在探索阶段。

表1-5对比了α-Si、LTPS、IGZO、LTPO背板技术。

表1-5 α-Si、LTPS、IGZO、LTPO背板技术对比

背板技术	迁移率 /（$cm^2/(V·s)$）	稳定性	优点	缺点	主要应用领域
α-Si	0.1～1	差	技术成熟稳定、成本较低	亮度不高、电子迁移率低	中低端电视、手机、笔记本电脑等
LTPS	50～200	好	低耗电、分辨率更高、反应速度更快、亮度更高	制造工艺复杂，较难生产中、大尺寸	中高端手机、笔记本电脑等
氧化物半导体（主要用IGZO材料）	10～50	好	高透光率、良好的均匀性和稳定性、高分辨率、低功耗、更快响应	寿命相对较短，对水、氧等相当敏感，长时间操作的可靠度与稳定性下降	高端笔记本电脑、高端平板电脑等，可能将来用于大尺寸OLED电视
LTPO	＞10	好	低功耗、高分辨率、更好的均匀性	结构和工艺复杂、稳定性有待加强	中高端手机等

经过近60年的发展，LCD技术已经日趋成熟。未来，LCD技术发展趋势将向8K技术、双栅极芯片软模构装（dual-gate/chip-on-film，Dual-Gate/COF）极限下窄边框、提升Mini-LED背光技术方向发展。

目前，大尺寸面板仍由LCD主导。2020年，大尺寸面板下游需求近2亿m^2。其中，电视需求高达1.6亿m^2，占比超80%，为大尺寸面板最大需求来源，其他终端产品如监视器、商用显示分别占比12%、5%。预计至2023年，大尺寸面板下游需求有望突破2.2亿m^2，电视需求将达到1.81亿m^2。

2. OLED显示技术

OLED显示依据驱动方式不同，分为无源驱动PMOLED和有源驱动AMOLED两类。与PMOLED相比，AMOLED具有反应速度较快、对比度更高、视角较广等特点，应用领域更广。

1）技术原理

OLED是在发光层上使用有机化合物的发光型显示器。因电流注入型工作机制属LED类，被称为OLED。与无机LED不同，OLED在薄膜面发光，发光方式与有机电致发光（electro-luminescence，EL）相同，因此也称为有机电致发光显示器。

OLED是一种以有机薄膜材料模仿半导体PN结构为自发光源的显示技术。OLED不需要背光源，具有自主发光特性。其彩色发光原理是：电子和空穴分别从阴极和阳极注入电子传输层和空穴传输层，并且在发光层中进行复合活化，形成激发态的分子，由于激发态的分子很不稳定，在短时间内电子会向基态跃迁，受激分子从激发态回到基态时辐射跃迁，以光子的形式释放能量，从而实现发光。

2）发展历程

Helfrich等于20世纪60年代观测到直流电场下的有机电致发光现象，但早期的有机电致发光技术停留在高驱动电压低亮度、低效率的水平，无法实现实际应用，因此一直没有得到重视。1987年，美国柯达公司的邓青云博士等以真空镀膜法制成多层膜结构的OLED组件，在镀膜发光层采用电子传输性铝络合配位化合物，空穴传输层采用二胺介质，获得了1000cd/m^2以上的亮度，发光效率提升显著。此组件被后人称为“柯达专利”，邓博士被称为“OLED之父”。纵观发展历程，OLED的应用发展整体分为三个阶段。

（1）1997～2001年：OLED试用阶段。1997年，日本先锋公司首次将OLED作为车载显示器，实现了其商业化运用。

（2）2002～2005年：OLED成长阶段。在此阶段，人们开始逐渐接触更多带有OLED的产品，如车载显示器、个人数字助理（personal digital assistant，PDA）（包括电子词典、手持电脑和个人通信设备等）、相机、手持游戏机、检测仪器等。

（3）2006年及以后：OLED成熟化阶段。此阶段，LG显示、三星移动显示先后推出55in OLED电视。2017年，苹果推出的手机iPhone X采用OLED屏幕，OLED正式进入智能手机市场。目前，全球已经有100多家研究机构和企业投入OLED的研发和生产中，包括三星、LG显示、飞利浦、索尼等显示巨头公司。

2020年，三星展开更积极的组合策略，丰富产品层次，推出不同价位段及多种新技术属性的AMOLED面板，如屏幕指纹（fingerprint on display，FOD）、YOCTA超薄屏技术、120Hz、打孔、3.5D盖板等。

中国的OLED产业与世界同步，2019年京东方AMOLED智能手机面板出货量近1700万片，同比增长约286%，位列中国AMOLED面板厂首位。2020年，中国AMOLED出货量持续大幅增长，达约5000万片。和辉光电、华星光电等企业在OLED领域均加速推进。和辉光电是现阶段国内已有产能规划中硬屏产能最大的厂商，未来将持续在硬屏领域发力，公司6代产线已开始量产出货。2019年底，华星光电宣布量产，并重点致力于柔性AMOLED产品研发。

3）技术发展现状

PMOLED技术以阴极、阳极构成矩阵状，以扫描方式点亮阵列中的像素，每个像素都在短脉冲模式下操作，为瞬间高亮度发光，结构简单，可以有效降低制造成本。但因驱动电压高、反应速度相对缓慢，PMOLED不适合应用于大尺寸与高分辨率面板和显示动态影像，因此，PMOLED技术逐渐被市场淘汰。

AMOLED技术采用独立的薄膜电晶体控制每个像素，使每个像素都可以连续且独立地驱动发光，可以使用LTPS或氧化物TFT驱动，实用性更强，驱动电压更低，反应速度更快，发光元件寿命更长，并且可用于大尺寸的电视面板，已成为主流OLED显示技术。

虽然AMOLED产业化进程加速，但仍存在一些难题需要解决，包括AMOLED背板技术工艺尚不成熟、显示像素技术路线以及成膜工艺路线选择未完全确定、高成本问题、装备制造效率/单位产能/良率/材料利用问题等。

OLED屏的制作工艺主要包括蒸镀式工艺和印刷式工艺，相关对比见表1-6。目前全球量产的OLED显示技术均为蒸镀OLED显示技术。韩国LG显示为全球唯一可以量产大尺寸蒸镀OLED屏的企业，我国华星光电、京东方正积极研发投入，预计2024年能够达到量产水平；在中小尺寸蒸镀OLED面板方面，韩国三星在全球占据绝对优势，我国蒸镀OLED企业出货量占全球比例不足10%。在印刷OLED技术方面，日本JOLED公司已实现少量出货，我国相关企业尚不成熟，目前与韩国相关企业均各自开展研发投入，未来2～3年有望量产。

表1-6 蒸镀OLED工艺与印刷OLED工艺对比

关键要素	蒸镀 OLED 工艺	印刷 OLED 工艺
生产环境	必须在真空中进行	在常压下即可生产
生产成本	需要大尺寸精细金属掩模版，成本较高	比蒸镀 OLED 技术节省 90% 左右原材料
原材料利用效率	有机发光材料蒸发效率高，但是利用效率低	材料利用效率高
尺寸应用	制作大尺寸显示面板需要 8 代以上基板	可用在各种类型的显示屏制程
产品性能	膜面均一性较好，可实现高分辨率	膜面均一性差于蒸镀 OLED 工艺，样品板性能不及蒸镀 OLED 工艺，分辨率较低

随着OLED在卷曲屏方面的应用拓展，未来在“5G+柔性OLED”新应用场景体验下，除了传统的家电、电子产品，OLED有望进一步渗透到日常生活的各个方面。

在汽车领域，制作OLED可挠车灯；全面放弃物理按键，将柔性屏嵌入挡风玻璃上，相关功能操作通过挡风玻璃即可完成。

在医疗领域，针对皮肤、毛发、心脏等多个重要部位，利用OLED的柔软性贴合不同部位的轮廓，实时对患者进行医疗监控、辅助治疗。

目前，OLED产能主要集中在中韩两国，但OLED显示技术仍存在防水、防氧封装技术难点待解决，全球相关企业正加紧技术研发，推动OLED显示技术完备化发展。2020年，中国OLED显示屏产能全球占比达到28%左右，稳居全球OLED显示屏第二大供应国。随着京东方、华星光电等厂商抢占OLED市场制高点，中国信息显示产业正加快突围韩国企业垄断，全球市场话语权持续增强。

2020年，全球OLED市场进一步提速，市场规模约500亿美元，较2018年提高了88%(图1-11(a))。从OLED应用领域来看，柔性面板出货量占比逐年上升，2021年占比超过50%，出货量达到4.5亿片（图1-11(b))。

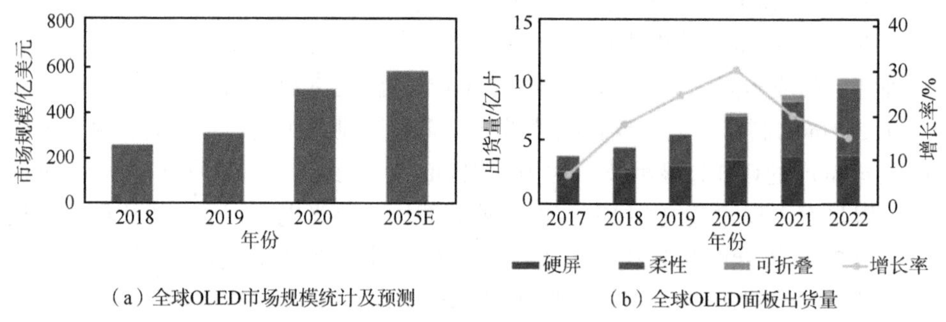

（a）全球OLED市场规模统计及预测　（b）全球OLED面板出货量

图1-11　全球OLED产能和出货情况

E代表预测值

全球OLED应用情况如图1-12所示。

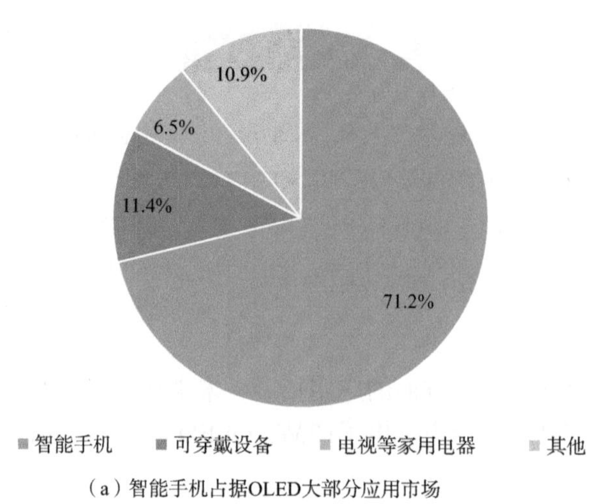

（a）智能手机占据OLED大部分应用市场

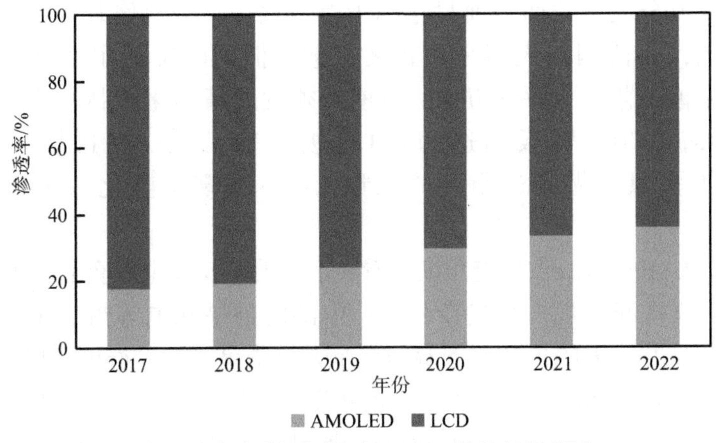

（b）全球智能手机中AMOLED渗透率逐年攀升

图 1-12 全球 OLED 应用情况

3. Mini/Micro-LED显示技术

Mini/Micro-LED显示技术分为背光和直显两种。

1）Mini-LED显示技术

A. 技术原理

Mini-LED指LED芯片尺寸（100μm量级）介于小间距LED与Micro-LED之间的技术，主要应用于液晶面板背光模组、LED显示。

背光方面，Mini-LED通过封装、尺寸微缩与巨量转移技术导入，提高背光源区域控制能力，缩短背光光学距离，使调光分区更精细，实现高对比度、高动态范围成像、色彩还原更真实。

Mini-LED背光技术适用于大尺寸LCD面板、中尺寸高端显示器以及笔记本电脑、车载显示等。随着成本下降，Mini-LED背光有望大比例替代LED背光，成为大尺寸LCD背光方案的主流选择。

直显方面，Mini-LED显示是小间距LED尺寸缩小、产品升级的成果，使得分辨率大幅提升、可视距离缩短。目前Mini-LED直显主要用于高端酒店会议庆典等商用租赁、大型会议室视频显示和更高端的裸眼3D、AR和VR应用等场景。Mini-LED显示虽已实现一定规模的商业化应用，但大规模量产仍有少数瓶颈问题有待进一步解决。

B. 技术发展现状

Mini-LED芯片方面，目前实验室工艺精度仅达到10μm，量产要求精度达到亚微米量级，芯片问题仍需进一步改善；在巨量转移方面，要求转移坏点率低于百万分之一，而目前只达到十万分之一，造成修复成本较大；在电极连接方面，目前国内大多采用正装工艺，但同时降低了产品可靠性，仍需进一步完善工艺；在驱动方面，目前亟须发展精细化印制电路板（printed-circuit board，PCB）背板制造和TFT背板驱动工艺；在拼接方面，现有拼接工艺大多只能做到远距离的视觉无缝，实现平整化的无缝拼接难度较大。

目前，从Mini-LED供应链角度来看，上游的三安光电等企业积极扩大Mini-LED产能，即将迎来规模化量产阶段；中游的国星光电等封装企业已经量产Mini-LED产品并将大幅扩产；下游的京东方、华星光电、群创光电、友达光电等面板厂商针对不同市场纷纷推出Mini-LED背光或类似技术的电视、显示器、VR和车载显示等终端产品。LEDinside数据显示，到2023年全球Mini-LED产值将超过10.39亿美元。LED背光显示和大尺寸屏幕将成为主要推动力，2023年LED背光显示的市场规模将达到6.70亿美元，大尺寸屏幕的市场规模将达到2.97亿美元（图1-13）。

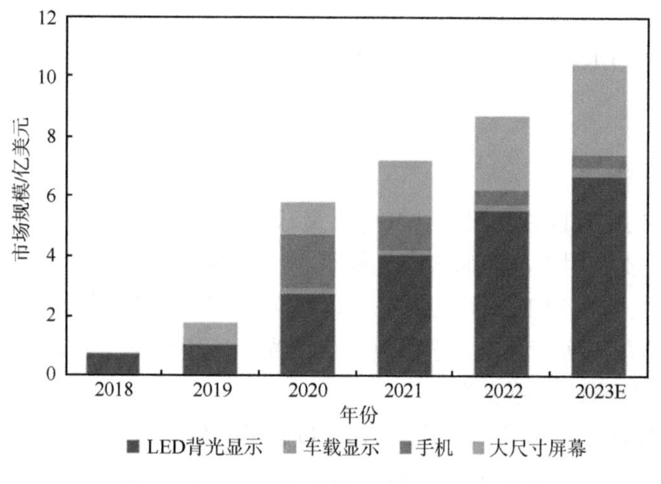

图1-13 Mini-LED 产业化发展增长预测

2）Micro-LED显示技术

A. 技术原理

Micro-LED显示技术是指在一个芯片上集成高密度微小尺寸的LED阵列，量级相比于Mini-LED每个尺寸缩小至10μm级，每个像素可定址、单独驱动点亮。

传统LCD的背光源是让LED先经过导光板（light-guide plate，LGP），将光变成均匀的面光源，再通过TFT寻址、液晶偏转、偏光片极化，完成光的像素化，最后利用彩色滤光片完成全彩化。即先把点光源变成面光源，再把面光源变回点光源，光在转换过程中大多被吸收了，利用率只有5%～7%。而Micro-LED是让光走最短的路径，让每颗LED单独作为子像素，进而实现无机自发光的结构，原理与OLED、QLED大致相同，关键是将微小的LED准确地转移到TFT上（图1-14）。

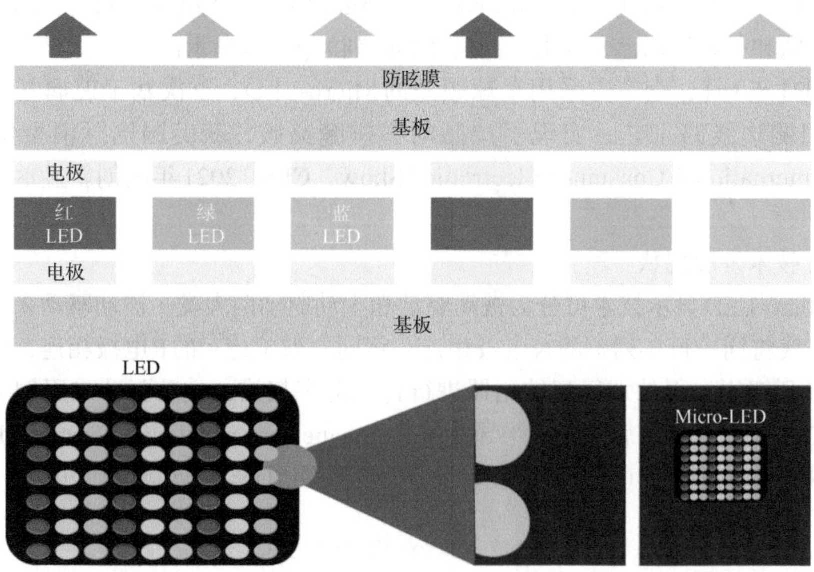

图1-14 Micro-LED原理

Micro-LED显示器的亮度大于105cd/m^2，对比度大于10^4：1，响应时间在纳秒级。Micro-LED功率消耗量约为LCD的1/10。与OLED比较，达到同等亮度，Micro-LED只需要后者10%左右的涂覆面积，同时分辨率可达1500PPI（PPI指每英寸所拥有的像素数量（pixels per inch））。

B. 发展历程

2000年，克里（Cree）发表了名为“Micro-LED arrays with enhanced light extraction”的专利，Micro-LED的概念由此诞生。

2012年，索尼展出第一代Crystal LED Display产品，Micro-LED首次引起关注，但尚无法量产。

2014年，苹果完成对LuxVue的并购，并于2015年在中国台湾省桃园市龙潭乡设立了实验室，进行Micro-LED技术的开发。

2016年，苹果欲将Micro-LED导入Apple Watch与iPhone；索尼展出了第二代Crystal LED Display产品（CLEDIS）；中国台湾省工业技术研究院（Industrial Technology Research Institute，ITRI）成立了巨量微组装产业推动联盟（Consortium for Intelligent Micro-assembly System，CIMS）。

2017年，三星展出了Cinema LED，同时和辉光电、维信诺、惠科、中电熊猫、三安光电、华灿光电、乾照光电开展Micro-LED显示研发工作。

2018年，三星成功推出了大尺寸μLED（LED尺寸为100～200μm）的显示墙样机产品。

2019年，TCL推出了有源矩阵驱动的65in μLED背光电视。同时，国外一些研究团队和科研机构已开发出不同尺寸和阵列的μLED显示器件。

2021年1月，京东方采用全球领先的Micro-LED，首次基于玻璃基板，成功应用侧边线路工艺，实现了产品的零拼缝突破，获美国国际消费电子展（The International Consumer Electronics Show，CES）2021年度创新显示应用产品奖。

C. 技术发展现状

Micro-LED显示技术可分为被动驱动和主动驱动两大类。被动驱动采用内部金属连线将同一行（列）的N电极相连，将同一列（行）的P电极相连，将行列电极引到四周，再外加行列控制器进行行列动态扫描；主动驱动采用倒装方式将LED倒装到互补金属氧化物半导体（complementary metal oxide semiconductor，CMOS）驱动基板上（表1-7）。主动驱动方式要明显优于被动驱动方式。

表1-7　Micro-LED驱动方式

驱动方式	主要内容
专用集成电路（application specific integrated circuit，ASIC）被动驱动	Micro-LED阵列采用被动（行列扫描方式）驱动点亮，结构简单，容易实现。由于集成电路（integrated circuit，IC）驱动能力的限制，当不同列需要点亮的像素数量不一样时，不同列之间的像素亮度就会产生差异。对于彩色化Micro-LED阵列来说，驱动电路将更加复杂化，驱动难度也将加大
CMOS主动驱动	CMOS驱动采用共N极倒装结构，发光芯片采用单片或者单晶粒形式，倒装到驱动基板后再应用倒装键合技术，将芯片倒装到硅基CMOS驱动基板上，这个过程涉及抓取、摆放等复杂技术。这种结构可以将像素尺寸降到几十微米，像素间隙很小，达到几微米

（1）被动驱动。被动驱动的Micro-LED显示像素单元需要外部通过对N/P电极施加行列扫描信号来实现图像显示。此结构的单个LED是互相隔离的，需要采用标准型感应耦合等离子体刻蚀机刻蚀到衬底，由于刻蚀深度达到5～6μm，后续进行金属连线时金属线容易在深隔离槽处出现断裂。

（2）主动驱动。Micro-LED发光阵列采用单片集成或晶粒转移两种方式进行组装。单片集成采用将LED外延片制成LED阵列，然后将阵列整体倒装到驱动基板上。该方式可以转移多个LED发光单元，但无法解决彩色化问题。与单片集成不同，晶粒转移技术将LED刻蚀成单晶粒形状，其中晶粒大小为1～60μm，结合巨量转移技术进行晶粒到驱动基板的大批量转移并键合。目前巨量转移技术尚不成熟，使用该方式成本较高。

Micro-LED显示核心关键技术包括器件封装技术、微缩制程技术、巨量转移技术、彩色化技术。

器件封装技术包括表面贴装器件（surface mounted devices，SMD）和板上芯片（chip on board，COB）两种技术路线。SMD技术用于完成LED外延材料和芯片以及各种LED器件的封装和LED显示产品的制造。由于SMD灯珠为分立器件，在形成显示产品过程中需高温焊接，受热冲击影响，降低了可靠性。SMD灯珠黏接力差，防护性能弱，在应用过程中容易造成损伤，影响产品使用，SMD技术路线不适用于小间距LED显示屏制造。COB技术是将驱动集成电路直接焊接在显示基板后表面上，LED晶元固定于显示基板的前表面，薄膜粘贴在显示基板前表面，LED晶元为普通红、绿、蓝LED发光芯片，实现集成封装。由阵列模组、显示单元的高精密度组装实现LED超大屏幕拼接显示。COB技术易于实现更小点间距、更高像素密度，是Micro-LED显示产业研究的重点方向。

微缩制程技术是将原来LED晶片毫米级别的长度微缩后达到1～10μm量级。目前LED晶片长度大多是250～750μm，单一晶片最小长度是100μm，通过微缩制程技术可以打破这一极限设定。目前LED晶片长度业界水平已普遍达到50μm，美国苹果公司已经达到10μm的水平，陈立农教授创办的Mikro Mesa实验室于2019年10月开发出无压合低温键结3μm Micro-LED。

微缩制程技术的实现路径主要有三种——芯片焊接（chip bonding）、晶片焊接（wafer bonding）、薄膜转移（thin film transfer），其对比见表1-8。

表1-8 三种微缩制程技术

制程种类	芯片焊接	晶片焊接	薄膜转移
显示像素种类	微型LED芯片	Micro-LED薄膜	Micro-LED薄膜
显示基板尺寸	无尺寸限制	小尺寸	无尺寸限制
转移间距是否可调	是	否	是
成本	高	中	低
主要厂商	索尼	乐天、ITRI	LuxVue（苹果公司收购）、中国台湾省新创公司

芯片焊接技术是将LED直接切割成Micro-LED芯片（含磊晶薄膜和基板），利用SMD技术或COB技术，将Micro-LED芯片键接于显示基板上。该技术无显示基板尺寸限制，但不具备批量转移能力，且成本较高，目前仅有索尼等少数厂商掌握。

晶片焊接技术是在LED的磊晶薄膜上用感应耦合等离子体刻蚀机进行离子刻蚀，直接形成Micro-LED磊晶薄膜结构，再将LED晶元（含磊晶薄膜和基板）直接键接于驱动基板上，采用物理或化学方法剥离基板，仅剩4～5μm的Micro-LED磊晶薄膜结构于驱动基板上形成显示像素。晶片焊接技术具有批量转移能力，且相对于芯片焊接技术成本有所降低，但一般仅适用于小尺寸面板。目前，该技术主要应用厂商包括乐天（法国）与ITRI（中国台湾省）。

薄膜转移技术采用物理或化学方法剥离LED基板，使用临时基板承载LED磊晶薄膜层，利用感应耦合等离子体刻蚀机进行离子刻蚀，形成Micro-LED磊晶薄膜结构，再采用物理或化学方法进行LED基板剥离。最后根据驱动基板上所需的显示像素点间距，利用具有选择性的转移工具将Micro-LED磊晶薄膜结构进行批量转移，键接于驱动基板形成显示像素。薄膜转移技术能够突破尺寸限制完成批量转移，Mikro Mesa实验室已率先完成3μm尺寸的晶元转移，理论成本较低，是未来主要实现路径之一。

巨量转移技术主要是通过某种高精度设备将大量Micro-LED晶粒从源基板转移到目标基板或者驱动基板上。巨量转移技术是Micro-LED量产的关键。目前许多公司和科研机构基于不同原理已开展大量研究，韩国机械与材料研究所采用辊印的方式实现巨量转移。elux和Self array公司采用自组装技术，分别以流体自组装和磁力自组装为原理完成LED的自组装过程。Uniqarta、Coherent、QMAT公司采用激光诱导工艺，通过激光与材料的不同作用力实现芯片非接触式转移。2018年，Optovate公司通过激光作用于GaN实现剥离与转移。目前巨量转移技术主要包括自组装、微印章转移、激光转移、滚轴转印等，但都存在良率、精度等问题（表1-9）。

表1-9　巨量转移技术

转移方式	转移头	基板去除	拾取力	位置
微印章转移	弹性印章	刻蚀 + 印章转移	范德瓦耳斯力	控制印章黏附力
静电力	双电极静电头	加热去除熔融黏结力或静电力	一对硅电极同时通正电	一个硅电极保持通正电，另一个硅电极通负电
磁力	电磁转移头	—	通电产生电磁力	电磁力控制释放
阶跃 / 提升	激光头 + 中间基板	激光剥离 GaN	键合	激光烧蚀动态释放
栅	激光头 + 中间基板		热释放胶带黏合	激光光热作用
p-LLO	激光头		—	激光照射 GaN 释放
卷对卷印刷	机械辊轮	刻蚀 + 辊印	控制辊与基板黏合力	

彩色化技术是Micro-LED显示商业化的关键技术，目前主要包括紫外/蓝光LED+发光介质法、透镜合成法、三基色法三种（表1-10）。

表1-10 彩色化技术

名称	主要内容
紫外/蓝光LED+发光介质法	发光介质为荧光粉和量子点，由于荧光粉颗粒大，不适合应用到小尺寸Micro-LED中。QLED具有发光效率高、窄带宽、带隙易设计等特点，使它可以作为很好的发光源。与普通的InGaN蓝光激发荧光粉合成白光的LED不同，QLED可以提供多种色彩。因此小尺寸的QLED在Micro-LED显示彩色化领域也是一种可行的方案
透镜合成法	利用透镜将三色LED光线进行合成也是一种彩色化方案，首先将视频信号转化为红、绿、蓝三色信号，然后分别将三色信号控制对应LED芯片。最后采用光学结构将三色混合通过透镜投影出去，相比于硅基液晶（liquid crystal on silicon，LCoS）、数字光处理（digital light procession，DLP）、LCD，它结构简单、体积小、重量轻、光效率更高，可靠性更高
三基色法	红、绿、蓝三个芯片做成三明治结构，三个芯片可以独立寻址，通过控制脉宽调制（pulse width modulation，PWM）电压占空比来合成所需要的颜色。这种垂直结构相比于水平结构可以缩小2/3的占用面积，但对于寻址、金属化、布线、驱动电路等依然是设计难点

目前Micro-LED的技术路线还很分散，各企业未形成统一的技术路线，按照Micro-LED研发方向大致以小尺寸穿戴式设备和超大尺寸显示屏为主。

小尺寸方面，对分辨率要求较高，LED芯片尺寸可小至10μm，尚存在LED晶片的切割方式、粉尘颗粒、转移方法的精度、全彩化难题。长远来看，Micro-LED小尺寸应用场景的突破对商用化进程推进至关重要。

大尺寸方面，Micro-LED具有成本优势，对普通LED显示屏而言，Micro-LED缩小芯片，省略导线架，节省了材料，降低了成本。从某种程度而言，Micro-LED显示屏是COB显示屏的升级，技术可行性高，同时具备潜在成本优势。业界在电视市场积极布局的μLED新创公司的代表为Mikro Mesa实验室。

Micro-LED显示领域申请了近1500件专利。申请人包括初创企业、显示屏制造商、原始设备制造商（original equipment manufacturer，OEM）、半导体企业、LED制造商及科研院所。目前，Micro-LED的授权专利还很少。早期大量研发工作主要由众多科研院所完成，包括香港大学以及后来的錼创科技（PlayNitride）等初创企业。此外，英特尔和歌尔股份（Goertek）等许多非典型显示屏技术企业也涉足了Micro-LED领域。

与发达国家相比，我国μLED领域在基础研究方面起步较早并处于一直保持并跑的水平。但在μLED产业化方面，我国稍显滞后。在μLED芯片外延方面，三安光电和乾照光电已投入μLED芯片研发，并与知名高校和企业合作开发产品。在驱动方面，和莲光电在CMOS芯片方面投入较大，工艺较为成熟，与美国Glo公司合作已实现了0.5in全彩μLED显示样机开发；TCL和华星光电联合三安光电、錼创科技、乾照光电及国内LED封装厂家，分别成功开发3.3in透明μLED显示样机和8in柔性μLED显示样机；福州大学联合乾照光电、中国科学院微电子研究所、中国科学院长春光学精密机械与物理研究所、广东省半导体产业技术研究院，成功研制出0.55in 1323PPI单色（间距为19.2pm，分辨率为640PPI×360PPI）有源矩阵μLED显示样机。

近几年，μLED背光（Mini-LED背光）备受关注。μLED背光具有寿命长、稳定性好、多分区局域动态调光、产业链成熟等优势，主要集中在100in以下的LCD，包括电视、手机、电竞显示器、车载LCD背光等。2018年，群创光电在CES展会推出了12.1in有源驱动μLED背光，分区数达7200个，用于车载显示；友达光电、华映科技等面板厂家也推出了搭配μLED背光笔记本电脑显示器、电竞显示器样机，最高亮度均达到1000cd/m^2，对比度达到100000：1。

Micro-LED实现大规模制造的关键在于LED制造、背板制造以及微芯片大规模转移和装配技术，由于工艺技术的复杂性，目前没有一家公司完全掌握整个供应链全部工艺技术。芯片厂和整机厂只有通力合作，才能解决芯片质量稳定性、巨量转移制程销量和良率、量产能力、成本难题，进一步推动规模化发展。

经过多年发展，Micro-LED正在开启商业化进程，通过Micro-LED模块的无缝拼接技术可实现任意大小、任意形状的大尺寸显示屏幕。100in以上的Micro-LED超大尺寸高清显示器（显示墙）正逐步进入市场。同时，受5G信息技术发展带动，Micro-LED显示技术将给显示领域带来变革，有望重塑信息显示产业格局。2020年全球Micro-LED的市场规模为3030万美元，到2026年市场规模有望增长至2.28亿美元，复合年均增长率为39.99%（图1-15）。

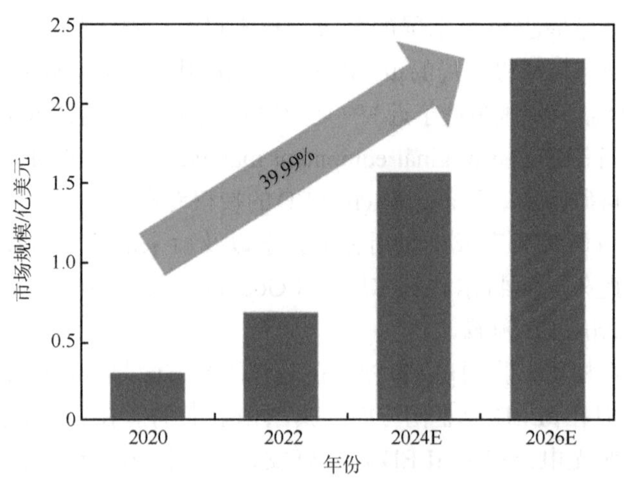

图1-15 Micro-LED市场规模

4. 激光显示技术

1）技术原理

激光具有方向性好、单色性好、亮度高等特性。激光显示是以激光作为发光源的新型显示技术，被视为继CRT显示技术、LCD技术、OLED显示技术之后的又一新型显示技术。

激光显示的原理是：以红、绿、蓝三基色（或多基色）激光分别经过扩束、匀场、消相干后入射到相对应的光阀上，光阀上加有图像调制信号，经调制后的三色激光由X1镜合色后入射到投影透镜，最后经投影透镜投射到屏幕，得到激光显示图像（图1-16）。

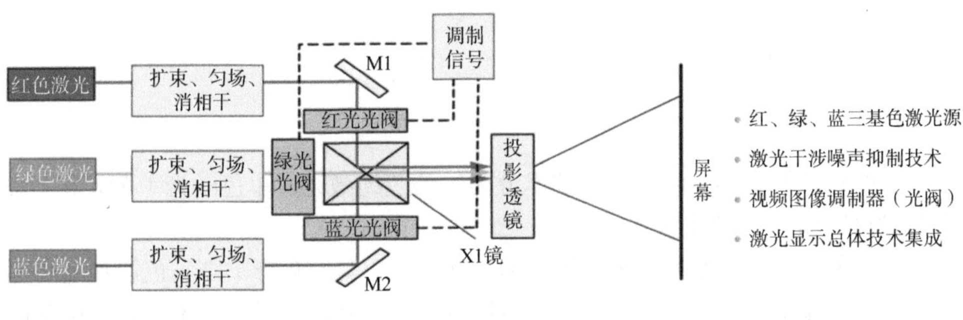

图1-16 激光显示原理图

2）发展历程

20世纪60年代激光显示被首次提出。1996年，采用气体激光器为光源，实现了扫描式激光全色显示，但尚无法实用化。

2005年之后，激光显示技术开始进入产业化前期，日本三菱、韩国三星电子和比利时巴可等企业进行了相关尝试。

2009年，三菱推出了65in的激光显示电视，但市场反响不佳。

2012年，巴可成功研发了激光数字电影放映机，主要用于替换传统光源放映机。

2019年，巴可展示了基于红/绿/蓝激光光源、像素架构数字微反镜（tilt & roll pixel digital micromirror device，TRP DMD）、4K分辨率、98.5%超高清电视色域标准（Rec.2020）色域的激光电影放映机。同年，Christie（科视）公司在北京国际广播电影电视设备展览会（Beijing International Radio, TV & Film Exhibition，BIRTV）上展示了4K分辨率、120Hz的高帧率三基色激光电影放映机。

2020年7月，海信正式推出全球首款100in影院级全色激光电视100L9-PRO，开启家庭院线新时代（图1-17）。

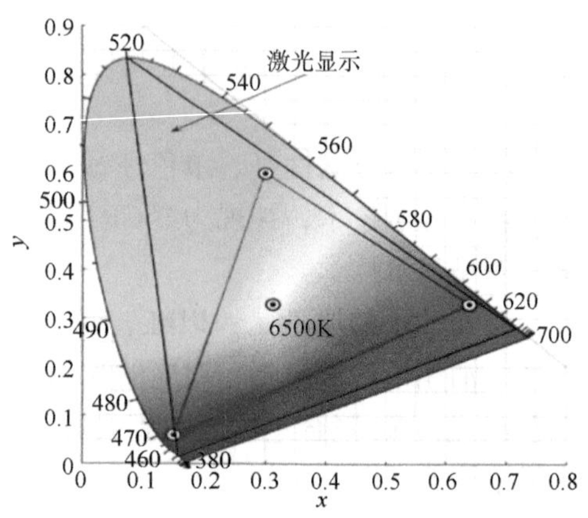

图 1-17 全球首款 100in 全色激光电视及色域图

3）技术发展现状

根据光源的不同，激光显示技术分为三基色纯激光、单色激光（荧光粉+蓝光）、激光+LED三种技术。

三基色纯激光被业界视为最纯正的激光光源，具有色彩丰富、色饱和度高等优点，成为显示技术领域的重大技术发展方向。三基色纯激光技术的投影设备已应用到模拟仿真、展览展示、会议中心、户外幕墙以及数码影院、家庭影院等领域，具有很大的发展空间和广阔的应用前景。

单色激光（荧光粉+蓝光）是采用单色激光（即蓝色激光）结合含有红、绿等荧光粉的多种颜色旋转荧光粉色轮技术而产生红、蓝、绿三基色。由于光源性质，荧光粉激光投影机只能用单片DLP芯片背投箱体来实现，无法应用于大屏市场。

激光+LED是将红、绿、蓝三色通过DLP芯片投影，在不使用高压水银灯泡情况下，实现高亮度投影。激光+LED混合光源色彩的还原性能更卓越，色彩渲染更加明亮、艳丽，可为用户提供逼真、细腻的色彩和影像效果，实现显示效果本质提升。

目前三基色纯激光、单色激光（荧光粉+蓝光）、激光+LED三项激光显示技术共存，从技术推演角度来看，三基色纯激光技术在后续发展中更有优势（表1-11）。

表1-11 三种激光显示技术对比

激光显示技术	原理	优点	缺点	应用
三基色纯激光	红、绿、蓝三基色激光入射到光阀上，并在光阀上加有图像调制信号，经过标志后信息由X1镜合色后入射到投影透镜，投射到屏幕上显示	显示效果好	成本过高；绿色激光器的能量不够；会产生高温灼烧荧屏现象；需要很大的散热系统	工程投影、家用、商务和教育投影机应用
单色激光（荧光粉+蓝光）	采用单色蓝光，通过激发荧光粉，转换取得绿光和红光，以超短焦镜头投射的方式成像	成本低、寿命长、安全可靠性高	无法应用于大屏市场；荧光粉激光产生的三色激光色域效果一般	普通家用、商务和教育投影机应用
激光+LED	将红、绿、蓝三色通过DLP芯片投影	拥有较长寿命	偏色，过于艳丽的色彩造成画面的失真	DLP拼接墙、商务演示与教育环境中播放图标和文字

在三基色激光光源方面，北美地区Novalux、Soraa、Cree等公司投资累计超过50亿美元用于相关开发；Christie、Imax、LLE等则大力研发激光数字影院；Microvision、摩托罗拉等公司正开展手机激光显示关键技术攻关；TI在激光显示图像处理芯片方面处于垄断地位。在亚洲，日本日亚、三菱、三洋、住友电气、Oclaro等公司共投入超过32亿美元用于红、绿、蓝三基色半导体光源的研发，目前处于国际领先地位。日本企业还积极开展各种激光显示产品开发，已先后研制出65in/75in激光背投电视（三菱）和激光数字影院（索尼）、激光工程投影机（NEC）等样机和产品。在欧洲，欧盟制订了Orisis计划，Barco、飞利浦、欧司朗等联合开展激光显示技术的开发，欧洲企业（Barco、Cinemeccanica、Projection Design等）已投入1.3亿欧元开展激光显示产品研发。

在三基色激光材料和器件方面，红光半导体激光器（laser diode，LD）基于磷化铟（InP）材料，日本的索尼、日立、Oclaro和三菱等公司处于领先地位。蓝、绿光LD基于GaN材料，日本日亚、德国欧司朗在GaN基蓝、绿光LD研究方面处于领先地位。

我国激光显示总体水平与国外同步，整机关键技术方面已处于国际领先水平，但在三基色激光光源材料器件方面尚与国外有3～5年差距。

激光显示产业链涉及微电子、激光、光学、光机电、家电等多个领域（图1-18），产业上游是激光、光学、光电和机电核心零部件，中游是激光显示引擎及整机产品，下游是激光显示的各类应用。激光显示主要应用在激光电影放映机、激光电视、激光工程投影机、激光商教投影机等领域。随着车载产品智能化以及AR/VR技术的兴起与发展，激光显示也广泛应用于微投领域，如车载抬头显示（head up display，HUD）等。

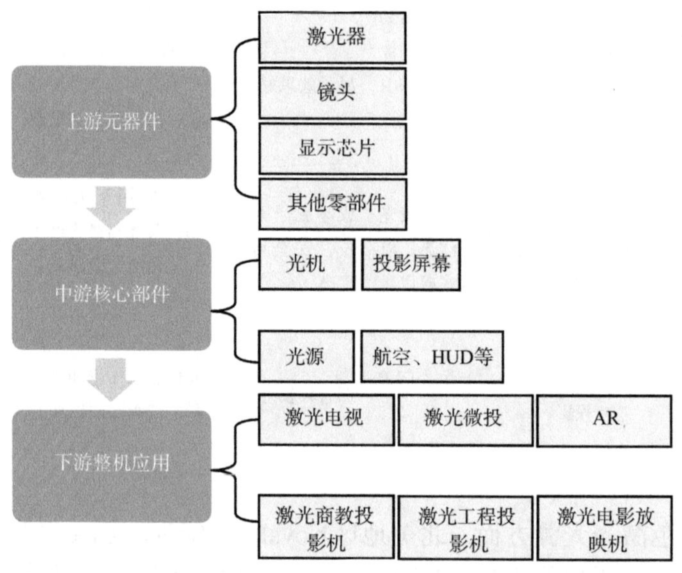

图1-18 激光显示上、中、下游产业链图

2022年，我国激光微投销量增至47.4万台，规模达到26.1亿元。随着激光电视成本的下降，我国激光电视销量也将继续保持稳中有升态势，到2025年销量将接近50万台（表1-12）。

表1-12 我国激光显示规模预测

名称	2021年	2022年	2023（E）年	2024（E）年	2025（E）年
彩电销量/万台	4737	4694	4627	4686	4669
激光电视销量/万台	26.3	31.3	36.9	43.1	49.6
激光电视渗透率/%	0.56	0.67	0.80	0.92	1.06
渗透率提升幅度/个百分点	0.08	0.11	0.13	0.12	0.14
激光电视规模/亿元	54.5	61.5	69.0	76.6	83.7
激光微投渗透率/%	0.40	1.00	1.80	2.50	3.20
激光微投销量/万台	19.0	47.4	84.8	120.2	154.3
激光微投规模/亿元	10.7	26.1	46.6	66.1	84.9

2021年全球激光电视销量将接近80万台，三年复合增长率可达65%，明显优于传统彩电行业，同时激光商教投影机市场也将保持平稳上升态势（图1-19）。

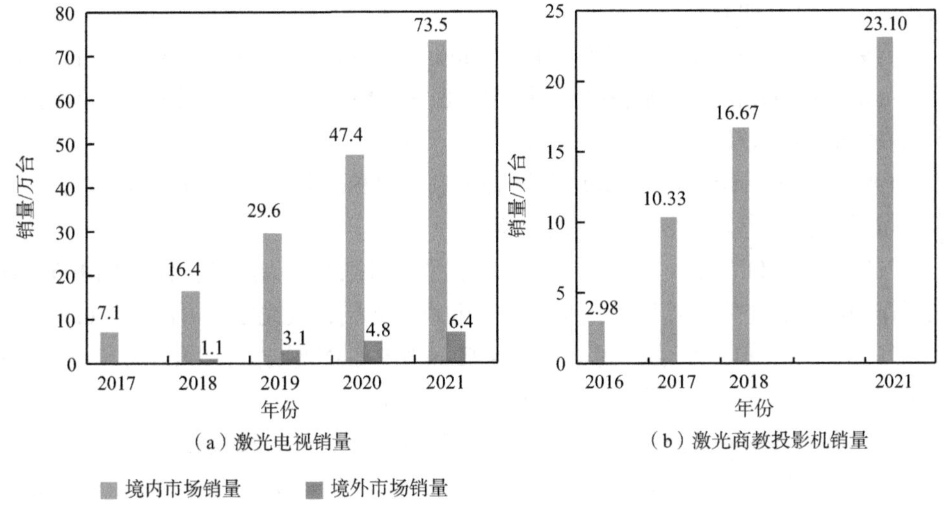

图1-19 全球激光电视和激光商教投影机市场情况

5. 量子点显示技术

1）技术原理

量子点是粒径小于或接近激子玻尔半径的半导体纳米晶体。量子点的三个维度的尺度通常在10nm以下，内部的电子和空穴在各个方向上的运动均受到限制，量子限域效应（quantum confinement effect）明显，由于电子和空穴被量子限域，量子点具有分立的能级结构。这种分立的能级结构使得量子点具有独特的光学性质。

量子点是低维半导体材料。量子点一般为球形或类球形，直径通常为2～20nm，其三个维度上的尺寸都不大于对应的半导体材料的激子玻尔半径的两倍。常见的量子点由Ⅳ、Ⅱ-Ⅵ、Ⅳ-Ⅵ或Ⅲ-Ⅴ元素组成，包含硅量子点、锗量子点、硫化镉量子点、硒化镉量子点、碲化镉量子点、硒化锌量子点、硫化铅量子点、硒化铅量子点、磷化铟量子点和砷化铟量子点等。通过连续调节量子点尺寸，可实现从蓝色到绿色、黄色、橙色、红色的发射，色彩精准、纯净。量子点可以实现100%的色域，而目前大部分显示屏只能还原50%左右，有一半的颜色还不能显示。

2）发展历程

现代量子点技术起源于20世纪80年代，贝尔实验室的Brus等发现不同大小的硫化镉颗粒能够产生不同的颜色，但采用了二甲基镉、二甲基锌等剧毒且不易操作的金属有机原材料。

1993年，麻省理工学院（Massachusetts Institute of Technology，MIT）的Bawendi等采用共沉淀法制备高质量CdE（E=Se, Te, S），但由于尺寸分布不均匀，表面缺陷较多，难以得到实际的应用。

1994年，Alivisatos在*Nature*上发表了利用CdSe量子点构建LED的文章，开启了量子点在光电转换领域应用的进程。

2002年，MIT的Coe等以有机层和单层量子点三明治夹层结构作为QLED，有机层作为电子和空穴传输层，量子点作为电致发光层，发光效率可以达到0.5%。

2005年，Muller等通过真空沉积N-GaN和P-GaN层之间夹合单层CdSe/ZnS量子点层，构造了全无机的QLED。

2011年，Nanosys公司以蓝光LED激发量子点发光薄膜作为背光源，开发了色域达到80%（美国）国家电视标准委员会（National Television Standards Committee，NTSC）标准的47in全高清LCD电视。同年，三星电子以有机层和无机层分别作为量子点发光层的电子传输层和空穴传输层，制作了4in全彩有源矩阵QLED显示器件，至此，量子点显示技术进入了快速商业发展期。

3）技术发展现状

量子点显示技术分为QDLCD技术和QLED显示技术两种。

A. QDLCD技术

QDLCD是将量子点薄膜应用于传统液晶屏幕中，以量子点技术来取代蓝色LED光学封装材料中的黄色荧光粉，利用量子点的发光特性，通过绿色、红色量子点将蓝色LED光转化为高饱和度的绿光和红光，并同其余未被转换的蓝光混合得到白光等各种颜色，在屏幕上显示宽广色域的颜色。由于三色光由蓝光直接转换而来，量子点背光源相比普通LED背光具有更高纯度的三基色，通过调整量子点材料大小分布，可以创造出更真实、更均衡的色彩表现（图1-20）。QDLCD技术是对LCD技术的一种改进，本质仍是背光源下的LCD技术。

量子点膜具有较高的可靠性，可以兼容LCD传统的背光结构，只要用蓝色LED替代LCD中的白光源就可以完成显示面板的改造。QDLCD技术可以利用TFT-LCD产线进行生产，降低生产的成本。据美国埃信华迈（IHS Markit，IHS）数据，2021年QDLCD出货量达到3130万台，复合年均增长率为62%。

B. QLED显示技术

QLED原理是将量子点层置于电子传输层和空穴传输层之间，外加电场使电

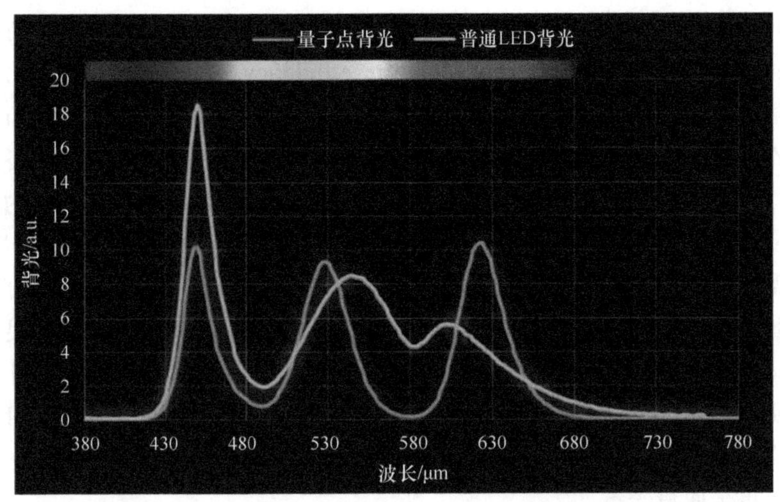

图 1-20 量子点背光与普通 LED 背光对比色彩表现更均匀

子和空穴移动到量子点层中，电子和空穴被捕获到量子点层并且重组，从而发射光子。通过将红色量子点、绿色量子点和蓝色荧光体封装在一个二极管内，实现直接发射出白光。

QLED具有色域宽、纯度高、亮度高、电压低、外观极薄等特性，在柔性显示器和移动、可穿戴电子产品等领域应用前景广阔。同时，QLED采用无机半导体材料，稳定性非常高，能够保证色彩的持久性，色彩寿命长达6万h，具有不烧屏、无残影、寿命长等优点。

根据量子点的化学成分组成，QLED器件的量子点可分为两类。

a. 镉系量子点

在过去的20年里，镉系量子点是各系列量子点中发展比较完善的，表现出优异的光学性能，包括高光致发光量子产率（photoluminescence quantum yield，PLQY）、较窄的半峰宽和良好的稳定性。镉系量子点的光致发光峰位可以通过改变颗粒大小和化学成分来调节（图1-21）。

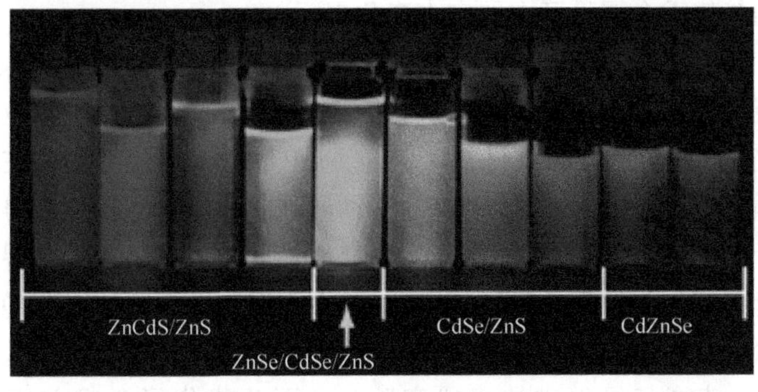

图 1-21 镉系量子点在紫外辐射下的光致发光示意图

1997年，CdSe/CdS核壳量子点首次应用于QLED器件，器件最高亮度为600cd/m^2，外量子效率（external quantum efficiency，EQE）为0.22%。2014年，Lee等合成了一种多壳层的绿色量子点CdSe@ZnS/ZnS，尺寸为12.7nm。与CdSe@ZnS的单壳层相比，多出的ZnS壳层可以有效抑制非辐射复合。这种新型量子点材料制备成的发光器件，峰值电流效率为46.4cd/A，外量子效率为12.6%，QLED的光电转换效率得到极大提升。2019年，李林松教授课题组通过“低温成核，高温长壳”的技术制备了$Zn_{1-x}Cd_xSe$/ZnSe/ZnS双壳层结构的红色量子点，通过这种量子点制备而成的QLED器件的外量子效率高达30%，最高亮度超过了334000cd/m^2。在100mA/cm^2的电流密度下，外量子效率保持在25%以上，滚降较低。更为重要的是，在100cd/m^2的亮度下，器件寿命达到了1800000h，满足了显示应用的需求。

b. 无重金属量子点

为避免重金属引起的环境问题，符合《电气、电子设备中限制使用某些有害物质指令》(The Restriction of the Use of Certain Hazardous Substances in Electrical and Electronic Equipment，RoHS）标准，“绿色”量子点研究得到了极大推动，我国彭晓刚首次将无镉技术引入量子点合成，并极大程度地优化了无镉量子点的合成工艺。

（1）Ⅰ-Ⅲ-Ⅵ族化合物量子点。硫化铜铟（CIS）、银铟硫（$AgInS_2$）、锌铜铟硫（ZCIS）、铜铟镓硫（CIGS）等具有高PLQY的量子点，因对环境友好在显示领域得到了广泛的关注。但由于色纯度低、色域狭窄，其在QLED行业中的应用受到限制。

（2）碳量子点。碳量子点因荧光发射稳定、成本低、环境友好，得到快速发展，同时碳量子点在深蓝色波长区域有着优异的表现。2019年，多伦多大学Sargent课题组通过改善碳量子点合成方法，合成了含氧悬键较少的碳量子点，此种发射峰在433nm的碳量子点半峰宽为35nm，PLQY高达80%，基于此种碳量子点的深蓝色LED还表现出优异性能，最高亮度可达5240cd/m^2，外量子效率为4%，成为替代重金属量子点的有力竞争者。

（3）InP量子点。在众多无重金属量子点中，InP量子点因合适的体材料带隙、较大的激子玻尔半径和与镉系量子点可以比拟的高PLQY，被业界认为是最有可能替代镉系量子点的明星材料。但是，InP量子点核壳结构存在较大的晶格错配，InP量子点的合成必须解决以下三种问题：①InP的核心结构必须是高质量的结晶，无氧化或结构缺陷；②壳层与核心之间要有良好的钝化界面以防止电子被界面缺陷态捕获；③核/壳结构中各部分之间的界面应加以明确界定，以防止核与壳内化学成分之间相互渗透而形成缺陷态。

2019年，韩国三星先进技术研究院Jang团队优化了合成方法，开发出一种尺寸均匀的以InP为内核、高度对称核壳结构的合成方法，其量子产率约为100%，研究人员首先在初始ZnSe壳的生长过程中添加氢氟酸以刻蚀掉氧化InP核表面，然后在340℃下实现高温ZnSe的生长。此结构中，工程化的壳层厚度可抑制能量转移和俄歇复合，以保持高发光效率，并且初始表面配体被较短的配体取代，以实现更好的电荷注入，经过优化的InP/ZnSe/ZnS QLED的最大外量子效率为21.4%，最高亮度为100000cd/m^2，在100cd/m^{2}的条件下使用寿命长达1000000h。这项研究开发了一种无镉量子点的合成策略，并实现了优异的QLED发光性能。

（4）钙钛矿量子点。钙钛矿量子点材料是一种新型量子点材料，具有PLQY高、半峰宽窄、色纯度高、色域宽等特点。

2012年，采用硬模板法合成$CH_3NH_3PbBr_3$纳米晶。2015年，曾海波团队通过热注射技术制备了全无机钙钛矿卤化量子点（$CsPbX_3$，X=Cl, Br, I），具有结晶度高、尺寸分布均一等优点。随后，应用于ITO/PEDOT:PSS/PVK/QDs/TPBi/LiF/Al器件结构中，首次实现了钙钛矿量子点三基色的电致发光显示。随着钙钛矿材料合成技术的优化，钙钛矿QLED效率也在不断提升。

目前，应用到量子点显示中的集成技术主要包括转印和喷墨打印两种方法，利用集成技术将不同颜色的量子点和高分辨率的彩色量子点集成到显示面板上。转印技术是采用弹性体结构印章来制备像素化的量子点图案，在印章上施加压力，转印后的量子点层空缺和裂缝都会减少。采用转印方法，目前可以制得像素为320PPI×240PPI的4in全彩色柔性显示屏。

喷墨打印是另一种QLED集成显示技术，可以打印所需的图案而不需要光护金属掩模版。该技术采用电场将QLED墨水以窄幅的宽度喷出，由此产生的图案显示出均匀的线厚度。采用喷墨打印技术制成的红色和绿色的像素分辨率可满足商业显示要求。

目前，量子点商业化主要用于量子点增强背光源。量子点背光膜片厂商主要包括中国纳晶科技、韩国SKC、日本日立化成。在全球范围内，三星、TCL、海信、Vizio等公司均推出了高端量子点背光源液晶电视产品，其中三星占据全球市场份额的90%。

在美国，MIT的Bawendi和劳伦斯伯克利国家实验室（Lawrence Berkeley National Laboratory，LBNL）的Alivisatos在量子点材料的基础研究方面走在前列，发明了有机金属前驱体合成方法，衍生出了QD Vision和Nanosys两家在量子点行业有影响力的创新企业。在韩国，三星联合首尔大学、韩国技术研究院等科研单位开展量子点的研究。2016年三星并购了美国QD Vision，入股Nanosys、Nanophotonica等公司，加强在量子点显示方面的国际地位。

近年来，通过浙江大学等以及纳晶科技、TCL、京东方等大力推动，我国在量子点材料、QLED器件、打印技术等方向处于国际领先地位。

纳晶科技在量子点材料的产业化方面取得了一定成绩，建成大规模、低成本的光致量子点浓缩液生产基地（产能达150t/年）。纳晶科技的量子点背光膜片技术已经达到国外先进水平，建成年产50万m^2的量子点膜生产线，2019年生产量子点膜44万m^2，2020年生产量子点膜135万m^2。

华星光电、京东方等国内显示巨头纷纷加快布局电致发光QLED显示领域。华星光电研发团队在QLED器件寿命开发尤其是蓝色器件寿命、打印器件结构和工艺等方面取得一定进展，加速布局更高世代产线、向产业化应用推进。我国在QLED领域的公开专利申请数量已跃居全球第二，紧追韩国。在产品研发上，华星光电与广东聚华于2018年及2019年先后推出了全球首款31in UHD印刷H-QLED样机及全量子点QLED样机。

QLED在高纯度、高亮度和低电压、高分辨率RGB阵列模式和超薄外形等方面表现出优异特性，为其创造了广阔的应用市场，尤其是柔性、可穿戴电子设备领域。目前，QLED面临器件寿命短、蓝光效率低、镉系量子点含毒性等挑战，QLED尚未实现大规模商用。未来，随着加工技术、封装技术、新型器件、系统设计的改进与提高，发展无重金属的量子点材料势在必行。QLED器件的结构复杂，包含金属/无机物界面和无机物/有机物界面，特别是量子点和电荷传输层的界面以及其界面存在表面态，导致其载流子的传输机制要比其他光电器件复杂，随着人们对QLED工作机理的进一步深入研究，未来其性能也必将进一步提升。将来，QLED可被用于更先进的器件和设备上。在国内，京东方2020年在高分辨率、全彩QLED的研究方面取得重大突破，实现了分辨率500PPI、色域114%NTSC的器件生产。IDTechEx预计，到2026年QLED市场规模有望达到112亿美元，其中显示领域市场规模为96亿美元（图1-22）。

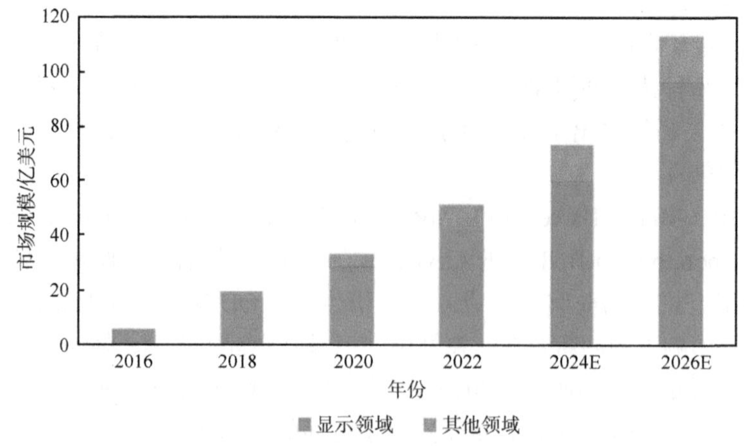

图1-22 QLED市场规模预测

6. 纳米LED显示技术

1）技术原理

纳米LED是一种通过先进的半导体制造工艺，将原本肉眼可见尺寸级别的LED以柱状形式集成在一块单独的芯片上的显示技术（图1-23）。每个柱状LED都拥有PN结构，能够独立发光，微观上看是一个微缩了无数倍的LED（图1-24）。普通LED产品尺寸在毫米级别，而纳米LED尺寸在几十纳米到几微米级别，一个毫米级别的空间内能够承载数万根这样的柱状LED。目前，纳米LED的亮度最高可以达到OLED的10倍，功耗仅为OLED的1/4左右。

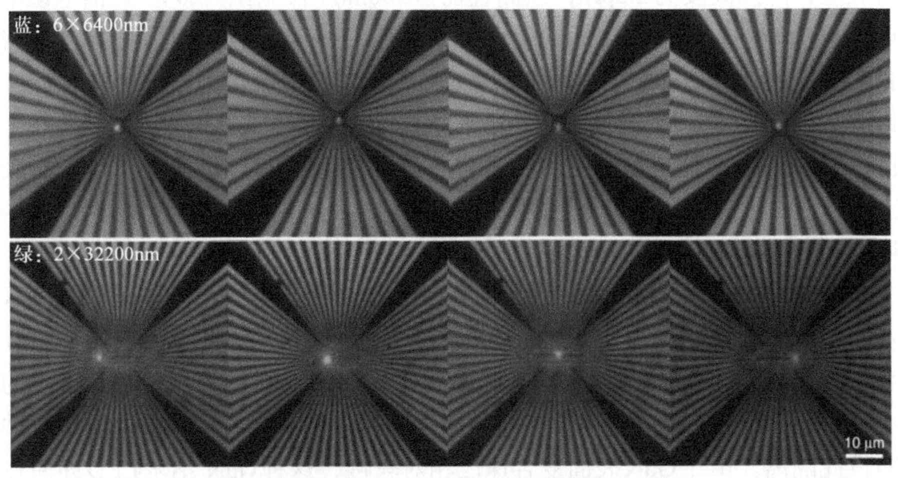

图1-23 纳米LED阵列光学图像

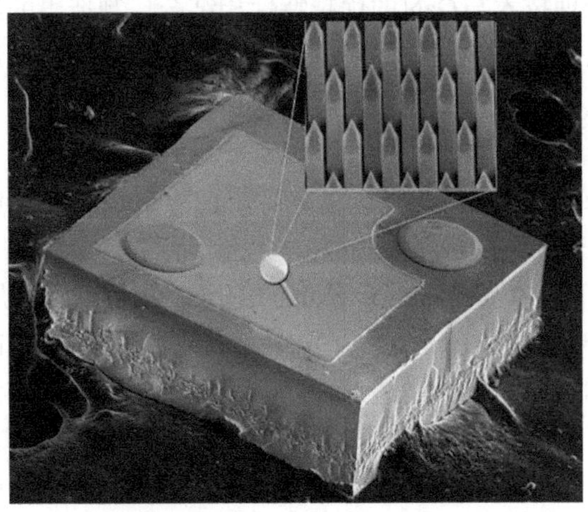

图1-24 纳米LED的微观照片

纳米LED最高亮度可达2万cd/m^2、最高分辨率达2000PPI，色域大于150% NTSC，因其自发光的特性，理论上对比度可以做到无限大，寿命达10万h以上，完全可以用于任何显示设备。在显示设备中，目前LCD发光效率为3～4lm/W，手机OLED发光效率为4～5lm/W，纳米LED发光效率可以达到12～16lm/W。

2）技术发展现状

2016年，Park等通过自组装聚苯乙烯纳米球沉积、干/湿双刻蚀和直接切割工艺相结合的方法，制作三角形二维InGaN/GaN纳米柱阵列和数百万个单独分离的一维InGaN/GaN纳米柱LED。三角形二维InGaN/GaN纳米柱阵列置于蓝宝石衬底上，阵列高度为2.5μm，顶侧直径为500nm（长宽比=5.0）。扫描电镜结果表明，成功地均匀制备了数百万个一维InGaN/GaN纳米柱。经后处理，该器件的最高亮度为2130cd/m^2，电流效率为1.65cd/A，功率效率为0.95lm/W。该实验可以制造数以百万计的高纯度的微小纳米柱，将纳米柱以更高的密度组装在电极之间，并以更强的连通性将纳米柱和电极连接起来，可广泛应用于自发射表面LED，如可扩展和可成形表面照明、电视级室内发射显示器的像素阵列、偏振表面照明和其他创新应用。

2020年6月，布伦瑞克工业大学 Bezshlyakh研究团队开发了一种金属-氧化物-GaN（metal-oxide-GaN，MOGaN）工艺。MOGaN过程利用了有限的P型电导率（P-GaN层的一般属性），把P-GaN层作为LED结构的顶层，与其接触的电流有限扩散，利用P型电导率和层厚特性，从而限制了发光区域，而无须将纳米LED彼此隔离。由于GaN表面复合速度相对较慢，这种GaN 纳米LED即使在非常小的尺寸下也具有高效率，与传统的四元芯片InGa AlP LED工艺形成鲜明对比。先进的材料处理技术与GaN的优越特性相结合，制造出的纳米LED阵列发光波长小，并且可以对每个纳米级像素单独寻址控制。研究团队通过多种高分辨率的表征方法对纳米LED进行分析，发现纳米LED阵列尽管尺寸非常小，但质量很高，运行稳定。研究结果表明，GaN作为未来纳米LED显示技术的基材具有表面复合速度慢、P-GaN层低电流扩散、蓝绿范围内发射波长可调整等诸多优势，这一突破有可能在未来实现许多新型应用。

MOGaN关键工艺在于P-GaN层顶部的绝缘SiO_2层。SiO_2层仅在刻蚀形成开口的情况下才与P-GaN层物理接触，并作为最终器件中的LED区域。金属接触线设计在SiO_2层的顶部。整个制造过程结合了光刻、干刻蚀和湿刻蚀以及绝缘和金属蒸发工艺。

2020年8月，美国国家标准与技术研究所、马里兰大学和伦斯勒理工学院等开发了一种新型纳米LED，有望突破长期存在的光源效率限制。研究人员经实验发现，得到的纳米LED的亮度是传统亚微米LED的100～1000倍，并且具备产生激光的能力。研究人员在纳米LED中引入了氧化锌翅片。翅片阵列看起来就像一把小梳子（图1-25），并可以向1cm以外区域延伸，细长的形状和较宽的侧面能够接收更多电流。新型纳米LED将在化学传感、便携式通信产品、高清显示器和芯片级设备等方面具有重要应用价值。

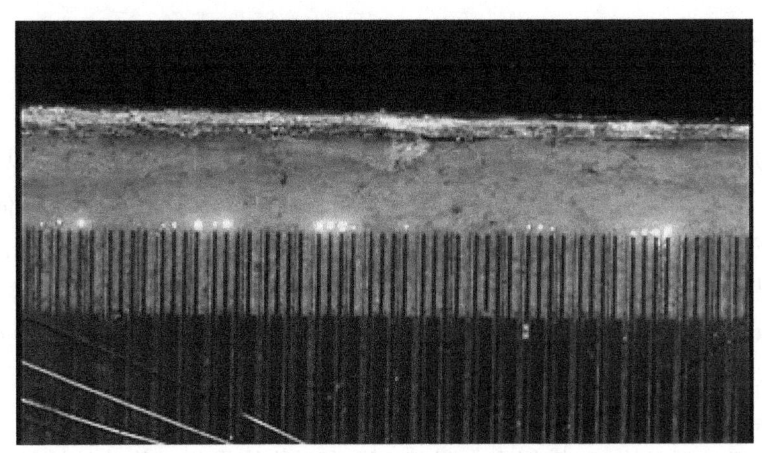

图1-25 显微照片中的纳米 LED 的梳状阵列

目前对于纳米LED的研究中，一维GaN纳米结构的发展引起研究人员的关注。一维GaN纳米结构在亮度、内部效率和萃取效率方面有很大的改进潜力，将有可能解决基于GaN衬底的LED下垂问题。现阶段成果中，利用自底向上的制备方法，可以避免等离子体损伤制备高质量的一维GaN纳米结构，以及非极性或半极性GaN纳米结构。与此同时，各种组装技术，如分层法、转移打印技术、流体流动辅助技术和电场辅助技术，已被用于对一维GaN纳米结构定位上。

纳米LED显示技术关键是解决白光难题。目前的白光LED是通过二次激发获得的，需要单色LED产品并搭配相应的荧光粉。激发过程是一个耗能过程，多余的能量通过热量散发，整体效率不高。除此之外，荧光粉还存在寿命衰减、色温衰减等问题。如果采用三基色组合而成的白光纳米LED，就可解决荧光粉温度控制、寿命衰减等问题，整体效能将会大大提升。

目前纳米LED正处在产业化的前期，需要解决纳米柱状发光体稳定性、均匀性等诸多问题。近年来，韩国三星一直积极投身于纳米LED的研究，累计取得了160多项纳米LED领域专利，美国能源部阿贡国家实验室、布鲁克海文国家实验室、洛斯阿拉莫斯国家实验室、SLAC国家加速器实验室和众多高校也在不断进行研究，取得了一定成果。我国台湾省具备LED产业基础优势，台湾省的研究院也在进行纳米LED的探索。南京大学、天津大学、中国科学院上海光学精密机械研究所等一批高校及科研院所已经开展了LED领域相关研究，并取得了一定的成果。总体而言，国外在外延、光刻技术和设备方面有明显的领先优势，目前纳米LED相关已研发产品器件在漏电流控制、输出功率、外量子效率等水平上高于我国。随着研究的深入，纳米LED显示所具有的技术和性能优势愈发展现其广阔应用前景。

7. 光场显示技术

1）技术原理

1939年，Gershun提出光场的概念，光场即光线在空间中的分布。要实现光场显示，需要构建一种显示器，该显示器可以是一个平面、柱面或任何其他形状，但该显示器需要控制平面或柱面显示屏上每个点的光线强度和方向，虽然没有直接显示发光点，但从人眼来看，相当于在空间的某个深度存在一个发光点，这种显示就是光场显示。当显示器发出的多根不同方向的光线同时进入人眼时人眼的晶状体会自动调焦，而不会调焦到光场显示器平面上，这样就消除了三维显示中调焦和辐辏的冲突。光场技术就是把人眼看到的光线空间采集下来，再将光线进行重组，可以让VR模拟出人眼基于距离对物体聚焦、移动的效果，捕捉光线信息，重现三维世界。

2）技术发展现状

光场成像系统主要通过光学装置采集捕捉空间分布的四维光场，再根据不同的应用需求来计算出相应的图像。光场成像技术基于四维光场，旨在建立光在空域、视角、光谱和时域等多个维度的关系，实现耦合感知、解耦重建与智能处理，用于面向大范围动态场景的多维多尺度成像。

光场技术包括光场采集技术和光场显示技术。光场采集技术相对更成熟，目前在某些面向企业（to business，ToB）领域已经基本达到可以落地采用的程度。相比之下，光场显示是偏向面向用户（to customer，ToC）的产品，用户在成本、体积、功耗、舒适度等方面都极度挑剔。光场显示技术最常见的有多层液晶张量显示、数字显示、全息显示、集成成像光场显示、多视投影阵列光场显示、体三维显示。目前，光场显示正在通往商业化实用的道路上，最大的挑战在于光场显示设备的小型化和低功耗，需要材料学、光学、半导体等多个基础学科的协同努力。光场成像技术正逐渐应用于生命科学、工业探测、国家安全、无人系统和AR/VR等领域，具有重要的研究价值和产业应用前景。

目前常用的光场采集方式主要有两种：一是利用相机阵列采集来自不同方向（分布）的光线；二是将不同方向的光线信息与不同位置的光线信息混合编码至平面成像的芯片中。在实际应用中，尤其是利用相机阵列采集光场数据时，光场的视点采样往往是稀疏的、欠采样的。因此，利用稀疏化的采样数据进行光场重建是光场成像及应用的基础难题。此外，光场的高维度极大地增加了对其进行处理和分析的复杂度，在算法设计上施加了更具挑战性的条件。例如，传统二维图像中的分割旨在将单个图像内的前景和背景分开，而在光场中执行分割时不仅要对多个视点的图像进行处理，还需要保持光场结构的稳定性。采用光场高维信息采集手段取代传统二维成像这一视觉感知方法，并结合智能信息处理技术实现智能化感知功能，是实现光场显示技术产业应用面临的巨大挑战。

采用投影阵列的光场三维显示系统通常由二维分布的投影阵列和光场屏幕构成。为提高显示分辨率、降低信息量，该光场三维显示通常仅显示水平方向的光场信息，为此投影屏幕采用了水平方向散射角小、垂直方向散射角大的光场屏，水平方向存在小的散射角是为了填补投影机之间的光线缺失。

2013年，美国南加利福尼亚大学采用72台投影机在一个凸起的光场屏幕上构建了一个视角达到110°的光场显示装置。由于采用的投影单元体积小、密度高、显示屏幕小，显示的光场图像质量较高。

为构建大尺寸360°视角的光场显示装置，2012年，浙江大学研究团队提出了采用环形分布的投影阵列和柱形光场屏幕的光场显示装置构想，并于2016年构建完成。系统的直径为3m，高1.8m，采用了360台投影单元，系统采用4台高性能计算机进行光场绘制和计算，图像刷新率大于30Hz。

同年，苏州大学研究团队利用纳米光栅曝光设备，在LCD面板上制作微纳光栅来控制每个像素的发光方向，实现了液晶显示器的光场三维显示，装置分辨率为160PPI，光线角度方向数目为64个，视角为50°。

2018年，光场实验室（Light Field Lab）通过生成大量视角的图像来重建物理光学的图像，图像由屏幕外部投影产生，可以和现实世界一样进行位置和视角的调整，展示了2in全息投影的核心模块。未来，Light Field Lab还计划开发“全息甲板”，以及可触摸虚拟物体，被学术界称为体积触觉。

光场三维显示是在重新构建三维物体发光分布基础上实现的一种三维显示，具有连续视角、消除聚焦辐辏冲突等特点。但光场三维显示所需要的信息量比常规平面显示器信息量增大了数个量级，对现有显示器提出了新的技术挑战。

2021年10月，社交媒体巨头“脸书”（Facebook）更名为Meta，意欲表明其将进军元宇宙领域，元宇宙概念随之兴起，受到全球广泛关注。元宇宙为下一代移动互联网代名词，以VR和AR技术提供支撑平台，构造虚拟空间和更多维度的信息，带来更强的真实临场感。未来元宇宙将依靠多公司、多行业协作共建形成全新虚拟宇宙。元宇宙将构建全新的基础服务体系、高兼容性的场景标准、三维显示、实时同步网络等新内容，衍生全新的职业和新兴行业，并带动多行业的“互联网+”升级。未来元宇宙的发展离不开VR和AR技术的支撑，而VR和AR

技术属于光场显示技术的范畴。

光场三维显示的研究方向主要集中在两个方面：第一，利用现有显示元器件，通过光学、电子等技术手段进一步加大信息集成，并针对光场三维显示应用特点对现有显示器件和系统进行优化设计，提高现有光场三维显示质量；第二，构建基于全新原理的光场显示器件，针对光场平板显示要求，研究高空间分辨率和高速光场角度调控的平板显示器件，为未来平板显示产业提供变革性技术方案。

从全世界光场技术发展趋势看，美国硅谷的科技巨头（如谷歌、Facebook、MagicLeap等）争相布局和储备光场技术，有些甚至已经出现了示例应用，推出了自主方案并已制成样机。我国在全息三维显示、裸眼多视点立体显示、集成成像三维显示方面取得了一定的成果，但研究起步相比于国外较晚，理论研究和技术储备与当前国际先进水平尚存在一定差距。未来光场显示技术将在三维显示、安防监控、下一代移动互联网等领域有广泛的应用前景。

（二）信息显示技术发展趋势

近年来，智能科技取得巨大进步，显示需求也呈现出井喷式发展。随着新一轮科技革命和产业变革的蓬勃兴起，多种显示技术创新涌现，如OLED显示、量子点显示、Mini/Micro-LED显示、激光显示、电子纸显示等，推动着显示技术朝高清化、全色化、大屏化、柔性化、绿色化等方向发展。光学、半导体、材料、视频、信息等多学科、多领域交叉融合，进一步提升显示产品的竞争力、创新力和吸引力。

1. 半导体技术引领显示技术创新

以氮化镓、碳化硅、氧化锌、氧化铝、金刚石等宽禁带为特征的第三代半导体材料的产业化，以及相关器件迁移率及稳定性的不断提升将进一步加速显示技术多元创新发展。

2. 多种技术叠加融合

传感器与可穿戴柔性技术实现重大突破，让交互无处不在。例如，激光笔可视可以解决远程会议过程中无法点指重点的痛点，既可解决激光笔在显示器可见的问题，还可实现隔空书写操作和游戏互动娱乐的功能。

多种显示技术叠加趋势加快，充分利用不同显示技术的各自优点，达到更高的效率、更高的亮度、更长的使用寿命。例如，Mini-LED背光+量子点和纳米单元结合的滤光片+LCD技术，可实现高达2000cd/m^{2}的最高亮度和1000万：1的对比度。

3. 终端应用推动显示分辨率升级

目前，我国8K超高清实践取得了诸多进步，随着8K信号传输、8K编解码和8K内容等产业链相关环节实现技术突破和进步，未来8K产业发展将会继续带动包括显示面板在内的相关产业链发展。

4. 主动型发光将成为显示未来

随着主动型显示Mini/Micro-LED多维技术结合，OLED/QLED技术取得重大突破，显示器可以应用在建筑物外墙上，实现三维炫酷显示。华星光电从2012年开始布局主动式发光显示，深耕打印式OLED显示器，在2015年制作出成品，并相继推出31in 超高清4K显示器、31in透明显示器、31in打印式双显示器、31in超高清的QLED显示器，其中华星光电推出的17in OLED显示器产品卷曲半径达到20mm。

5. 显示形态将更加多元化

电致变色、Mini/Micro-LED、OLED技术实现色彩形态多元化，将推动显示外观与应用场景变革。小尺寸方面，随着折叠柔性屏的发展，显示形态将从内折、外折向Z字双折、双内折转变。其中，电致变色技术可以应用到手机后盖、飞机窗户以及汽车后窗上，这些都可以视作电视的新应用形态。此外，云卷屏（可卷曲屏幕）的出现让未来电视也可以实现“使用时展开，闲时收纳起来”。

第三节　我国信息显示关键材料发展现状

当前，“世界百年未有之大变局”正在加速演进，外部环境存在诸多不确定性，随着新的国际格局、工业革命、现代化模式不断形成，新型显示作为信息呈现和人机交互的关键环节，是电子信息产业的重要基础之一，也是先进制造的代表性领域。作为数字时代信息显示载体和人机交互窗口，新型显示已广泛应用于移动通信、教育、娱乐、医疗、交通、工业等诸多领域，形成了万亿元级市场规模，成为战略性高新科技领域的基础性和最具活力的产业。

经过多年的创新发展，我国信息显示产业“缺芯少屏”的状态彻底改变，我国已超越韩国、日本，成为全球信息显示制造大国。2020年，我国信息显示产业规模位居全球第一，多条全球最高世代液晶面板生产线满产满销，全柔性AMOLED面板生产线批量出货，8K超高清、窄边框、全面屏、折叠屏、透明屏等多款创新产品全球首发。

一代显示材料决定一代显示器件。与发达国家相比，我国信息显示产业在上游关键显示材料和关键装备方面的短板日益显现，上游领域中有超过60%的关键材料与装备依赖进口，落后于国际先进水平（表1-13）。掩模版、偏光片、有机发光材料和蒸镀机等受制于外企，我国产业关键环节尚难以自主可控，潜在发展壁垒日益显现，这些都是制约我国信息显示产业实现跨越式发展的瓶颈问题，给我国信息显示产业长足发展带来不利影响，加大信息显示产业关键材料攻关力度，提高关键材料、技术水平和供给能力，以“材料+设备+器件+终端+应用”为构架建设形成具有国际领先水平的产业生态，对加快信息显示产业升级换代、建设显示科技强国具有重要的战略意义。

表1-13 显示关键材料国产化率情况

序号	材料名称	国产化率 /%	国内市场规模 / 亿元
1	玻璃基板	＜20	203
2	靶材	30～50	138
3	光刻胶	＜10	55
4	掩模版	＜10	23
5	湿电子化学品	40	105
6	电子气体	50	13.8
7	彩色滤光片	20～50	169
8	偏光片	＜20	252
9	液晶材料	30～60	33
10	光学膜	20～50	81
11	有机发光材料	＜20	20.7

第二章　显示功能材料发展战略研究

第一节　概　　述

显示功能材料是指具有特定功能的显示材料，主要包括LCD用液晶材料、OLED材料、Mini/Micro-LED显示用芯片材料、量子点材料、激光显示用光源材料、电子纸材料、光场显示材料、纳米LED显示材料等。

本章围绕显示功能材料，重点分析国内外产业发展现状及趋势，梳理我国显示功能材料领域存在的问题，提出显示功能材料产业发展战略，为我国显示功能材料产业发展提供参考借鉴。

第二节　国内外发展现状与需求分析

一、LCD用液晶材料

（一）材料概述

1. 材料介绍

液晶材料是指在一定条件下既有液体的流动性又有晶体的各向异性的一类有机化合物。液晶材料作为液晶新型显示行业重要的基础材料，是液晶显示器的关键性功能材料之一，液晶材料在LCD成本中占比为3.5%。

单体液晶只具有一方面或几方面优良性能，不能直接用于显示，所以每一种单体液晶材料不可能满足任何一种显示方式对液晶材料的性能要求。实际应用中，通过选用多种具有优良性能的单体液晶，将其调制成混合液晶，使液晶材料的综合性能达到最佳，以满足显示用液晶材料的各项性能要求。

在面板中，液晶材料产品优劣直接影响LCD整机的响应时间、视角、亮度、分辨率、使用温度等关键指标。

LCD分为TN-LCD、STN-LCD、TFT-LCD三类，其中TFT-LCD是最主流的

应用，占比超过99%。

STN-LCD用液晶材料和TFT-LCD用液晶材料都是在初期的TN-LCD用液晶材料的基础上发展起来的。它们所用的单体液晶材料既有区别又相互交叉，如联苯类可应用于TN-LCD用液晶材料和STN-LCD用液晶材料，含氟液晶在三类LCD用液晶材料中均具有广泛应用。

1）TN-LCD用液晶材料

TN-LCD用液晶材料主要分为普通TN-LCD用液晶材料、低阀值TN-LCD用液晶材料、宽温TN-LCD用液晶材料、第一极值点TN-LCD用液晶材料和高TN-LCD用液晶材料。

TN-LCD用混合液晶品种较多，各个品种的性能参数差别较大，根据不同的驱动电压、液晶盒厚、响应速度、工作温度和占空比等要求，需要不同性能的TN-LCD用混合液晶相适应，主要包括介电各向异性（$\Delta\varepsilon$）、折射率各向异性（Δn）、黏度、清亮点和电光曲线的陡度等（表2-1）。

表2-1　TN-LCD用混合液晶的参数要求

液晶显示器	液晶材料
快速响应	黏度低
适当的工作温度范围	向列相温度范围适当；很低的 S-N 相变温度
低工作电压	$\Delta\varepsilon$ 大
多路驱动	提高电光曲线陡度，弹性系数比值 K_{33}/K_{11} 小，$\Delta\varepsilon/\Delta\varepsilon_{\perp}$ 大
高稳定性	高光、热、化学和抗紫外稳定性

注：S指应力水平；N指寿命

2）STN-LCD用液晶材料

STN-LCD用液晶材料主要包括低占空比STN-LCD用液晶材料、高占空比STN-LCD用液晶材料和CSTN-LCD用液晶材料。区别于TN-LCD用液晶材料，STN-LCD用单体液晶和混合液晶具有良好的光、热、化学稳定性，较高的电阻率，其混合液晶的电阻率≥$1\times10^{11}\Omega\cdot cm$。

为了保证显示品质的稳定性，要求STN-LCD用混合液晶（特别是CSTN-LCD用混合液晶）的$\Delta\varepsilon$和Δn等具有极低的随温度变化率，STN-LCD用混合液晶必须具有较宽的温度范围（表2-2）。

表2-2 STN-LCD用混合液晶的参数要求

液晶显示器	液晶材料
快速响应	极低的黏度
宽的工作温度范围	向列相温度范围宽；很低的 *S-N* 相变温度
低工作电压	$\Delta\varepsilon$ 大
多路驱动	提高电光曲线陡度，K_{33}/K_{11} 大，$\Delta\varepsilon/\Delta\varepsilon_{\perp}$ 大
高稳定性	高光、热、化学和抗紫外稳定性

3）TFT-LCD用液晶材料

TFT-LCD用液晶材料属于混合液晶。TFT-LCD用液晶材料必须满足如下特性的要求：动作温度范围（相的稳定性）、驱动电压（介电各向异性、弹性系数）、响应速度（黏度、弹性系数）、对比度、色调（相位差、折射率各向异性）、阶调、视野角等（表2-3）。含氰基化合物和酯类化合物无法满足这些条件，只有含氟的液晶材料适用于制作TFT-LCD。

表2-3 液晶材料物理特性值与TFT-LCD特性的关系

物理特性值	TFT-LCD 特性
转移温度（TNI 点）	高温保证
转移温度（低温安定性）	低温保证
介电各向异性（$\Delta\varepsilon$）	驱动电压
折射率各向异性（Δn）	折射率
弹性系数	驱动电压，响应速度
旋转黏滞系数（γ_1）	响应速度
滑动黏滞系数（η）	注入时间

（1）高稳定性：包括紫外光稳定性、热稳定性和化学稳定性。在TFT-LCD制造过程中，要求液晶材料在高温下依然具有高的电压保持率，以降低环境带来的影响。

（2）适度的折射率各向异性：不同的LCD模式对折射率各向异性Δn的要求不同，从而影响视野角。

（3）低黏度：黏度越低，响应时间就越短，响应速度就越快。

（4）较大的介电各向异性：介电各向异性$\Delta\varepsilon$越大，液晶材料的阈值电压就越小。

（5）高阻值：TFT-LCD用液晶材料要求较高的电阻率（一般要求在$10^{14}\Omega\cdot cm$以上），以抑制液晶的漏电流。

（6）高电压保持率：为了实现低电压驱动，液晶材料的$\Delta\varepsilon$都设计得比较大。因此，TFT-LCD用液晶材料必须要有高的电压保持率。理想的液晶材料电压保持率要大于98%。

（7）宽的温度范围：理想的保存温度范围为–40～100℃，一般要求使用温度为–20～60℃。

（8）良好的配向性：为了避免基板凹凸不平和寄生电场引起的液晶反转等配向性不良问题，一般把液晶的预倾角做得比较大。由于TFT-LCD用液晶材料中不含异质环和强极性基，预倾角的变化幅度比较小。

2. 产业链

液晶材料产业链上游为基础化工原料、液晶中间体，中游为粗品单晶、精品单晶及混合液晶，下游为LCD面板（图2-1中仅列出上游和中游产业）。

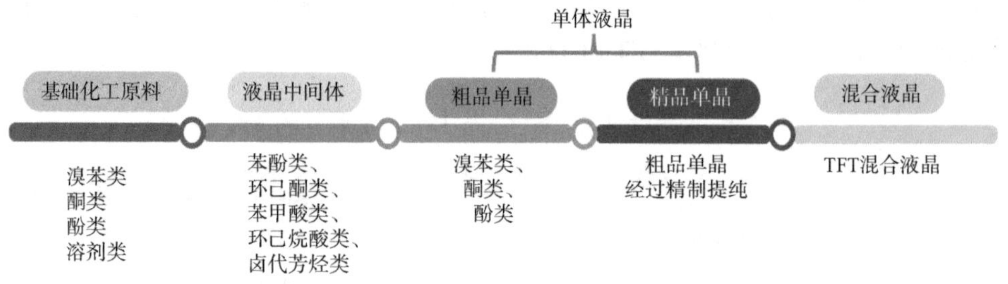

图2-1 液晶材料产业链图

液晶中间体主要包括苯酚类、环己酮类、苯甲酸类、环己烷酸类、卤代芳烃类等。粗品单晶由于各类型单体结构不同，种类繁多，一般采用多种溴苯类、酮类、酚类等化工原料和中间体来制备粗品单晶。精品单晶的原材料主要为粗品单晶、吸附剂和溶剂。混合液晶的原材料主要是精品单晶和吸附剂，不同种类的混合液晶会对应不同品质要求的精品单晶。用于生产TFT-LCD用液晶材料的精品单晶的品质控制指标明显高于其他精品单晶。

3. 制备工艺

液晶材料在制备合成过程中主要涉及三个环节，即液晶中间体合成、单体液晶合成及纯化、混合液晶配制。

液晶生产企业一般通过外购基础化工原料或中间体，经前端材料生产商或部分终端材料生产商合成粗品单晶，进一步提纯成为精品单晶，最终由终端材料生产商加入少量添加剂，将其调制成综合性能最佳的混合液晶供下游面板厂商使用。

4. 技术难点

混合液晶材料技术难点主要在于两个方面：纯化和混配工艺；下游产品高度定制化导致配方组合差异较大。

（1）纯化。粗品单晶精制纯化至精品单晶过程的部分工序如柱层析、洁净、干燥等必须在洁净室中进行，加氢反应需要选用特定的催化剂及反应条件，溶剂需蒸馏精制。同时，成熟的短程分子蒸馏技术、高真空减压蒸馏技术、微量杂质分析技术、催化剂偶联反应技术是提高混合液晶良率的关键。以常用的加氢反应、柱层析为例，加氢反应通过与氢气反应，使产品顺反比及不饱和化合物控制在目标范围内；柱层析则需在无水无氧环境中进行，可以去除液晶化合物中的微量杂质和痕量的离子，实现大批量产品的分离纯化。

（2）混配。制备混合液晶时，由于液晶的黏度高（有些在室温下是固态的），必须将液晶加热到一个清晰的点，然后通过机械搅拌、磁力搅拌或超声波充分均匀地混合。搅拌应在防尘、防潮或干燥的保护性环境中进行，对环境有严苛要求。

（3）定制化。客户对不同终端显示器件（手机、计算机、车载显示屏等）的种类、性能和品质指标个性化特点显著，对液晶面板的驱动电压、工作温度等有着不同的要求，因此液晶材料化学成分、配方组合、加工深度、纯度和品质等方面差异很大，对混合液晶定制化提出了更高的要求。

（二）国内外现状

1. 上游材料本地化供应充足，规模化优势突出

国外多数企业将重心放在精品单晶及高端混合液晶领域，上游原材料大部分从中国采购，将原材料运往国外纯化，然后运到中国混配，供下游面板厂商使用，只有小部分企业生产少量的中间体及单体液晶。

目前，我国是全球最大的上游中间体及单体液晶生产国，出货量全球占比超过80%，主要生产企业包括万润股份、瑞联新材、永太科技、康鹏科技等（表2-4）。

表2-4 主要企业产品

企业	产品	下游企业
万润股份	单体液晶：烯类、联苯类、环已烷苯类、酯类及其他含氟的液晶材料 中间体：苯酚类、环已酮类、苯甲酸类、环已烷酸类、卤代芳烃类	默克、DIC、JNC
瑞联新材	单体液晶：烯类、联苯类、环已基苯类、杂环类、环已烷苯类	默克、JNC、诚志股份、江苏和成、八亿时空
康鹏科技	含氟单体液晶	中村、默克
永太科技	氟苯中间体	八亿时空等

2. 国外企业掌握核心专利，国产化机进程加速推进

全球高性能混合液晶材料的核心技术和专利主要被默克及JNC、DIC三家企业垄断。技术上，三家国外企业构建了覆盖全球的专利保护网，提高了液晶行业的进入门槛（表2-5）。默克、JNC和DIC在全球范围内分别设置了16个、4个、17个研发中心，不断开发新技术、推出新产品。产品上，三大厂商在混合液晶领域占据全球近70%的市场份额，其中，默克在高性能TFT-LCD用液晶材料市场处于绝对领先地位。

表2-5 全球主要混合液晶企业专利数（单位：项）

企业	相关专利数
默克	1684
JNC	860
DIC	1028
诚志股份	369
江苏和成	119
八亿时空	207

近几年来，国内液晶材料厂商的竞争力持续提升，逐步掌握核心技术，突破专利壁垒，主要产品逐步从TN-LCD用液晶、STN-LCD用液晶转向高性能TFT-LCD用混合液晶业务（表2-6）。国内三大企业江苏和成、诚志股份、八亿时空均已形成具有自主知识产权的高性能混合液晶材料产品体系，产品性能和品质指标与国外同类先进产品相当。2020年，诚志股份、八亿时空、江苏和成等混合液

晶企业混合液晶材料产能为500t，出货量超过280t，本地化配套率达到53.8%。

表2-6 国内主要混合液晶厂商产品及客户

企业	主要产品	主要客户
诚志股份	TN-LCD、STN-LCD、TFT-LCD用液晶材料和OLED材料	华星光电、瀚宇彩晶、龙腾光电、深天马、京东方、中电熊猫
江苏和成	TN-LCD、STN-LCD、TFT-LCD用混合液晶，单体液晶及中间体	京东方、华星光电、中行光电、群创光电
八亿时空	TN-LCD、STN-LCD、TFT-LCD用混合液晶，单体液晶及中间体，OLED材料	京东方、群创光电、惠科、达兴、东进、大立高分子

（三）发展趋势

根据客户需求和最终销售环境差异，液晶原材料也呈现差异化供给。以平面内转换（in-plane switching，IPS）/边缘场转换（fringe field switching，FFS）类型液晶为例，国产电视采用IPS/FFS混合液晶和手机采用进口IPS/FFS混合液晶的差价达3倍以上。未来高端定制化混合液晶材料以及车载显示、手机用高性能液晶材料是世界各国发展的重点。

另外，LCD的应用领域不断扩大对LCD的响应速度、液晶屏幕厚度、显示视角及透光率等技术提出了更高的要求。

（四）市场需求

随着国家产业政策支持、国内多条高世代面板生产线建设以及国外企业合作交流增强，国内液晶材料企业得到较大发展。目前我国建成及在建高世代TFT-LCD面板生产线20条，按每平方米面板混合液晶材料需求量为3.6g计算，预计2023年中国混合液晶材料需求量为651t（图2-2）。混合液晶材料均价按800万元/t计算，预计2023年中国混合液晶材料市场规模将达52.08亿元。

（五）重点企业

1. 德国默克集团

默克是全球最早开始研究液晶材料的企业，经过多年技术突破和产品革新，目前占据全球40%以上的混合液晶市场份额，产品覆盖显示领域的TFT、TN、STN、超亮条纹场转换（ultra brightness fringe field switching，UB-FSS）及VA等多种类型的液晶材料。

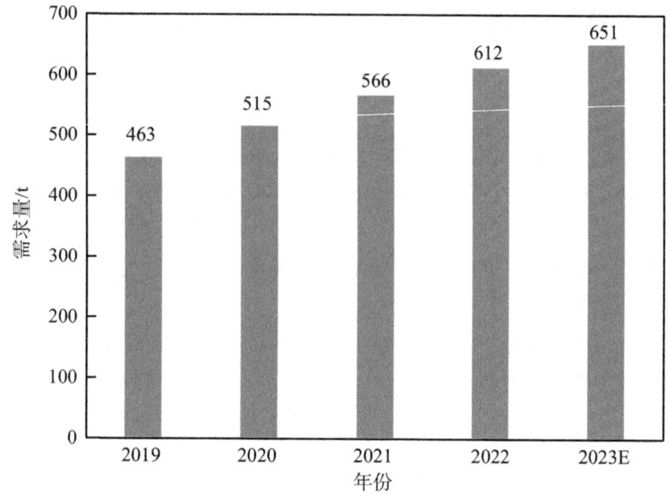

图 2-2 中国混合液晶需求量

2011年11月，默克首个液晶材料应用实验室在上海张江高科技园区正式投用；2013年12月，默克液晶中国中心正式运营，主要包括液晶混合厂、液晶实验室和液晶中国业务中心，是默克在亚洲成立的第四个混合液晶工厂。

2019年以后，默克全球混合液晶出货量维持在400～410t，市场份额保持在40%左右。

2. 日本JNC株式会社

JNC成立于1906年，2014年成立JNC液晶材料（苏州）有限公司。

2017年，JNC全球混合液晶出货量约198t，2018年出货量达到193t，2019年以后出货量降低到180t以下，市场份额也下降到20%左右。

3. 日本DIC株式会社

DIC系国际三大TFT混合液晶供应商之一。其主要产品有N型TFT液晶材料、纳米相分离高速液晶材料、光散射型聚合物网络液晶材料。

DIC在中国子公司主要有青岛迪爱生精细化学有限公司、青岛迪爱生液晶有限公司、上海迪爱生贸易有限公司、广州迪爱生贸易有限公司、DIC Trading（HK）Limited。其中，青岛迪爱生精细化学有限公司主要进行液晶材料的开发及研究，青岛迪爱生液晶有限公司主要进行液晶材料的生产，另外三家子公司主要进行液晶材料相关产品的销售贸易业务。

2019年以后，DIC全球混合液晶出货量达到100t以上，市场份额维持在

10%左右。

4. 上海飞凯材料科技股份有限公司

飞凯材料是我国最大的混合液晶供应商（表2-7），目前公司有3座混合液晶生产工厂（含在建工程），产能达到370t/年。

合成技术方面，飞凯材料子公司江苏和成通过多年的技术积累，生产的单体液晶达到99.99%的化学纯度，有害杂质控制在ppm（$1ppm=10^{-6}$）级别，使纯化后的单体液晶电阻率$\geqslant 5.0\times 10^{13}\Omega \cdot cm$，达到国际先进水平。TFT混配方面，公司拥有自主开发的单批次产量50kg TFT混合设备及混配技术，处于国内领先水平。

表2-7　飞凯材料液晶材料研究进展

技术名称	技术来源	技术特点
单体液晶结构设计技术	自主研发	利用软件进行模拟和计算，进行性能的初步测算和结构修饰
有机合成技术	自主研发	可以进行高温（300℃）、超低温（–100℃以下）、高压、低压反应，以及氧化、还原等各种常规反应
液晶纯化技术	自主研发	采用新型自主设计合成吸附材料，提高单体液晶的电阻率，降低金属离子含量
连续化提纯技术	自主研发	采用自主研发的提纯设备，提高产品质量，增加效率，以及降低工人的操作难度和劳动强度，实现安全生产
混合液晶配方开发技术	自主研发	开发出多种单体液晶材料配方，混合液晶材料性能达到国外先进水平
混合液晶生产技术	自主研发	实现大型、自动化混配生产
条码扫描质量管理系统技术	自主研发	实现从原料、中间体到最终产品的全过程有效监控，大大减少出错的概率

资料来源：和成显示公开转让说明书，中信证券研究部

5. 北京八亿时空液晶科技股份有限公司

八亿时空于2010年成立，是我国掌握TFT混合液晶核心技术、拥有自主知识产权并成功实现产业化的三家主要液晶材料企业之一。现有混合液晶产能约50t/年。公司已形成拥有自主知识产权的高性能混合液晶材料完整工艺，涵盖研发技术、生产工艺和品质控制能力（表2-8）。

表2-8 八亿时空液晶材料研究进展

产品类别		产品	应用领域	主要客户	产品特点	技术水平
混合液晶	TFT 混合液晶	IPS-TFT	液晶电视、平板电脑、智能手机等	京东方、群创光电	品质高、性能优良	达到国际水平
		VA	车载显示等	黑龙江天有为、日本精机、日本九州、深圳研翔、蚌埠高华电子	对比度高、驱动电压低、视角宽	达到国内领先水平
	其他混合液晶	TN	电子表、计算器、电话机、传真机、仪器仪表表盘等	黑龙江天有为、日本精机、日本九州、深圳研翔、蚌埠高华电子	结构简单、品质不高、扭曲取向偏转为 90°	达到国内领先水平
		高 TN	游戏机、电饭煲、汽车仪器表盘等	郴州恒维、合肥精显、大连龙宁、邯郸富亚	对比度高、功耗低、扭曲取向偏转为 110° ～ 130°	达到国内领先水平
		STN	电子词典、电子记事本、可穿戴显示等	日本精机、日本九州、蚌埠高华电子、深圳研翔、康惠半导体	对比度高、功耗低、陡度高、驱动电压低、扭曲取向偏转为 180° ～ 270°	达到国内领先水平
		聚合物分散液晶及其他混合液晶	玻璃幕墙、汽车玻璃、家庭或办公等	京东方、江西科为、珠海兴业	光学各向异性大、品质要求适中	达到国内领先水平
单体液晶		精品单晶	应用于精品单晶的生产	大立高分子、达兴、河北美星化工	纯度不高	达到国内领先水平
			应用于混合液晶的生产	大立高分子、达兴、河北美星化工	电阻率、纯度、离子含量等明显提升	达到国内领先水平
其他		中间体等	基于化学原材料合成的显示材料中间体	大立高分子、达兴、韩国东进、河北美星化工	达到显示材料性能和品质的要求	达到国内领先水平

资料来源：八亿时空招股说明书

（1）IPS混合液晶方面。公司自主研发的超高分辨率（4K/8K）显示用液晶材料已通过全球首条10.5代线（京东方）的验证，成为该条生产线首家国产液晶材料供应商。

（2）聚合物稳定垂直取向（polmer stabilized vertivally aligned，PSVA）混合液晶方面。PSVA混合液晶占有国内市场半壁江山。

（3）自取向垂直取向（self-alignment for vertical alignment，SAVA）混合液晶方面。公司2017年开始开发诱导液晶材料垂直取向的自取向添加剂，并在2018

年获得阶段性成果，具有多项在审发明专利。

6. 诚志股份有限公司

诚志股份是清华大学控股的高科技上市公司，也是清华大学在清洁能源、半导体显示材料和生命医疗等领域科技成果转化的产业平台。

诚志永华显示材料有限公司系诚志股份全资子公司，是国内主要的液晶材料生产厂家，通过自主研发形成了以环烷基为特点的液晶体系。目前，诚志永华研制和开发的混合液晶产品多达800余个系列，单体液晶达2000余个品种，公司拥有2个混合液晶生产工厂，在所有工厂都完成建设后，混合液晶产能预计将达到178t/年。

公司拥有200多项国内外授权发明专利，其中包括液晶专利国外授权51项、OLED专利国外授权21项。

7. 苏州汉朗光电有限公司

汉朗光电成立于2009年，是专业的液晶新材料及液晶光电器件研发和制造商，开发的多稳态液晶（multistable liquid crystal，MSLC）特种液晶技术达到国际领先水平。汉朗光电于2020年进入液晶生产领域。汉朗光电计划在苏州建立混合液晶研究中心，并计划在重庆建立混合液晶生产基地，预计产能为50t/年。

二、OLED材料

（一）材料概述

1. 材料介绍

OLED面板是一种多层结构，包括阳极、空穴注入层、空穴传输层、发光层、电子传输层、电子注入层、阴极及基板。各结构层材料按用途分为有机发光材料、空穴功能材料（包括空穴注入材料和空穴传输材料）和电子功能材料（包括电子注入材料和电子传输材料），如表2-9所示。其自发光原理为在一定电压驱动下，电子和空穴分别从阴极和阳极注入电子传输层和空穴传输层，然后分别迁移到发光层，相遇形成激子使发光分子激发，后者经过辐射后发出可见光。

表2-9　OLED材料种类及特性

材料	物质	主要特征
电子注入材料	LiF、MgP、MgF_2、Al_2O_3	平衡载流子，阻挡水氧渗透
电子传输材料	Alq3、Almq3、DVPBi、TAZ、OXD、PBD、BND、PV	电子亲和势大、电子迁移率高、稳定性好、高度激发态能级
有机发光材料	Alq3、Almq3、Blue、TBADN	荧光量子效率高、成膜性好、热稳定性良好

续表

材料	物质	主要特征
空穴传输材料	TPD、NPB、PVK、Spiro-TPD、Spiro-NPB	空穴迁移率高、热稳定性高、有效阻挡电子
空穴注入材料	MoO_3、CuPC、TiOPC、m-MTDATA、2-TNATA	薄膜均匀、附着性高、透光率好、导电性好

资料来源：OLED显示概论

注：Alq3是羟基喹啉铝类金属配合物，是有机电致发光器件中的关键材料；Almq3又称5754，属于防锈铝，具有中等强度、良好的耐蚀性、焊接性及易于加工成形等特点，是典型的Al-Mg合金；DVPBi系日本出光兴产产品，属于OLED典型电子传输材料；TAZ是OLED材料中间体；OXD是聚酯复合防水卷材；PBD是聚丁二烯（polybutadiene）；BND是氮化硼涂料；PV是聚氯乙烯；Blue是一种蓝色发光二极管的物质；TBADN的分子式为$C_{38}H_{30}$，相对分子质量为486.6448；PPD是聚二甲基硅氧烷；NPB是正溴丙烷；PVK是聚乙烯基咔唑；Spiro-TPD是2, 7-双[N, N-双（4-甲氧基苯基）氨]-9, 9-螺二[9H-芴]；Spiro-NPB是二叔丁基环戊二烯基钐；CuPC是酞菁蓝（copper phthalocyanine）；TiOPC是酞菁氧钛，一种高效的有机光导体；m-MTDATA是4, 4′, 4′-三（N-3-甲基苯基-N-苯基氨基）三苯胺；2-TNATA是4, 4′, 4″-三[2-萘基苯基氨基]三苯基胺

1）空穴注入材料

空穴注入层的薄膜通常比较均匀，薄膜黏结能力强，有利于电极和发光层的结合，减少界面缺陷。过渡金属氧化物（如MoO_3、WO_3、V_2O_3）可作为空穴注入材料，具备良好的透光率和导电性。导电聚合物PEDOT：PSS通过旋涂技术成膜后，在空气中非常稳定且具有较高的电导率，也可作为空穴注入材料。

CuPC是柯达公司最早使用的空穴注入材料，热稳定性能好，超过500℃才开始分解。就工艺而言，PEDOT：PSS可通过旋涂等溶液法成膜，再以热退火方式充分去除薄膜中的水分子，而CuPC在常规有机溶剂中的溶解性很低，无法通过简单低成本的溶液法制备，只能利用真空蒸镀设备或磁控溅射设备等来沉积成膜。

2）空穴传输材料

在OLED器件中，空穴传输材料对于促进空穴从阳极传输到发光层有着重要作用。通常对空穴传输层的要求有：良好的化学稳定性、较高的空穴迁移率、适当的载流子浓度以确保空穴传输层薄膜的导电性、合适的最高占据分子轨道（highest occupied molecular orbit，HOMO）和最低未占分子轨道（lowest unoccupied molecular orbit，LUMO）能级，以确保空穴能够被有效传输到发光层，同时阻挡电子到达阳极。

目前，多种空穴传输材料成功应用到OLED器件中，按照分子量可分为小分子材料和聚合物材料两大类。小分子材料主要包括三苯胺基材料、咔唑基材料、芴基材料、螺旋基材料和交联类材料。聚合物材料主要包括联苯基、萘基、芴基、咔唑基、吩噻嗪基等材料。

3）电子注入材料

电子注入层主要作为保护层阻挡水氧的入侵，提高器件发光层在空气中的稳定性，并且分散发光层非辐射复合产生的热量。

4）电子传输材料

电子传输材料在分子材料上表现为缺电子体系，具有较强的电子接受能力，可以形成较为稳定的负离子。通常对电子传输材料的要求有：较高的电子迁移率，有利于电子传输；相对较高的电子亲和能，有利于电子注入；相对较大的电离能，有利于阻挡空穴；激发能量高于发光层的激发能量；不能与发光层形成激基复合物；良好的成膜性和热稳定性。

5）有机发光材料

有机发光材料是OLED器件中最重要的材料，有机发光材料按照分子量又分为小分子有机发光材料和高分子有机发光材料。

小分子有机发光材料的相对分子量为数百至数千，一般用于真空热蒸发成膜，具有化学修饰性强、选择范围广、易于提纯、发光效率高及容易彩色化等特点。高分子有机发光材料的相对分子量为数万至十万，一般采用旋涂或喷涂成膜，具有制备简单、成本低廉、器件结构简单及耐热性高等特点，但亮度和颜色方面不及小分子有机发光材料。

蒸镀OLED材料均为小分子有机发光材料，要求材料在真空中加热时可以发生升华（固态→气态）或者蒸发（液态→气态）；印刷OLED材料包括小分子以及高分子有机发光材料，要求材料在有机溶剂中可以溶解以配制成印刷墨水，可以通过印刷、干燥和退火过程形成均匀的薄膜，并且获得的薄膜可以抵抗下一层印刷时可能发生的溶剂侵蚀或再溶解。

2. 产业链

OLED材料上游为基础化工原料，中游为中间体或单体粗品、前端材料、终端材料，下游为OLED面板（图2-3）。

3. 制备工艺

由化工原料有机合成中间体或单体粗品，然后合成OLED单体，通过一步或多步工艺合成前端材料再进一步合成升华前材料或升华材料，供应给面板生产厂商，最后通过蒸镀工艺、印刷工艺形成OLED材料层。

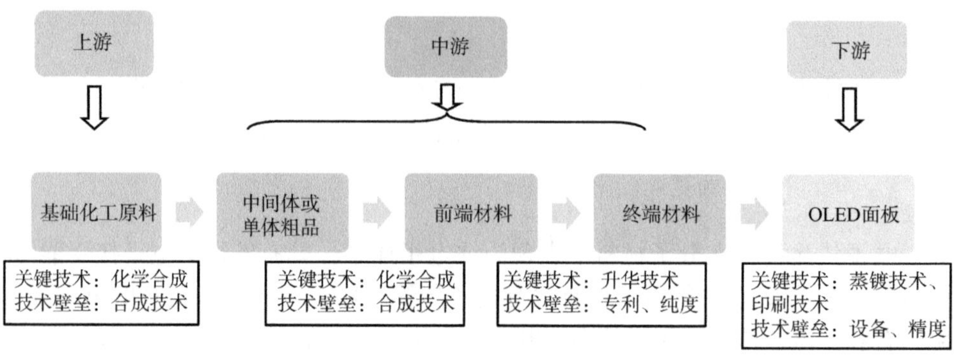

图 2-3　OLED 材料产业链

4. 技术难点

OLED终端材料的制备核心技术为真空升华提纯技术，在整个合成链中技术难度最高的环节是将材料升华提纯至电子级的过程（升华提纯）和将成品材料涂覆至基板上的过程（真空蒸镀或旋涂印刷），拥有较高的技术和专利壁垒。

升华提纯过程的难点体现在对升华后材料的纯度要求极高，单次升华的速率以及连续升华的能力乃单体材料制备过程中技术壁垒最高的环节。目前核心专利技术主要由韩国、日本、德国、美国垄断。这制约我国OLED升华后材料生产布局。

真空蒸镀的核心难点是各层材料在蒸镀过程中需要保持均匀的厚度，尤其是发光层的蒸镀过程，需要在同一层分别蒸镀红、绿、蓝三种发光材料，对位置的精确度以及厚度要求极高。此外，蒸镀机的获取成本也较高，国内的面板厂商甚至存在“一机难求”的现象。

旋涂印刷工艺由于机器寿命、喷墨打印技术尚未完全成熟，产业化应用较少。

（二）国内外现状

我国是OLED中间体/单体粗品的主要生产国，而发光材料主要被美国、日本、韩国、德国等国家的企业所垄断，国产化程度仍处于较低水平。

1. 市场垄断局面尚未打破

目前OLED终端材料的核心专利主要由韩国、日本、德国及美国厂商垄断，这些厂商经过多年的发展已经形成了较完整的产业链，基本上都有对口合作的、稳定的OLED前端材料供应商，国外龙头企业占据终端材料95%以上的市场份额（图2-4）。

OLED材料是终端材料核心部分，OLED材料历经了荧光、磷光、热活化延迟荧光（thermally activated delayed fluorescence，TADF）三个阶段。

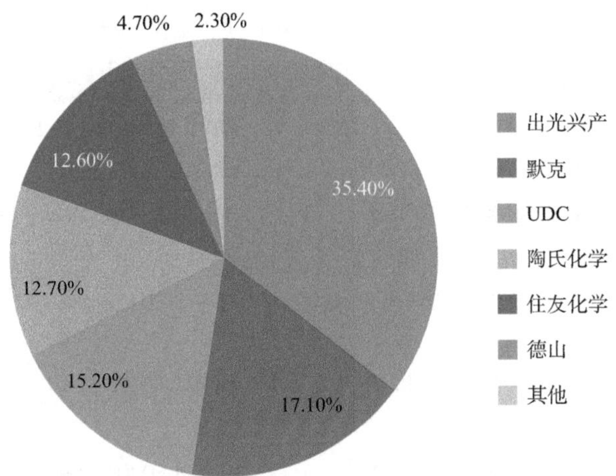

图 2-4　2019 年全球 OLED 终端材料市场份额

荧光材料的极限效率是25%，代表企业有出光兴产、保土谷化学（SFC）、陶氏化学等，其中，出光兴产市场份额达65%(图2-5(a))。

磷光材料可将单台的激发状态转换到三重态，效率接近100%，代表企业有默克、新日铁化学、三星SDI、陶氏化学、UDC、SEL等[图2-5（b）和（c）]。

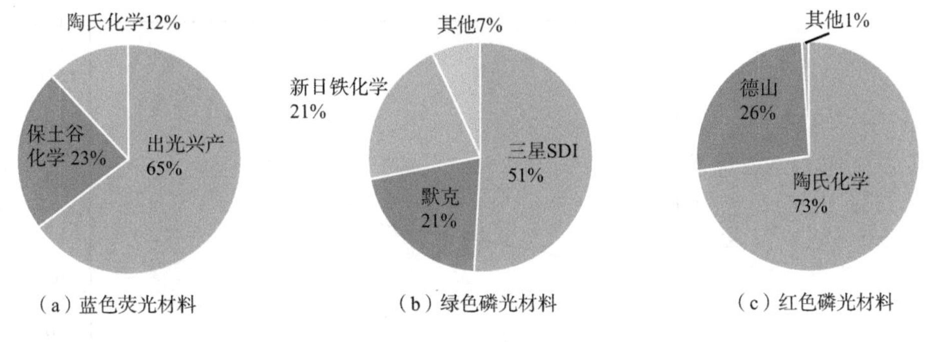

图 2-5　OLED 材料产业格局

TADF材料尚未完全实现商用，随着技术突破，未来高发光性能和长寿命TADF材料将成为发展重点。

2. 中间体/前端材料实现国产化

目前，国内的中间体和前端材料的代表企业有万润股份、瑞联新材和阿格蕾雅等。其中万润股份主要客户是默克；瑞联新材主要生产空穴传输层和荧光蓝色发光层中间体材料；阿格蕾雅具备量产40多种OLED材料能力（表2-10）。

表2-10 国内部分OLED材料厂商的产品布局情况

企业	主要产品	主要客户
瑞联新材	中间体	陶氏化学、UDC、默克、出光兴产
惠成	中间体	韩国企业、万润股份
万润股份	中间体、单体粗品、升华材料	斗山、LG显示、DOW、国内OLED面板企业
莱特光电	中间体	韩国企业
阿格蕾雅	升华材料（空穴传输层、电子传输层）、中间体	国内OLED面板企业及默克
奥来德	单体粗品、升华材料、中间体	eSolar、和辉光电、国显光电、维信诺
宇瑞化学	中间体	三星
冠能	中间体、单体粗品、升华材料	国内OLED面板企业

目前国内仅少数几家企业具备终端材料的供应能力，如阿格蕾雅、奥来德等。通用层材料国产供应占比约12%，发光层材料国产供应占比不足10%。

OLED材料国产化配套情况如图2-6所示。2020年，我国OLED材料市场规模达5.52亿元，本地化配套率达到8.88%。随着国外专利到期以及国产替代加速推进，2025年本地化配套率预计将突破25%。

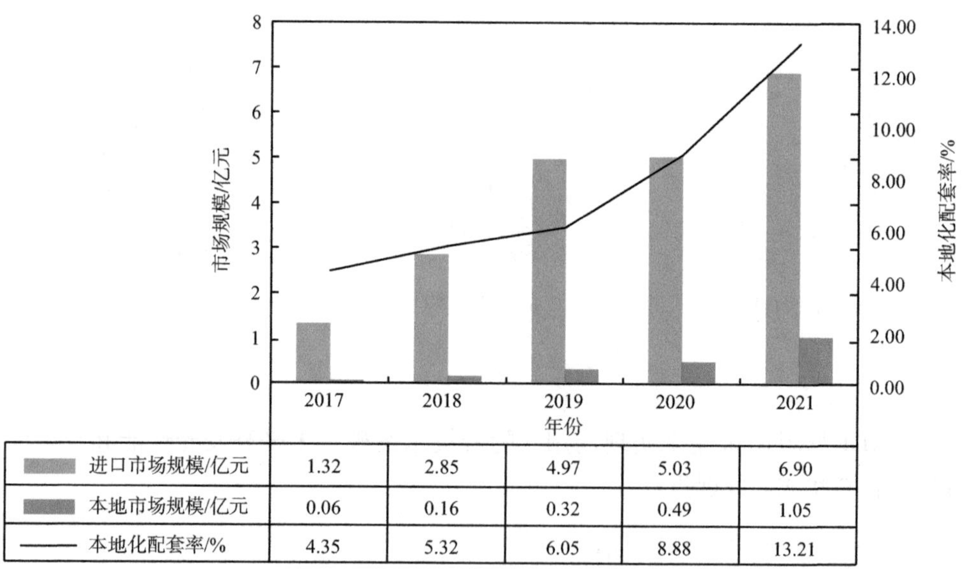

	2017	2018	2019	2020	2021
进口市场规模/亿元	1.32	2.85	4.97	5.03	6.90
本地市场规模/亿元	0.06	0.16	0.32	0.49	1.05
本地化配套率/%	4.35	5.32	6.05	8.88	13.21

图2-6 OLED材料国产化配套情况

（三）发展趋势

OLED发光层材料中蓝光效率低，是当前OLED显示技术发展的主要瓶颈。

有别于红色、绿色磷光器件，蓝色OLED依然采用低效率的荧光材料。TADF材料可通过能量的反向隙间穿越（reverse intersystem crossing，RISC）过程实现理论100%内量子效率，但色纯度低和效率滚降问题制约了产业化应用，加强高效率蓝色OLED材料及产业化应用是OLED材料的发展趋势之一。

另外，延长使用寿命是OLED材料持续研究的重点。荧光和磷光领域，光的能量越高，寿命越短，意味着红色寿命最长、绿色较短、蓝色最短。此外，颜色越深蓝的OLED材料，通常寿命越短。开发高效率、长寿命的蓝色发光材料是OLED材料另一趋势。

（四）市场需求

随着应用终端对OLED面板需求量的增加，未来3～5年OLED面板生产线将处于扩张高峰期。截至2020年底，全球建成AMOLED生产线45条，中国建成AMOLED生产线11条，在建AMOLED生产线4条。到2023年，若在建AMOLED产线全部投产，中国AMOLED总产能有望达到2006万m^2/年，全球占比可达46.28%。

下游面板需求扩张将带动OLED终端材料需求量大幅增长。2020年，全球OLED终端材料市场需求总量增加到88.23t（发光层材料需求总量约17.85t，通用层材料需求总量约70.38t），增幅为13.40%，市场规模达到12.6亿美元。2021年，全球OLED终端材料市场需求总量达到110.30t（发光层材料需求总量约22.92t，通用层材料需求总量约87.38t），增幅超过25%，市场规模达到18.0亿美元。2023年，全球OLED终端材料市场规模将达到23.0亿美元（图2-7）。届时，中国OLED终端材料市场规模将达到9.75亿美元。

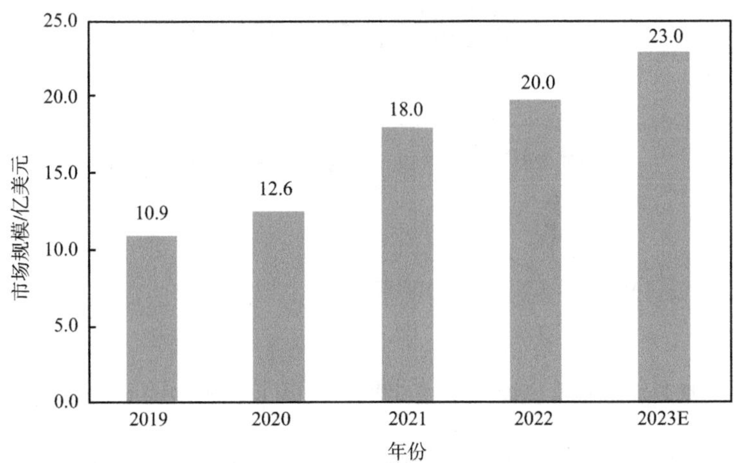

图2-7　全球OLED终端材料市场规模

资料来源：Omdia

（五）重点企业

1. 日本出光兴产株式会社

出光兴产于1993年开始OLED材料研发，目前已成为全球OLED材料主要供应商之一。其优势主要集中在OLED蓝光主体材料和掺杂材料，公司在蓝色磷光材料领域市场占有率高达65%。出光兴产拥有日本、韩国和中国三座OLED材料工厂，合计产能达32万t/年。

2. 德国默克集团

默克占据了全球27%的空穴传输层材料市场份额和21%的绿色磷光材料市场份额，已生产出基于蒸镀和基于溶液应用的新型OLED材料。默克与爱普生合作，期望通过新型喷墨式的可打印OLED技术，解决大面板OLED的生产瓶颈。

3. 美国UDC

UDC成立于1994年，是全球OLED材料龙头企业，主要产品为磷光OLED材料及相关技术，客户包括几乎所有的OLED面板厂商。目前在全球拥有4200多项已授权及申请中专利，拥有磷光OLED领域绝大部分专利，尤其在红光和绿光掺杂材料方面拥有较强的专利垄断权。

4. 中节能万润股份有限公司

万润股份是国内较早布局OLED的企业之一，经过多年发展，已经成长为国内OLED材料龙头企业，子公司有九目化学和三月光电（图2-8）。

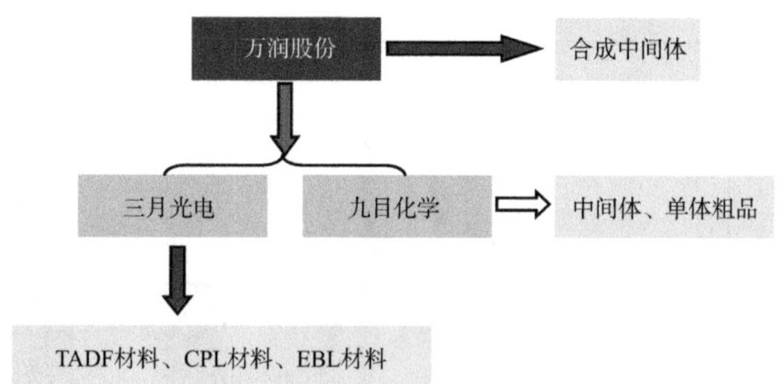

图2-8 万润股份业务布局

CPL指光学匹配层（capping layer）；EBL指电子阻挡层（electron-blocking layer）

九目化学致力于OLED中间体和单体粗品研发及生产，是国内最大的OLED升华前材料供应商，覆盖全球80%的下游客户，产品得到三星等主流厂商的认可。为进一步扩大产能，九目化学计划扩大产能，项目建成后，中间体和单体粗品产能达到350t/年（表2-11）。

表2-11　九目化学搬迁扩产项目（单位：t/年）

产品	一期产能	二期产能
吲哚并咔唑类电致发光材料	40	100
喹啉类光电化学品材料	10	25
磺酸酯类材料	10	25
硼酸类光电化学品材料	20	50
芳胺类材料	20	50
合计	350	

经过多年发展与积累，三月光电已掌握OLED材料结构设计、理化特性表征、器件制作及性能验证的核心技术和能力，成长为国内OLED行业自主成品显示材料领域专利与技术方面的领先企业，在CPL材料和TADF绿光单体方向获得突破性进展，其中，CPL及其他几种具有自主知识产权的OLED成品材料已经通过下游客户的批量验证，成为国内少数几家OLED成品材料供应商之一。

5. 吉林奥来德光电材料股份有限公司

奥来德成立于2005年，是我国领先的OLED终端材料制造商和设备制造商。公司产品主要包括中间体、前端材料、终端材料，目前终端材料产能达2300kg/年，产品覆盖发光功能材料、空穴功能材料和电子功能材料，产品已成功切入多家面板生产线（表2-12）。

表2-12　奥来德主要技术研究进展

技术名称	技术来源	技术概述
高迁移率电子传输材料开发技术	自主研发	通过构建特定空间结构的母核，优化电子功能基团进行修饰，实现材料的高迁移率、高玻璃化转变温度
高玻璃化转变温度的电子传输材料开发技术	自主研发	通过电子功能及发光效率较好的芳环基团构建特定空间结构的分子，调整优化材料性能，提高材料的玻璃化转变温度，有效提升材料的热稳定性和成膜性
可用于增强层的空穴传输材料开发技术	自主研发	通过构建特定空间结构的母核，利用结构改变调节能级，使之既具有空穴传输功能，又具有特定发光材料的增强功能

续表

技术名称	技术来源	技术概述
高玻璃化转变温度的空穴传输层材料开发技术	自主研发	通过构建不对称的、空间构型的母核，利用特定空间结构和一定分子量基团的调节，提升材料的热学性质和成膜性，在提高材料的空穴传输性能的同时，兼顾良好的空穴注入性能
高迁移率空穴传输材料开发技术	自主研发	通过构建特定母核结构，利用取代官能团的优化，实现空间构型的优化调整，提升了材料的空穴迁移率
高效率深红光材料的设计开发技术	自主研发	通过构建特定材料体系，利用基团结构修饰和优化，提升材料的发光性能，使其光谱红移到饱和红光，同时提升材料发光效率
高效率绿光材料的开发技术	自主研发	通过构建特定材料体系，利用对辅助基团的修饰，调控材料的发光波长，提升材料的发光性能，提升应用器件的发光效率和稳定性
低电压、高效率的蓝光材料的开发技术	自主研发	通过构建特定母核结构，利用合适的芳环基团有效降低应用于器件的工作电压，提升器件的发光效率

资料来源：奥来德2020年年度报告

奥来德是我国唯一能够生产蒸发源设备的企业，经多年研发投入，奥来德自主研发的蒸发源设备打破了国外技术壁垒，解决了国内6代AMOLED生产线的“卡脖子”技术问题，生产的蒸发源设备成功应用于成都京东方光电科技有限公司6代柔性AMOLED生产线，实际运行情况良好（图2-9）。

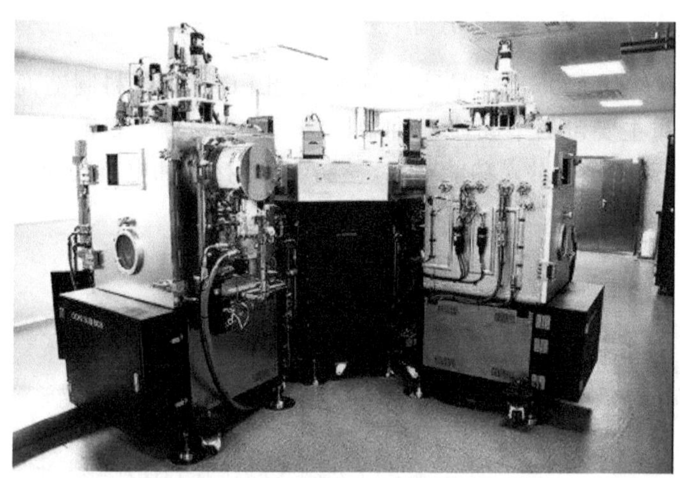

图2-9　奥来德主营产品——蒸发源设备

6. 西安瑞联新材料股份有限公司

瑞联新材是全球OLED前端材料领域的主要企业之一，与出光兴产、杜邦、默克、斗山、德山、保土谷化学等国际领先的OLED终端材料企业建立了长期稳定的合作关系，在全球供应链体系中占据重要地位。目前，公司已开发OLED前端材料化合物约1450种，前端材料已实现对发光层材料、通用层材料等主要OLED终端材料的全覆盖，是国内极少数能规模化生产OLED材料的企业。2020年公司升华前材料全球市场占有率约16%。

三、量子点材料

（一）材料概述

1. 材料介绍

量子点材料是一种纳米级别的半导体材料。量子点一般为球形或类球形，直径常为2～20nm，主要由ⅡB-ⅥA、ⅢA-ⅤA或者ⅣA-ⅥA族元素构成，如硅量子点、锗量子点、硫化镉量子点、硒化镉量子点、碲化镉量子点、硒化锌量子点、硫化铅量子点、硒化铅量子点、磷化铟量子点和砷化铟量子点、碳量子点等。目前使用的量子点材料主要有CdSe系列和InP系列，其中CdSe发光效率更高、色域表现力更宽广，InP不含镉元素，更加环保。量子点材料通过施加一定的电场或光压，便会发出特定频率的光，发光频率会随着半导体尺寸改变而变化。

2. 量子点光学特性

1）发光峰窄

由于量子点存在量子尺寸效应且其粒径具有高度的分散性，胶体量子点的发光峰非常窄（CdSe量子点的半峰宽为30nm，并且随着研究的深入，还在不断变得更窄）。相对于有机发光团（半峰宽为50～100nm），量子点具有更高的色彩饱和度。

2）光谱可调

量子点的光谱性能主要受颗粒本身性质的影响，包括材料的成分、颗粒尺寸等。紫外或者蓝光材料一般采用带隙较大的ZnS、ZnSe、CdS等，其带隙分别为3.61eV、2.69eV、2.49eV。红外光材料一般采用带隙较小的CdSe、InP、InAs等，其带隙分别为1.74eV、1.35eV、0.35eV。其中，CdSe跨越的光谱范围正好处于可见光区，因此CdSe量子点的制备和应用受到研究者的青睐。此外，量子点应用于发光领域的最大优势在于其发光峰位随尺寸可调，这一特性可以由其自身的量子尺寸效应决定。通过调节量子点的成分和尺寸，可以精确地调控其发光光谱，从可见光区可以拓展到近红外光区。

3）高量子产率

量子产率指处于激发态的量子点通过发光而回到基态的量子点占全部激发态量子点的比例，即量子点的发光效率。如表2-13所示，量子点具有很高的量子产率。量子点通过包覆宽带隙的无机半导体外壳，其量子产率可以提高到95%以上，并具有很好的光稳定性。相对仅使用有机配体来说，无机外壳可以更加有效地钝化量子点表面无辐射的激子复合位点，并将激子限制在核内，远离量子点的表面缺陷，最终提高量子点的量子产率。

表2-13　部分量子点的量子产率

量子点	尺寸 /nm	发光峰位 /nm	量子产率 /%
CdSe	3.8	555	30
CdSe/CdS	5.2	600	60
CdSe/CdS/Zn0.5CdS0.5	7.5	610	65
CdSe/ZnS/CdSZnS	5.5	530	100
CdSe/CdS/ZnS/CdSZnS	8.6	630	95
ZnSe/ZnS	—	412	45
CdZnS	6.3	452	—
CdZnS/ZnS	9.5	—	70
CdZnS/ZnS	11.5	—	98
InP/ZnSeS	2.8	518	72

4）光稳定性好

通过对量子点包覆壳层来钝化表面缺陷，将激子限制在量子点的核内，同时有效阻止氧扩散到核内，可以明显增强量子点光稳定性。厚的无机多层壳、表面钝化配体和分级的合金壳层能够较大程度甚至完全抑制量子点的发光闪烁（量子点激发光的间歇现象），进而达到更高发光效率。

3. 量子点材料分类

量子点材料分为光致发光量子点材料和电致发光量子点材料两大类。

1）光致发光量子点材料

光致发光量子点技术是通过蓝色LED激发红色和绿色量子点产生白色光源

的新型背光源技术，在显示领域与LCD相结合成为QDLCD背光。由于采用了稳定可靠的无机半导体量子点材料，降低了生产成本，提高了色纯度，发光效率提升30%～40%。

量子点背光源主要有封装在芯片表面（on-chip）、封装在“管”里（on-edge）、做成量子点膜（on-surface）等三种方式。其中，应用最广泛的是做成量子点膜方式，目前多数量子点电视都使用这种方法，包括三星、QD Vision、TCL、纳晶科技等。

由于量子点材料发光半峰宽比较窄（30nm左右），与荧光粉LED背光相比，量子点背光的红色和绿色更纯正。一般采用钇铝石榴石（yttrium aluminum garnet，YAG）荧光粉的LCD色域只有70% NTSC，而采用量子点膜的LCD色域可以达到110% NTSC，高于目前OLED电视的色域。

封装在芯片表面方式量子点粉体用量最少，材料消耗仅为做成量子点膜方式的万分之一，但寿命短，无法达到商业化应用的目的。封装在“管”里方式寿命大大延长，但因量子点管比较脆、容易破损、需要额外空间，不适合大规模推广。做成量子点膜方式是目前最成熟的方案，容易推广，未来会成为量子点电视的主流方案。

2）电致发光量子点材料

电致发光量子点技术是采用QLED阵列作为高精度的红、绿、蓝三基色像素，即每一个像素都是一个独立的QLED，并通过TFT阵列控制驱动电压，从而实现高分辨的主动发光控制。相比于背光源LCD屏，主动发光的有源矩阵量子点发光二极管（active-matrix quantum dot light emitting diode，AMQLED）屏在黑色表现、高亮度条件等场景的显示效果更突出、功耗更小，可适应更宽广使用环境温度范围。

与光致发光量子点材料相比，电致发光量子点材料技术难度更大。目前QLED量子点材料主要分为含镉量子点材料与无镉量子点材料。含镉量子点材料领域，CdSe是QLED量子点材料的热门，其制备简单、半峰宽窄、发光光谱可调范围大。

4. 产业链

目前，世界各国都在积极研发布局电致发光量子点，尚未完全实现产业化。光致发光量子点显示产业链较为成熟，从上游到下游依次为上游量子点材料和阻隔膜、中游量子点膜和LED背光模组、下游量子点电视，量子点材料领域的主要环节是材料的合成制备（图2-10）。

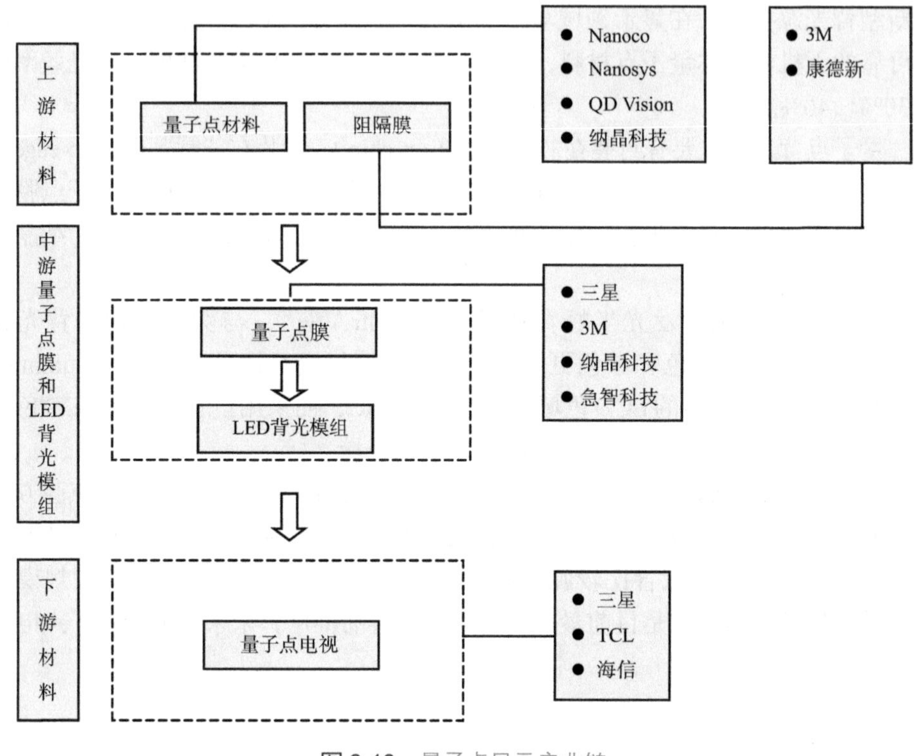

图 2-10　量子点显示产业链

5. 制备工艺

量子点材料制备工艺大致可以分为化学溶液生长法、外延生长法、电场约束法三类。量子点材料制备工艺主要采用化学溶液生长法。

化学溶液生长法是指在有机溶液中发生化学反应，生成相应的大小均一的量子点材料。化学溶液生长法得到的量子点的粒度和形貌可控，单分散性好，量子产率高，远优于外延生长法得到的量子点。化学溶液生长法得到的量子点称为胶体量子点，是显示功能材料领域的重点。胶体量子点为离散的纳米晶，能够采用多种方法进行化学后处理，并且可以自组装为薄膜。胶体量子点合成路径主要分为水相合成法和有机相合成法两类。

1）水相合成法

量子点的水相合成法主要是利用巯基小分子等配位剂作为稳定剂，基于共沉淀反应在水溶液中直接合成量子点。配位剂一般采用双功能的巯基化合物，巯基与量子点表面的金属Cd等配位结合，另一端的—NH_2、—COOH、—OH等可以作为功能修饰化基团，并且保证量子点的水溶性。水相合成法主要用于离子性较强的Ⅱ-Ⅵ族量子点。水相合成法操作简便、重复性高、成本低、表面电荷和表面性质可控，很容易引入各种官能团分子，便于大规模制备；水相合成法的不足在于量子点的结晶性和发光效率较低，单分散性和荧光量子产率不如有机相合成法。此外，巯基配体也很容易脱落使得量子点团聚变性。

2）有机相合成法

1993年，MIT的Bawendi研究团队报道了一种高温液相合成高质量CdE（E=S，Se，Te）量子点的方法。即在高温（200～360℃）惰性气氛保护下，有机配体和溶剂热解有机金属前驱体；热引发前驱体首先得到小的微晶，再经过成核、生长，直到冷却终止反应得到量子点。量子点的粒径范围和粒度分布可以通过调节反应时间和温度，以及前驱体和表面活性剂浓度来精确控制。获得的量子点被有机配体包覆，可以保证量子点在大部分常见的有机溶剂中可溶。为了解决有机镉前驱体有毒和不稳定的问题，2001年，彭笑刚研究组在《美国化学会志》（Journal of the American Chemical Society，JACS）上发表文章，利用CdO作为前驱体，开发出简单、高质量、大规模合成CdE（E=S, Se, Te）量子点的方法。这种方法中，CdO、$Cd(Ac)_2$和脂肪酸可以作为通用的镉前驱体和溶剂。得到的量子点粒径为1.5～25mm，可制备的量子点粒径范围宽于有机金属前驱体法。有机相合成法几乎可以合成所有种类的量子点，并且得到的量子点晶格较好，尺寸分布更加均一，量子产率更高，易溶于多种有机溶剂，有利于后续溶液制程，寿命长，光化学性质稳定。但这种方法造价较高，反应条件相对严格，反应规模不容易放大。目前，应用于量子点显示技术领域的量子点材料主要通过有机相合成法制备得到。

外延生长法是指在一种衬底材料上长出新的结晶，当结晶足够小时就会形成量子点。该方法具有容易与传统半导体器件结合、外延量子点的电荷传输效率比胶体量子点高、能级更容易调控、表面缺陷少等优点。相比于胶体量子点，外延量子点的成本较高。

电场约束法是指完全利用调控金属电极的电势使半导体内的能级发生扭曲，形成对载流子的约束。该方法制作出的量子点对其能级、载流子的数量和自旋等具有极高的可控性，成本最高、量子产率最低。

（二）国内外现状

量子点材料和量子点显示技术目前处于美、中、韩三强竞争的格局（表2-14）。在美国，MIT、LBNL作为量子点材料的研究先驱，发明了有机金属前驱体法，分别衍生出了QD Vision和Nanosys这两家在量子点行业有影响力的创新企业。佛罗里达大学在QLED方向也有一些创新研究，从而衍生出NanoPhotonica公司。阿肯色大学研发了绿色量子点合成路线，以极低成本、极简单设备制得发光性能更优、更可控的量子点。

表2-14 国外主要量子点材料企业研究方向与成果

国外企业	主要研究方向及成果
韩国三星	光致发光量子点背光电视在销量上稳居全球第一。第一条 QD-OLED 生产线于 2021 年在韩国忠南市牙山工厂投产，预计牙山工厂的 8 代 LCD 生产线将在 2025 年前转为 QD-OLED 生产，从而将基板产量提高到 360000 张 / 月 电致发光无镉量子点材料的开发方面国际领先，可将磷酸铟二极管寿命延长 100 万 h。在 QLED 全彩化转印工艺方面也处于领先水平
美国 QD Vision	全球第一家把量子点显示市场打开的公司，甚至被称为“量子点之父”，2013 年发布高级色彩智商（Color IQ）技术后，索尼、三星、飞利浦、诺基亚、海信、康佳和长虹等大厂先后跟进推出电视、显示器和手机。2016 年被三星收购
美国 Nanosys	主要从事 CdSe 量子点和 InP 量子点的合成、光致发光膜的制备以及电致发光材料与器件的开发。其中，CdSe 量子点的荧光效率达到 95% 以上，半峰宽在 25nm 以下；InP 量子点的荧光效率在 93% 以上，半峰宽在 35nm 以下 目前，公司拥有年产 50t 量子点浓缩液的生产能力，共计 100 个以上的产品使用了该公司的量子点，处于世界领先地位
英国 Nanoco	具有大批量合成及销售无镉量子点材料的能力，其中包括 InP、PbSe、CIS、$AgInS_2$ 量子点等。同时，公司在量子点、TADF 混合电致发光材料方面有深入的研究

在英国，曼彻斯特大学O’Brien科研组致力于量子点材料开发与有关的应用，从而衍生出来Nanoco公司。Nanoco从成立之初就致力于无镉量子点开发及应用。

在韩国，量子点方面的研究以三星为核心，首尔大学、韩国技术研究院等科研单位提供支持的形式进行。虽然韩国在量子点基础研究领域并无重大原创性工作，但三星在技术整合方面具有优势，目前已成功并购美国QD Vision，据业内消息，三星还在与其他一些量子点公司商讨并购、股权投资。

目前量子点材料主要有CdSe系列和InP系列，CdSe主要由QD Vision采用，InP主要由Nanoco采用，而Nanosys则采用InP和镉混合量子点方案，分别处于世界领先水平。两种量子点各有优劣势，CdSe胜在发光效率高、色域表现力更为宽广；InP则由于不含镉，不受欧盟RoHS标准限制。

1. 光致发光量子点材料

目前，仅有QD Vision、Nanosys、纳晶科技等公司能够实现光致发光量子点材料以及量子点背光源器件的产业化。Nanoco在无镉量子点材料上拥有技术优势，但尚未进入主流面板厂供应链，其产品主要应用在计算机显示器与工农业照明等领域。

QD Vision的Color IQ™ CdSe量子点技术是业内唯一能够实现全色域显示的光学组件解决方案。2016年，其色域达到110% NTSC和90% Rec. 2020，比普通白光LED提升50%，与OLED和InP量子点等广色域电视相比，也要高出20%左右。

Nanosys主要从事CdSe量子点和InP量子点的合成、光致发光膜的制备以及电致发光材料与器件的开发。其中，CdSe量子点的荧光效率达到95%以上，半峰宽在25nm以下；InP量子点的荧光效率在93%以上，半峰宽在35nm以下。目前，公司拥有年产50t量子点浓缩液的生产能力，100多个产品使用了该公司的量子点。

纳晶科技量子点合成使用自主知识产权的非配位溶剂热注射合成技术，量子点胶水混合工艺，以及水氧阻隔胶水制备、量子点光学胶水配制、精确稳定供料及精密涂布工艺。国外涂布采用两次涂胶、两次贴合工艺，对设备及原材料要求高，成本较高。与国外先进技术相比，纳晶科技采用一次贴合工艺，设备精度要求高，原材料要求相对较低，整体技术工艺达到国际先进水平。2017年，纳晶科技完成量子点材料和量子点膜一体化生产，建成年产150t量子点浓缩液生产基地和年产50万m^2量子点膜生产线，2019年，生产量子点膜44万m^2，达到设计产能的88%。

广东普加福光电科技建设的国内首条自主研发量子点膜生产线于2016年投产，年产60万m^2高广色域光学膜，其量子点膜价格是国外产品的一半，大大降低了量子点电视的核心配件成本。

2. 电致发光量子点材料

2017年，Jiang等成功研制了基于稀土掺杂氧化物TFT的印刷QLED显示屏，该显示屏分辨率为120PPI、最高亮度为400cd/m^2、色域为109% NTSC。

含镉量子点材料性能好、优点多，但镉元素是重金属元素，对环境不友好。为避免重金属引起的环境问题，研究人员致力于研究环境友好的量子点材料，钙钛矿、InP、碳点QLED等备受关注。2020年，Hahm等使用琥珀酸甲基丙烯酸乙酯（mono methacryloyloxy ethyl succinate，MMES）配体将$InP/ZnSe_xS_{1-x}$量子点分散在环保极性溶剂中，可保持量子点的光物理特性不变。基于MMES的$InP/ZnSe_xS_{1-x}$量子点分散液在喷墨打印制备绿光QLED中可以实现良好的均匀性。2020年，韩国三星先进技术研究院Jang团队与韩国延世大学合作，研发了一种制备均匀InP核和高度对称的核/壳量子点的方法，其量子产率约100%。经过优化的InP/ZnSe/ZnS QLED理论最大的外量子效率为21.4%，最高亮度为100000cd/m^2，在100cd/m^2条件下使用寿命长达100万h，可与最先进的含镉

QLED相媲美。

国内方面，浙江大学长期在量子点合成领域处于引领地位，并开发出一系列合成方法，为量子点显示应用提供了决定性材料。2020年提出将电化学惰性配体应用于QLED中的量子点，从而在电致发光器件中有效利用量子点优异的发光性能，获得了工作寿命创纪录的红光材料（在1000cd/m^{2}时，T95＞3800h）和蓝光材料（在100cd/m^{2}时，T50＞10000h）[①]。

显示面板领域，TCL、京东方等国内显示巨头纷纷加快布局电致发光QLED显示领域，力图突破韩国市场垄断困境。例如，TCL通过吸引高水平QLED专业人才，并入股国际打印设备领军企业等方式，实现了含镉量子点器件性能（尤其器件寿命）突破，全球率先实现31in样机；拥有2条4.5代的印刷显示中试线；未来将要布局更高世代印刷显示量产线；量子点显示技术专利申请数量目前居全球第二位。京东方与苏州星烁联合开发，成功推出全球首个印刷全彩AMQLED显示屏样机，并入股国内外多家量子点显示相关公司（如投资Nanosys）等。

（三）发展趋势

欧盟RoHS标准及国内均出台规定，限制铅、镉等有毒有害物质在电子产品中的使用。市场追求环保，无镉量子点应用将迅速提升，无镉量子点膜是未来的发展趋势。

红、绿、蓝光量子点材料效率和寿命是限制QLED产业发展的重要因素。在无镉量子点显示推动下，1000cd/m^{2}亮度下的T50分别达到红光＞1万h、绿光＞1万h、蓝光＞1000h。

（四）市场需求

2016年，三星首次推出QLED电视，次年出货量达300万台，使用约360万m^{2}量子点膜，占全球量子点膜用量的90%以上。2020年，全球QLED电视销量达876万台，其中，三星销量779万台。2021年，三星QLED电视销量突破1000万台。全球QLED电视市场规模达1200万台（图2-11）。预计到2023年全球QLED电视市场规模达到2028万台，直接量子点膜需求量超过2400万片。按照单张电视面板量子点膜20美元的平均售价推算，预计2023年量子点膜市场规模达到4亿美元（图2-12）。

---

① T95指手动最高亮度衰减到95%所用的时间；T50指手动最高亮度衰减到50%所用的时间。

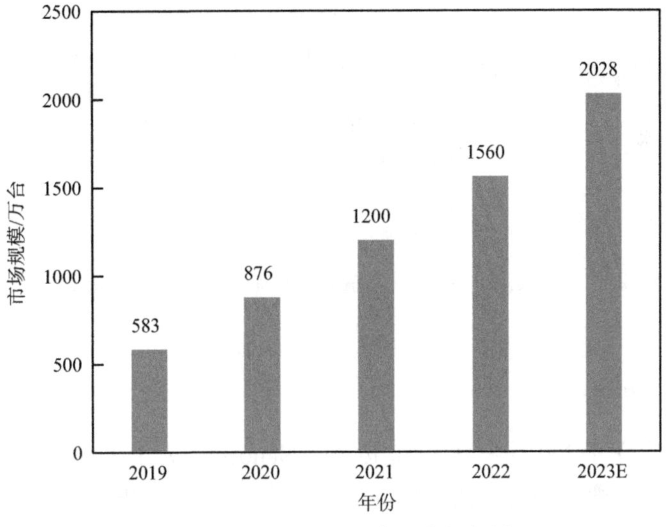

图 2-11　全球 QLED 电视市场规模

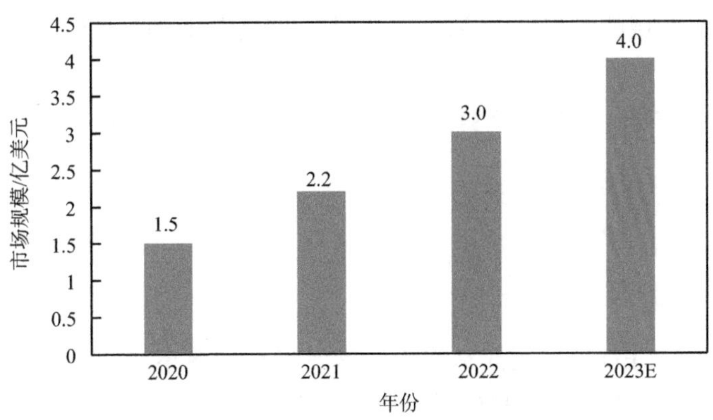

图 2-12　全球量子点膜市场规模

（五）重点企业

1. 纳晶科技股份有限公司

纳晶科技重点针对量子点材料、量子点健康显示技术以及QLED、AMQLED等战略性技术方向进行深入探索和研究。先后开发出量子点合成使用自主知识产权的非配位溶剂热注射合成、量子点胶水混合、水氧阻隔胶水制备、量子点光学胶水配制、精确稳定供料及精密涂布等一系列量子点材料制备技术，成功实现量子点材料和量子点膜一体化生产（表2-15）。公司在浙江衢州建成年产50t的量子点胶水生产基地和年产250万m^2的高精度量子点膜涂布线。

表2-15　纳晶科技主要产品

产品	用途	主要上游原料	下游应用领域
红色量子点胶水	光转换	长链烷烃、脂肪酸、羧酸盐、丙烯酸酯、有机溶剂等	显示器屏幕、手机屏幕等
绿色量子点胶水	光转换	长链烷烃、脂肪酸、羧酸盐、丙烯酸酯、有机溶剂等	显示器屏幕、手机屏幕等
量子点光电转换膜	光电转换	量子点、水氧阻隔膜、胶水	液晶显示器

2. 英国Nanoco公司

Nanoco成立于2001年。自成立以来，Nanoco致力于无镉量子点技术研发。2016年，中国台湾省华宏新技和Nanoco进行技术合作，开发出无镉量子点薄膜，并送样至亚太地区客户进行认证。另外，Nanoco也十分重视无镉量子点支持新兴的TIU-R Recommendation BT.2020标准、无镉量了点颜色转换、终极电致发光量子点显示等领域的研究，在该领域生产技术处于行业领先地位。

四、Mini/Micro-LED显示用芯片材料

（一）材料概述

1. 材料介绍

Mini/Micro-LED发光元件是作为像素发光点的微小LED晶体颗粒。LED晶体颗粒由直接带隙半导体材料构成，典型结构是PN接面二极管。

（1）传统LED。芯片尺寸为300μm以上；芯片以正装方式为主，通过传统SMD技术封装在PCB上；在照明、背光、显示等领域应用较为成熟，但受到尺寸等影响，高清显示、高密度背光应用仍然受到限制。

（2）Mini-LED。芯片尺寸为100～300μm；芯片尺寸较小且密度较高，芯片主要采用倒装结构，封装方式部分仍采用SMD技术，而相对较小的芯片则以COB技术封装。应用领域主要面向Mini-LED 背光以及P0.6（像素点间距为0.6mm）以上的较高清晰度Mini-LED显示。

（3）Micro-LED。芯片尺寸小于100μm，未来有望达到10μm以内；芯片采用垂直结构，将传统的蓝宝石衬底升级为硅、铜等材料，并且能够避免局部高温，封装方式有望采用硅基工艺；应用主要面向高清显示，包括P0.9（像素点间距为0.9mm）、P0.6、P0.3（像素点间距为0.3mm）及以下高清显示屏/电视，甚至

AR、VR等更高清晰度的显示。

Micro-LED技术产业链主要由衬底和外延材料、芯片器件、颜色混合（红、绿、蓝或量子点激光）、驱动和背板、芯片-背板连接（巨量转移或单片集成）、检测和修复六大部分组成。衬底材料的选用对于LED的晶体质量具有重要意义。目前蓝绿光LED一般采用GaN基材料，衬底采用蓝宝石衬底、硅衬底、SiC衬底以及GaN衬底。红光LED一般采用GaAs基材料，衬底采用GaAs衬底等。

Micro-LED彩色化显示主要通过红、绿、蓝三种化合物半导体发光材料，或通过纳米结构材料，或通过集成量子点及其他荧光材料实现。芯片-背板连接技术将Micro-LED的发光像素与驱动背板结合，形成Micro-LED显示阵列。

2. 产业链

Mini/Micro-LED产业链包括上游芯片制造、中游封装和下游模组（图2-13）。近年来，芯片外延及制造相关企业不断加强芯片衬底材料领域的整合力度，增强衬底自产能力，加大高能效 Mini/Micro-LED芯片研发投资，提升未来高端市场占有率。

3. 制备工艺

Mini/Micro-LED显示芯片制造工艺主要包括前道外延片制造、中道磊晶和后道晶片切割，涉及具体流程多达数十项，制造难度较高。

外延生长过程主要包括衬底图形化处理，以及非掺杂缓冲层、N型半导体、有源层、P型半导体生长等环节，通过光刻、刻蚀、沉积、衬底剥离、切割等一系列工艺形成最终的器件结构。

（二）国内外现状

1. Mini/Micro-LED显示发展迅速

Mini-LED显示主要分为背光显示和RGB显示。

Micro-LED是Mini-LED的最终目的，由于巨量转移（4K级别的Micro-LED荧幕，需要2488万个以上的LED高度集成）和红光效率低等核心难点尚未解决，Micro-LED还未开始规模化生产，目前市场以Mini-LED为主。

目前，Micro-LED在全世界范围内引起各大公司及科研院所的重视，苹果、索尼、Facebook、三星、LG显示、台积电等公司各自投入大量资金研发，孵化出一批Micro-LED相关的初创公司，如LuxVue、PlayNitride、Mikro Mesa、JBD、JDC等。据不完全统计，目前全世界从事Micro-LED研究的单位已超过160家。

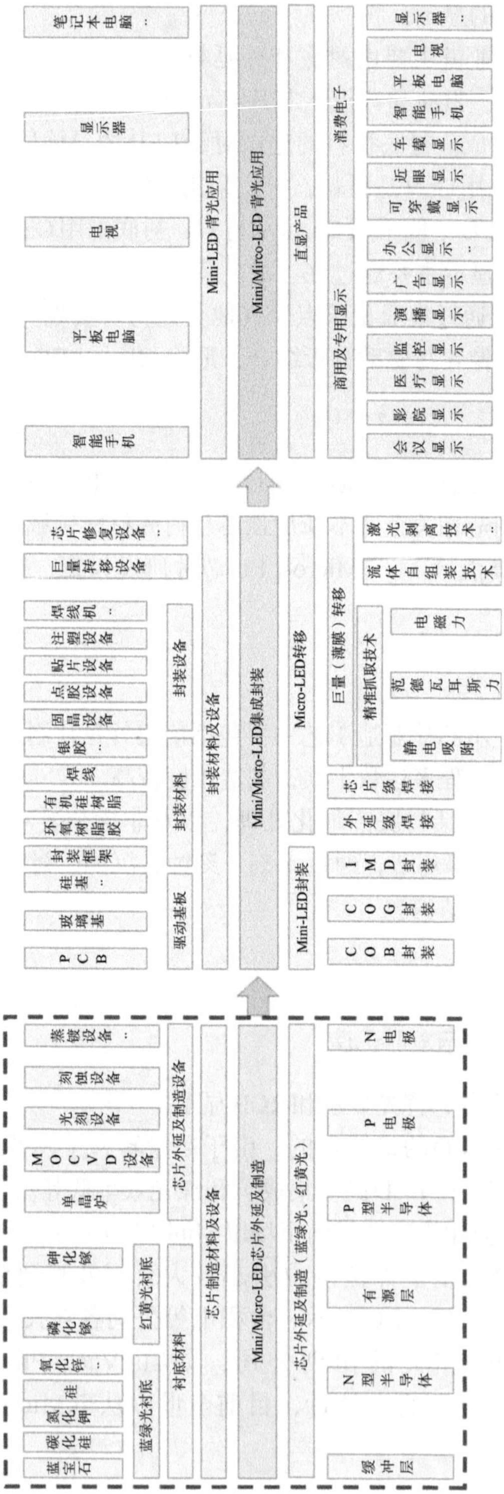

图 2-13　Mini/Micro-LED 芯片产业链及 Mini/Micro-LED 产业链全景图

MOCVD指金属有机化合物化学气相沉积（metal organic chemical vapor deposition）；COG指玻璃上芯片（chip on glass）；IMD指模内装饰（in-mold decoration）

目前，关注和从事Micro-LED显示开发的主要有三类产业集群，一是LED产业集群（包括LED外延生长、封装和传统户外LED显示屏企业）；二是生产大尺寸LCD和OLED显示面板产业集群；三是集成电路产业集群。Micro-LED的产品形态目前主要为两个方向：以CMOS芯片驱动为主的高像素密度Micro-LED阵列的微显示器；TFT或Micro-IC驱动的低像素密度Micro-LED阵列的中小尺寸和大尺寸显示屏。

自Micro-LED技术诞生以来，世界多个项目组发布相关研究成果并促进相关技术进一步发展。法国可替换能源和原子能委员会（Alternative Energy and Atomic Energy Commission，CEA）推出了iLED matrix，采用量子点实现全彩显示，像素点只有10μm，侧重于AR/VR显示应用；X-celeprint获得John A.Rogers独家授权微印章转移技术，专注于Micro-LED转印技术及设备解决方案的研发；Mikro Mesa、Play Nitride则专注于基于TFT背板的Micro-LED芯片技术及巨量转移技术开发，实现大尺寸Micro-LED应用；索尼在2012年发布的55in Crystal LED Display产品对比度可达1000000：1，色域可达140%NTSC，无反应时间和使用寿命问题，并在原产品的基础上于2016年提出了“模块化拼接”的概念，经多片模组拼接成大尺寸显示屏。

2. Micro-LED技术与国际同步

虽然我国Micro-LED技术的发展起步相对较晚，但与欧美日韩面临同等机遇。目前我国传统的信息显示产业规模全球领先，LED行业也全球领先，这些都为我国Micro-LED的快速发展打好了技术、产业、应用等方面的基础，特别是近年来以GaN蓝光LED为代表的第三代半导体材料技术进步明显，产能充足，促进了我国Micro-LED快速发展。

在Micro-LED研究方面，我国也取得了一定的进展：南方科技大学已经成功制备出分辨率为846PPI的宽屏数码产品屏幕分辨率（wide quarter video graphics array，WQVGA）有源寻址Micro-LED显示芯片；上海大学、中国科学院苏州纳米技术与纳米仿生研究所、南京大学等在Micro-LED硅基CMOS驱动技术方面取得一定进展；华星光电、天马、中国科学院微电子研究所、京东方、维信诺、中电熊猫等在TFT驱动技术方面取得较大进展；三安光电和乾照光电已投入Micro-LED芯片研发，并与知名高校和企业合作开发产品；和莲光电在CMOS芯片方面投入较大，工艺较为成熟，与美国Glo公司合作已实现了0.5in全彩Micro-LED显示样机开发。

3. Micro-LED 商用重重困难

现阶段Micro-LED还有许多技术瓶颈有待突破，如芯片制造、巨量转移、检测修复等，这也是目前Micro-LED出货量低、售价高昂的原因。

芯片制造方面，Micro-LED外延片厚度、波长、亮度均匀性与一致性要求更高，芯片结构比传统LED更为复杂，且目前行业制造工艺尚未标准化，工艺和设备标准化程度低、良率和产量尚不成熟。

巨量转移方面，Micro-LED芯片制造完成后需要将微米级的晶粒转移到驱动电路基板上，无论是电视屏还是手机屏转移数量都相当巨大，并且显示产品对于像素错误的容忍度极低。例如，要制造少于5个像素坏点的全彩1920PPI×1080PPI显示屏，良率必须达到99.9999%，现有工艺很难达到。

检测修复方面，由于Micro-LED尺寸极小，传统测试设备难以使用，如何在百万片级甚至千万片级出货量的芯片中对坏点进行检测修复是一个严重挑战，同样，通过检测技术挑出缺陷晶粒后，如何替换坏点也是一项不可或缺的技术。

4. 芯片厂商布局加速

作为新一代显示技术，Mini/Micro-LED为行业发展带来了新机遇，LED行业全产业链联动推进Mini/Micro-LED技术研发及市场发展。2019年3月，工信部等三部门联合发布了《超高清视频产业发展行动计划（2019—2022年）》，作为高清晰电视终端显示的新一代LED背光/显示技术，Mini/Micro-LED芯片成为行业热点，Mini/Micro-LED芯片的一系列技术及产能瓶颈的突破将加剧行业的竞争。

目前，全球LED芯片产业集中度进一步提升，前十大厂商产能占比从2019年的82%上升至2020年的84%（图2-14），前五大厂商分别为三安光电、华灿光电、兆驰股份、晶电和乾照光电。Mini-LED芯片供给端，晶电已经实现批量出货，三安光电和华灿光电供应规模也在持续扩大，其他进入Mini /Micro-LED芯片领域的厂商已经启动产能建设计划。

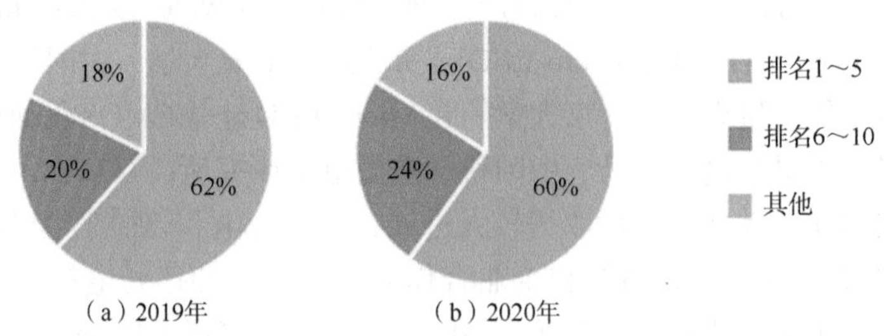

图2-14 2019～2020年LED芯片产业集中度情况

资料来源：Trend Force

2016～2020年，LED芯片扩产区域主要集中在中国，扩产主力军包括三安光电、华灿光电、乾照光电、聚灿光电、澳洋顺昌和兆驰股份等，各家产能均有明显提升。Trend Force数据表明，LED终端需求已经转移至中国。中国台湾省晶元光电以及韩国首尔伟傲世则转型高端产品，避开与中国大陆芯片厂的规模化竞争，除欧司朗尚保留马来西亚6in工厂，韩欧美等相关厂商逐渐退出芯片制造，并在中国寻找代工厂。

2019年，中国厂商GaN-LED外延片产能约3753万片（4in），产量约2826万片（图2-15），平均产能利用率约75%。行业自2019年末逐步回暖，GaN-LED外延片需求量逐步提升，受新冠疫情影响，2020年上半年中国GaN-LED外延片需求量回暖情况减缓，但第三季度以来，多家芯片厂产能开满，GaN-LED外延片需求量明显回升，第四季度GaN-LED外延片需求量达到290万片/月。

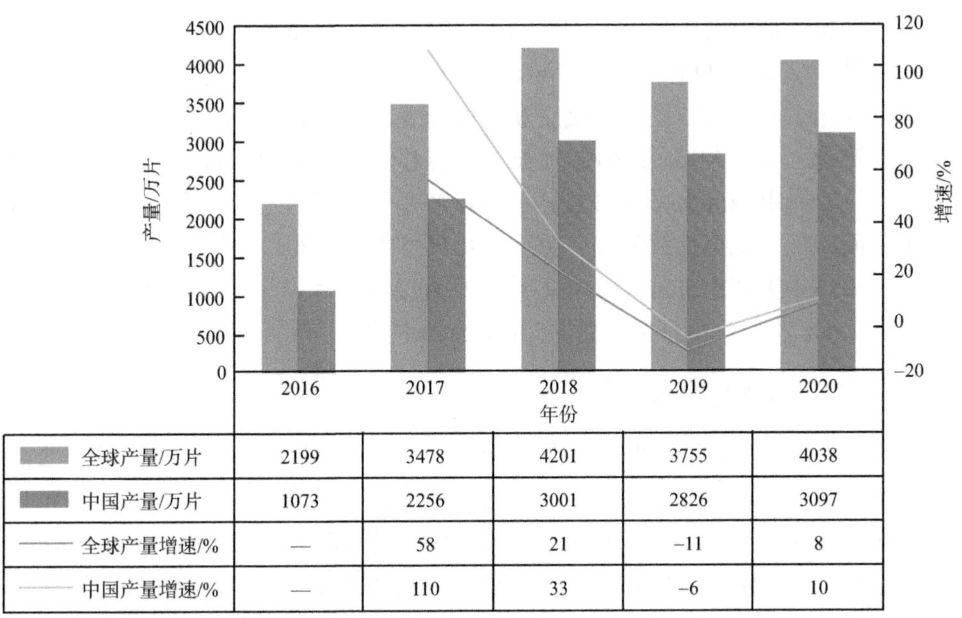

	2016	2017	2018	2019	2020
全球产量/万片	2199	3478	4201	3755	4038
中国产量/万片	1073	2256	3001	2826	3097
全球产量增速/%	—	58	21	−11	8
中国产量增速/%	—	110	33	−6	10

图2-15 GaN-LED外延片产量及增速（4in）

资料来源：Trend Force

（三）发展趋势

Mini-LED和Micro-LED芯片尺寸微缩化的主要区别在于Micro-LED尺寸更小，无需蓝宝石衬底，而Mini-LED尺寸大于Micro-LED，并且保留了蓝宝石衬底。无需蓝宝石衬底的高精度控制、高良率微米级芯片是LED芯片发展的方向。

由于倒装芯片无须打线，满足Mini-LED超小空间密布的需求。目前，蓝绿光倒装LED芯片生产较为成熟，但是红光倒装LED芯片技术难度高，由于需要进行衬底转移，而芯片在转移技术过程中生产良率和可靠性不高。因此，持续提高红光倒装LED芯片生产良率和芯片可靠性也是未来发展的重点。

传统的背光方案采用LED芯片数量较少，而Mini-LED背光使用的芯片数量以万片级甚至十万片级计算。随着Mini-LED背光显示渗透率的提升，背光用GaN-LED外延片及芯片需求量将快速增长。

根据Trend Force发布的《2021年Mini/Micro-LED自发光显示趋势及供应商战略分析》，2025年用于电视的Micro-LED芯片的营业收入预计将达到34亿美元，2021～2025年复合年均增长率为250%。

（四）重点企业

1. 三安光电股份有限公司

三安光电是国内LED芯片龙头企业，已向华星光电、三星电子等国内外客户批量供应Mini-LED芯片。2020年6月，三安光电全资子公司泉州三安半导体与华星光电共同出资3亿元，成立联合实验室，重点攻克Micro-LED显示工程化技术难题，包含Micro-LED芯片技术、转移、芯片覆膜、彩色化、检测、修复等。三安光电Mini/Micro-LED显示芯片产业化项目已进入试产阶段。芯片微缩化方面，三安光电持续领先。倒装芯片尺寸方面，2019年生产出8μm×15μm芯片，2022年生产出5μm×10μm芯片。垂直结构芯片尺寸方面，2019年可提供15μm×15μm芯片，2022年能提供5μm×5μm芯片。

2. 华灿光电股份有限公司

华灿光电是国内第二大LED芯片供应商，2019年起，率先实现Mini-LED芯片的批量生产与销售，占领了LED各细分市场。在Mini-LED RGB芯片技术优化方面，华灿光电设计了高可靠性、高亮度的DBR倒装芯片结构。在红光Mini-LED芯片技术方面，华灿光电开发出高键合良率的转移和键合工艺，并设计了顶伤防护层，优化材料沉积工艺，增强膜质，保证无外延顶伤风险。在背光Mini-LED芯片技术方面，华灿光电优化了膜层结构设计，调节芯片出光，更易实现超薄设计。在Micro-LED芯片方面，华灿光电在亚微米级的工艺线宽控制、芯片侧面漏电保护、衬底剥离（批量芯片转移）、阵列键合（阵列转移键合）、Micro-LED的光形与取光调控方面取得较好结果。目前，芯片良率可以达到99.999%，红光Micro-LED效率也达到国际领先水平，并可以针对不同转移方式提供多种形式的Micro-LED样品。

3. 深圳市兆驰股份有限公司

兆驰股份正在推进集“芯片+封装+应用照明”于一体的LED全产业链布局（表2-16）。

表2-16 兆驰股份LED产业布局

LED 领域	布局进展
上游芯片	2017 年于南昌成立江西兆驰半导体有限公司，投资建设 LED 外延芯片项目；2018 年初兆驰股份与中微半导体签订了 100 台 MOCVD 设备订单；2019 年在南昌市投资建设红黄光 LED 外延、芯片及 Mini-LED、Micro-LED 项目，逐步释放产能
中游封装	兆驰股份聚焦 LED 通用照明和背光领域两个应用板块，已经具备领先的研发技术能力，包括芯片级封装（chip scale package，CSP）技术、灯丝灯技术、量子点封装技术、Mini-LED 技术、激光近净成型（laser engineered net shaping，LENS）技术及全球专利授权
下游应用	2017 年参股成立深圳市兆驰照明股份有限公司；2018 年上半年整合原有的照明原始设计制造商（original design manufacturer，ODM）业务并进一步收购兆驰光电有限公司 11% 股权，纳入公司合并报表范围，积极打造“兆驰”在照明领域的品牌建设

五、激光显示用光源材料

（一）材料概述

激光显示可以通过小体积、轻质化的投影器件实现大尺寸的显示画面，给予显示技术更广泛的应用空间，是现阶段国内外高度重视、大力发展的新一代显示技术。

激光显示系统主要由激光光源、微显示芯片、成像镜头、屏幕（白墙或幕布）以及相配套的光学系统等部分组成。激光光源发出的光经过匀光器件和光学透镜的作用，提供均匀的照明光照亮微显示芯片。微显示芯片通过对光进行像素化的光强调控，形成显示图像，显示图像经过成像镜头进行放大成像，形成大尺寸显示画面。

激光光源是激光显示系统中的核心材料器件，直接影响整机性能。目前激光光源主要有两种技术路线：一是采用多波段、窄波长LD的三基色激光光源技术；二是采用单波段LD结合稀土发光材料的荧光粉+激光光源技术（表2-17）。

表2-17 激光光源技术路线对比

技术路线	介绍	优点	缺点	应用前景
三基色激光光源	可显示自然界最丰富、最艳丽、最真实的色彩	色彩丰富，色饱和度高	成本高、绿色激光器能量不够、严重的散斑效应	模拟仿真、展览展示、会议中心、户外幕墙以及数码影院、家庭影院等领域
荧光粉+激光光源	采用多种颜色旋转荧光粉色轮技术而产生红、蓝、绿三基色	成本低、寿命长、安全可靠	光学系统较为复杂	适用于所有的应用场景，从几百流明到 8 万 lm，从单片到双片、三片，覆盖全色域

资料来源：华南国际工业博览会官网、中信建投

三基色激光光源是以红、绿、蓝三基色LD作为光源，通过控制三基色激光强度比、总强度和强度空间分布即可实现彩色图像显示，如图2-16所示。

图 2-16 红、绿、蓝三基色激光合成白光实验

（二）国内外现状

1. 三基色激光光源材料现状

三基色LD材料和器件方面，国外处于垄断地位。常用材料有GaN、GaAs、CdS、InP、ZnS。红光LD基于InP材料，索尼、日立、Oclaro和三菱等处于领先地位。蓝绿光LD均基于GaN材料，日亚处于垄断地位。其中，日亚蓝光LD单管功率超过4W，寿命超过2万h，绿光LD同样基于GaN材料，寿命超过2万h。三色激光混合输出也由日亚垄断。三基色激光光源产业化进程缓慢，主要应用于商业领域。

激光光源方面，国内研发已取得重大突破，但在功率、寿命等关键指标方面，与国外尚有3～5年差距。三基色激光光源材料领域，红光LD产业化最终目标是640nm LD单管功率达到1.2W（40℃），电光效率超过36%（1W，20℃），寿命超过2万h（1W，20℃），光纤耦合模块功率超过8W（40℃）。目前，国内红光LD单管功率可达2W，寿命超过1万h。蓝绿光LD方面，中国科学院苏州纳米技术与纳米仿生研究所、中国科学院半导体研究所、北京大学、清华大学等代表国内最高水平。瑞波光电与夏普成功研发出大功率蓝绿光LD芯片和器件，其中，蓝光LD芯片功率达3.5W，绿光LD芯片功率达0.5W。

2. 荧光粉+激光光源材料现状

荧光粉+激光光源技术（国内以先进的激光荧光粉显示（advanced laser phosphor display，ALPD）技术为代表）具有宽色域（Rec. 2020色域指标）、高亮度（＞80000lm整机亮度输出）、高效率（＞12.8lm/W）、高效费比等特点，是目前市场应用最广的激光技术，覆盖高中低所有应用场景。

目前，激光显示领域主要采用以稀土离子掺杂的石榴石体系、氮化物体系、硅酸盐体系等基质为主的蓝光激发荧光粉材料。在荧光粉基础材料领域，其材料配方、制备工艺等核心技术掌握在少数国外公司手中，包括日亚、三菱、通用电气等，尤其在高亮度、高效率、高性能荧光粉方面，国外企业具有较大优势。

我国在荧光粉基础材料领域取得一定成绩，主要集中在中低端荧光粉材料、材料应用以及工艺修正等方面，在光效、转换效率等单项指标或性能方面与国外已相差无几，但在产品稳定性及一致性上仍存在差距，主要表现在三方面：一是批次与批次之间的一致性，每次供货能否保持高稳定性；二是产品的稳定性，在使用过程中各项指标是否维持在同一水平或波动极小；三是同一批次产品的一致性，使用同样工艺封装出来的光源是否存在色差及性能差异。

3. 激光显示应用现状

总体来看，我国激光显示与国外同步，整机关键技术已处于国际领先水平。2003年，中国科学院理化技术研究所许祖彦成功研制出国内首台激光投影显示原理样机；2005年推出65in、84in、140in、200in激光电视样机；2006年1月，通过工信部和中国科学院联合鉴定，鉴定认为我国激光显示总体水平世界先进，色域覆盖率等关键技术国际领先，并拥有多项以核心技术发明专利为代表的知识产权，与国际同期完成了激光显示研究，加速推动了激光显示从样机走向实用化的进程。同年，许祖彦提出了以红、绿、蓝三基色LD为核心的产业发展路线图，并在2015年率团队成功研制出国际首台100in三基色LD电视样机，随后建成三基色激光显示生产示范线，初步打通了激光显示材料、器件、整机到产业示范的创新链。

经过不断研发，光峰科技突破国外激光荧光粉显示技术封锁，公司ALPD技术已迭代至ALPD® 4.0，基本覆盖 Rec. 2020色域（图2-17）。ALPD®5.0于2021年推出，着重于实现激光和视频内容的互动，ALPD®6.0计划在成本上实现较大突破。光峰科技与部分激光显示厂商产品所应用的光源技术性能对比如表2-18所示。

图2-17　ALPD® 4.0 技术架构

资料来源：东北证券、光峰科技官网

表2-18 部分激光显示厂商产品所应用的光源技术性能对比

对比项	科视	巴可	索尼	NEC	光峰科技	海信
激光光源	激光荧光 RGB	激光荧光 RGB	激光荧光 RGB	激光荧光 RGB	激光荧光 RGB	激光荧光 RGB
最高照明性能	激光荧光：30000h RGB：50000h	激光荧光：20000h RGB：20000h	—	50000h	30000h	—
最高亮度	激光荧光：15000lm RGB：50000lm	激光荧光：40000lm RGB：75000lm	20000lm	35000lm	80000lm（Rec. 709 色域） 51000lm（DCI-P3 色域）	—
分辨率	激光荧光：4K RGB：4K	激光荧光：UXGA RGB：4K	4K SXRD	4K	4K	4K

资料来源：相关公司官网、中信建投

注：UXGA指极速扩展图形阵列（ultra extended graphics array）；SXRD指硅晶反射显示（silicon X-tal reflective display）

奥维云网数据显示，ALPD技术所代表的蓝色激光+荧光粉技术是目前主流光源技术，市场份额达90.7%，三基色激光光源技术市场份额为8.6%，前者代表厂商为光峰科技，后者代表厂商为海信。

（三）发展趋势

目前，大功率、长寿命三基色半导体器件是实现激光显示高速发展的关键，LD是激光显示产业化的最佳光源。全面掌握可控制备、稳定生产、高成品率和低成本的三基色LD材料设计、生长、器件制备与量产技术和工艺，实现三基色激光器2W、1W和5W的功率输出，使用寿命均超过2万h，满足三基色激光显示整机的应用需求是未来发展趋势。

随着便携式、小型化成为AR显示领域重要的系统要求，激光显示因其光源小型化、微机电系统（micro-electro-mechanical system，MEMS）成像以及结合光导波、全息技术等优势成为行业理想选择之一，特别在追求低功耗、高亮度以及大视场角技术特点方面，激光显示与AR技术的结合将成为未来发展趋势。

（四）市场需求

目前，国内激光显示产品主要有激光电视、激光投影机、电影院线激光显示三类。

激光电视具有高色域的光源优势，在系统体积、尺寸、便携性以及大显示画面上具有无可取代的性能与价格优势。洛图科技报告显示，2020年中国激光电视市场出货量超过21.2万台，同比增长5.9%。海信以激光电视市场出货量占比47%位居第一，峰米激光电视市场出货量占比18%，排名第二。长虹、米家、极米与坚果激光电视市场出货量占比分别为15%、7%、5%、4%，其他品牌激光电视市场出货量占比4%。激光电视市场出货量年增长率保持在5%～15%，到2023年市场出货量将达28.2万台，市场规模达28.2亿元。

2020年，中国激光投影机（家用、教育、工程、商务）市场出货量为41.9万台，同比减少4.7%，其中，家用激光投影机市场出货量为22.6万台，同比增长8.4%；教育激光投影机市场出货量近12万台，同比减少20%；工程激光投影机市场出货量为4.3万台，同比减少16%；商务激光投影机市场出货量为3.1万台，同比增长4.8%。预计到2023年激光投影机市场出货量将达63.7万台，市场规模达12.7亿元。

《2020年度中国电影市场数据报告》显示，2020年全国银幕总数达75581块。相较于氙灯光源，激光光源具有更高的光电转换效率，成为院线放映市场的主流。预计2023年国内光源租赁市场规模达到28亿元。

激光显示整机包括电视、商教以及工程领域的应用，光源成本平均占比达37.6%。预计2023年激光光源市场规模达26亿元。

（五）重点企业

1. 深圳市光峰科技股份有限公司

光峰科技于2007年首创可商业化的基于蓝色激光的荧光粉+激光光源显示技术，解决了激光显示的产业化难题，并为该技术注册ALPD®商标。公司产品按大类分为激光显示核心器件、激光显示整机，涵盖影院、家庭、商教、工业四大应用场景（表2-19）。其中，核心器件可分为激光光源（影院光源、工程光源）、激光电视光机以及屏幕膜片；整机可分为激光电影放映机、激光工程投影机、激光拼墙、激光教育投影机、激光电视、智能微投等。

表2-19　光峰科技主要产品介绍

类别	核心器件（光机、屏幕）	激光电影放映机	激光电视	激光商教投影机	激光工程投影机
公司产品					
现有型号	FABULUS	C5、C60	4K Cinema、Smart、Vogue	3LCD、DLP	S、F、D、U、AL系列

续表

类别	核心器件（光机、屏幕）	激光电影放映机	激光电视	激光商教投影机	激光工程投影机
产品介绍	FABULUS 100in 臻彩电动抗光幕、FABULUS 100in 柔性菲涅尔波导屏、激光光机、LED 光机	C5 主要针对中小影厅，适用于 6m 以下的银幕；C60 为巨幕放映解决方案	目前研发、生产、销售自有品牌，同时是米家激光电视、智能微投供应商	APPOTRONICS 系列实现量产和销售。同时，激光商教投影机实现定制化服务	激光工程投影机主要在商业展览展示、政务系统监控、设备运行监控等场景使用

资料来源：东北证券

光峰科技持续加大技术创新，研发支出逐年增加。研发费用占营业收入比例超过10%。光峰科技在研项目情况如表2-20所示。

表2-20 光峰科技在研项目情况

项目名称	进展或阶段性成功	拟达到目标	技术水平	具体应用前景
三基色整机生产示范线	小试	开展基于三基色激光结合荧光技术路线的专业化技术研究，建设三基色激光显示整机批量生产线，实现三基色激光显示产品的规模化应用	确立自主知识产权的三基色激光显示技术的国际竞争力	三基色激光显示销量达 20 万台 / 年
激光电视	量产	利用 ALPD 技术优势，实现高端不高价新一代光机产品	行业先进水平	家用市场
核心器件项目	量产	利用 ALPD 技术优势，实现高端不高价新一代光机产品	行业领跑水平	小影厅影院放映机光源升级改造、激光电视等市场领域
工程 + 商教	量产	进入高端工程投影机及商教投影机领域	行业先进水平	高端工程投影、商教投影等市场领域
激光电影放映机	量产	满足海外国家标准，符合数字影院倡导（digital cinema initiatives，DCI）标准的小型光峰科技海外激光影院放映机	中国首台自主研发生产的 DCI 标准电影放映机	扩展海外市场
重点实验项目	中试	成功实现高效荧光材料及荧光器件、便携式激光显示技术、高对比度 / 高色彩还原度激光显示产业化	行业先进水平	—
高性能微投	量产	新一代微投产品量产	行业先进水平	智能微投市场
屏幕	量产	全球首款柔性菲涅尔激光显示抗光屏幕 FABULUS 量产	行业领先水平	家庭激光产品

资料来源：光峰科技财报

2. 海信视像科技股份有限公司

海信视像是少数可实现激光电视从部件到整机全部自主开发及自主生产的企业。2014年推出全球首台100in激光电视。此后，海信视像在激光显示技术方面不断突破迭代，激光电视解像度从2K到4K，光源从单色到双色再到三色光源，将显示行业色域提升到145% NTSC，占据了全球激光显示技术的制高点。

在“有屏”方面，海信视像推出全球首台基于8K技术的叠屏电视U9，将极致超级发光二极管（ultra-LED，ULED）控光技术和人工智能画质调教算法升级为“U+超画质”引擎，并向5G、人工智能等技术方向持续深化。在“无屏”方面，海信视像采用三色合光技术，大大降低了衍射损耗；在显示画质上，实现了“超短焦—4K—双色—全色4K”技术迭代。2019年，海信视像发布了《激光电视光源模组激光光学指标测量方法》等激光显示标准，打破了以往显示技术重大革新由国外企业主导的局面，巩固了其在显示技术领域的国际领先地位。

六、电子纸材料

（一）材料概述

1. 材料介绍

电子纸技术又称电子墨水屏技术，其显示效果接近自然纸张，阅读舒适、超薄轻便、可弯曲，免于阅读疲劳。

电子纸显示技术主流路径包括电泳电子纸（electrophoretic display，EPD）、电润湿电子纸（electrowetting display，EWD）、胆甾相液晶电子纸（cholestric display）等，主要终端产品包括电子书、移动终端显示屏、智能电子标签以及辅助显示屏等。目前，电泳电子纸已经实现产业化。

电泳电子纸显示模组主要由电子纸膜片、底板、驱动芯片、透明保护膜、封边胶五部分组成。其中，电子纸膜片是电泳电子纸显示模组的核心材料，负责显示人眼实际看到的图案。底板作为电泳电子纸显示模组的像素电极（下电极），用于控制电子纸每个像素的黑白变化。底板有多种类型可选，包括PCB、柔性电路板（flexible printed-circuit board，FPC）、TFT玻璃、聚对苯二甲酸乙二醇酯（polyethylene terephthalate，PET）等，实际应用时可根据具体需求选择不同的底板。驱动芯片可根据控制指令和信号产生相应的逻辑电平和时序，用于控制底板每个像素（或段码）的工作时序和状态。

2. 显示原理

电泳显示的基本原理是利用外加直流电场，使带电粒子在分散介质中向两电极移动，从而呈现显示图像。电泳显示根据承载电泳粒子的微腔体，分为微胶囊型电泳显示和微杯架型电泳显示。

微胶囊型电泳显示采用高分子材料制成的微胶囊腔包覆电泳粒子。当微胶囊体两端施加负电场时，带有正电荷的黑色粒子在电场作用下移动到电场负极，与此同时，带有负电荷的白色粒子移动到微胶囊体的底部“隐藏”起来，表面显现黑色。当相邻的微胶囊体两侧被施加一个正电场时，白色粒子会在电场作用下移动到微胶囊体的顶部，表面显现白色。

微杯架型电泳显示的原理是带电粒子的胶体电泳液封装在特制的微杯架中，当施加特定电场时，粒子在库仑力作用下发生电泳效应。通过控制电场方向，特定颜色的带电粒子向特定电极泳动，从而显示图像。

彩色显示的直接方法是在电子纸上加彩色滤光膜，但由于彩色滤光膜会大量耗损入射光源，显示效果较差。另外，多色粒子法也可实现彩色显示，利用多种颜色的粒子移动速率和起始电压差异，分批控制不同颜色的粒子，实现多色影像显示。

3. 产业链

电子纸显示产业链主要包括上游原材料制造、中游电子纸薄膜制造和下游应用环节（表2-21）。

表2-21　电子纸显示产业链

环节	产品
上游	颜料粒子、光学薄膜、薄膜电晶体基板、驱动集成电路、PCB、前光模组、触控面板
中游	电子纸薄膜、电子纸显示器
下游	模组制造商、系统制造商、品牌客户

电泳显示液是电泳显示单元的囊芯部分，主要包括电泳粒子、分散介质、稳定剂和电荷控制剂等，其中，电泳粒子作为电泳显示的显色粒子，直接影响电泳显示液的显示性能，是电子纸显示图像的关键材料。目前常用的黑色颜料粒子有炭黑、钛黑等，常用的白色颜料粒子有氧化钛、氧化锌等，常用的红色颜料粒子有大红粉、铁红、甲苯胺红、镉红等，常用的蓝色颜料粒子有酞菁蓝、钴蓝等，常用的黄色颜料粒子有联苯胺黄、汉莎黄、镉黄等。

（二）国内外现状

1. 电泳显示

电泳显示技术是主流电子纸技术，占据绝大部分市场。目前能够量产电子纸的企业有元太科技和奥翼电子，其中，元太科技全球电子纸行业市场占有率高达90%左右。

2019年底，元太科技正式发布先进彩色电子纸（advanced color e-paper，ACeP）技术和印刷式彩色电子纸（print color e-paper）技术，并于2020年实现彩色电子纸量产（图2-18）。2021年4月，元太科技推出E Ink Spectra™ 3100黑、白、红、黄四色电子纸显示技术，并被TPV冠捷科技采用。

图2-18　7.3in 桌上型彩色电子纸广告牌

2. 电润湿显示

电润湿显示技术是可以实现电子纸彩色显示和视频播放的新技术，是将带来电子纸屏幕市场及应用市场格局变革的技术。

目前，亚马逊、ADT、Etulipa等电润湿显示技术领先企业积极推进产业布局。2018年，Plastic Logic公司在电子纸像素密度提升上取得突破，发布的10.8in显示屏上达到500PPI的分辨率。

电润湿电子纸显示屏用彩色油墨材料被欧洲、美国和日本所垄断。国内方面，目前，华南师范大学周国富团队在该项技术上取得突破性进展，实现了自主研发、合成以及可商品化电润湿电子纸显示屏的彩色油墨关键材料，关键性能持续提升。在像素和形状上都进行了显著优化，将显示像素开口率提高到80%以上，对比度超过10∶1。在彩色显示墨水配方上，将对比度和色域提高到与杂志彩色打印和电视显示相匹配的水平。2020年11月25日，周国富和Alex Henzen领导的团队研制出世界首台可以呈现全彩视频内容的逼真色彩效果的反射式显示器，可以播放全动态视频，能显示打印质量的彩色图像，同时具有低能耗和护眼特性。

（三）发展趋势

电子纸凭借低功耗、不伤眼优势，成为最符合物联网时代要求的显示屏之一，也满足未来现代化城市节能减排、环境友好的要求。

随着应用领域的不断扩展，电子纸显示技术将向快速响应、柔性显示方向发展。此外，电子纸显示产品还将朝大尺寸、彩色化、轻量化、触控化、可书写性等方向发展，制程技术也将朝制程整合与功能整合方向发展（图2-19）。

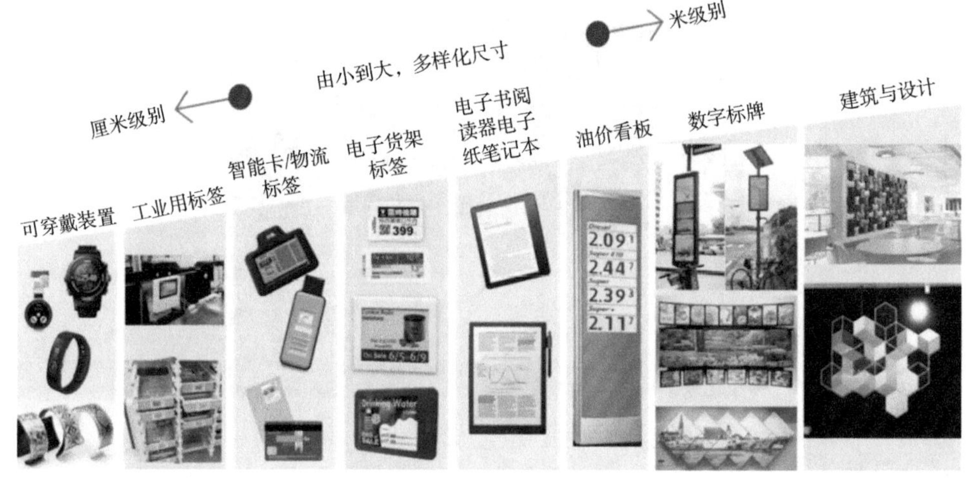

图2-19　电子纸应用趋势

（四）市场需求

在电子纸显示器行业中，能够量产的制造商不多，前四大厂商依次为元太科技、奥翼电子、威峰科技、龙亭新技。2019年，四大厂商占据全球电子纸显示器市场份额的94%。其中，元太科技排名第一，约占59%的市场份额（图2-20）。

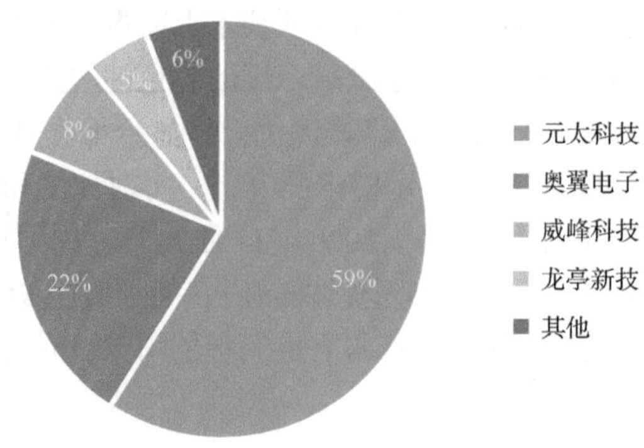

图2-20　2019年全球电子纸显示器厂商市场份额

2019年，电子纸显示器全球市场规模为7.33亿美元。基于彩色电子纸技术的应用，传统电子阅读器将面临新一轮需求激增，特别是在美国、中国、欧洲等主要经济体。受益于5G、大数据、物联网技术发展，预计到2025年全球电子纸市场规模将达29亿美元，复合年均增长率达25.8%。

（五）重点企业

1. 元太科技工业股份有限公司

元太科技成立于1992年，拥有电子墨水薄膜、软性电子纸、彩色电子纸等多项技术。产品类别如表2-22所示，主要应用包含电子书阅读器、电子货架标签、电子纸笔记本、电子纸移动式装置、电子纸数位看板等。

表2-22　2020年元太科技营业收入

产品类别	营业收入 / 新台币亿元	占比 /%
显示器	109.05	71
电子标签及其他	44.58	29
合计	153.63	100

资料来源：元太科技2020年年报

元太科技电子书阅读器市场电子纸显示器产品全球市场占有率排名第一。元太科技基于现有技术与产品，持续加大新产品、新技术研发力度（表2-23），年均研发投入占营业收入的15%。

表2-23　元太科技电子纸显示及研发概况

技术类别	技术特点
电子墨水技术	开发出全球反射率最高E Ink Carta™电子墨水产品，对比度提高50%，反射率增加22%
先进彩色电子纸技术	开发出首次不使用彩色滤光片透过颜料粒子达到涵盖完整色域的显示产品E Ink Gallery™
三色电子墨水技术	量产新一代红色或黄色电子墨水产品E Ink Spectra™，适合电子标签和广告看板的应用
建筑与设计用电子纸	开发出可变色电子纸动态显示材料E Ink Prism™，可静态展示或动态显示现有的建筑产品，建立互动式环境
可挠式电子纸	开发出E Ink Mobius™可挠式电子纸，实现可挠、轻薄、耐摔、不易破且容易携带的塑胶显示器

续表

技术类别	技术特点
前光显示与触控电子纸显示器技术	研发可依据冷色与暖色系调整的前光技术；开发结合主动笔技术的电子纸模组，使电子纸具有可书写性
无线供电电子纸显示器技术	运用低压驱动技术，实现无线传输资料，利用无线传输时产生的电力，驱动更新画面
彩色印刷电子纸技术	以电子墨水技术搭配印刷式彩色滤光片，实现黑白电子纸装换为兼具16灰阶与4096色的彩色电子纸。2021年初，元太科技发布了新一代产品E Ink Kaleido ™ Plus

资料来源：元太科技2020年年报

2. 广州奥翼电子科技股份有限公司

奥翼电子成立于2008年，从事薄膜电泳显示器的设计、开发、制造和销售，是全球两家电子纸显示器供应商之一，也是中国唯一掌握纳米电泳电子纸技术并能够批量生产的公司。

奥翼电子开发出基于微胶囊型电泳显示原理的赛伦纸™技术，目前已经实现大规模量产并广泛应用于多个领域和产品。2016年4月，奥翼电子与墨希科技联合研发出全球首款石墨烯电子纸，弯曲能力更强、强度更高、透光率高、亮度更好，适用于可穿戴式电子设备以及物联网等需要超柔性显示屏的领域。

七、纳米LED显示材料

（一）材料介绍

纳米LED是通过先进的半导体工艺，将原本肉眼可见尺寸级别的LED，以柱状形式集成在一块单独的芯片上。每个柱状LED都拥有PN结构，能够独立发光，微观上是一个微缩了无数倍的LED。从尺寸角度来看，普通的LED尺寸在毫米级别，而纳米LED尺寸在几十纳米到几微米级别。

纳米LED大多采用Ⅲ、Ⅴ族材料（如GaN/InGaN）来制备，包括纳米线、纳米环、纳米柱等，其内部有同质、异质结，还往往在P区、N区之间插入不掺杂区，用多层设计将电子和空穴注入纳米线。

纳米LED的最高亮度可达2万cd/m^2、最高分辨率达2000PPI，功耗只有LCD的1/5或者OLED的1/4，色域大于150% NTSC，由于其自发光的特性，对比度可以做到理论上的无限大。寿命则高达10万h以上，可以用于任何显示设备。纳米

LED可以将80%的电能转化为光能，发光效率高达12～16lm/W。

（二）国内外现状

目前，传统光刻方法达到了理论极限，只有采用高度复杂的光学技术如双重或多重图形光刻、浸入式光刻、极紫外光源等技术才能实现下一步的改进。国外由于外延、光刻技术和设备的领先，采用同种工艺制备出的器件具备漏电流小、输出功率高、外量子效率高等特点。

近年来，国外在制造基于半导体纳米线或纳米柱的新型固态器件方面已经取得了一定进展。2017年，Chung等提出了一种可单独寻址的纳米LED彩色像素的单片集成技术，同时从InGaN量子阱产生蓝光、绿光和红光，颜色可通过改变纳米柱直径进行调节，空间分辨率达到亚微米量级，大大提高了纳米LED的集成效率。

随着我国纳米技术和显示技术的不断发展，Micro-LED和纳米LED显示也受到国内研究学者和科研团队全面重视，部分技术已和国际先进水平同步，尤其是Micro-LED显示已达到国际领先水平。

（1）在LED量子阱发光层中引入纳米结构，提升发光效率。纳米柱、纳米孔、纳米花结构能有效提高发光效率，其中又以纳米柱的研究最为普遍。

（2）在芯片外部施加纳米结构阵列，提高LED的光提取效率。为了不对LED芯片产生破坏，研究者发现了在芯片外部施加纳米结构阵列（如In_2O_3、ITO、SiO_2、ZnO、TiO_2）有利于提高LED光提取效率。对于不同材料，实现纳米阵列的方式不同。

（3）研究者也对不同材料的纳米线进行了研究，包括WO_3、ZnO、GaN等。WO_3纳米材料自身具有良好的物理、化学特性，有利于光电转换效率的提升，而使用贵金属如Au、Ag、Pt、Pd对WO_3纳米线阵列进行修饰能增强其光电转换效率；ZnO纳米线能够实现LED的波长可调。

（4）纳米线掺杂工艺研究也是重点之一。掺杂能够实现导电类型和特性可控的一维纳米材料，如一维ZnO纳米材料。由于天然的ZnO半导体材料具有固有施主缺陷和H原子呈N型半导体特性而难以制备，研究者向ZnO材料中进行P型掺杂，提高导电性。

（5）纳米线材料不仅适用于LED器件的发光层，还可用作LED的透明导电层。随着有机和柔性显示器件的兴起，需要寻找透明导电领域的替代材料，Ag纳米线阵列因其优良的导电性、宽光谱透过性和延展性成为有力竞争者。为了解决Ag纳米线网络的氧化问题，研究者将Ag纳米线与铟锌氧化物（indium zinc oxide，IZO）薄膜进行复合并得到导电薄膜。

虽然纳米LED材料近几年在国内发展得非常迅速，但在纳米线LED、纳米柱LED的生长机理、掺杂工艺等方面研究有待进一步加强；较少课题组具有生长半导体纳米线LED结构的能力；纳米LED器件阵列工艺有待提高；新兴二维材料研究很多，但在纳米LED显示中的应用潜力发掘不够。

（三）发展趋势

纳米LED的发展十分迅速，结构日趋多样化，新型异质结构成为更高效率光电器件的关键。

纳米LED器件多功能化，如集发光、探测、数据传输为一体；可主动收集能量的自供电显示器等。但是，还存在一系列技术问题需进一步优化，如抑制量子斯塔克效应、电子损耗、光提取效率的提高、同一芯片上多色纳米线LED的集成等。

八、光场显示材料

（一）材料介绍

光场显示是把人眼看到的光线空间采集下来，再将光线进行重组，可以让AR模拟出人眼基于距离对物体聚焦、移动的效果，捕捉光线信息，重现三维世界。光场显示核心系统为光场采集和成像系统，主要是通过光学装置采集捕捉到空间分布的四维光场，再根据不同的应用需求来计算出相应的图像。基于空间三维物体重构的光场显示技术主要包括投影阵列光场显示、光场扫描显示、集成成像光场显示、平板光场显示、近眼光场显示和悬浮光场显示等。

光场显示材料是一种新型人工材料，由特殊设计、加工而得到的特征尺寸接近或小于波长的亚波长结构组成，可根据设计微结构的特异电磁特性对光场进行调控，从而实现对光波的精确调制。

（二）国内外现状

国外先后提出基于特殊光场显示材料的二元光场、多层光场显示单元器件，在提高光波调控效率和消除色差等方面进行了大量的研究。随着对特殊光场显示材料的不断研究，针对原子领域的操作也越来越多，要实现这种操作，需通过对超构原子的结构参数（包括超构原子的结构、空间位置关系等）进行优化设计，从而有效地实现对器件介电常数与电导率的控制，进而形成针对特定波长范围内电磁波谐振响应强度与相位延迟的操作，实现对入射光波的振幅调控和相位调控。2011年，哈佛大学Capasso等通过这种相位延迟的调控方式，获得了对入射光波波前的调制作用而实现了对入射光的方向偏折。此后，超构表面材料这一调控特性被广泛研究，应用于实现具有特殊控光模式的新型光场显示中。

除了结构参数，特殊光场材料本身同样影响对光场响应的程度。金属材料最早用作构建特殊光场材料，但受限于金属的损耗特性，这类光场材料转换效率较低。通过改变金属原子的结构、入射光方向或改变光场材料的材质，选用电介质材料构建光场材料等，能实现对其转换效率的提升。相比于金属材料，电介质材料本身的电磁响应相对较弱，基于此原理的电介质材料超构原子利用重叠的电共振与磁共振模式能实现亚波长量级超构原子调制单元。

我国近年来在光场显示材料、结构、器件、设备和系统集成等方面取得一定的进展，但光场显示原理、光场调控自由度和硬件实现的技术手段仍与国外存在差距。我国现有的显示单元与阵列以二维显示为目标，传统二维发光器件在发光光谱、发光角度、出光位置等指标上无法满足三维显示应用要求。光学微纳结构的器件有望成为未来的显示核心器件，但我国目前在结构设计、尺寸和光效利用、色散特性和技术手段上还有待突破。

（三）发展趋势

具有超强控光能力的特殊光场显示材料是未来发展重点。光场显示材料要求能够更好地实现光场调控，提高对光波的调控能力和实现对光波的动态控制。在提高对光波的调控能力方面，可以通过采用新的电介质材料来提高光学微结构的工作带宽和工作效率，优化微结构的光学响应，进而获得具有特定光学响应的表面设计。

第三节　我国显示功能材料发展面临的问题

一、存在的主要问题

受技术、市场、政策影响，我国显示功能材料产业取得长足进步，产业规模持续扩大，技术水平不断提升，已在个别领域处于国际领先水平，产业集聚区加快布局，宏观发展环境积极改善，为下一步发展奠定了坚实基础。我国显示功能材料产业发展过程中还存在一些突出矛盾和问题，如产业链发展不均衡、关键材料与装备对外依存度较高、关键材料产业化应用薄弱等，严重制约了显示功能材料产业发展。

（一）研发投入不足

我国显示功能材料研究起步较晚，国外企业长期处于垄断地位，并在相关领域设置知识产权保护和技术封锁以限制我国显示功能材料的发展。显示功能材料开发周期长、投资大、爬坡慢、推广应用难，国内企业经营发展压力较大，主打产品价格与进口产品相比处于低位。对企业来说，先期的技术积累和研发耗费了大量资源和资金，持续高额投资对企业发展构成极大挑战，企业难以持续投入大量资金用于新产品、新技术的研发。

（二）竞争实力不强

与国际巨头相比，我国显示功能材料企业因技术储备薄弱、产品质量/可靠性/稳定性较差、量产能力不足等，在市场竞争中处于相对弱势地位，产品议价能力弱，难以与下游用户建立稳固的供货关系。

（三）创新能力不足

我国显示功能材料行业缺少专门的技术研发机构，缺乏不同学科之间的深层次交流和原创性研究，共性和前沿技术研发缺乏良好的资源配置机制和持续有效投入，无法在技术源头上支撑产品创新。企业作为创新主体，对产品研发重视不够，普遍存在关键技术自给率低、发明专利少、关键元器件和核心部件受制于人、技术储备少等问题。

（四）产业生态协同不足

新型显示功能材料产业链条涉及面广、专业化程度高，没有形成上下游产业协同创新体系，导致跨机构、跨学科资源“碎片化”。我国显示功能材料研究以高校为主，理论技术研究和商业化应用之间脱节，诸多主体在创新链条上彼此分离，产业创新生态链条无法有效连接运转，导致我国显示功能材料技术创新发展较为缓慢。

二、重点短板问题

经过多年发展，我国显示功能材料取得长足进步，显示功能材料产业规模全球第一，产品本地化配套率不断提高，多种材料引领行业发展，但我国在显示功能材料领域仍然存在“卡脖子”风险。

LCD用液晶材料领域，我国基本可以完全自主生产，但在高性能混合液晶领域，尤其是手机、车载显示等领域用混合液晶仍然严重依赖进口。

OLED材料领域，升华前材料可以自主生产，终端材料的升华纯化技术难度较大，国内仅少数几家企业具备终端材料的供应能力，并开始小批量供货，本地化配套率不到10%，存在短板风险。

量子点材料领域，我国处于世界领先水平，但从发展角度来看仍然存在短板。目前，量子点显示器件均采用含镉量子点材料，但镉作为重金属原料对环境存在危害，需加强无镉量子点材料研究，实现材料替代。

Mini/Micro-LED显示用芯片材料领域，我国基本与国际同步，Mini-LED无论是技术研究还是产业化应用均走在世界前列。Micro-LED芯片微缩化和巨量转移技术尚未取得重大突破，世界各国都在加速研发进程。

激光显示用光源材料领域，国外在三基色LD材料和器件方面处于垄断地位，其性能指标均可满足激光显示产品的应用需求。我国在荧光粉方面取得了一定进步，但以中低端荧光粉材料、材料应用以及工艺修正等为主，高端材料仍被国外垄断。

电子纸材料领域，我国走在世界前列，电子纸行业的全球市场占有率高达90%以上，电润湿显示技术可以实现电子纸彩色显示和视频播放。世界各国都在加快研发进程，我国需提前布局，积极应对显示行业变革。

纳米LED显示材料领域，随着“十三五”Micro-LED显示及其装备的全面部署与发展，我国纳米LED在显示领域取得一定科研成果，技术水平已接近国际先进水平，部分技术已赶超国外，但外延材料制备落后于国外。

光场显示材料领域，我国在光场显示原理、光场调控自由度以及特殊光场显示材料等领域处于薄弱环节。

第四节　我国显示功能材料发展战略

围绕信息显示产业发展的战略需求，着力提高显示功能材料产业的自主创新能力。通过优化组织实施方式，支持国家信息显示领域开展亟须突破的“卡脖子”显示功能材料研究，促进一批液晶显示关键材料的产业化，保障我国信息显示产业安全。着力解决我国显示功能材料产品稳定性差、高端应用比例低、关键材料保障不足等问题，提升我国显示功能材料产业化技术水平。开展前沿显示功能材料基础研究，积极布局新一代显示技术所需的关键显示功能材料，进一步增强我国显示功能材料技术创新能力，实现我国显示功能材料由跟跑、并跑到领跑的转变。

一、我国显示功能材料发展目标

显示功能材料产业在我国信息显示产业发展中举足轻重，未来5～10年是信息显示技术竞相发展、信息显示产业转型发展的关键时期，发展显示功能材料产业是争取我国信息显示产业发展主动权的关键点。下一步，应加强显示功能材料领域的顶层设计与战略规划部署，突破关键材料“卡脖子”环节，推动显示功能材料由跟随发展转变为创新发展。

到2025年，新型显示功能材料总体技术达到国际先进水平，关键材料、设备自主可控；形成围绕新型显示材料、技术与应用的创新平台，有效解决产业发展紧缺材料问题。

到2030年，上下游协同创新体系及评价、标准等公共服务平台全面建成，打造覆盖材料、器件和整机的产业生态；提升关键材料技术成熟度和产品市场竞争力，持续提升关键材料国产化率。

到2035年，形成具有自主知识产权的新型显示关键材料体系，实现国民经济重大领域的全面自主保障；加强信息显示产业聚集，推动技术、产业达到国际领先水平，跻身世界显示材料强国行列。

二、我国显示功能材料发展任务

（一）产业标准体系建设

积极研究和推进显示关键材料产品质量标准、测试方法标准、应用规范等建设，加快技术成果向技术标准转化，促进产业化；加强材料标准与下游装备制造、新一代信息技术、工程建设等行业设计规范以及相关材料应用手册衔接配套；跟踪国际显示材料标准并与之对标，增强我国相关产业的竞争力和话语权。

（二）产业创新能力建设

整合创新资源，加强显示功能材料产业基础研究、应用技术研究和产业化的统筹衔接，营造上中下游协同创新的良好环境，完善显示功能材料产业协同创新体系。

发挥企业在技术创新中的主体作用，依托重点企业、产业联盟、研发机构，建设产业关键共性技术研发平台，组建显示功能材料产业创新中心（攻关平台）、测试评价及检测认证中心，形成中心技术研发—产业转化—推广应用—检验检测—研发反馈的闭环运作方式，降低攻关研发成本，缩短研发应用周期。

（三）关键核心材料技术攻关

信息显示产业进入更新换代“大洗牌”的新阶段，在很长一段时间内，各种显示技术将在各自优势领域共存发展。实施新型显示关键材料和关键技术攻关行动，提升关键材料成熟度、持续创新能力和产品市场竞争力，重点发展具有自主知识产权的蒸镀OLED材料、印刷OLED材料，提升蒸镀材料和印刷墨水的性能，完善全球专利布局。重点发展窄峰宽、高效率、长寿命的环保型QLED量子点材料，以及百千克级材料产量的量产工艺，提升产品创新能力。重点发展Micro /Mini-LED应用的大面积、低成本GaN外延材料和高迁移率、高稳定性有源基板材料，解决巨量转移及键合、色彩转换、光效提取等关键技术难题。以整机应用为牵引，突破短波长AlGaInP红光、长波长InGaN蓝绿光等激光显示发光材料工艺，发展4K/8K超高分辨、快响应成像芯片。

三、我国显示功能材料发展路线

我国显示功能材料发展路线见表2-24。

表2-24 我国显示功能材料发展路线

项目	2025 年	2030 年	2035 年
优先发展的基础研究方向	显示功能材料微成分 / 微结构设计、调控与制备技术	材料结构与功能一体化技术	高性能长寿命材料与结构创新制造技术 显示功能材料基因数据库合成制备技术
关键技术群	显示功能材料升华提纯技术；高效率、长寿命显示材料制造技术	新一代显示功能材料制备技术	显示功能材料低成本批量化制备技术
共性技术群	材料性能分析检测技术	材料失效机理及耐久性评价技术	在线监测技术 寿命预测方法 无损检测与性能评价技术
跨领域技术群	显示功能材料的标准化、系列化体系建设；生产线的批量化、自动化生产技术	智能制造装备开发制造技术	自动化、数字化、智能化制造技术 高稳定制备技术与质量一致性管控方法

续表

项目		2025 年	2030 年	2035 年
关键材料及技术指标	OLED 材料	1. 开发高效率、长寿命、高色域印刷柔性 OLED 红、绿、蓝发光材料及电子传输材料，实现高性能低成本 OLED 材料稳定批量制备；开发薄膜封装材料体系，实现批量应用 2. 开发高工艺稳定性 OLED 墨水配方，突破高分辨率高稳定性喷墨打印、大尺寸柔性薄膜封装、柔性基板剥离、喷墨打印彩色滤光片等工艺，实现大尺寸高分辨率可卷绕印刷柔性 OLED 工程化技术	研究开发红、绿、蓝三色窄峰宽、高效率、长寿命的新型印刷 OLED 材料，如半峰宽小于 30nm 的高效率长寿命 TADF 材料	研究开发稳定性更高、成本更低、更环保（无 Ir, Cd 等贵重或非环保金属）的有机或无机印刷显示发光材料及传输材料等
	量子点材料	1. 开发高效率、长寿命、窄峰宽 QLED 量子点材料，开发高性能无镉量子点材料 2. 开发新型 QLED 器件结构，包括顶发射器件结构、倒置器件结构、柔性 / 透明器件结构等；开发自主知识产权功能层材料 3. 开发高工艺稳定性的 QLED 印刷墨水配方，以及高分辨率高稳定性喷墨打印工艺技术	无镉无铅量子点的 QLED 器件研发：发光峰的半峰宽小于 30nm；红、绿、蓝三基色的器件外量子效率超过 20%，在 1000cd/m^2 亮度下的 T95 分别超过 5000h（红光）、10000h（绿光），蓝光在 100cd/m^2 亮度下 T95 超过 10000h；实现 5in AMQLED、150PPI 的打印技术，亮度超过 300cd/m^2，T50 超过 3000h，功率小于 6W	基于无镉无铅电致发光量子点材料和 QLED 技术的产品研发。在柔性显示方面，使用寿命超过 10000h；在大尺寸显示方面，制备 100in 超大显示器；在分辨率方面，超过 1000PPI；在画质方面，完全满足 BT.2020 的要求；在成本方面，要明显低于 LCD 和 OLED 等其他竞争技术
	激光显示用光源材料	1. 三基色激光显示材料设计、生长、器件制备与量产工艺技术：研发 InGaP 红光、InGaN 绿光、InGaN 蓝光三基色 LD 材料可控生长、芯片制备、器件封装、量产工艺与封装设备等关键技术，实现在激光电视、激光影院等产品上的应用	研究三基色 LD 材料器件等发光材料：红、绿、蓝光 LD 分别实现 2W、1.5W、5W 功率输出，寿命＞2 万 h 研发双高清、大色域激光显示产品：开发系列化产品，100in 级激光超高清家庭影院成本小于 1 万元，占领激光显示高端市场，整机自主配套率达到 80%	建成年产 50 亿只红、绿、蓝光 LD 产线，自主配套率达 100%，全面实现进口替代

续表

项目		2025 年	2030 年	2035 年
关键材料及技术指标	激光显示用光源材料	2. 超高清成像材料与技术：开发 8K 分辨率 LCoS 显示及驱动控制芯片，开展散斑抑制、高画质（8K/12bit）视频信号获取 / 编解码及数字压缩、色空间转换和颜色校正、彩色激光全息显示等关键技术研究 3. 整机研制与关键材料器件产业化应用技术：开展 8K 超高清三基色激光显示整机设计与集成、光源模组集成设计与控制、低成本制造与量产工艺及装备等产业化关键技术研究；开展材料器件整机服役技术、评价技术等产业化应用技术研究 4. 配套材料、工艺及器件技术：研发高增益投影屏幕涂层材料、微结构设计与制造技术，有机激光显示材料与器件关键技术	突破彩色全息影像合成、散斑抑制、广视场角以及振幅 / 相位联合调制等工程化关键技术，开发动态彩色激光全息显示整机；开展成像技术创新和攻关，实现 4K/8K 超高清、满足激光显示整机需求的空间光调制器，自主建成光阀材料创新技术体系	突破高分辨相息图高速解算算法，实现三基色激光全色显示产品广泛应用；突破超高分辨率空间光调制器关键材料和器件量产工艺及检测关键技术，实现可批量化制备，综合性能达到国际先进水平，支撑激光显示整机规模生产
	Micro-LED 显示用芯片材料	1. Micro-LED 显示核心材料与关键技术：研究 Micro-LED 显示核心材料、关键技术及产业化技术，开发小尺寸高光效 Micro-LED 芯片外延和制备技术、驱动芯片与驱动背板技术、巨量转移与键合技术、色彩转换和光提取技术以及缺陷检测及修复技术 2. Micro-LED 显示背光模组：开发超高密度、超多像素 Micro-LED 显示技术；开发 Micro-LED 背光模组的结构设计、区域动态调光和系统集成技术，开发大尺寸 Micro-LED 背光模组	核心材料性能及关键技术进一步提升，开发超大尺寸，实现基于 Micro-LED 的超大规模集成发光单元的显示模块	开展 Micro-LED、反射膜、增量膜、扩散膜之间的光学匹配性研究，实现 Micro-LED 背光模组产业化，打造背光模组产业群。集成 Micro-LED 显示核心关键技术，结合超高密度 Micro-LED 高精度驱动控制技术、超高密度 Micro-LED 显示的实时光电参数采集和校正技术、缺陷检测和补偿技术、产品光学性能和整体可靠性的测试评估系统，实现中大尺寸 Micro-LED 显示产业化开发，打造中大尺寸 Micro-LED 显示产业群

续表

项目		2025 年	2030 年	2035 年
关键材料及技术指标	电子纸材料	1. 显示材料：彩色显示颗粒分散体系材料获取CMYRGB彩色颗粒，反射率≥60%，色域≥30%NTSC。彩色显示油墨材料彩色化因子FoM≥3000cm^{-1}，油墨材料环境稳定性，LT80（环境光照度为500lx）≥2万h，电导率≤6×10^{-10}S/m，年产量为20kg 2. 电润湿电子纸显示器件：尺寸≥6in，显示色域≥50% NTSC，反射率≥25%，响应时间≤20ms，柔性电子纸曲率半径≤10cm 3. 电泳电子纸显示器件：显示色域≥40%NTSC，尺寸≥15in，年产量≥10万m^2，响应时间≤100ms	1. 显示材料：彩色显示颗粒分散体系材料反射率≥60%，红、绿、蓝电子油墨材料色坐标误差范围小于（±0.03，±0.03）；彩色显示油墨材料环境稳定性，LT80（环境光照度为500lux）≥3万h，电导率≤5×10^{-10}S/m，彩色化因子FoM≥5000cm^{-1} 2. 电润湿电子纸显示器件：尺寸≥6in，响应时间≤20ms，反射率≥40%，对比度≥15：1，分辨率≥150PPI，年产量≥90万m^2，显示色域≥70%NTSC，柔性电子纸曲率半径≤5cm 3. 电泳电子纸显示器件：尺寸≥15in，响应时间≤100ms，年产量≥60万m^2，显示色域≥55%NTSC，柔性电子纸曲率半径≤5cm	1. 显示材料：彩色显示颗粒分散体系材料颗粒反射率≥80%。彩色显示油墨材料混色可实现色域≥100%NTSC，油墨材料量产实现2.4t/年（供600万m^{2}显示面板），油墨材料自给率超过90%，形成自主油墨品牌 2. 电润湿电子纸显示器件：尺寸≥20in，响应时间≤10ms，反射率≥50%，对比度≥20：1，年产量≥600万m^2，显示色域≥90%NTSC，柔性电子纸曲率半径≤3cm 3. 电泳电子纸显示器件：尺寸≥50in，响应时间≤100ms，年产量≥600万m^2，显示色域≥75%NTSC，柔性电子纸曲率半径≤3cm
关键材料及技术指标	纳米LED显示材料	纳米LED的外延、芯片制备、掺杂工艺和光效提升技术；无接触/无注入纳米LED驱动方法、耦合机制；纳米PN结合成工艺和光效提升机制	集成纳米LED芯片设计与实现工艺；集成纳米LED芯片与控制模块集成技术；全彩化技术、驱动技术、信息处理技术；控光微纳结构、图形图像处理技术	发光/显示芯片、功能模组集成工艺；驱动技术、信息处理技术
	光场显示材料	光学微纳结构机理研究和加工工艺；有源驱动的有源全息器件和驱动方法；大视场角高密度悬浮光场系统构建和实时渲染方法；便携式真实感近眼显示方法	基于光学微纳结构的控光器件研发；基于复用技术的大视场角大尺寸全息显示方法；影院级多人互动大场景真实呈现技术；超轻小真实感近眼显示技术	芯片级光学微纳结构的控光器件工艺；全息虚实无缝融合渲染和呈现技术

注：CMY是印刷色，即青色（cyan）、品红（magenta）和黄色（yellow）；RGB是显示屏三原色，即红（red）、绿（green）和蓝（blue）；FoM是透明导电膜的综合质量因素，指光透过与方阻的比值；LT80是光源寿命

四、“十四五”我国显示功能材料重大工程

（一）印刷OLED材料

内容：开发高效率、长寿命、高色域OLED材料及电子传输材料，实现高性能、低成本OLED材料稳定批量制备；开发薄膜封装材料体系，实现批量应用。

目标：印刷OLED红、绿、蓝光打印器件发光效率分别达到38cd/A、100cd/A和5.1cd/A，1000cd/m^{2}亮度下T95分别为10000h、60000h和1000h。

（二）蒸镀OLED材料（含发光材料、各功能层材料）

内容：开发高效率、长寿命、高色域蒸镀OLED材料及配套功能材料，重点开发空穴注入与传输材料、电子注入与传输材料、蓝光材料，实现高性能蒸镀OLED材料的稳定批量制备。

目标，蒸镀OLED器件性能达到产业化应用指标需求，红、绿、蓝光器件发光效率分别为65cd/A、180cd/A和10cd/A，20mA/cm^{2}电流密度下T95＞450h，核心材料国产化率达到60%。

（三）Micro-LED显示与高性能器件

内容：研究Micro-LED显示核心材料、关键技术及产业化技术，开发小尺寸高光效Micro-LED芯片外延和制备技术、驱动芯片与驱动背板技术、巨量转移与键合技术、色彩转换和光提取技术，以及缺陷检测及修复技术。

目标：掌握6in Micro-LED芯片外延技术，波长不均匀性≤±2nm，核心材料国产化率达到60%，整体技术达世界领先水平。

（四）含镉量子点电致发光显示关键材料

内容：开发适用于高性能QLED的蓝光量子点材料，研究蓝光器件的老化机理，实现蓝光电致发光器件的寿命和发光效率达到实用需求；开发高效率QLED功能层材料，使具有自主知识产权的功能层材料性能达到或超过国际先进水平，实现面板高分辨显示。

目标：红、绿、蓝光量子点打印器件发光效率分别＞38cd/A、＞100cd/A、＞38cd/A，在1000cd/m^{2}亮度下的T95分别＞7000h、＞6000h和＞300h；印刷AMQLED显示面板色域≥85%BT.2020，T50＞3万h，功率≤300W。

（五）无镉量子点电致发光显示关键材料

内容：提升蓝色电致发光量子点材料的稳定性，加大研发环保型的无镉电致发光量子点。

目标：红、绿、蓝无镉量子点材料的发光半峰宽分别＜36nm、＜34nm、＜32nm，发光效率分别＞90%、＞90%、＞80%；无镉量子点原型器件发光效率分别＞18cd/A、＞70cd/A和＞4cd/A，在1000cd/m^{2}亮度下的T50分别＞1万h、＞1万h和＞100h。

（六）新型激光显示用高亮度广色域发光材料

内容：三基色激光显示材料设计、生长、器件制备与量产关键技术：研发InGaP红光、InGaN绿光、InGaN蓝光三基色LD材料可控生长、芯片制备、器件封装、量产等关键技术研发。

目标：以8K激光显示整机应用为牵引，掌握三基色光源芯片、显示芯片等核心材料关键技术并实现量产，红、绿、蓝光LD分别实现2W、1W和5W功率输出，寿命＞2万h。

（七）彩色电子纸材料与器件

内容：研究高性能界面功能材料、印刷电子纸墨水材料和界面耦合机制，开发高可靠电子纸显示器印刷制备工艺和高色域显示器件集成技术及驱动系统，突破印刷电子纸显示关键材料瓶颈及印刷制程核心技术；研究高效率、高均一性电子纸显示墨水填充、封装核心设备；实现广色域、高亮度、低功耗电子纸显示器件。

目标：电子纸墨水材料基色种类≥3；彩色电子纸显示器尺寸≥10in，彩色显示色域≥50%NTSC，响应时间＜30ms，分辨率≥180PPI，能耗＜10mW/in^2，器件寿命≥1.5万h；研制自主知识产权的电子纸显示墨水填充封装关键装备：成膜均匀性达到±5%，封装对位精度达到±5μm。

（八）纳米LED显示核心材料与器件

内容：研究纳米线LED（≤100nm）外延生长、纳米柱LED（≤500nm）与纳米LED芯片（≤500nm）制备和掺杂工艺，突破尺寸效应、边界效应和光效提升技术，研制高性能红、绿、蓝光器件；研究无接触/无注入纳米LED芯片结构，建立无接触器件测试方法，设计新型纳米PN结微观结构和器件结构，探索纳米LED化学合成机制和合成工艺，研制新型结构的纳米LED原型器件；突破纳米LED可控取向技术、像素化技术，以及复合色彩转化技术。

目标：掌握纳米LED显示核心材料、器件结构和关键技术。突破纳米LED显示器件结构和制备工艺，实现产品原理样机研制，纳米线/纳米柱LED原型样机的发光效率达35%。

（九）超薄宽视角向量光场显示技术与系统

内容：开展面向光场显示的变参量结构设计与构筑方法研究，解决传统多视角三维显示的视角反转、周期重复性视点排布和色彩漂移问题，突破基于微纳结构的视角调控器件和超薄指向性光源关键技术；研究基于柔性/曲面显示屏的光场显示方法；突破变参量微纳结构光刻核心技术，开发超薄宽视角向量光场显示系统及工程化技术。

目标：彩色动态三维显示，具有连续运动视差的视角范围≥150°，显示幅面≥27in，三维显示系统厚度＜5100mm；三维图像深度≥0.4m，刷新率≥30Hz；柔性视角调控器件可弯曲程度＜1700R；自主变参量微纳结构光刻调控精度＜1nm，实现超薄宽视角向量光场显示示范应用。

第五节　我国显示功能材料发展对策建议

一、加强统筹协调

发挥行业主管部门的引导与协调作用，加快出台信息显示产业规划政策，细化新时期信息显示产业发展目标，注重资源要素集聚整合，上下游协同布局，推动产业向价值链中高端跃进。

组织实施“重点新材料研发及应用”重大项目，实施新材料关键技术产业化行动计划、关键短板新材料提升工程、新材料核心专用生产装备攻关工程。完善新材料首批次应用保险补偿机制，建立新材料首批次检测认证、应用示范体系。改进新材料领域专项资金组织模式，强化部门工作统筹，做好重点项目跟踪推进，推广地方新材料研发投入后补助模式。

二、加强产业环境培育

加快产业链建设，强化上下游联动，加大信息显示产业关键材料和核心设备攻关力度，提高关键材料、设备的技术水平和供给能力，构建集“材料+设备+器件+终端+应用”于一体的完整产业生态。

组织相关行业协会、重点骨干企业和科研院所，共同研究提出新型显示功能材料鼓励、支持的重点领域和重点技术、装备、产品指导目录，引导企业、高校、科研院所、金融机构等研发资源及社会资本向新型显示功能材料产业倾斜。将产业链、创新链、资金链进行有机整合，加强产学研用相结合，为抢占下一代信息显示产业战略高地提供技术支撑。

三、加强创新平台建设

聚集材料、工艺、器件等领域的优势企业及机构，打造以企业为主导的联合创新平台，聚焦LCD、OLED显示、激光显示、Micro/Mini-LED显示等领域，联合开展关键材料、关键技术攻关。创新平台要以技术为导向，以市场为牵引，为上下游企业提供开放共享的研发、中试与服务，通过技术转让、产业孵化、平台技术服务、知识产权收益等机制逐步实现“自我造血”。

四、开展国际交流与合作

以协同创新为目标，发挥跨行业、跨学科、跨领域的技术创新优势，建立技术、人才、项目的交流合作机制，推动企业创新资源共享，面向全球开展科技合作，以国际科技合作带动产业合作，推动重点企业、优势产业的全球化发展。

第三章 显示玻璃材料发展战略研究

第一节 概 述

近十年来，全球显示行业出货量和产量实现了齐增长。2010～2015年，全球显示行业出货量处于高速增长时期，复合年均增长率为19%，智能手机占据最大份额。2015～2020年，全球显示行业处于平稳增长期，出货量的复合年均增长率为2%。从2021年开始，全球显示行业进入下一个快速增长期，出货量复合年均增长率达到7%，其中创新应用增长贡献76%的份额，2021年中国显示面板出货量占全球总量的份额超过60%。

目前，以车载显示、家电、可穿戴、拼接、电子标签等为代表的创新应用正在不断涌现，显示正在赋予城市亮化、安防监控、远程诊疗、商务办公、智慧文博等解决方案更多动力。2020年全球显示行业呈现出逆势增长之态，产值增速达12.6%。2020年中国信息显示产业营业收入超过4000亿元，同比增长近20%，增速领跑全球，在全球信息显示产业营业收入中的占比达到40%。2021年全球显示行业产值增速超过全球生产总值增速。

显示玻璃是信息显示产业的关键基础材料之一，主要包括TFT-LCD玻璃基板、OLED玻璃基板、触摸屏盖板玻璃、柔性玻璃、导光板玻璃等，其中玻璃基板在LCD面板成本中占比为15.2%，在OLED面板成本中占比为6%。

2020年全球玻璃基板以及盖板玻璃的行业空间约为650亿元、260亿元，且电子玻璃行业仍在增长，随着高附加值的三维玻璃等应用提升，行业有望达到千亿元级规模。考虑到我国LCD面板产能占比65%左右，预计国内面板玻璃基板的空间为400亿元左右；国内手机产量全球占比约80%，对应空间为210亿元左右。

随着科技进步和社会发展，我国玻璃行业科技工作者努力攻关，持续推进自主创新，我国显示玻璃产业实现了新的突破，打破美国康宁、日本AGC、日本NEG等少数企业的众多领域长期垄断的局面，逐步实现了超薄触控玻璃、高强盖板玻璃、TFT-LCD玻璃基板的技术突破与产业化，推动了我国电子玻璃基板的发展。与康宁、AGC、NEG等公司相比，在高世代TFT-LCD玻璃、OLED玻璃等领域，我国先进企业仍有一定差距。目前我国玻璃基板的自给率仅有12%，在8.5代线市场份额更是不到3%，主要依赖进口。

第二节　国内外发展现状与需求分析

一、LCD玻璃基板

（一）材料概述

1. 材料介绍

玻璃基板作为显示面板的重要组成部分，不仅在面板成本中所占比例大，而且直接影响显示产品分辨率、透光率、视角、尺寸等关键技术性能，已成为LCD/OLED面板发展的关键性基础材料。玻璃基板的性能要求苛刻、生产技术复杂、工艺难度高，截至目前，全球90%以上的LCD/OLED玻璃基板市场份额被康宁、NEG、AGC所占据。

玻璃基板可以分为低世代（6代及以下）玻璃基板和高世代（6代以上）玻璃基板。市场上主流需求是5代以上玻璃基板，相较于6代及以下低世代，高世代玻璃基板良率、出产率都有很大的提升，且成本更低，能够顺应未来大屏、多屏的发展趋势，未来市场对于8.5代及以上高世代玻璃基板的需求日益提升。玻璃基板广泛应用于笔记本电脑、桌面显示器、电视、移动通信设备等领域。

2. 制备工艺

玻璃基板熔化、成型、退火在生产过程中至关重要。例如，玻璃基板通常出现翘曲、炸裂等现象，与熔化、澄清、退火过程中的玻璃液或玻璃板的化学均匀度和温度均匀度有直接的关系。另外，裁切和清洗也是影响玻璃基板最终能否作为显示器组件的重要因素。

玻璃基板生产工艺流程大致包括配料、熔解、铂金通道、成型、横切、称重、测厚、纵切、检查、半成品包装、装载上片、精切、研磨、清洗、颗粒检、面检、边检、包装等工序（图3-1）。

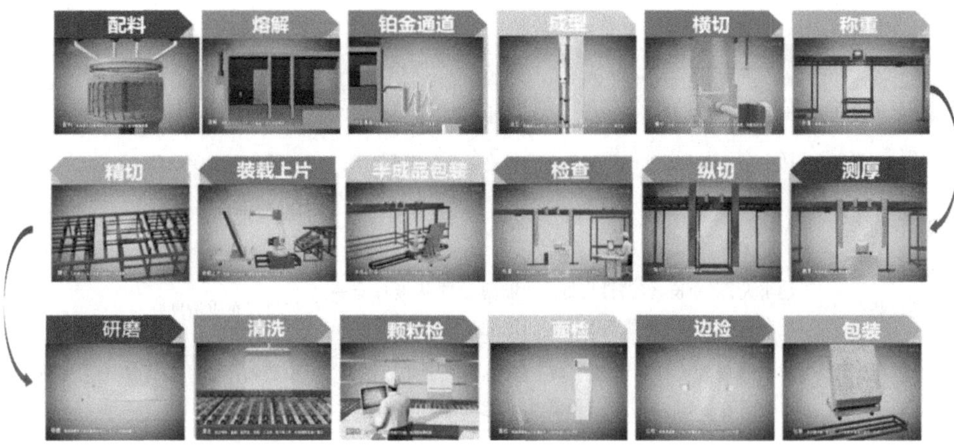

图 3-1　玻璃基板生产工艺流程

目前，玻璃基板的制造工艺主要有浮法、狭缝下拉法和溢流法三种（表3-1和图3-2）。狭缝下拉法的玻璃成型时直接接触金属滚轮，导致玻璃双面质量不高，需要后续抛光处理，加工难度较大。因此，该法生产的玻璃不适合应用于TFT-LCD面板产业。溢流法是目前TFT-LCD玻璃基板的主要生产方法，该法成型时玻璃基板表面仅与空气接触，形成自然表面，表观质量很高，但缺点是难以制作高世代大尺寸玻璃基板，且产能小。浮法制造TFT-LCD玻璃基板的技术易于扩大玻璃基板面积，降低单位成本，但在成型时接触熔融锡的一面仍需要抛光处理以去除锡层。

表3-1　三种玻璃基板制造工艺对比

对比项	浮法	狭缝下拉法	溢流法
产能 /（t/ 天）	30 ~ 100	5 ~ 20	5 ~ 20
熔窑占地空间	占地面积大	占地面积小	占地面积小
熔窑工作方式	天然气 / 电助熔等	电熔 / 天然气等	电熔 / 天然气等
保护气体	有（N_2/H_2）	无	无
拉出方向	水平	垂直向下	垂直向下
成型介质	锡液	铂金狭缝漏板	溢流砖
成型原理	密度差	重力	重力
厚度控制	熔窑的拉引量、拉边机作用力、主传动速度等	熔窑的拉引量、流孔开口大小和下拉速度	玻璃液的溢流量和下拉速度
厚度 /mm	0.2 ~ 2.5	0.03 ~ 1.1	0.3 ~ 2.5

续表

对比项	浮法	狭缝下拉法	溢流法
玻璃基板尺寸	大面积、高世代	中小面积	中大面积
后续加工程度	适中、一面需要处理	较高、两面需要处理	较低、不需要处理
代表厂商	AGC	NEG	康宁、板硝子（NSG）、东旭集团、彩虹股份
工艺优势	熔窑大、寿命长、经济性良好；适合生产大尺寸玻璃基板等	极薄玻璃基板具有一定优越性	玻璃表面质量良好
工艺劣势	澄清难度较大；后续加工成本较高等	产品的尺寸难以做大，产能偏低	板宽和产能不及浮法工艺，技术门槛高

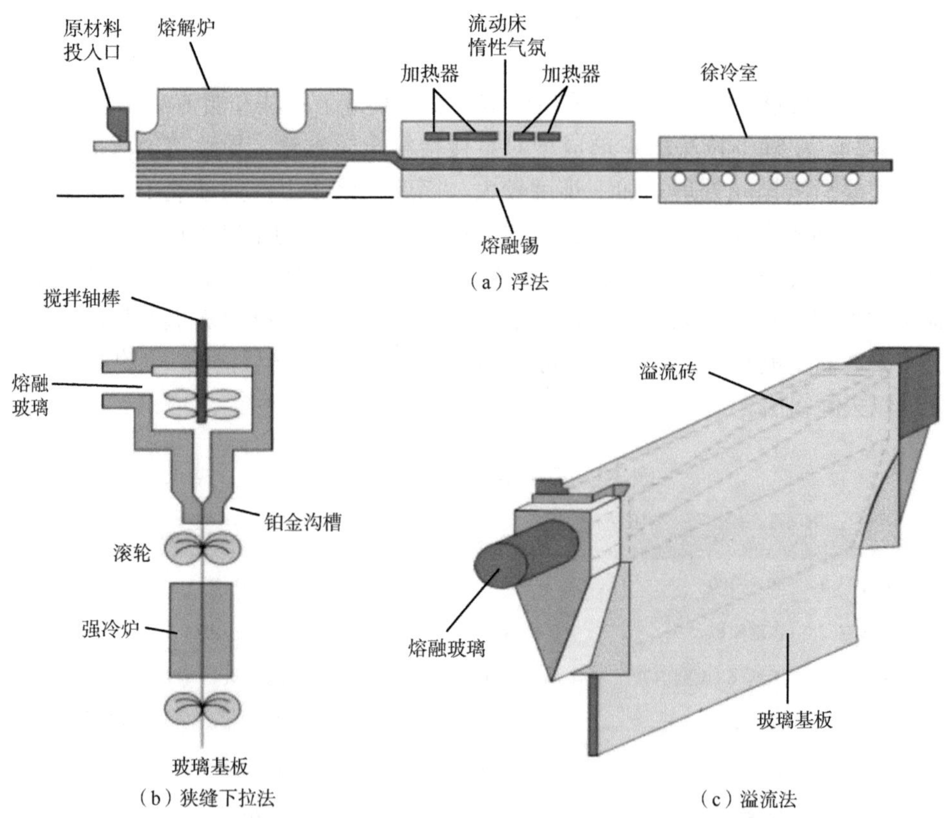

图 3-2　三种玻璃基板制造工艺设备结构图

（二）国内外现状

1. 总体概况

近几年，随着消费电子市场的增长，玻璃基板需求呈现出快速扩张态势，

2020年需求量约6.10亿m^2（图3-3），2016～2020年全球玻璃基板需求量复合年均增长率为4.9%。

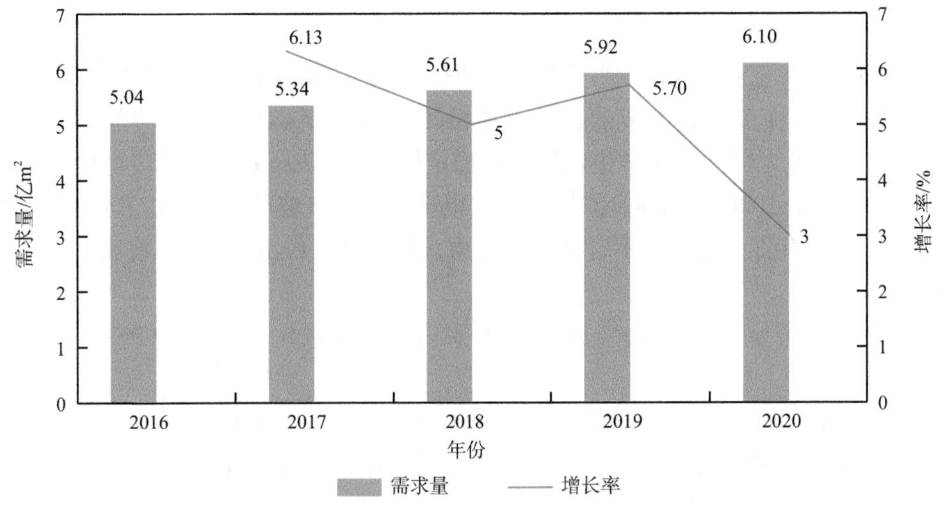

图3-3　2016～2020年全球玻璃基板需求情况

资料来源：赛瑞研究

CODA资料显示，2020年我国TFT-LCD面板生产线对8.5代及以上玻璃基板需求量超3亿m^2，占全球需求总量的49.6%，未来市场发展潜力巨大。

2. 竞争格局

TFT-LCD玻璃基板市场长期由美国与日本所垄断，2020年，康宁的市场份额约51%，AGC和NEG分别以24%和17%的份额占据着全球第二、第三的位置（图3-4）。目前全球的TFT-LCD玻璃基板专利主要集中于康宁、AGC等海外龙头手中，它们具备较强的技术优势。

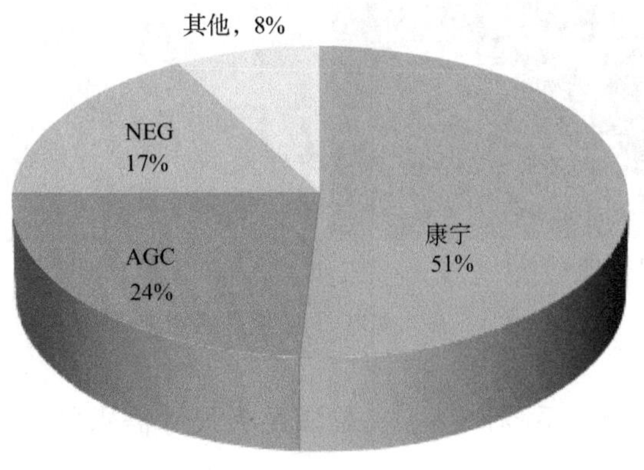

图3-4　2020年TFT-LCD玻璃基板市场份额

3. 国内外研究情况

康宁最早开始研发和生产TFT-LCD玻璃基板，也是目前世界上最大的TFT-LCD玻璃基板生产商。

1984年康宁推出首款牌号7059无碱玻璃，1996年康宁又向市场推出了1737G玻璃，在氧化物组成的设计上用Sb_2O_3替代了As_2O_3作为澄清剂。2000年康宁推出了更为轻薄、化学稳定性及热稳定性更优的Eagle 2000™玻璃用于第五代LCD面板，2006年Eagle XG™玻璃在康宁问世，该玻璃不含Sb、Ba等重金属元素及As等有毒元素，也不含任何卤化物，且有着比Eagle 2000™玻璃更为优秀的性能表现。

2008年康宁推出Jade™玻璃，主要应用于LTPS-LCD、LTPS-OLED显示器的生产。

2010年6月康宁推出了厚度仅0.4mm（最薄可至0.3mm）的Eagle XG Slim玻璃，Eagle XG Slim玻璃推动了移动电话、平板电视、笔记本电脑、平板电脑以及其他LCD器件轻薄化发展。

2015年康宁开发出了热收缩率优良的Lotus NXT玻璃板，可满足LTPS-LCD和LTPS-OLED高性能显示器所需的苛刻制造工艺需求（图3-5（a））。

2019年康宁推出专为沉浸式显示体验设计的Astra玻璃，主要应用于IGZO技术，能完美适用于高端的α-Si设备、IGZO设备（图3-5（b））。

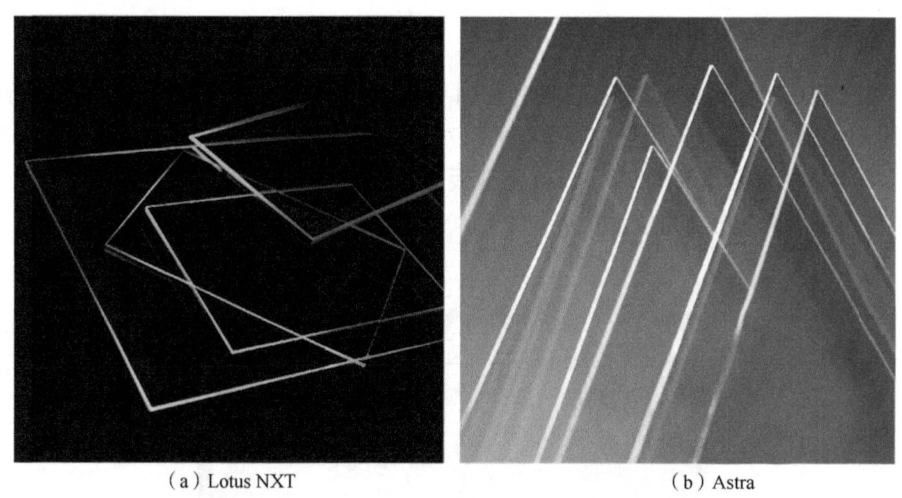

（a）Lotus NXT　　（b）Astra

图3-5　康宁 Lotus NXT 玻璃和 Astra 玻璃系列

AGC先后推出AN系列产品：一是满足大尺寸需求的AN100，具备优良的性能和环保化的组成设计，可以满足11代面板的尺寸要求；二是满足高画质需求的AN-Wizus，在LTPS-OLED显示器上的市场占有率很高，更适用于高清屏；三是满足柔性化需求的AN-Wizus FC，主要用于PI-OLED，AN-Wizus FC与AN-Wizus在其他性能上并没有差别，但在紫外光透过率上（308nm），AN-Wizus为55%，AN-Wizus FC则为75%。

NEG相关产品包括OA系列，在OA-10的基础上推出轻量化、低挠度和不含As、Sb的OA-10G产品，可以满足LCD、OLED及其他薄膜需求。同时，为满足OLED、LTPS、IGZO以及4K/8K电视等高精细面板的需求，又陆续推出OA-11、OA-12、OA-30、OA-31等产品，其中OA-11广泛应用于LTPS/IGZO-TFT显示，OA-31拥有更低的热收缩率，适用于LTPS基板以及可挠性OLED载体。

安瀚视特LCD产品包括NA35、NA32R、NA32SG、LC30，厚度为0.7～0.3mm。其中NA系列为环保型玻璃，目前尺寸可以做到8.5代。LC30在低密度情形下降低了玻璃收缩率，应用于LTPS-TFT。

国内中建材玻璃新材料研究总院、东旭集团、彩虹股份等企业也深耕电子玻璃多年，建设多条LCD玻璃基板生产线，不断加速国产替代进程，但主要集中在6代以下玻璃基板市场。

与世界巨头相比，我国的玻璃基板生产技术还有一定差距，还不具备足够的市场竞争力，研发自主核心技术以及形成完善的产业链任重而道远。

4. LCD玻璃建设情况

2020年底，康宁关闭了日本静冈生产线，日本境内仅剩下位于堺市的10代玻璃基板工厂。在此之前，康宁在日本和中国台湾省各拥有两座玻璃基板工厂，在韩国建有一座玻璃基板工厂。

2008年康宁在北京建成首个TFT-LCD玻璃基板工厂，仅为5代后段加工，2013年康宁在北京建成首个集熔化、成型和后段加工能力一体化的8.5代LCD玻璃基板生产线；2015年，康宁先后宣布在重庆、合肥投资建设新的8.5代和10.5代玻璃基板工厂，其中重庆仅为后段加工线，2018年康宁在合肥量产了世界最大尺寸的10.5代（2940mm×3370mm）TFT-LCD玻璃基板；2021年11月10日，康宁在广州实现了10.5代玻璃基板生产线量产；2021年6月，康宁宣布在重庆新增8.5代及以上显示玻璃基板热端制程能力，预计于2023年正式投产。目前康宁分别在北京、合肥、武汉、广州、重庆等地拥有玻璃基板生产基地，可以更好地满足客户需求、降低运输成本（表3-2）。

表3-2 2021年国外厂商玻璃基板生产线

公司	厂地	代数	条数	产能/(万片/年)	投产时间	工序
康宁	北京	5	3	1200～1500	2008年3月	后段加工
		8.5	1	108	2013年2月	热端+后段加工
	合肥	10.5	5	720	2018年5月	热端+后段加工
	武汉	10.5	1	144	2021年5月	热端+后段加工
	绵阳	8.5+	2	试生产	—	后段加工
	重庆	8.5	3	864	2017年2月	后段加工
		8.5	1	—	预计2023年	热端+后段加工
	成都	8.6及以上	1	已投产	2018年12月	后段加工
	广州	10.5	1	216	2021年11月	热端+后段加工
AGC	惠州	8.5	1	1250	2017年8月	热端
		11	2	1250	2019年3月（二期）；2020年7月（三期）	热端
		11	2	1250	2022年1月	热端
	深圳	8.5	2	800	—	后段加工
		11	2	72	2019年3月（三期于2021年6月投产）	后段加工
	昆山	8.5	6	7200	2011年6月	后段加工
NEG	上海	5	2	—	—	后段加工
	厦门	8.5	2	1080	2016年6月	热端+后段加工
		10.5	1	1500	2021年8月	热端
		10.5	1	5000	2022年4月	后段加工
	广州	8.5	1	—	2014年7月	后段加工
	福州	8.5	2	360	2017年6月	后段加工
	南京	8.5	1	180	2016年6月	后段加工

资料来源：公开资料收集

2010年AGC宣布在昆山设立后段研磨切割生产线，可提供8.5代玻璃基板；2011年5月和2017年4月AGC在深圳分别设立了8.5代、11代玻璃基板切割研磨生产线，主要配套华星光电面板生产线。2017年AGC 8.5代LCD玻璃基板惠州一期项目建成投产，二期和三期主要生产11代TFT-LCD玻璃基板原板，于2019年和2020年先后建成投产，为华星光电T6项目配套。据悉AGC惠州11代线四期、五期项目已经具备开工条件，四期于2022年1月开工，新厂将在2023年第四季度投产；五期拟于2024年6月开工建设。

目前，深圳华星的2条8.5代线、武汉华星的1条6代线所需玻璃基板全部由AGC提供。AGC为华星光电提供的玻璃基板面积累计超过5000万m^2，为T1、T2、T3项目稳定运营提供了强有力的支撑。

NEG在厦门投资建设了LCD玻璃基板项目，总投资58.4亿元，分期建设8.5代TFT-LCD玻璃基板生产线，全面投产后会成为世界最大规模的玻璃基板生产基地，每年可生产LCD玻璃基板1080万m^2。除此之外，NEG分别在上海、广州、福州、南京建成后段加工生产线，其中在上海与广电光电子、住友商事合资设立低世代（5代）生产线，广州、福州和南京分别为高世代（8.5代）后段加工切割研磨生产线。

近几年来，我国玻璃基板在技术上有不小的突破，已能稳定量产5代、6代TFT-LCD玻璃基板，其供应商主要为中建材集团、东旭集团以及彩虹集团，中建材蚌埠玻璃工业设计研究院（现更名为中建材玻璃新材料研究总院）2019年6月18日建成中国首条具有完全自主知识产权的8.5代TFT-LCD超薄玻璃基板生产线并实现量产，产品在下游京东方、惠科等主流面板厂商实现大批量应用。但从出货量来看，本土企业的全球市场占有率微乎其微，具体产线分布见表3-3。

表3-3　2021年国内厂商玻璃基板生产线

公司	厂地	代数	条数	产能/（万片/年）
彩虹集团	咸阳	5	2	100
	合肥	6	3	150
		8.5	1	70
东旭集团	郑州	5	4	240
	石家庄	5	3	180
	芜湖	6	6	300
	福州	8.5	2	—
中建材集团	成都	4.5	1	120
		6	1	100
	蚌埠	8.5	1	100
			1	210（二期工程）

资料来源：公开资料收集

经过多年的生产、研发和实践，彩虹集团掌握5代、6代、8.5代LCD玻璃基板溢流生产技术。2007年彩虹集团采用溢流法在咸阳建设5代玻璃基板生产线，此为国内首条涵盖熔化、成型、后段加工工序的玻璃基板生产线。2018年彩虹集团启动自主研发的8.5代LCD玻璃基板生产线，包括2条热端生产线、1条冷端生产线，其中2019年12月1条生产线已达产。

目前彩虹集团拥有2条5代、3条6代LCD玻璃基板生产线，2条8.5代LCD玻璃基板热端生产线。

2010年5月，东旭集团在郑州建成国内第一条具有完全自主知识产权的5代玻璃基板生产线。东旭集团陆续建成郑州、石家庄、芜湖、福州四大LCD玻璃基板生产基地，以5代、6代为主，量产产能稳居国内第一。其中，福州旭福8.5代线第一条、第二条后段加工产线已先后投产，并成功配套京东方。

5. 产业链情况

玻璃基板上游原材料为石英砂、氧化铝等，下游主要是面板厂商（图3-6）。目前我国信息显示玻璃领域上游原料自给率达100%，中游关键设备仍依赖进口，下游面板已经实现国产化。

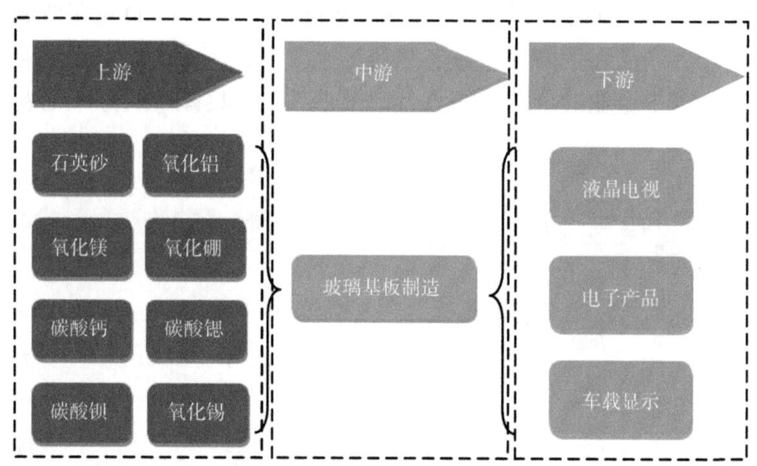

图3-6 玻璃基板产业链基本结构

（三）发展趋势

目前，全球LCD面板产业逐步向中国聚集，但我国在高世代LCD玻璃基板方面的研究开发尚处于初级阶段，要突破国外大公司的技术封锁，必须依靠自主创新。展望未来，TFT-LCD玻璃基板的发展趋势如下。

（1）大尺寸化、轻薄化LCD面板是玻璃基板市场需求的亮点，应重视浮法成型高世代玻璃基板工艺开发。

（2）开发浮法生产TFT-LCD玻璃基板设备与技术。例如，具有高效熔化、耐侵蚀、使用寿命长等特点的新型窑炉，无碱高铝玻璃液澄清及均化技术，超薄玻璃成型、退火与无尘封装运输技术以及智能生产技术。

（3）玻璃基板表面高精细化。目前，超高清、定向触控电子显示器和柔性电子显示器已实现应用，高应变点铝硅酸盐玻璃是未来玻璃基板发展的一个重要趋势。

（4）在平板显示行业玻璃生产工艺方法中，浮法、狭缝下拉法与溢流法会相互竞争和共同向高世代、超薄化发展，环保型澄清剂的替代开发、玻璃基板产品实现广域适用化或系列化都是未来的发展方向。

显示玻璃产业发展前景广阔，应用领域广泛，市场空间充足，未来玻璃向功能化、环保化、低成本、高质量方向发展。为此既要从玻璃的化学组成、工艺制度入手，又要从生产技术入手，推进玻璃制造技术与加工技术的创新与变革，突破国外技术封锁，加强对新技术的使用与探索研究。

二、OLED玻璃基板

（一）材料概述

1. 材料介绍

OLED又称有机电激光显示、有机发光半导体，是指有机半导体材料和发光材料在电场驱动下，通过载流子注入和复合导致的发光现象。OLED的基本结构是在ITO玻璃基板上制作一层几十纳米厚的有机发光材料作发光层，发光层上方有一层低功函数的金属阴极，构成三明治结构。

OLED作为无需光源的自发光型显示技术，具有可视角度广、色彩还原性高的特点，且对比其他显示技术具有更快的反应速度，是可实现柔性显示的技术。目前，OLED受良率与使用寿命的影响，在价格竞争力方面不如LCD，在大型化方面还有技术和经济等难点。

OLED可根据发光材料的种类、发光方式、发光结构、驱动方式等分为多种类型，一般以驱动方式分为AMOLED（主动型）与PMOLED（被动型）。

玻璃基板能够满足一些特殊属性要求，包括透光、平整、耐热、不导电、抗侵蚀、高强度、不透气等，所以玻璃基板成为OLED不可替代的材料，在显示行业发挥着重要作用。

OLED产业的发展对玻璃基板性能提出更高要求，目前玻璃体系包括无碱铝硼硅玻璃、无碱低硼铝硅玻璃。由于显示效果和屏幕刷新率提升需要，采用LTPS技术来制备TFT，可使OLED显示产品具有高分辨率、反应速度快、亮度高、开口率增大等特点。

2. 关键技术

LTPS制程工艺热处理温度达600～700℃，而玻璃基板受热处理影响会产生不可逆收缩变形，随着显示产品向高分辨率发展，LTPS制程的玻璃基板的再热收缩率必须达到10ppm以下（表3-4），对OLED玻璃基板的料方技术、熔化澄清技术、微应力及再热收缩率调控技术等提出更为严苛的要求。

表3-4 α-Si玻璃与LTPS玻璃基板性能指标

技术指标	LTPS 玻璃基板	α-Si 玻璃基板
应变点 /℃	＞700	＞650
软化点 /℃	＞1000	＞970
退火点 /℃	＞750	＞700
再热收缩率 /ppm（600℃ /10min）	＜10	＜50
热膨胀系数 /（$\times10^{-7}$℃$^{-1}$）	＜40	＜40
弹性模量 /GPa	＞80	＞70

资料来源：公开资料收集

（二）国内外现状

1. 总体概况

目前，全球大量厂商陆续进入OLED材料、生产设备、技术研发和大规模生产阶段，部分产品已经批量上市。OLED显示产业市场规模增长非常快，2020年全球刚性与柔性OLED显示面板出货量分别为3.07亿片与2.75亿片，预计到2025年刚性和柔性OLED显示面板出货量分别达到4.40亿片和6.01亿片（图3-7）。

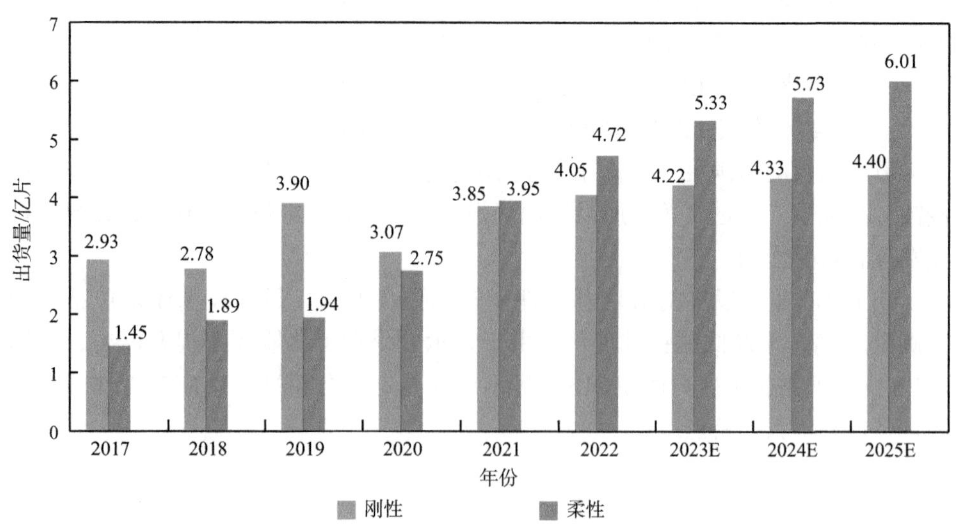

图3-7 全球刚性和柔性OLED显示面板出货量情况

在OLED手机面板领域，随着手机市场相继发布搭载全面屏、柔性屏、折叠屏等新型显示技术的智能手机，预计OLED手机面板需求进一步提升。全球OLED手机面板出货量如图3-8所示。2020年LCD与OLED手机面板出货量占比分别为55.38%与44.62%。其中，刚性与柔性OLED屏分别占比21.51%和20.61%，折叠屏占比2.85%。2022年OLED手机面板出货量占比达到约57%，超越LCD手机面板，成为市场主流。

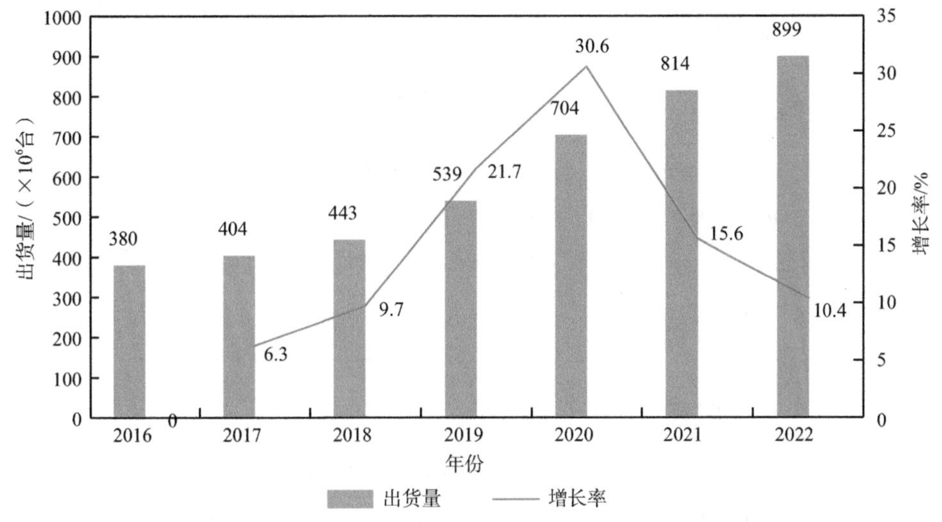

图 3-8　全球 OLED 手机面板出货量

在中小尺寸OLED面板领域，随着消费电子品牌厂商持续导入叠加OLED厂商的生产线产能逐步释放，预计短期内加速渗透。大尺寸OLED面板受制于良率低、制造成本高等原因，预计短期内难以形成大规模渗透。Omdia数据显示，2020年全球OLED面板市场规模为343.24亿美元，预计2025年达到547.05亿美元。中国作为全球最大的消费电子商品市场，终端应用市场广阔是OLED玻璃基板产业成长的核心驱动力之一。赛迪智库数据显示，2020年中国OLED面板市场规模为351亿元，预计2023年达到843亿元，届时玻璃基板市场规模将随之快速增长，对OLED玻璃基板需求量将达4000万m^2。

2. 竞争格局

不同于面板厂商竞争激烈、毛利率低的情况，玻璃基板行业格局稳定、营利性强。稳定性主要体现在市场规模平稳增长、供需平衡、产品价格稳定等方面。另外，玻璃基板产业高进入壁垒和低退出机制造就了寡头垄断的产业格局，几大寡头独享技术壁垒带来的超额利润。

LTPS玻璃基板技术含量高，目前以康宁（Lotus系列）、AGC（AN100、

AN-Wizus）为代表占据了国际市场90%的份额，具体如表3-5所示。

表3-5　LTPS玻璃基板应用

公司	玻璃牌号	应用情况
康宁	Lotus 一代	深超光电的LTPS面板生产线
	Lotus 二代	天马的LTPS面板生产线
	Lotus NXT	成都京东方6代、合肥京东方10.5代、三星柔性AMOLED（GalaxyNote8手机）
AGC	AN100	维信诺2.5代AMOLED试验线、成都京东方4.5代LTPS试验线、鄂尔多斯生产线
	AN-Wizus	天马微电子的LTPS面板生产线
NEG	OA-11、OA-12、OA-31	中电熊猫面板生产线
安瀚视特	LC30	三星7代

资料来源：公开资料整理

3. 国内外研究情况

目前，康宁、AGC和NEG是全球供应玻璃基板的三大公司。其中LTPS玻璃基板基本被康宁和AGC垄断。

2011年康宁开发了Lotus玻璃（亦称Lotus一代），2013年开发出LTPS玻璃基板Lotus XT（亦称Lotus二代），该产品应用于200PPI分辨率显示面板，收缩率仅为几微米，再热收缩率小于15～20ppm，大大提高了OLED/LCD面板生产效率。2015年开发出Lotus NXT，该产品在尺寸稳定性、表面质量、洁净度与高度均匀的紫外光透过率等方面皆领先业界，解决了当今移动电子设备行业所面临的普遍问题，Lotus NXT主要用作LTPS或TFT背板的OLED和高分辨率LCD的显示玻璃。康宁玻璃基板理化性能如表3-6所示。

表3-6　康宁适用LTPS制程的玻璃基板理化性能

材料特性	单位	Jade	Lotus 一代	Lotus 二代	Lotus NXT
密度（20℃）	g/cm^3	2.63	2.52	2.57	2.59
弹性模量	GPa	82.0	81.6	80.7	83.0
剪切模量	GPa	33.7	30.4	32.9	34.0
泊松比	—	0.22	0.23	0.23	0.23
维氏硬度（200g/15s）	kgf/mm^2	715	624	626	643
热膨胀系数（0～300℃）	$\times 10^{-7}℃^{-1}$	37.4	33.9	34.5	35.0

续表

材料特性	单位	Jade	Lotus 一代	Lotus 二代	Lotus NXT
23℃比热容	J/（g·K）	0.701	0.872	0.731	0.759
23℃导热系数	W/（m·K）	1.10	1.34	1.23	1.16
工作点 T_w	℃	1351	1336	1379	—
软化点 T_s	℃	1032	1013	1045	1043
退火点 T_a	℃	786	768	799	806
应变点 T_{st}	℃	732	713	743	752
25℃体积电阻率	Ω·cm	1024.5	1023.2	1024.5	1025.7
250℃体积电阻率	Ω·cm	1014.0	1013.3	1013.9	1013.9
500℃体积电阻率	Ω·cm	109.5	109.0	109.3	109.3
20℃介电常数（1kHz）	—	5.97	5.59	5.97	6.17
20℃介电损耗（1kHz）	—	0.002	0.0015	0.0015	0.0015
折射率（589.3nm）	—	1.531	1.520	1.522	1.526
色散常数	—	60.2	62.4	61.9	61.7
光弹常数	（nm/cm）/（kg/mm^2）	312	303	300	283
透光率（400～800nm）	%	90.88	＞90	＞90	＞90

资料来源：公开资料整理

AGC的AN100玻璃基板广泛用于α-Si的液晶面板，其应变点高达670℃，弹性模量为77GPa，热膨胀系数为38×10^{-7}℃$^{-1}$（50～350℃）。此外，因其较低的热收缩特性（600℃/10min的热收缩率仅为33ppm），AN100玻璃基板也被广泛应用于LTPS面板。

AGC的AN-Wizus可用于LTPS面板，该玻璃除了采用浮法工艺生产，还通过改变玻璃成分减小了热收缩率（仅有7ppm，600℃/10min），具有较高的弹性模量（85GPa），可控制玻璃基板翘曲的幅度，具有较高的透光率，并且可以实现金属掩模版的精准对位，可满足高分辨率显示产品的应用需求。

为了满足柔性化需求，AGC推出新产品AN-Wizus FC，该产品具有高紫外光透光率特性。AN-Wizus FC与AN-Wizus在其他性能上并没有差别，但在紫外光透光率上（308nm），AN-Wizus为55%，AN-Wizus FC则为75%。

目前，全球OLED显示玻璃技术和市场完全被AGC、康宁、NEG等国外公司封锁和垄断，我国在技术和产业方面还存在一定差距。国内中建材成都中光电科技、东旭光电等公司用溢流法进行过OLED玻璃基板的工艺探索和样品试制，未能实现工业化生产；浮法工艺研究方面，中建材玻璃新材料研究总院长期聚焦国家玻璃新材料重大需求，针对OLED玻璃基板的料方和关键技术进行了大量的实验室研究，开发出了适于浮法工艺的OLED玻璃化学组成以及核心工艺装备，为后续浮法攻关OLED玻璃核心技术及产业化夯实了基础。彩虹股份也已经布局了7.5代（兼容6代）LTPS/OLED玻璃基板产业，并于2020年8月点火，相关量产技术正在进行验证。

4. 配套情况

从面板产线来看，截至2022年，中国企业总共投入了约4400亿元建设多条4～6代OLED产线。根据OLED Industry统计，截至2022年，中国已建和在建的6代OLED产线共有12条，全部满产后总产能超过45万片/月（表3-7）。

表3-7 截至2022年国内已建和在建OLED产线情况

厂商	产线	投资额/亿元	产能/（$\times10^3$片/月）	投产时间/年	类型
京东方	鄂尔多斯5.5代线	220	2	2014	刚性
	成都6代线	465	48	2017	柔性
	绵阳6代线	465	48	2019	柔性
	重庆6代线	465	48	2020	柔性
	福州6代线	465	48	2021	柔性
天马	上海4.5代线	14	75	—	刚性
	上海5.5代线	45.5	15	2016	柔性
	武汉6代线	265	37	2018	刚性+柔性
	厦门6代线	480	48	2022	柔性
华星光电	武汉6代线	350	45	2019	柔性
维信诺	昆山5.5代线	45.3	15	—	刚性+柔性
	固安6代线	300	30	2018	柔性
	合肥6代线	440	30	2021	柔性
和辉光电	上海4.5代线	70.5	15	—	刚性
	上海6代线	272.78	30	2021	刚性+柔性
柔宇科技	深圳6/5.5代线	110	15	2018	柔性
信利国际	惠州4.5代线	63	30	2016	刚性
	眉山6代线	362	30	2021	柔性
LG显示	广州8.5代线	460	90	2019	大尺寸

资料来源：公开资料整理

随着国内OLED产能的释放，2022年，中国OLED面板产能全球占比接近45%，有望取代韩国成为全球最大的OLED面板供应商。从良率方面来看，近几年，以京东方、维信诺、和辉光电为代表的国产OLED面板良率持续爬升，根据显示领域权威咨询机构Display Supply Chain Consultants（DSCC）预测，2023年国内面板厂商刚性与柔性OLED面板良率将达到三星相关产品水平。

5. 产业链情况

如图3-9所示，OLED玻璃基板产业链涉及的上游供应材料、设备，以及下游应用领域较多，因此产业链的参与者较多，具体如下。

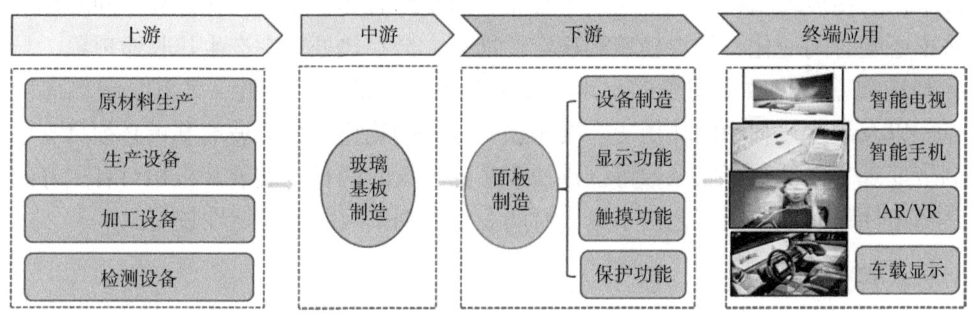

图3-9　OLED玻璃基板产业链示意图

OLED玻璃基板产业链上游包括原材料生产、生产设备、加工设备以及检测设备，各个板块又包括较多细分的产品，如窑炉、铂金通道、成型设备、产品检测等。

OLED玻璃基板产业链下游为面板制造，目前领先企业有三星、LG显示、京东方、长虹、华星光电等，其中三星是目前全球最大的中小型OLED面板生产商，LG显示最先主攻方向为大尺寸OLED，鉴于小屏电子产品的发展态势，LG显示逐步加码中小尺寸OLED。

OLED玻璃基板产业链的终端应用包括智能手机、智能电视、AR/VR、可穿戴电子设备（智能手表等）、电脑、车载显示、照明等领域。其中智能手机、智能电视、AR/VR等领域应用范围最广。

（三）发展趋势

玻璃基板技术的发展动力主要来自显示技术发展的需求（包括高世代化、高分辨率化、超高清等）和自身提高线体寿命的需要。这些促使玻璃基板产品主要向大尺寸轻薄化、高热稳定性和降低制造成本等方向发展。

1. 大尺寸化

随着8.5代及以上大尺寸OLED显示技术的不断发展，市场对于玻璃基板尺寸的要求也在逐渐提高。8.5代玻璃基板的尺寸已经达到2500mm×2200mm，11代玻璃基板的宽度已经超过3m。浮法能够有效地生产出宽度较大的玻璃基板，最宽的玻璃基板能够达到5m。溢流法能够形成表面均匀的高质量超薄玻璃基板，宽度也能达到3m，能够满足高世代OLED玻璃基板的基本要求。

2. 工艺制程更加先进

在LTPS和IGZO制程中，玻璃基板需要经历两次热处理。400～700℃的处理工艺会使玻璃基板与沟道层产生膨胀，但是两者热膨胀率存在差异，同时热膨胀率还随时间变化。如果玻璃热稳定性能差，会在热处理中产生热收缩现象，导致制造误差。热收缩现象的出现主要依赖于玻璃的黏温特性，尤其是玻璃应变点，以及制造过程中的热历史。要想获得较好的热稳定性，玻璃基板必须具有更高应变点、更低热膨胀系数等。浮法工艺的退火时间长，玻璃基板相对有更好的热稳定性；而溢流法工艺由于退火时间短，玻璃基板的热稳定性较差。

3. 提升线体寿命

玻璃基板生产线资金投入大，较高的线体寿命可以大幅降低单位生产成本。影响玻璃基板生产线体寿命的最主要因素是长期处于高温工作状态并受到玻璃液的持续侵蚀，导致关键装备材料损耗和老化。例如，熔化温度每升高50～60℃，耐火材料的寿命缩短约50%。

为了提升线体寿命，主要的技术措施包括提升耐火砖抗蚀性、碳化硅板抗老化性能、溢流砖材料适应高温蠕变性能等；同时需要对贵金属加工工艺进行改进，以降低挥发速率。另外，调整玻璃配方的析晶温度，抑制加工过程中的析晶发生，也是使设备长期稳定的重要措施。目前国外先进公司玻璃基板生产线体寿命可以达到5年左右，国内经过不断改进，已从早先的2年提升到3.5年的水平。

三、触摸屏盖板玻璃

（一）材料概述

1. 材料介绍

触摸屏盖板玻璃作为显示面板的重要组成部分已经进入了高速发展的时代。盖板玻璃对显示面板起到支撑保护的作用，并且可在表面丝印图案、标志等，通常具有高硬度、耐划伤及防指纹等特性，能够保证显示面板在受到刻划、摩擦等时不会影响显示效果，避免出现表面划痕、破裂等情况。盖板玻璃尤其是高端盖板玻璃通常采用高铝高碱的铝硅酸盐玻璃，相较于钠钙玻璃具有更高强度，市场占比达80%。在高铝盖板玻璃领域，康宁、AGC及肖特三家企业垄断全球市场份额90%以上。

2. 关键技术

盖板玻璃加工是指以玻璃原片为基材，采用化学方法对玻璃进行再加工，提高玻璃产品的技术含量和附加值，从而拓展应用领域。盖板玻璃加工技术主要包括化学强化、热弯等。

1）化学强化

盖板玻璃用作保护屏玻璃时，需要有较高的冲击强度及耐磨性等，但玻璃为脆性材料，表面存在格里菲斯裂纹等缺陷，受到较小外部应力时就容易发生断裂，需要通过强化提升玻璃硬度、韧性及抗划性。强化，又称钢化，其强化工艺经历了一步法向两步法及多步法发展的历程。

化学强化是将玻璃置于熔融碱盐中，使玻璃表层中的小离子与熔盐中的大离子交换，由于交换后体积发生变化，在玻璃表面形成压应力（compressive stress，CS），内部形成张应力，从而达到提高玻璃强度的效果。

化学强化分为一步法和两步法及多步法等，CS和压应力深度（depth of layer，DOL）是表征玻璃化学强化后效果的两个关键指标，提高玻璃CS与DOL可增加玻璃强度，特别是提高DOL能有效地增加玻璃耐划伤与抗冲击力学性能。

一步法是较为普遍的化学强化方法，是指将制备好的玻璃原片在硝酸盐熔盐中进行一次离子交换处理，较为典型的一步法化学强化是将含Na^+的超薄玻璃放置在高浓度硝酸钾熔盐中进行Na^+-K^+交换，使得玻璃表面产生CS。

两步法化学强化是将玻璃进行两次化学强化处理，可使玻璃DOL增加，玻璃耐划伤、抗冲击性能得到提高。两步法化学强化降低了玻璃断裂强度的离散性，增加了玻璃力学强度的稳定性。含有氧化锂（Li_2O）的碱铝硅酸盐玻璃经两步法化学强化处理后，CS最大值仍保留在玻璃表面附近，既提高了DOL，又提高了CS，解决了CS与DOL不能同时增加的矛盾。

2）热弯

热弯工艺是将平板玻璃放在模具中加热软化成型，再经退火制成曲面玻璃（又称三维玻璃）的工艺过程，其过程包括加热、成型、退火、冷却等。该成型方法为一次成型，无需传统的粗磨、精磨、抛光等加工工序，具有高效率、高质量等优点，是目前制备三维超薄电子玻璃的较为理想的方法。不同于常规玻璃的热弯技术，三维玻璃热弯技术具有精度高、加工难度大等特点，其难点主要在于对模具材料的选用和加热及加压工艺的精准控制。

（二）国内外现状

1. 总体概况

盖板玻璃除在手机、平板电脑等传统领域应用广泛，在车载信息系统、家电产品等行业仍具有较大的发展空间，随着触摸屏在下游行业应用的不断扩大和深入，盖板玻璃市场将持续扩容。

随着信息显示行业的发展以及消费者对智能手机的认可，智能手机出货量开始猛增。从市场数据来看，近些年全球智能手机出货量相对平稳，2010～2017年全球智能手机出货量逐年提升，2017年全球智能手机出货量达到峰值，高达15.66亿台。之后，全球智能手机出货量又开始缓慢下降，2020年全球智能手机出货量降至13.31亿台，同比下降10%，全球智能手机出货量连续三年下降（图3-10）。

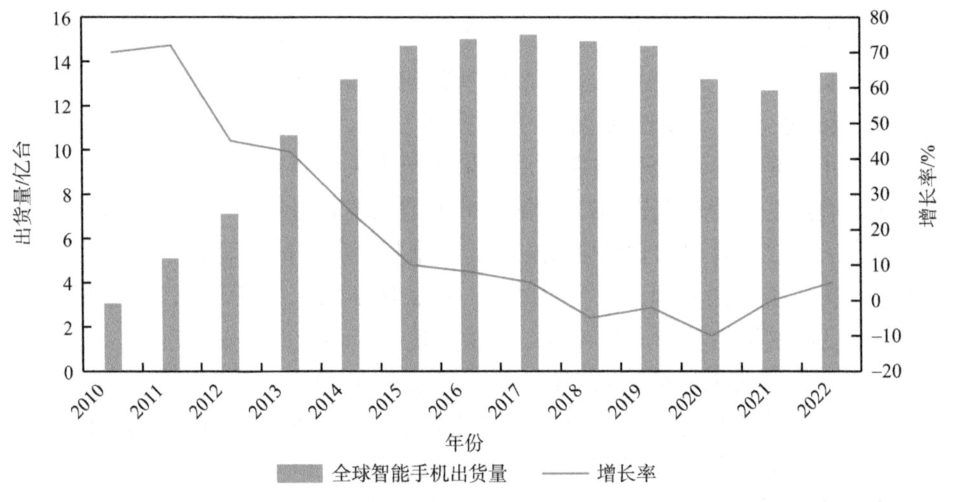

图 3-10　全球智能手机出货量及同比变化

资料来源：Wind

Sigmaintell数据显示，2021年全球智能手机出货量约为13.1亿台，2022年全球智能手机出货量约为13.7亿台，同比增长约为4.6%。随着5G设备逐渐走入消费者的视野，智能手机销量开始获得提升，有望扭转智能手机出货疲弱态势。各大品牌持续优化相机、屏幕、充电等性能以吸引用户，推动未来5G手机高速增长。预计2023年将保持3.4%的同比增长，5G手机出货量2020～2023年复合增长率或达37%，渗透率较2020年提升约40个百分点至58%。

除了手机领域，平板电脑及笔记本电脑等其他电子产品也会用到盖板玻璃。近年来，平板电脑出货量保持平稳（图3-11），由于新冠疫情直接影响市场和消费者行为，混合工作环境变得更为普遍，移动电子设备的家庭拥有率继续增长，未来随着需求模式不断调整，适应在家办公、虚拟学习选项和混合工作模式这些新型显示模式更有必要，将推动移动电子设备出货量在2026年达到4.58亿台。

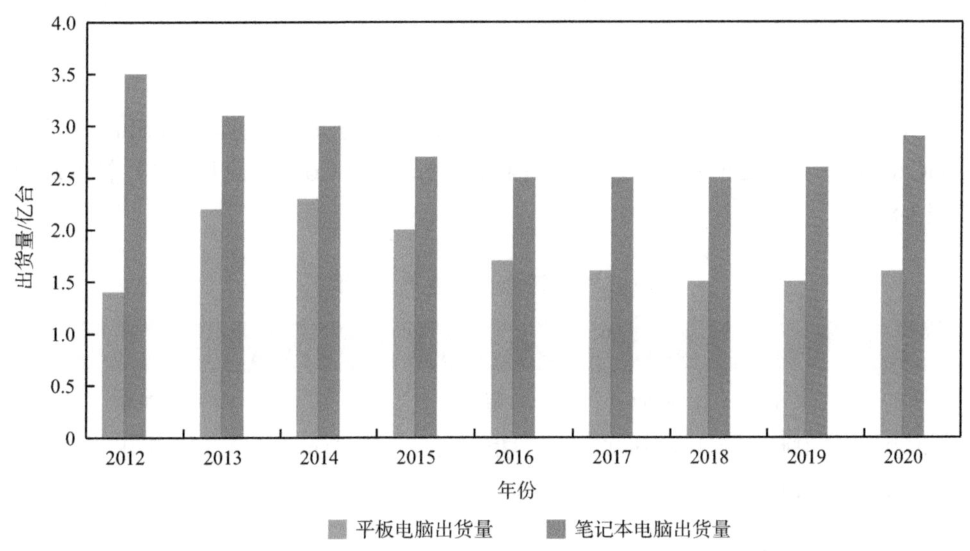

图3-11　全球平板电脑和笔记本电脑出货量

资料来源：IDC，国泰君安证券

车载显示大屏化甚至多屏化趋势催生盖板玻璃新市场。以往车载信息系统大部分功能通过实体按钮形式实现，直到特斯拉推出的Model S车载信息系统采用17in全触摸屏操作，开启了车载信息系统的新纪元。盖板玻璃因其优异的光学性能与独特的耐磨性而应用于车载显示屏，车载显示屏的不断变革推动盖板玻璃快速发展。

2020年由于疫情影响，全球车载显示器出货量为1.36亿台，同比减少16%。从结构上看，10in以上的大尺寸车载显示器全年出货量大增32.7%，达到3085万台。车载显示领域技术迭代滞后于智能手机，一般而言车载屏幕市场落后智能手机1～2年，传统车载屏幕很多仍停留在钠钙玻璃材质上，因此车载大屏化和液晶化带来的中高铝玻璃用量提升对于国内外企业都是新的增长空间。

2. 竞争格局

盖板玻璃作为智能手机重要组成部分不断革新发展，从耐划伤的普通钠钙玻璃逐渐向高韧性耐跌落的高铝盖板玻璃转化。目前国外供应高端高铝盖板玻璃的只有美国的康宁、日本的AGC以及德国的肖特，国内企业以旭虹光电、中建材集团、南玻集团为代表，产品性能已经达到国外水平。

高铝盖板玻璃相比于钠钙玻璃具有更高的强度，目前在市场份额方面，高铝盖板玻璃占比80%左右。在高铝盖板玻璃竞争格局中，目前康宁国内市场占有率约70%，AGC近年来国内市场占有率逐步被压缩，国产产品合计市场占有率近10%。

3. 国内外研究情况

目前，全球高品质高铝盖板玻璃主要包括康宁的大猩猩（Gorilla）玻璃、AGC的龙迹（Dragon trail）玻璃、肖特的Xensation Cover（简称XC）盖板玻璃（表3-8）。

表3-8　全球盖板玻璃生产企业情况

企业	国家	产品商标	生产工艺	产品厚度 /mm	第一条产线投产时间 / 年
康宁	美国	Gorilla	溢流法	0.4 ～ 1.2	2007
AGC	日本	Dragon trail	浮法	0.1 ～ 1.0	2011
NEG	日本	Dinorex	溢流法	0.3 ～ 1.0	2011
肖特	德国	XC	浮法	0.5 ～ 1.0	2011

资料来源：公开资料整理

盖板玻璃产品中强化效果最好的是康宁产品，康宁能提供0.4～1.2mm厚度的Gorilla系列7个玻璃产品，其产品性能对比如表3-9所示，产品如图3-12所示。

20世纪60年代，康宁就研发了Gorilla玻璃，但一直没有商业化。2007年与苹果公司合作开发第一代碱铝硅酸盐玻璃，命名为Gorilla玻璃（简称GG1，牌号2318），2012年推出Gorilla玻璃2（简称GG2，牌号2317），至此Gorilla玻璃完全进入商业领域。

表3-9　康宁盖板玻璃性能对照

性能	GG1	GG2	GG3	GG4	GG5	GG6	Victus
密度 /（g/cm^3）	2.44	2.42	2.39	2.42	2.43	2.40	2.40
弹性模量 /GPa	71.70	71.50	69.30	65.80	76.70	77.00	77.00
折射率（590nm）	1.51	1.50	1.50	1.49	1.50	1.50	1.51
热膨胀系数 /（$\times10^{-6}℃^{-1}$）（0 ～ 300℃）	8.45	8.00	7.58	8.69	7.88	7.52	7.25

续表

性能		GG1	GG2	GG3	GG4	GG5	GG6	Victus
介电常数（54kHz）		7.38	7.24	7.59	7.89	7.08	6.80	6.82
CS/MPa		≥ 800	≥ 950	≥ 950	≥ 850	≥ 850	≥ 900	≥ 900
压缩深度 /μm		≥ 40	≥ 50	≥ 50	≥ 50	≥ 75	≥ 80	≥ 80
维氏硬度（200g）/（kgf/mm^2）	未强化	534	534	534	489	601	611	590
	强化	649	649	649	596	638	678	651

资料来源：康宁官方数据整理

图 3-12　康宁 Gorilla 玻璃系列

2013年康宁推出了首次进化的Gorilla玻璃3（简称GG3），随后分别推出Gorilla玻璃4（简称GG4）、Gorilla玻璃5（简称GG5），其中GG4的坚韧程度比竞争对手的玻璃高出2倍，在相同测试中完好率达到80%。耐磨性上，GG4比GG3提升了2倍；GG5成分中引入Li_2O，从1.2m的高度跌落至坚硬、粗糙的表面仍可保持完好。2017年推出的Gorilla玻璃6（简称GG6）从1.6m高度（全球平均身高）跌落至坚硬、粗糙的表面仍可保持完好。2020年推出的Victus是目前最坚韧的Gorilla玻璃，据官方实验数据，该产品从2m的高度跌落至坚硬、粗糙的表面仍可保持完好，相比于GG6的抗跌落性能提升了25%，抗刮擦性能提高了1倍。

目前康宁分别在美国、日本、韩国累计建成投产27条Gorilla玻璃生产线，能够满足高端盖板玻璃市场需求。

除Gorilla玻璃系列产品应用于高端智能手机之外，2016年康宁还开发出

Gorilla SR+产品，该产品可应用于可穿戴设备市场。2018年在Gorilla SR+的基础上升级，开发出Gorilla DX/DX+，大幅提升了设备光学清晰度，同时具备抗反射性能，并拥有更优异的抗刮擦性能，同样采用新型玻璃复合材料。

2014年康宁针对触摸屏卫生问题推出抗菌盖板玻璃——Antimicrobial Gorilla玻璃，该产品采用二十碳五烯酸（eicosapentaenoic acid，EPA）注入技术，内含Ag^+抗菌剂，可防止部分细菌在玻璃面板上滋生。该系列玻璃可明显降低细菌繁殖能力，有助于保持玻璃表面的洁净。

AGC盖板玻璃的产品组合涵盖了整个市场的不同需求，在中低端市场有Soda玻璃，在中高端及旗舰机市场则有Dragon trail玻璃（表3-10）。

表3-10　AGC 盖板玻璃性能对照

性能		Soda	Dragon trail	Dragon trail Pro
密度 /（g/cm^3）		2.50	2.48	2.46
弹性模量 /GPa		73	74	73
剪切模量 /GPa		30	30	30
折射率（590nm）		1.52	1.51	1.51
热膨胀系数 /（$\times10^{-6}$℃$^{-1}$）（50～350℃）		8.5	9.8	8.9
应变点 /℃		511	556	588
光弹常数 /（nm/（cm · MPa））		25.6	28.3	28.4
CS/MPa	420℃ /4h	700	798	1000
压缩深度 /μm	420℃ /4h	10	37	40
维氏硬度（200g）/（kgf/mm^2）	未强化	533	595	542
维氏硬度（200g）/（kgf/mm^2）	强化	580	673	672
介电常数（1MHz）		8.5	8.4	8.4
介电损耗（1kHz）		—	—	0.027

资料来源：公开资料整理

2010年AGC采用浮法工艺生产高铝硅酸盐玻璃，最初是在钠钙玻璃生产线的基础上进行调整，Al_2O_3质量分数从1%逐步提升到5%。2011年正式推出Dragon trail 1代（简称DT1），2012年推出Dragon trail 2代（DT2），2014年推出Dragon trail 3代（DT3），其Al_2O_3质量分数达16%以上，抗冲击性能比康宁的GG4略差，但相比前期的产品有明显提高（图3-13）。

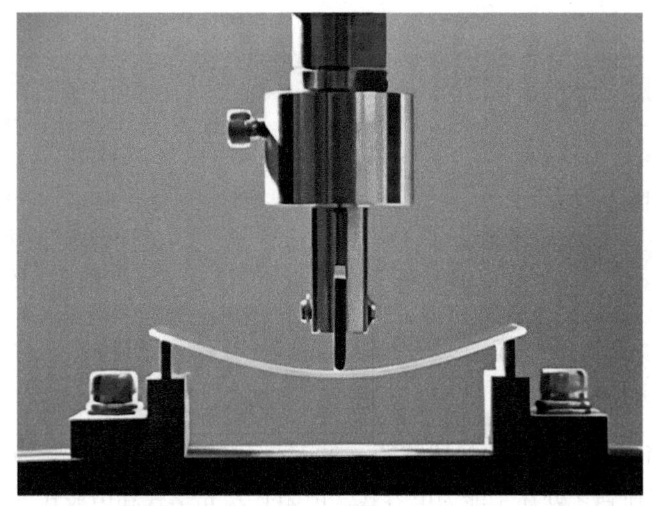

图 3-13 AGC Dragon trail 玻璃系列

2016年AGC推出了A-NEW玻璃，玻璃组成中引入Li_2O，使用硝酸钠和硝酸钾进行两步法强化工艺。

同年，AGC为了满足市场对2.5D（2.5D玻璃中间是平面的，边缘是弧形设计）盖板玻璃及柔性屏的需求推出Dragon trail Pro玻璃，其表面应力达到1000MPa，具有良好的抗弯曲性能，各方面机能比起前一代均有很大提高。满足柔性屏对盖板玻璃的要求。

肖特于2011年正式进入高端盖板玻璃市场，逐渐开发出XC系列盖板玻璃，以满足制造商所需要的高品质、高强度材料和多元化的要求（表3-11）。2012年采用浮法工艺推出XC、XC 3D。其中XC是采用浮法工艺生产的钠铝硅玻璃；XC 3D是采用浮法工艺制造的锂铝硅玻璃，后者的最大优势在于其在505℃的超低玻璃化转变温度下进行转变，利用简单高效的热成型工艺，满足三维玻璃的多种设计需求。

表3-11 肖特盖板玻璃性能对照

性能	AS87eco	XC	XC 3D	XC Up	XC α
密度 / (g/cm^3)	2.46	2.48	2.49	2.48	2.39
弹性模量 /GPa	73	74	83	82	80
剪切模量 /GPa	30	30	34	34	—
热膨胀系数 /($\times 10^{-6}$℃$^{-1}$)(20～300℃)	8.7	8.8	8.5	8.3	5.3
玻璃化转变温度 /℃	621	615	505	525	577
工作点 /℃	—	1265	1070	1120	1233

续表

性能		AS87eco	XC	XC 3D	XC Up	XC α
CS/MPa		> 850	900	700	900	—
离子交换层深度（Na-DoL）/μm		> 50	50	120	150	—
四点弯曲强度 /MPa		—	800	600	700	—
维氏硬度（200g）/（kgf/mm^2）	未强化	550	617	640	570	630
	强化	630	681	690	660	680
介电常数（1MHz）		7.70	7.74	7.60	7.30	—
介电损耗（1kHz）		—	0.011	0.0064	0.007	—

资料来源：公开资料整理

2013年肖特推出铝硅酸盐玻璃Xensation®Cover，能满足各类触摸屏技术对于玻璃的需求，其独到之处在于能为电容式、电阻式、光学式和声波式等多种触摸屏技术提供专门定制的高品质玻璃。在此基础上，在德国耶拿市、中国台湾省推出一体化触控解决方案，该方案专门针对单玻璃一体化触摸技术市场而设计，不仅具有卓越的盖板玻璃性能，而且将触控传感器和盖板玻璃更好地融为一体，同时保持了极高的力学和光学性能。同年推出新款Xensation®Cover AM抗菌盖板玻璃，此款新型盖板玻璃具有卓越的持久抗菌特性，可以达到99.99%的抗菌效果。通过将Ag^+注入Xensation® Cover化学强化过程，从而成功地将抗菌特性直接集成在盖板玻璃下游加工过程中，以便后期进行进一步的玻璃深加工。

肖特随后在XC 3D基础上进行升级，一是推出Xensation® 3D玻璃，改进后的成分经过精密调整，甚至可以进一步提高针对尖锐物体的抗跌落性能（通过整机跌落测试）；二是推出了一款化学强化锂铝硅酸盐盖板玻璃XC Up，XC Up的离子交换能力得到了彻底提升，整机跌落测试显示，其承受跌落高度是传统铝硅酸盐玻璃的2倍，产品的抗摔性是目前铝硅玻璃的10倍，并且柔性处理使材料的强度最大化，可以实现更宽的离子交换加工范围和更短的加工时间（图3-14）。

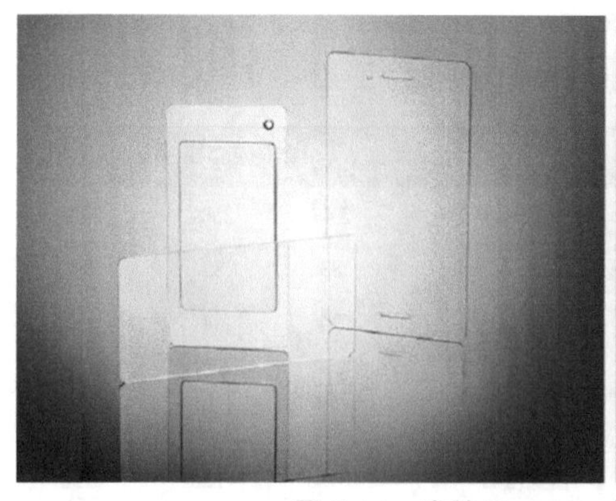

图3-14 肖特 Xensation® 3D 和 XC Up 玻璃系列

除此之外，肖特于2015年11月在中国深圳全触展上展示一款超薄玻璃D263Teco，主要应用于智能手机指纹识别模组，可助力指纹识别模组实现高可靠性。2016年又推出了一款专门针对指纹识别传感器和摄像头保护的高强度超薄铝硅玻璃AS87eco，采用狭缝下拉法直接热成型工艺，通过一个狭缝将熔化的玻璃直接拉制成型至所需的厚度，而不需要通过使用氢氟酸腐蚀减薄的方式来生产超薄玻璃。其厚度为70～400μm，厚度公差为±10μm，在用于指纹模组保护方面效果优异，还可应用于玻璃保护膜、摄像头玻璃盖板等诸多方面。AS87eco玻璃的成本只需蓝宝石的1/5，陶瓷的1/2，且透光率要比陶瓷好得多。2021年10月，肖特推出首款锂铝硅硼硅酸盐盖板玻璃XC α，产品的抗摔和抗划伤性能显著提升。

国内的盖板玻璃生产厂家主要有旭虹光电、彩虹集团、中建材集团、南玻集团、旗滨集团等（表3-12）。近年来，一些传统的玻璃厂商也陆续进入高端盖板玻璃市场。

表3-12　国内盖板玻璃生产企业情况

企业	产品商标	玻璃品种	生产工艺
旭虹光电	PandaKing	高铝 / 超高铝	浮法
彩虹集团	GLKAILLY	高铝 / 超高铝	溢流法
南玻集团	KirinKing	高铝 / 超高铝	浮法
中建材集团	KS	高铝	浮法
旗滨集团	旗鲨	高铝	浮法
鑫景特玻	LA010	高铝	浮法

4. 配套情况

浮法工艺在我国没有技术壁垒，并且单线产能规模大，投资金额相对少，成本低。溢流法生产的盖板玻璃虽然单线产能相对较低，但产品质量高、化学强化翘曲变形小。我国在溢流法生产方面同样有工业尝试与探索，目前中国投产的盖板玻璃生产线信息如表3-13所示。

表3-13　国内盖板玻璃生产线信息

公司	厂地	生产线 / 条	产能 /（万 m^2/ 年）	生产工艺	投产时间
东旭集团	四川绵阳	1	740	浮法	2014.2
	河南安阳	1	1000	浮法	2021.7

续表

公司	厂地	生产线/条	产能/(万 m^2/年)	生产工艺	投产时间
南玻集团	广东清远	1	1000	浮法	2015.1
	湖北咸宁	1	1000	浮法	2018.2
彩虹集团	陕西咸阳	1	100	溢流法	2016.12/现停产
	湖南邵阳	2	400	溢流法	2019.4/2020.8
中建材集团	安徽蚌埠	1	500	浮法	2017.5
鑫景特玻	重庆两江	1	400	浮法	2018.8
旗滨集团	湖南郴州	1	500	浮法	2019.9

基于市场原因，旭虹光电将原有150t/天浮法PDP基板生产线改建为70t/天盖板玻璃生产线，商标为PandaKing，产品牌号为MN228。目前，旭虹光电年产能为780万m^2，产品性能与AGC相当，部分指标具有优势，其中厚度为0.3mm的盖板玻璃可实现360°弯曲，并且130g钢球抗冲击高度达到130cm，远远超过了国际同类产品的抗冲击水平。产品占高铝盖板玻璃国内市场份额约18.6%，已批量供应于华为、OPPO、小米、vivo、LG等国内外知名智能终端，累计应用手机终端数量超过20亿台。

目前，东旭集团在绵阳、安阳分别建设一条高端显示盖板玻璃生产线。绵阳项目用于生产0.3～12mm PandaKing二代盖板玻璃，年产能为740万m^2。安阳项目建设一条10代高端显示盖板玻璃生产线，可年产1000万m^2高端显示盖板玻璃，厚度为0.3～12mm，主要应用于智能手机、超薄柔性玻璃（ultra thin glass，UTG）、车载信息系统、工控触摸、智能家居等显示器件领域。

彩虹集团分别投产了5代及6代溢流法生产线，2019年4月彩虹集团研发的国内首条7.5代盖板玻璃生产线在湖南邵阳正式达产；2020年8月21日第二条7.5代盖板玻璃生产线点火，总产能达400万m^2。其高强度强化玻璃“彩虹凯丽”在特有的二次离子交换化学强化工艺条件下，强化深度可达100μm，工艺时间缩短1/3。

南玻集团采用浮法工艺高性能碱铝硅酸盐玻璃生产线在清远正式点火，玻璃拉引量约为80t/天。2020年推出超强锂铝硅酸盐盖板玻璃KK6，采用浮法量产工艺和双离子交换强化加工，产品厚度覆盖0.2～8mm全系列规格，能够全面满足各级各类市场需求。

旗滨集团于2019年开始研发生产高铝盖板玻璃，采用天然气全氧燃烧浮法成型工艺，玻璃拉引量约为65t/天。

中建材集团采用自主研发的超薄高铝盖板玻璃技术，建设了一条70t/天高铝盖板玻璃生产线，可年产0.2～1.1mm超薄高铝盖板玻璃462.3万m^2，主要应用于手机、平板电脑、银行触控一体机等领域，目前已成功导入华为等国内主流手机厂商。

对于盖板玻璃，整体上依然是海外龙头企业处于绝对优势地位，国内部分企业在性能和二次强化方面均已实现了较大的突破。

目前，我国高端触摸屏盖板玻璃市场需求量很大，未来在车载触摸屏、信息查询设备、建筑幕墙、智慧屏等产品上将得到广泛应用，盖板玻璃需求量仍保持高速增长。随着市场对盖板玻璃性能要求的不断提升，传统的高铝盖板玻璃已很难满足使用需求，锂铝硅盖板玻璃及纳米微晶盖板玻璃已成为新的发展潮流，结合两步法化学强化工艺可有效提高屏幕的抗摔性能。国内应加大盖板玻璃新品种研发力度，改进生产工艺，提高产品性能，扩大应用领域，从而应对未来复杂的应用市场。

5. 产业链情况

手机盖板玻璃产业链如图3-15所示。上游为玻璃原片供应商，代表企业为康宁、AGC、南玻集团、旭虹光电等；中游为盖板玻璃加工企业，如蓝思科技、星星科技、伯恩光学等；下游为触摸屏供应商和终端应用厂商，如京东方、欧菲光、华为、小米、三星等。终端客户对手机盖板玻璃质量较为重视，通常会对产品进行质量认证、试投放后决定是否划入品牌资源池，加工厂商需在资源池内选择采购或直接根据终端厂商指定品牌进行采购。受中美贸易摩擦不断升级和华为“断芯”事件的影响，国内手机终端企业逐渐意识到原材料国产化的重要性和必要性。

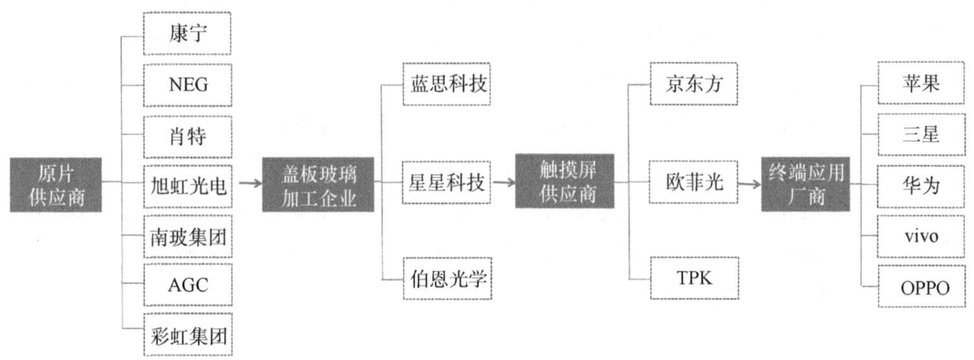

图3-15 手机盖板玻璃产业链构成图

（三）发展趋势

随着未来显示技术向薄型化和轻量化方向发展，化学增强型碱铝硅酸盐玻璃产品将越来越薄，逐步过渡到0.15～0.4mm，甚至0.05～0.1mm厚的柔性平板玻璃。厚度减小会导致玻璃刚性下降，因此，需要在弹性模量方面进行改进。虽然该类玻璃在表面抗划伤方面取得较好成果（维氏硬度≥600kgf/mm^2），但是需要重点关注玻璃的抗跌落损伤问题。利用离子交换所实现的化学增强虽然可以改善跌落损伤，但在极端条件下，玻璃脆性裂纹延展效应依然存在，因此需要在玻璃表面进行钝化处理。另外，在进行玻璃组成设计时还要考虑韧性改善与脆性降低问题，进而完善和提升该类玻璃的力学性能。

1. 抗菌功能

高强盖板玻璃（化学增强型高铝玻璃）作为触控屏保护玻璃，其面板直接与环境和人体皮肤接触，玻璃表面容易残留细菌。在玻璃中添加 Ag^{+}、Cu^{2+}、Zn^{2+} 可以起到抗菌和杀菌的作用，添加方式包括熔加方式和离子注入方式，离子注入可以通过化学强化实现。

2. 三维曲屏应用

2014年，三星推出具有三个维度曲率变化的手机屏幕（简称三维曲屏），推动了三维高铝盖板玻璃的曲面化发展。目前三维曲屏主要采用玻璃原片再热加工，其工艺类似于平板玻璃的热弯工艺，高铝盖板玻璃软化点较钠钙玻璃高100～200℃，因此三维曲面玻璃成型过程中需要较高的成型温度，必须开发特殊的热弯工艺、更耐用的模具材质和更高精度的成型设备。

3. 车载显示应用

随着汽车工业向轻量化和智能化方向发展，汽车厂商希望通过采用更薄的玻璃来减轻车体重量。碱铝硅酸盐玻璃具有较大的热膨胀系数，一般为（7～9）$\times10^{-6}℃^{-1}$，具有较好物理钢化前提条件，并且可充分体现其触控屏方面的理化性能优势，力学强度更优。随着我国高铁和大飞机的发展，高铝玻璃将在高铁和大飞机挡风玻璃，以及高铁车窗上得到广泛应用，高铁车速提升，必将需要更高力学强度的玻璃品种，高铝玻璃将成为首选产品。目前，康宁已将Gorilla玻璃产品应用在福特和宝马等高端汽车的挡风玻璃上，并与圣戈班合作开发更多可应用于汽车的玻璃品种。

四、柔性玻璃

（一）材料概述

1. 材料介绍

柔性玻璃是指厚度≤0.1mm的超薄玻璃。与磨抛减薄的玻璃相比，柔性玻璃直接拉制成型，可实现连续式生产，拉制好的玻璃可以像塑料薄膜一样卷起来，为卷对卷制程的实现提供了可能。柔性玻璃可以弯曲，同时具有玻璃的硬度、透明性、耐热性、电气绝缘性、不透气性以及在氧化和光照环境下稳定的力学和化学性能，未来将广泛应用于柔性显示和柔性太阳能电池领域。

透明聚酰亚胺（colorless polymide，CPI）与柔性玻璃是当前市场主要采用且争议较大的可折叠盖板材料。在三星的牵头下，柔性玻璃盖板凭借其优异的性能逐步替代CPI盖板，将成为柔性玻璃发展的新方向，有望被多款新机型采用，因柔性玻璃盖板在不同应用领域的适用性和美观性相较于CPI盖板更强，预计未来柔性玻璃盖板的市场容量会远超CPI盖板（表3-14）。

表3-14 CPI盖板与柔性玻璃盖板对比

项目	CPI 盖板	柔性玻璃盖板
厚度 /μm	≤ 220	≤ 100
光学性能	可见光透过率≤ 90%	可见光透过率＞ 90%
材料性能	易刮花、耐撞击力弱、易产生折痕、触摸感一般	硬度高、耐刮花、弯折不产生折痕、触摸感好
	易碎	更易碎
温度性能	耐热度较低，热膨胀系数高	耐高温
技术成熟度	技术成熟，可量产	技术难度大，量产难度高
待改进的方面	抗刮性、耐用性	抗冲击能力
	硬度	弯曲性
	抗水性	—
产品应用	三星 Galaxy Fold 华为 Mate X 摩托罗拉 Razr 柔宇科技 FlexPai	三 星 GalaxyZ Flip、三 星 Galaxy Z Ford、三星 Galaxy Z Ford2
供应商	SKCKolonPI、住友化学等	康宁、肖特等

2. 关键技术

柔性玻璃生产制备方法主要分为一步成型法和二步成型法。一步成型法是以玻璃配合料转换成玻璃熔体，进而利用特定成型方法制备成柔性玻璃的工艺方法；二步成型法是指利用已经成型的平板玻璃制品，再加工制成柔性玻璃的方法。一步成型法属于热体生产线，具有技术门槛高、资金投入大、把握难度大、生产效率高等特点；二步成型法属于低温加工或冷加工工艺，具有生产简单、投资小和效率低等特点。

1）一步成型法

一步成型法生产柔性玻璃是指从配料、熔化、成型、退火，到生产制备成柔性玻璃原片的方法。目前，制备柔性玻璃的一步成型法主要包括浮法、溢流法和狭缝下拉法。

A. 浮法

浮法生产工艺产品厚度为0.1～25mm，随着电子显示玻璃轻薄化，玻璃产品厚度从1.1mm逐步减小到0.7mm、0.5mm、0.3mm、0.2mm、0.1mm。如果将玻璃厚度控制在100μm以下，玻璃厚薄差控制成为最大制备难点，浮法工艺生产柔性玻璃还未实现产业化生产。

B. 溢流法

溢流法是康宁公司发明的柔性玻璃制备工艺，将玻璃熔体注入溢流槽内，由溢流砖顶部溢出，沿溢流砖两侧流淌汇聚在一起。因为玻璃表面在成型过程中不与固体或液相接触，所以玻璃表面平整且光滑。溢流法主要用于制备LCD/OLED基板玻璃和可化学强化的碱铝硅盖板玻璃。2012年康宁采用溢流法推出厚度为100μm的Willow Glass柔性玻璃。

C. 狭缝下拉法

玻璃原料经过充分熔融、澄清后，玻璃液流入狭缝槽中，从槽底的狭缝处流下，利用自身重力及两侧拉引装置的拉引力制成柔性玻璃。这种工艺的优点是较溢流法简单，玻璃黏度、槽内温度场均匀，可以通过调节狭缝宽度来调节下拉玻璃的厚度及流量。

但是该工艺的缺点如下：①狭缝下拉法制得玻璃的两个表面不是自然表面，成型后表面品质要比溢流法差。②狭缝下拉法必须在垂直方向退火，而在此过程中玻璃与滚轮接触会导致玻璃翘曲，导致良率下降。在生产中玻璃因与狭缝接触，容易受到狭缝的形状、材质的影响，需要抛光才能满足电子显示玻璃的品质要求。

2）二步成型法

A. 化学减薄法

化学减薄法是针对玻璃的网络结构，以HF为主要成分，辅助加入其他强酸，对玻璃表面进行刻蚀，以减薄玻璃，达到柔性的目的。根据减薄工艺的不同，主要有三种方法：直立浸泡法、顶喷法及瀑布法。

玻璃基板化学减薄生产工艺与装备相对成熟，只需对玻璃品种所适用的减薄液配方和工艺条件进行优化，目前已经开展柔性玻璃化学减薄装备和工艺的开发，我国现有化学减薄工艺产能规模相对较大，产能规模可达300万m^2，主要分布在江苏、安徽、成都等地。

B. 再拉法

再拉法是将玻璃垂直送进加热装置内，将玻璃加热到软化点附近温度后，玻璃在重力作用下向下延伸形成柔性玻璃。AGC曾采用再拉法将玻璃拉薄到0.1mm以下。这种方法工艺简单，易于操作，但缺点也很多：①玻璃经过加热、垂直延伸后会变窄，而且受到母体玻璃尺寸的限制，这种工艺无法制作出大尺寸柔性玻璃。②这种工艺无法进行连续生产，产量受到限制。

（二）国内外现状

1. 总体概况

近年来电子产品应用逐步推广，柔性显示已经成为未来电子信息领域最具发展前途的研究方向。2018年，全球柔性OLED显示屏幕产量约1.37亿片，2019年产量增长至1.49亿片。

目前，OLED正朝着曲面→可折叠→可卷曲的方向发展，应用范围从手机向电视等产品拓展，随着柔性玻璃良率的提高和价格的下降，柔性玻璃将迅速在折叠屏智能手机市场流行起来，2020年全球折叠屏智能手机的出货量约400万台，2021年突破1000万台，达到1090万台，同比增长约173%。柔性桌面屏从2023年起进入平板电脑市场。同时由于三星显示和三星电子的大力推动，柔性玻璃的出货量会大幅增加。

2. 竞争格局

柔性玻璃原片主流产品有肖特的AS87、NEG的G-Leaf、康宁的Willow Glass、中建材集团的高铝玻璃等。三星主要采用肖特的AS87玻璃，同时导入康宁的Willow Glass玻璃，这推动了国内多家UTG加工厂在研发测试阶段使用肖特的AS87玻璃和康宁的Willow Glass玻璃。

国内柔性玻璃加工投资的公司很多，投资规模也很大，但目前由于国内终端还没有使用柔性玻璃的产品，仍没有大规模出货的经验。

3. 国内外研究情况

柔性玻璃基板制造工艺烦琐复杂，行业进入门槛高，溢流熔融法、流孔下引法等核心技术主要被肖特、康宁、NEG等海外企业所掌握。这几家海外企业在近年来相继成功研发并生产厚度小于100μm的柔性玻璃基板产品，成为行业的领跑者（表3-15）。

表3-15　国外主要柔性玻璃厂家及其产品

公司	产品	厚度 /μm	生产技术	玻璃成分
康宁	Willow Glass	100	溢流法	无碱玻璃
肖特	AS87	30～100	狭缝下拉法	铝硅酸盐玻璃
	AF32eco	25～100		无碱玻璃
	D263Teco	70～250		硼硅酸盐玻璃
	XC®Flex	55～88		锂铝硅酸盐玻璃
AGC	Spool	40～50	浮法	钠钙硅酸盐玻璃
NEG	G-Leaf	30	溢流法	无碱玻璃

康宁推出的厚度为100μm的柔性玻璃产品Willow Glass采用溢流法制备，具有可承受500℃高温等特性，属于无碱玻璃，具有优良的强度、耐高温和可弯曲性，能够以卷对卷进行包装。

近年来，康宁一直积极开发UTG技术，并将其称为可折叠超薄玻璃（foldable thin glass，FTG），以区别于肖特的UTG。康宁现已能够大规模生产厚度为50μm的FTG，尽管比肖特的厚度为30μm的UTG要厚，但已符合折叠屏智能手机的基本要求。

AGC的超薄柔性玻璃Spool厚度为40～50μm，能够卷成长100m、宽1150mm的圆卷状产品，该产品采用浮法制备。在此基础上AGC加快面向折叠屏智能手机的柔性玻璃研发和量产，目前产品厚度为100μm，弯折半径为5.9mm。

NEG开发出厚度为30μm的柔性玻璃G-Leaf（图3-16），并将其制成了90μm厚的柔性有机显示器，2020年NEG采用溢流法工艺生产出最薄25μm的UTG。

图3-16　NEG G-Leaf系列玻璃

此外，2015年肖特开发出厚度为0.03mm卷状超薄玻璃D263Teco和AF32eco（图3-17），均属于高铝硅酸盐玻璃。2020年肖特推出高透明性、超柔性的超薄玻璃XC®Flex，采用肖特独有的狭缝下拉法工艺生产，无需减薄，成为由一次成型技术制成的超薄铝硅酸盐玻璃系列的典型代表，其厚度小于70μm，弯折半径低于2mm。经化学强化处理后，XC®Flex除保持优异的抗刮擦和光学性能外，还具有出众的几何尺寸和超高的弯曲强度性能，目前该产品已经实现批量生产。肖特是三星UTG的供应商之一。

图3-17　肖特D263Teco和AF32eco系列玻璃

总体来看，康宁、肖特、AGC及NEG等公司已经陆续推出相关产品，而且性能优异。国内对于柔性玻璃的研发较晚，在国际上处于跟跑阶段。

“十三五”期间，由中建材玻璃新材料研究总院牵头进行的重点研发计划“高世代电子玻璃基板和盖板核心技术开发及产业化示范”对柔性玻璃的成型技术进行了一定的探索和应用，生产出30～70μm厚度的主流规格UTG，产品可实现连续40万次弯折不破损，弯折半径小于1.0mm，中建材玻璃新材料研究总院已经成为国内唯一掌握了“高强玻璃料方—原片生产—高精密加工”的UTG全链条创新技术的企业，并具备了自主产业化的实施能力，目前UTG产品已由国内知名手机厂商进行了全面的测试认证（图3-18）。

2015年3月洛玻集团采用浮法工艺拉引出250μm厚的超薄钠钙玻璃。2017年南玻集团采用浮法工艺拉引出200μm厚的高铝硅酸盐玻璃，2020年11月宜昌南玻经过10h的紧张生产及调试，生产出180μm超薄电子玻璃，成功达标量产，日产量达到10000m²。

2020年10月，东旭集团在石家庄生产基地试制30～70μm厚度的UTG产品。2020年12月，安徽汉柔广电UTG基板项目开工，项目由合丰泰集团及韩国三星共同投资建设，项目总投资40亿元，项目达产后可形成年产UTG基板565万片的生产线。

图 3-18 柔性玻璃（弯折半径＜1.5mm，弯折次数大于 100 万次）

UTG生产过程难以控制，需要精确控制成型、退火和切割，复杂的工艺导致基板的良率较低，玻璃柔韧性不足，而且容易脆裂，现有的切割技术也容易产生边缘微裂痕缺陷。如果在玻璃表面和内部存在微裂纹，当外力作用时，会发生裂纹扩展，导致机械强度低。另外，UTG的运输也是一大难题，长距离运输会导致玻璃表面的划伤、抗振性能差，导致玻璃的破损。

4. 配套情况

UTG的制造工艺难度极高，业内产品良率为30%～40%。除切割、强化等关键环节外，UTG产线的自动化配套也是产品良率提升、实现批量生产的关键因素。

在全球柔性玻璃行业处于发展初期的阶段，具备柔性玻璃制造技术的企业少，市场竞争体系尚未成型，关键制造环节存在明显短板，企业需要在每个制造工艺中寻求创新与突破。

5. 产业链情况

柔性玻璃产业链主要分为一次成型和二次减薄两个环节。

（1）一次成型。肖特技术最为领先，国内厂商尚有技术差距。目前肖特是全球唯一已成功量产厚50μm以下柔性玻璃厂商。三星从肖特独家采购母玻璃，再由DowooInsys将玻璃进行减薄与强化，目前康宁是三星另一家柔性玻璃供应商。

国内厂商在玻璃原材料端技术实力不强，国内凯盛科技柔性玻璃生产链包含“高强原片—极薄减薄—高精度后加工”的全流程，高强原片采用国内企业中建材（蚌埠）光电材料有限公司生产的超薄盖板玻璃。国内玻璃原片厂直接拉出厚

100μm以下的柔性玻璃还较为困难，主要通过化学减薄的过程实现超薄。

（2）二次减薄。具有较高难度，国内厂商扩产规划较为积极。柔性玻璃加工最终良率比较低，这是折叠屏价格高的一个原因。三星的柔性玻璃加工厂为DowooInsys，国内具备后端减薄深加工能力的企业相对较多，包括长信科技、凯盛科技、和美光学、苏钏科技、赛德公司等；此外，惠晶显示、国奥科技、沃格光电、东旭集团等也有柔性玻璃产线建设规划。

（三）发展趋势

1. 大尺寸化

在信息显示领域，显示屏尺寸越来越大，越来越轻便；在薄膜太阳能电池领域，柔性薄膜太阳能电池规格趋向大型化，柔性玻璃作为柔性薄膜太阳能电池基板材料和显示屏盖板与材料，也需要向大尺寸方向发展。全球柔性AMOLED生产线经历了从4代线到8代线的发展，目前韩国三星是该领域的领导者。我国近年来在AMOLED领域不断发力，已成为继韩国后，第二个拥有柔性AMOLED面板大规模生产能力的国家，目前拥有可生产柔性面板的6代线6条，在建和计划建设各2条。

2. 高性能化

柔性玻璃各项性能（包括力学、光学、电学、热学等性能）直接影响柔性玻璃的适用范围和用途。柔性玻璃的组成和成型厚度对上述各项性能具有决定性的作用。成型厚度不同，玻璃的性能差别较大，用途也完全不同。例如，厚度为30μm、50μm、80μm、100μm的柔性玻璃在力学性能上差别很大，能够弯曲的角度也不同。只有将柔性玻璃的性能提高，才能进一步加快其应用推广。

3. 后续加工化

为使柔性玻璃的适用性更广，通常需要对柔性玻璃做进一步的加工处理，包括化学钢化、覆膜、涂覆等。柔性玻璃非常薄，决定了其在加工过程中的难度，在柔性玻璃的冷加工阶段尽量减少后续加工环节，以降低柔性玻璃的生产成本。

4. 高成品率

柔性玻璃技术还不太成熟，在未来研发和生产过程中，玻璃的配料、熔化、成型、切割、检测、包装和运输等全套工艺技术的发展过程中都需要再次进行创新和发展，提升柔性玻璃的成品率，满足柔性玻璃应用的各项要求，提高企业的竞争力。

五、导光板玻璃

（一）材料概述

1. 材料介绍

在液晶显示面板中，背光模组是LCD的关键零部件，其功能在于提供分布均匀和亮度充足的光源。在背光模组中，导光板作为最重要的部件承担了引导光线的功能，其设计与制造是背光模组的关键技术。

导光板材料分为有机透明材料和无机透明材料，有机透明材料包括聚甲基丙烯酸甲酯（polymethylmethacrylate，PMMA）和甲基丙烯酸酯苯乙烯共聚物（methacrylate-styrene copolymer，MS）。无机透明材料则为玻璃材料，即导光板玻璃。其主要应用于薄型化电视专属的侧光式（edge-lit）背光LCD电视的导光板。导光板玻璃是随着LCD电视尺寸大型化和显示高品质化所涌现出的新型导光板材料。

导光板玻璃利用玻璃辅助成分调节改变玻璃力学性能、化学稳定性等，生产工艺包括溢流法、浮法等。

2. 关键技术

随着导光板玻璃生产工艺技术越来越精细，导光板玻璃最薄可达到0.1mm，同时具备较好的力学性能、尺寸稳定性等。

1）透光率

PMMA具有极好的透光率性能，其在450～620nm的透光率高达95%。玻璃导光板的透光率相对不高，大约为92%，其主要原因是在可见光波长范围内具有光吸收的杂质成分，如Fe_2O_3、Cr_2O_3、MnO_2、CoO、Ni_2O_3等，其中Fe_2O_3是最主要污染物，主要来自原材料和生产线中金属装备接触。尽管玻璃导光板的透光率低于PMMA，但依旧处于可接受的范围。

2）均匀性

选取边长55in、厚2.1mm玻璃导光板和厚3mm PMMA进行背光单元（back light unit，BLU）特性评价（表3-16）。将散射点打印在玻璃导光板下表面，在平面上选取9个点进行亮度和色度测量。玻璃导光板的BLU性能几乎等同于PMMA。实际上玻璃导光板已经被广泛应用于大尺寸LCD电视系列。

表3-16　玻璃导光板和PMMA的BLU特性

参数	玻璃导光板	PMMA
相对亮度	83	100
亮度均匀性 /%	67.7	79.7
ΔX	3.7/1000	7.2/1000
ΔY	15.4/1000	11.7/1000

注：ΔX指横向色度差；ΔY指纵色度差

3）力学性能

从力学性能方面评价，玻璃导光板更适合大尺寸LCD显示器（如电视）应用，玻璃导光板可以制造轻量化和薄型化LCD电视产品。

4）热稳定性

玻璃导光板与PMMA相比具有较小的热膨胀系数、较高的导热系数以及较高的弹性模量，使得重量轻、厚度薄、背部扁平的电视广泛普及。

导光板要求具有高折射率、高全光透过率、高耐热变形温度、高表面硬度、低吸水率、低热膨胀率等特性。然而，玻璃导光板技术刚刚兴起，还存在以下缺点。

（1）透光率较低。PMMA的透光率为92%，而硼硅酸盐和铝硅酸盐玻璃导光板的透光率比它低1%～2%。

（2）工序上处理较困难。为了获得平均的亮度，导光板需要在其中一面印上黑点涂层。在玻璃导光板上打点比在PMMA上难得多。

（3）成本高。由于玻璃导光板的工艺技术尚不成熟，很难将其成本与PMMA作比较。PMMA的成品价格约为20美元/m^2，而一张厚0.55mm的铝硅酸盐玻璃导光板的价格约为30美元/m^2。

（二）国内外现状

1. 总体概况

受全球面板激烈竞争叠加疫情影响，LG显示、三星及松下从2019年开始逐步减少或停止LCD面板生产。自LCD的产能从韩国和中国台湾省逐渐转移到中国大陆后，全球LCD市场的竞争格局已经发生了明显的改变。目前在LCD领域，中国LCD面板的产能占比已经跃居全球第一，2020年中国LCD产能占全球产能的50%（图3-19）。

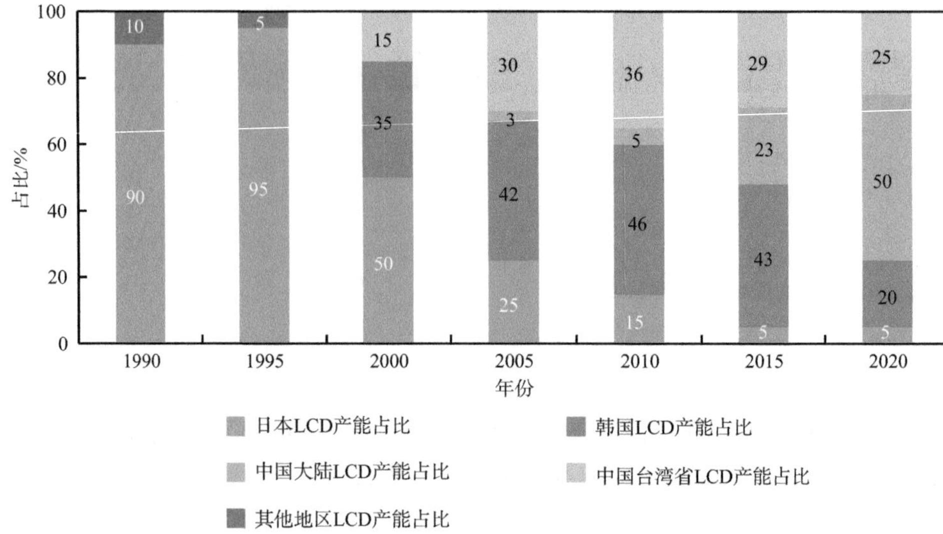

图 3-19 1990～2020 年全球 LCD 产能区域结构分布情况

资料来源：赛迪顾问，前瞻产业研究院

随着液晶显示屏向大尺寸方向发展，大尺寸导光板市场需求增大，目前主要被应用在笔记本电脑、电视领域。在电视应用中，背光模组有侧入式、直下式两种，其中直下式占比约为82%。侧入式背光模组更为轻薄，并且笔记本电脑行业向轻量化方向发展，目前主要采用侧入式背光模组。随着电视和笔记本电脑产业发展带动，我国大尺寸导光板市场需求持续攀升，在2020年达到6000万m^2。

目前在导光板材料使用方面，仍然以PMMA为主，其市场占有率达到90%，市场总量为75万～80万t/年，其中20万～22万t/年被应用于液晶显示。因玻璃导光板在技术方面还不成熟，故在应用方面还有待突破。

总体来看，受益于液晶显示面板应用需求，导光板行业仍将保持增长趋势，且为了满足市场需求，未来逐渐向定制化、大尺寸方向发展。

2. 竞争格局

目前只有康宁、AGC分别推出玻璃导光板，并得到应用，能够将LCD导光板厚度降至1～2mm。

3. 国内外研究情况

2015年康宁推出导光板玻璃产品Iris，成为传统PMMA的替代品，随着玻璃基板生产工艺技术越来越精细，玻璃基板最薄可达到0.1mm，同时具备较好的力学性能、出色的尺寸稳定性。玻璃的性能在导光板技术上得到极大发挥，其导光板厚度降至1～2mm，液晶显示变得纤薄。

2017年AGC推出导光板玻璃产品XCV，该产品厚度仅为1.8mm，比传统的导光板硬度高20倍以上，热膨胀率约为其1/8，湿膨胀率约为其1/100，膨润性更是其1%左右，具有足够坚固和非常低的湿膨胀与热膨胀系数的特性。用该导光板玻璃制作的显示器在高温和高湿度状态下不易变形，可以弥补PMMA的缺点，同时减少材料使用量，大大降低电视显示器和机身的厚度，同时实现电视的窄边框化。

表3-17为PMMA与Iris、XCV导光板材料性能对比。

表3-17　PMMA与Iris、XCV导光板材料性能比较

性能		PMMA	Iris	XCV
稳定性	热膨胀系数 / ($\times10^{-6}$℃$^{-1}$)	70	7	8.4
	湿膨胀率 /%	0.3	0	0
耦合效率	LED 与导光板 LGP 之间距离 / mm	0.5 ～ 1.2	0.1 ～ 0.3	—
结构刚度	弹性模量 /GPa	3	68	72
光学性能	透光率（450 ～ 620nm）/%	＞95	＞90	＞90
	色差	＜0.005	＜0.006	—

4. 配套情况

随着液晶显示器件专业化分工要求日益提升，专业从事导光板生产的企业顺势产生、发展，目前液晶显示器件专业化分工仍在持续；随着物联网智能家居在人们生活中的渗透率提高，液晶终端应用市场广阔，持续带动导光板的市场需求。

近年来，我国液晶显示面板制造行业快速发展，京东方、中国电子信息产业集团有限公司、华星光电、惠科等我国液晶显示面板生产企业不断投资建设高世代液晶显示面板生产线，后发优势明显；三星显示于2020年底逐渐关停在韩国和中国的所有液晶显示面板生产线，LG显示也逐渐关停韩国LCD电视面板的生产线，仅保留位于中国广州的8.5代生产线；导光板是背光模组中的关键组件之一，受研发、运输成本等因素影响，下游客户倾向于就近选择配套导光板厂商，全球液晶显示面板制造产能向我国转移，与之配套的我国相关导光板市场需求不断增加。

5. 产业链情况

背光模组作为液晶显示面板的关键零部件之一，是由LED光源、导光板、

扩散片、棱镜片、反射片等光学材料以及精密结构件构成的。

背光模组的性能优劣会直接影响液晶显示面板的质量。同时，由于背光模组行业位于液晶显示行业产业链的中游，液晶显示行业的发展决定了背光模组的发展潜力和方向。

当前显示面板有TFT-LCD、Mini-LED、OLED、Micro-LED、QLED等，其中无论是TFT-LCD还是Mini-LED，都是液晶显示面板的一种或是对传统液晶显示的一种升级。液晶显示面板广泛应用于智能手机、可穿戴设备、车载屏幕、工控显示器、医疗显示器、笔记本电脑、平板电脑、电视等领域（图3-20）。

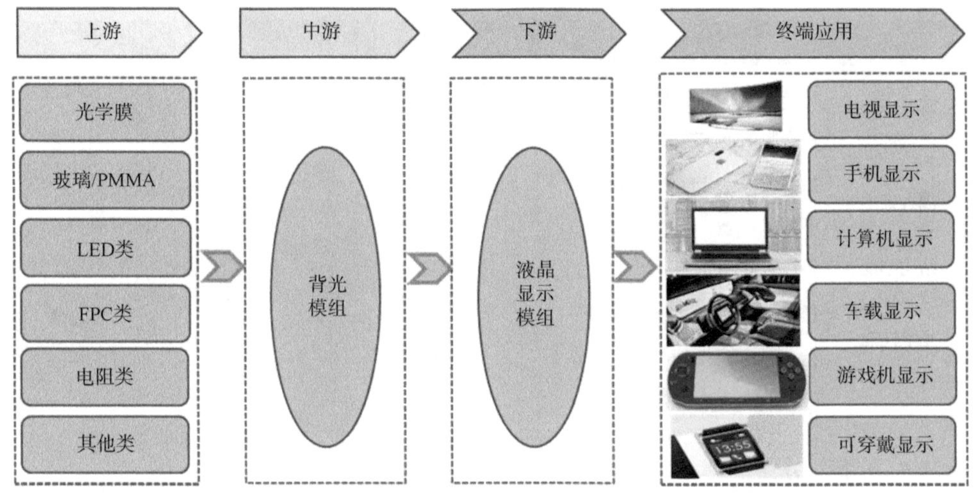

图3-20 导光板产业链图

（三）发展趋势

玻璃导光板具有优良的力学性能，是替代传统导光板PMMA的最佳产品，可以实现电视超薄、轻量和大尺寸的新颖时尚设计。

玻璃导光板的高耐环境性，以及其使用期间较小的变形，使得通过窄边框设计实现“零边框”成为可能，但目前仍然有许多问题亟待解决，如玻璃的光学性能问题、生产加工工艺问题，仅仅通过改进玻璃导光板本身来实现与PMMA相同的光学性能和相同的价格存在一些困难。

随着显示技术的发展，液晶显示用导光板技术也不断推陈出新。虽然传统导光板仍然占据市场主导地位，但是由于玻璃导光板具有重量轻、耐热性好、高硬度的特点，超薄型液晶显示成为可能。

六、纳米微晶玻璃

（一）材料概述

1. 材料介绍

微晶玻璃由细小晶体及残余玻璃相组成，含有大量玻璃相，并且可以高度结晶化。微晶玻璃内部至少含有一种玻璃相和一种微晶相。同时，普通玻璃内部原子呈无规则排列，而微晶玻璃的内部是规则排列的细小的晶体结构，微晶尺寸一般为几十纳米到几十微米。

微晶玻璃不仅具有玻璃的软化点高、电绝缘性能好、化学稳定性好等基本优点，而且具有陶瓷的耐磨性好、硬度大、机械强度大、热稳定性好、热膨胀系数可调等优点。微晶玻璃的基本性能与组成相所具有的性质、微晶体的数量和平均晶体粒径密切相关。因此，微晶玻璃的性能是由微晶相的种类、晶粒的大小、玻璃相的组成以及它们的相对数量决定的。通过调整基础玻璃成分和生产工艺制度就可以制造出各种满足预定性能要求的微晶玻璃。世界上生产的微晶玻璃种类很多，按基础玻璃成分一般分为五大类：硅酸盐系统、铝硅酸盐系统、硼硅酸盐系统、磷硅酸盐系统及其他系统（图3-21）。

2. 关键技术

玻璃微晶化处理是将制备完成的基础玻璃按照一定的热处理工艺对其进行加热、保温等晶化过程，在不同的热处理温度下进行核化与晶化处理，实现在基础玻璃体内析出均匀分布的微晶。微晶玻璃的制备技术主要包括整体析晶法（熔融法）、烧结法、溶胶-凝胶法等。

1）熔融法

熔融法是指在高温条件下将原材料慢慢熔化，之后将熔制好的玻璃液倒入模具中，在1400～1600℃高温下得到微晶玻璃样品。该方法是目前最主要的微晶玻璃制备方法。

熔融法的首要条件是基础玻璃要具备析晶的能力。通常情况下，在原材料中加入适量的晶核剂从而使玻璃在热处理过程中充分完成成核，成核后继续升高温度使晶核长大成微晶体。采用熔融法制备微晶玻璃时，通常要经过成核和晶化两步。

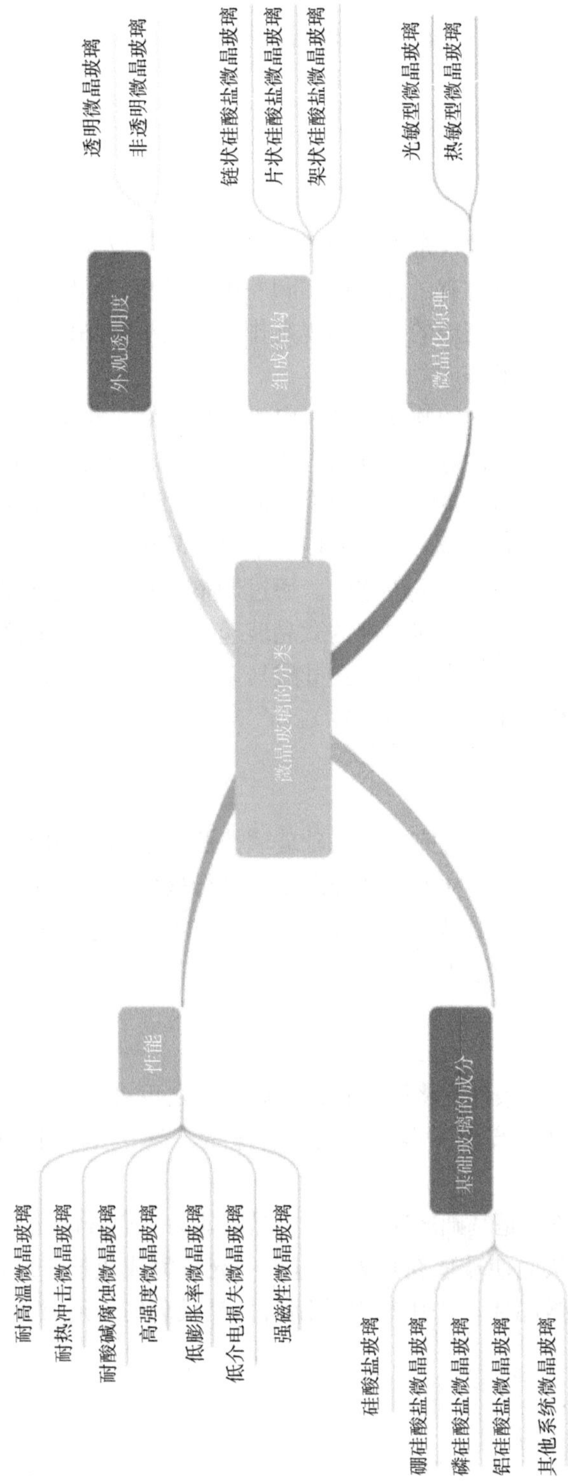
微晶玻璃的分类
外观透明度
透明微晶玻璃
非透明微晶玻璃
组成结构
链状硅酸盐微晶玻璃
片状硅酸盐微晶玻璃
架状硅酸盐微晶玻璃
微晶化原理
光敏型微晶玻璃
热敏型微晶玻璃
性能
耐高温微晶玻璃
耐热冲击微晶玻璃
耐酸碱腐蚀微晶玻璃
高强度微晶玻璃
低膨胀率微晶玻璃
低介电损失微晶玻璃
强磁性微晶玻璃
基础玻璃的成分
硅酸盐玻璃
硼硅酸盐微晶玻璃
磷硅酸盐微晶玻璃
铝硅酸盐微晶玻璃
其他系统微晶玻璃

图 3-21　微晶玻璃分类

对于给定成分的基础玻璃，其晶核剂的选择至关重要。通常，晶核剂包括金属氧化物、硫化物、氟化物等。良好的晶核剂需具备以下性能：首先，在玻璃熔融阶段需具有很大的熔解性，而在热处理阶段应具有较小的熔解性；其次，晶核剂质点需要较容易地在玻璃中扩散；最后，晶核剂与初晶相的晶格参数要相差较小，一般在0～15%以内。

熔融法制备微晶玻璃有诸多优点：可以采用任何一种玻璃的成型方法，有利于生产各种形状复杂的制品，也便于机械化生产；玻璃成分的调制范围可以很宽。

2）烧结法

烧结法是指用基础玻璃粉经过物质迁移使粉末产生强度并导致致密化和再结晶的过程。其优点包括：熔融时间短，温度相对低；经过水淬后的玻璃粉末易于晶化，可以制得晶相含量较高的微晶玻璃；生产过程易控制，有利于机械化和自动化生产；产品质量好，成品率高，规格可控。其缺点包括：在冷却过程中，微晶玻璃中晶相和玻璃相间会产生应力，易产生缺陷；材料内部气孔难以排出，容易导致烧结变形。

3）溶胶-凝胶法

溶胶-凝胶法是将金属有机或无机化合物作为前驱体，经过水解形成凝胶，再在较低温度下烧结，得到微晶玻璃。该方法能有效替代高温固相合成反应。通过溶胶-凝胶技术制得预设成分的凝胶，进一步对凝胶做干燥处理得到干凝胶，最后经过热处理使其转化为想要的固体材料，该方法作为一种新技术广泛应用于陶瓷和玻璃等材料领域。其优点如下：原料可以在液态下实现分子级的混合，得到的制品均匀性好；制得的材料更纯；容易调控材料结构，易于制得各种复相材料。其缺点是生产周期长、成本较高。

（二）国内外现状

1. 国内外研究情况

随着5G应用的普及，在高端手机结构设计上，玻璃材料逐步取代传统金属板材，对玻璃抗跌落能力提出了更高的要求。

鑫景特玻开发出纳米微晶玻璃盖板明石™瓷玻、凯丽®7，已经成功应用在华为P50系列和荣耀Magic3系列。苹果iPhone 12搭载康宁超瓷晶防护玻璃，抗跌落能力提高了4倍。康宁的GG6与微晶玻璃、不锈钢、蓝宝石和氧化锆陶瓷部分性能比较如表3-18所示。

通过引入新的高温结晶步骤，将纳米陶瓷晶体在玻璃基内生长，和玻璃背板一样，使用双离子交换工艺来对面板进行强化，以抗刮裂和划刻，抵御日常磨损。

表3-18　GG6与微晶玻璃、不锈钢、蓝宝石和氧化锆陶瓷部分性能比较

性能		GG6	微晶玻璃	不锈钢	蓝宝石	氧化锆陶瓷
弹性模量 /GPa		77	80 ～ 100	190	343 ～ 370	210 ～ 238
维氏硬度 /（kgf/mm^2）	未强化	611	＞ 700	＜ 200	2300	＞ 1500
	强化	678				
莫氏硬度		6	＞ 6	＜ 4	9	＞ 8
热膨胀系数 /（$\times 10^{-7}$℃$^{-1}$）（0 ～ 300℃）		75.2	–5 ～ 80	—	—	—
透光率 /%		≥ 90.5	＞ 90.5	0	＞ 87.0	0

国内维达力采用微晶玻璃工艺，推出微晶玻璃产品，由于国内热衷于3D盖板玻璃和2.5D弧边玻璃，所以微晶玻璃市场反应并不强烈。除了维达力研发量产微晶玻璃盖板产品外，南玻集团也成功研发出了同类的玻璃基板产品。此外，肖特和AGC也在研发中，目前都还没有量产。

2. 面临的问题

与普通玻璃相比，纳米微晶玻璃加工制程的难度大幅提升，对加工商的先进工艺积累、各种设备与产能储备和技术的完整性提出了更高的要求。其一，针对纳米微晶玻璃表面强化，需经过特殊研发的双离子交换工艺；其二，需要提升纳米级印刷加镀膜精湛工艺；其三，需要大幅提升纳米微晶玻璃刚性及硬度的研磨和抛光工艺。这些技术是制约纳米微晶盖板玻璃应用于手机的关键。同时，微晶玻璃加工成本也直接影响市场的推广。

（三）发展趋势

微晶玻璃具有超强的抗跌落能力和很高的表面硬度，同时具备玻璃和陶瓷的优点，其抗跌落能力提升了5倍；拥有可塑性，使微晶玻璃的适用性更广，包括薄化、雕工、穿孔、强化、2.5D、三维热弯等；具有高透明性，透光率大于90%；具有满足5G信号传输需要的电学特性。

随着显示终端薄型化快速发展，微晶玻璃大尺寸化、超薄化尺寸要求愈加明确，厚度达到0.7mm、0.5mm、0.3mm，甚至0.1mm，不再局限于智能手机应用，将扩展到计算机、车载显示、智能家居等领域。

七、Mini/Micro-LED基板

（一）材料概述

1. 材料介绍

Micro-LED技术是将LED背光源进行薄膜化、微小化、阵列化，可以让LED单元尺寸小于50μm，与OLED一样能够实现每个像素单独寻址、单独驱动发光（自发光）。它的优势在于既继承了无机LED的高效率、高亮度、高可靠度及反应时间快等特点，又具有自发光无需背光源的特性，体积小、轻薄，还能轻易实现节能的效果。

Mini-LED是指晶粒尺寸约为100μm的LED，是传统LED背光基础上的改良版本。在制程上相较于Micro-LED良率高，具有异型切割特性，搭配软性基板亦可制成高曲面背光的形式，采用局部调光设计，拥有更好的演色性，能带给液晶显示面板更为精细的高动态范围成像分区，且厚度趋近OLED，可省电达80%，适合应用于手机、电视、车用面板及电竞笔记本电脑等产品上。

虽然Mini-LED在厚度上要逊色于OLED，但是综合性能领先OLED。Mini-LED更像Micro-LED成熟之前的过渡阶段的技术。各显示技术性能对比如表3-19所示。

表3-19 各显示技术性能对比

性能	LCD	OLED	Micro-LED	Mini-LED RGB	Mini-LED+LCD
发光源	背光模组	自发光	自发光	背光模组	背光模组
亮度/(cd/m^2)	500	1000	107	3000	1000
发光效率	低	中	高	低	中
能耗	中	中	低	低	中
对比度	中，约1000：1	非常高，＞10000：1	非常高，$>10^7:1$	非常高，$>10^7:1$	高，＞5000：1
响应时间	ms	μs	ns	ns	ms/ ns
工作温度/℃	0～60	−20～70	−50～120	−50～120	0～60
图像残留	低	高	无	无	低
寿命	中	低	高	高	中
透明性	低	中	高	低	低
折叠性	很差	好	好	中	很差
成本	低	中	高	高	低
适应尺寸	小、中、大	小、中	无限制	大、超大	小、中、大
解析度	8K	4K	8K	8K	8K
分辨率/PPI	≥300	≥300	≥1000	≥40	≥300

Mini-LED背光液晶显示方面，玻璃基板一直是显示面板生产的主要材料，目前京东方、华星光电等面板厂均采用玻璃基板作为Mini-LED背板。玻璃基板在平坦度、稳定性方面及成本上具有明显优势。未来无论是要在电视还是平板电脑、笔记本电脑等市场大规模应用Mini-LED背光，面板厂肯定选择玻璃基板。目前所采用的Mini/Micro-LED玻璃基板包括α-Si玻璃基板、IGZO玻璃基板、LTPS玻璃基板，这三种玻璃基板均为无碱铝硅酸盐玻璃。

有源矩阵Mini/Micro-LED显示需要TFT驱动电路为每个像素提供能量，其在材料的选择上仍然需要玻璃基板。

2. 关键技术

由于玻璃基板薄，性能要求高，显示面板对产品的各项要求极高，目前其生产方法主要包括溢流法、浮法。其技术难点表现在原料配方、熔化、成型、退火、裁切、堆垛以及各辅助生产设施等多个方面，以下仅就原料配方、熔化、成型作简要说明。

（1）原料配方。超薄玻璃对原料杂质的含量、硅质原料批次间化学成分稳定性和原料粒度组成等控制非常严格。

（2）熔化。熔炉的熔解、澄清要求极高。气泡问题是任何玻璃生产者都必须面临的问题，微小气泡就可能在显示屏上形成“坏点”。因此，解决气泡问题，需要在温度、玻璃液流速、窑压等方面进行有效控制。

（3）成型。兼顾平坦度与缺陷抑制、厚度与均匀性是核心难点，以浮法生产超薄玻璃为例，成型时通过热场控制玻璃液的黏度，利用拉边机把玻璃液向两边拉开，直到达到预期的厚度。

（二）国内外现状

1. 总体概况

Mini/Micro-LED作为新一代的核心显示技术，具备高显示效果、低功耗、高集成、高技术寿命等优良特性，就现阶段发展而言，Mini-LED背光是最成熟的解决方案，与传统的LCD相比优势明显，与OLED相比更省电、工作寿命长，且无烧屏的风险。目前Mini-LED商业化应用已成熟，正在大规模普及，市场潜力巨大。

据Arizton数据，2020年全球Mini-LED市场规模大约为6100万美元，到2024年大约会增长至23.2亿美元，复合年均增长率达到148%；国内市场方面，据高工LED产业研究院数据，2020年全国Mini-LED市场规模大约为37.8亿元，2026年将会达到431亿元，复合年均增长率将达到50%。随着Mini-LED渗透率快速增长，全球及国内的Mini-LED市场规模也在快速增长，随着Mini-LED背光电视不断普及，玻璃基板市场容量将持续扩大。

Micro-LED由于面临制造障碍，暂未进入规模化量产阶段，有望在未来3～5年内实现规模化量产。预计Micro-LED将在手机、平板电脑、智能手表等领域得到应用，乐观估计到2024年大屏显示将逐渐实现量产，并逐渐应用到AR/VR显示领域，2026年全球Micro-LED市场规模约达到350亿元，玻璃基板市场规模也会随之达到几十亿元，未来会出现新型玻璃品种，以满足Mini/Micro-LED性能需要。

随着LED、面板、半导体以及驱动集成电路逐渐完善，完整的产业链逐渐形成，其中成本与商品化是发展的两大关键，预估2020～2025年Micro-LED成本将下降95%，未来能够带动Micro-LED快速发展。以Mini/Micro-LED为代表的新型显示技术不断成熟完善，玻璃基板市场也会越来越乐观。

2. 国内外研究情况

2020年以来，各大平板电脑、显示屏、电视等消费电子终端厂商纷纷推出Mini-LED产品，产业链上下游通力合作，快速推动Mini-LED背光产业的规模化进程，仅2020年上半年已有十余家企业增加投资Mini-LED背光项目。

目前市场上有康宁的Eagle XG玻璃、Astra玻璃、Lotus NXT，AGC的AN100、AN-Wizus，NEG的OA-10、OA-21等，安瀚视特的NA35、NA32SG（表3-20）。其中Astra玻璃专为氧化物半导体IGZO所设计。

表3-20　部分玻璃基板的基本组成及性能（不含澄清剂）

组成与性能		康宁	AGC	NEG	安瀚视特
产品类型		Eagle XG	AN100	OA-10	NA35
化学成分（质量分数）/%	SiO_2	62.32	60.1	59.40	59.8
	Al_2O_3	17.31	17.0	15.20	15.1
	B_2O_3	10.51	7.4	9.60	10.5
	CaO	7.44	4.1	5.36	4.7
	BaO	—	—	2.19	6.2
	SrO	0.86	7.5	6.09	3.1
	MgO	1.39	3.9	0.02	0.5
	SnO_2	0.16	—	0.13	—
	ZrO_2	—	—	0.15	—
	ZnO	—	—	0.42	—
	As_2O_3	—	—	0.33	—
	Sb_2O_3	—	—	0.77	—

续表

组成与性能		康宁	AGC	NEG	安瀚视特
力学性能	密度 / (g/cm^3)	2.38	2.51	2.51	2.49
	维氏硬度 / (kgf/mm^2)	640	—	—	—
热学性能	热膨胀系数 / (×10^{-7}℃$^{-1}$)	31.7 (0 ～ 300℃)	35.5 (30～380℃)	36.6 (30 ～ 380℃)	38.0 (30～380℃)
	应变点	669	670	651	645
	退火点	722	711	708	702
	软化点	971	—	955	—
	工作点	1293	1270	1291	—
耐化学性	10%HF	5.18	—	—	4.36
	5%NaOH	1.83	—	—	1.26

3. 配套情况

作为全球玻璃基板Mini/Micro-LED技术的引领者，华星光电MLED-星曜屏采用了Mini-LED技术，也是全球首款TFT-LCD制程结合α-Si玻璃基板驱动Mini-LED产品，相对于将Mini-LED背光做在常见的PCB上，成本更低，技术实现难度也更高。华星光电从2018年开始布局玻璃基板Mini-LED，如今技术已经相对成熟。未来Mini-LED背光产品无论是在电视还是平板电脑、笔记本电脑等市场大规模应用，玻璃基板将成为首选。

京东方在国际信息显示学会（Society for Information Display，SID）2021年展会上推出75in 8K Mini-LED产品，可实现5000+超高分区、百万级超高对比度；其P0.9玻璃基Mini-LED显示产品可以实现纯黑无界拼接，画面无闪烁、低功耗、健康护眼等优势让用户尽享完美体验。尤其是P0.9玻璃基Mini-LED屏的问世，将成为未来发展趋势。

2020年康佳发布了全球首款Micro-LED手表，APHAEA Watch采用了有源矩阵LTPS技术。

索尼是全球首家推出Micro-LED大尺寸显示屏的企业，其首款产品Crystal LED分辨率为16K（15360PPI×4320PPI），尺寸为19.2m×5.4m，未来索尼将把这款Micro-LED显示屏推向住宅市场。

从技术趋势的角度，COB/玻璃上芯片（chip on glass，COG）集成方案一定会成为主流。COB和COG的主要差异在于前者使用PCB基板，后者使用玻璃基板，其中玻璃基板精度高，在主要驱动上有优势，同时解决液晶面板产能富余问题。但目前阶段综合成本、良率等各方面的因素使PCB基板更有优势。目前，包括国星、晶台、兆驰股份、东山精密等在内的国内封装龙头企业在开始批量供应PCB基板Mini-LED产品的同时，布局玻璃基板的技术。

在电竞显示和电视应用领域，Mini-LED背光基板主流路线为PM+PCB。在VR等高分区设计液晶显示应用上，有源矩阵+玻璃基板是可选择的替代路线。如果是高密度的组装，对平整度要求较高的应用场景，则可能采用PM+玻璃基板的技术路线。

4. 产业链情况

Mini/Micro-LED产业链分为上游原材料、中游制造和下游应用环节（图3-22），我国在各环节均具备较强国际竞争力，各环节产值均位列全球第一。产业链上游中，占比最大的市场为芯片。其次是支架、封装胶和荧光粉，分别占比15%、12%、2%。2021年开始，Mini/Micro-LED技术发展呈现“爆发”态势，创维、友达光电、日亚、欧司朗、晶台、芯瑞达、瑞丰光电等企业竞相开展相关项目建设，投资金额均在亿元级别。

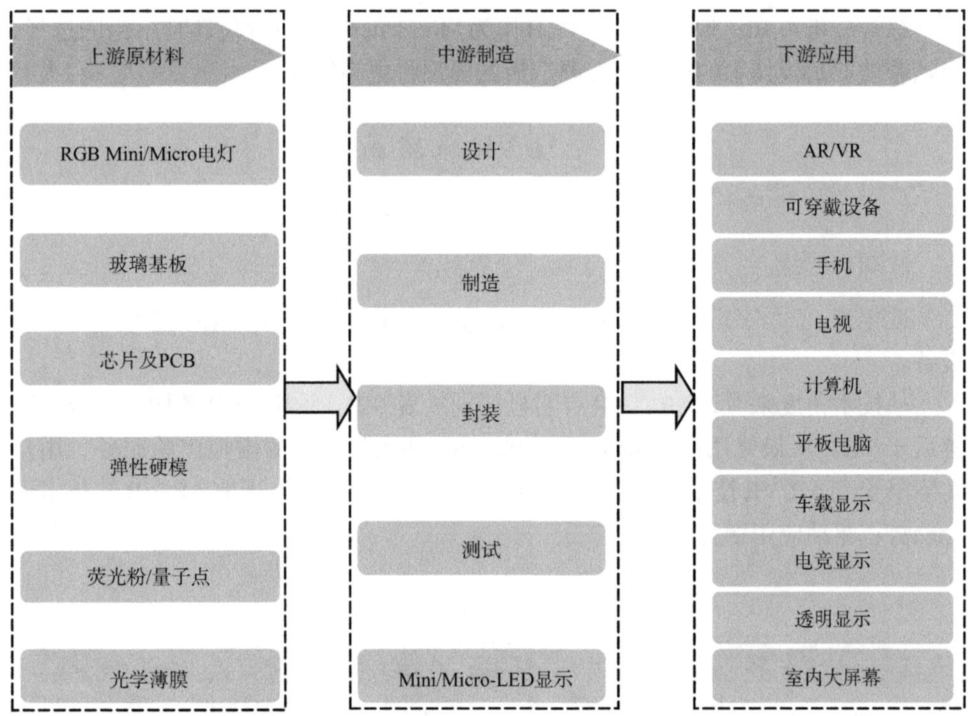

图3-22　Mini/Micro-LED显示屏全景产业链图

资料来源：赛迪智库

（三）发展趋势

一直以来，玻璃基板主要应用于面板工艺制程上；而PCB基板则应用于一切集成电路的电子设备中。相对而言，PCB基板的应用范围要比玻璃基板更宽、更广。然而，随着显示技术的进步，玻璃基板和PCB基板出现了相互渗透趋势，尤其是在Mini/Micro-LED等新型显示技术领域，其中巨量转移技术的一个关键点是选择用玻璃基板转移芯片还是用PCB基板转移芯片。

背板选择上，面板企业倾向于用玻璃基板作为Mini/Micro-LED背板，而LED封装大厂则主推PCB基板方案。选用玻璃基板或PCB基板作为Mini/Micro-LED产品的背板，都可以实现产品与本产业链高度融合，但无论采取何种技术方案，两者皆有自身的优劣性。从性能角度来看，玻璃基板热导率高，可以较好地散发热量，在密度较高的焊接产品上，也可满足更为复杂的布线需求。此外，玻璃基板的平坦度更高，在芯片转移技术上更容易实现突破。因此，玻璃基板比PCB更有优势。玻璃基板的优势不仅表现在性能方面，在成本方面，玻璃基板也具有不可比拟的优势。目前Mini-LED背光所需的6层2阶和8层3阶的PCB国内基本还无法批量供应，只能以高价进口。

综合分析可知，现阶段沿用PCB作为Mini/Micro-LED背板还是不错的选择，但随着玻璃基板技术的进步，玻璃基板的表现将更为优异。

八、AR/VR玻璃晶圆

（一）材料概述

1. 材料介绍

近年来，“元宇宙”概念异常火爆，元宇宙世界的入口大概率是VR、AR等设备。

从技术角度来看，AR、VR有明显区别（表3-21），当前AR整体技术成熟度落后于VR。从最终用户感知来看，VR、AR都在为用户的虚拟体验服务，用户实际享受到AR/VR技术服务时，不会严格区分两者概念，当前AR/VR的技术融合趋势正驱动应用融合。

表3-21　AR/VR技术形态的特征

特征		VR	AR
不同点	技术原理	计算机绘制虚拟图像，显示方面强调画面逼真、高清晰度	计算机基于现实世界的理解绘制虚拟图像，显示方面强调与现实交互
	终端形态	头戴式显示设备、定位追踪设备、动作捕捉设备、交互设备	必须借助摄像头实现与现实的交互，AR眼镜

续表

特征		VR	AR
不同点	体验特点	封闭式、沉浸式体验，用户与虚拟世界实时交互	增强现实体验，用户处于现实与虚拟世界的交融之中
	关键要素	沉浸感：营造出身处虚拟场景内的感觉 交互感：用户可以和虚拟场景中的内容发生实时交互 假想性：可以根据设计者的想象设计出各种各样的虚拟场景	现场感：直接显示真实世界现场 增强性：对现场显示的内容增加图像、声音、视频或其他信息 相关性：增加的内容和现场在位置、内容、时间等方面具有相关性
相同点	用户感知	用户实际使用两种技术产品或服务时，认为都是“虚拟现实”体验，不会严格区分“完全虚拟”或“增强现实”	
	共性技术	在图像渲染、网络传输、内容制作、感知交互等底层技术方面存在共性，侧重点各有不同	
	产业链构成	都可划分为硬件、软件、内容、应用四大组成部分	
场景举例		VR 游戏	AR 实景导航
典型设备		HTC Vive、Facebook Oculus Rift、Oculus Quest	Google Glass

资料来源：计算机视觉life、中信建投证券研究发展部

AR显示系统是各种微型显示屏和棱镜、自由曲面、BirdBath（一种光学设计）、光波导、全息反射薄膜等光学元件的组合。其中光波导是AR显示的核心显示技术，波导介质的折射率越高，临界角越小，越容易发生全反射。因此，获得大的视场角需要使用高折射率的玻璃基板——玻璃晶圆。

玻璃晶圆由折射率达1.6～2.0的光学玻璃制成，玻璃晶圆能将AR设备的视场角扩大两倍并大幅提高成像质量，使视场角更为开阔，将用户的视野扩大到人类视觉的极限，能够实现更逼真的AR体验，呈现出可媲美现实世界的高清画面。

2. 关键技术

玻璃晶圆通过对高折射率材料进行高精度切、磨、抛光等技术，精确控制

晶圆表面的几何精度，实现表面粗糙度 $Ra < 0.5nm$、总厚度偏差（total thinkness varation，TTV）＜ 1μm等表面要求。

经厚度公差测量，玻璃晶圆平整度是目前光学晶圆行业标准的10倍，因此能够生成清晰且对比度高的自然色彩图像。此外，玻璃晶圆既轻又薄，具有高强度和高稳定性，其精细的表面质量能实现最高分辨率。

（二）国内外现状

1. 总体概况

“十四五”规划将AR/VR列为未来数字经济重点产业之一。在政策推动下，AR/VR市场规模近年来保持高速增长。技术方面，VR由于光学和显示结构相对简单，软硬件生态趋于成熟，目前已进入商业化阶段；而AR由于需要将虚拟物体叠加到现实场景中，在光学和显示环节尚存技术难点，整体技术成熟度要落后于VR，价格也比较昂贵，商业化进程落后于VR（以微软的Hololens 2为例，标准价格为3500美元，是Oculus Quest 2售价的8～11倍）。市场AR/VR典型产品见表3-22。

表3-22 市场AR/VR典型产品

类型	品牌	机型	发布时间	产品形态	售价
VR	Oculus	Quest 2	2020.9.27	一体式	299/399 美元
	Pico	Neo 3	2021.5.11	一体式	2499/2899 元
	HTC	Vive Pro 2	2021.5 .11	个人电脑 VR	799 美元
		Vive Focus 3	2021.5.11	一体式	1300 美元
	索尼	PS VR	2016.10.13	分体式	2999 元
AR	爱普生	Moverio BT-40	2021.3	分体式	579/999 美元
	微软	Holoens 2	2019.2	—	3500 美元
	谷歌	Google Glass 2	2019.5	一体式	999 美元
	Nreal	Nreal Light	2019.5	—	499 美元
	TCL	NxtWear G	2021.6	分体式	899 澳元

资料来源：塔坚研究

2020年我国AR/VR行业市场规模达到413.5亿元，同比增长46%；随着技术日趋成熟，AR/VR在各领域的应用逐步展开，预计2023年我国AR/VR行业市场规模将超过1000亿元（图3-23）。这意味着光学玻璃晶圆市场规模将逐渐扩容，扩大应用领域。

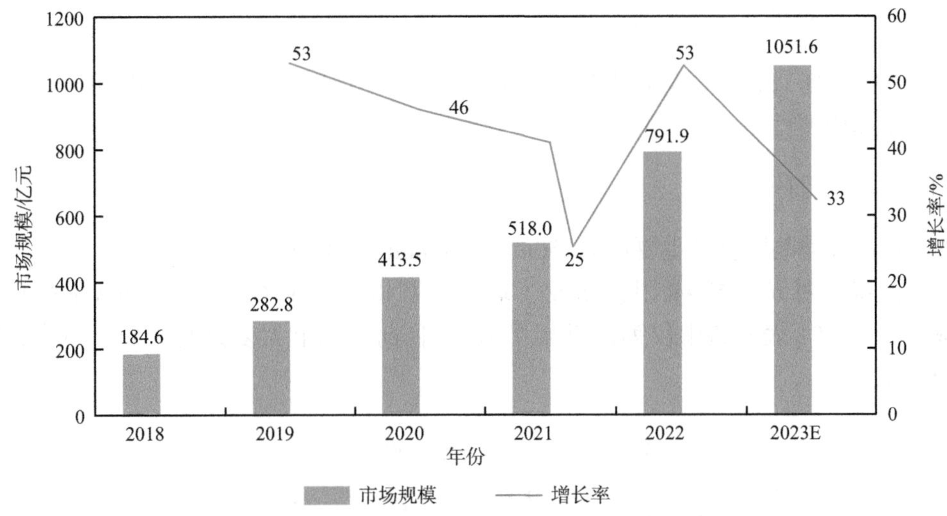

图 3-23　2018～2023 年中国 AR/VR 行业市场规模

资料来源：赛迪智库

相比2018～2020年相对平缓的终端出货量，随着Oculus Quest 2、微软Hololens 2等标杆AR/VR终端迭代发售，电信运营商VR终端发展推广，以及平均售价进一步下降，2021～2022年随着AR/VR终端规模显著增长（图3-24），其上游光学玻璃晶圆需求量也同步增长。

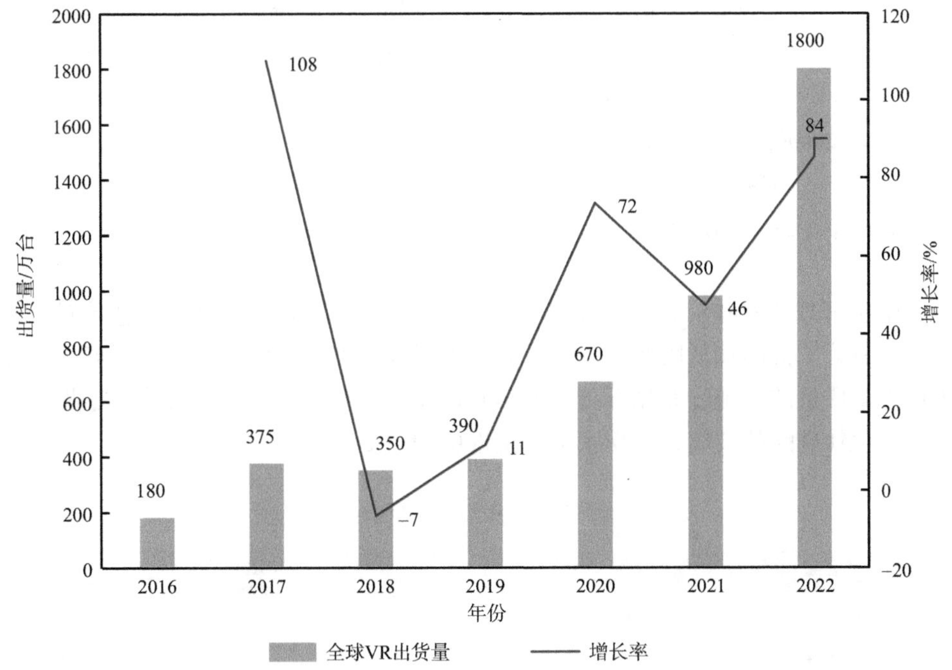

图 3-24　2016～2022 年全球 VR 出货量

资料来源：赛迪智库

2. 竞争格局

目前全球只有两家企业能够制造玻璃晶圆，全球玻璃晶圆的市场份额均由美国康宁和德国肖特占据。

3. 国内外研究现状

目前玻璃晶圆直径主要包括150mm、200mm和300mm。

肖特针对光波导AR眼镜研发了玻璃晶圆RealView产品。RealView的折射率最高达2.0（表3-23中仅列出常规参数），目前市场上大多数光波导折射率为1.5～1.7。

表3-23 肖特RealView产品情况

性能	常规参数
折射率	1.5，1.6，1.7，1.8，1.9
高透光率	光学级玻璃
低应力双折射	波导无偏振依赖性
高均匀性	光学级玻璃
平整度和厚度均匀性	TTV/μm ＜ 0.8
	局部坡度 / (′) ＜ 0.16
	平行度 / (′) ＜ 0.03
	翘曲度 /μm（非镀膜 / 镀膜）＜ 20/50
	弯曲度 /μm（非镀膜 / 镀膜）＜ 10/20
表面粗糙度 *Ra*（非镀膜 / 镀膜）/nm	＜ 1.0/1.5
晶圆直径 /mm	150，200，300

资料来源：肖特官网数据整理

康宁开发出HPFS®熔融石英（高纯度熔融石英）、ULE® Glass（超低膨胀玻璃）、TSG™（硅酸钛低膨胀玻璃）和氟化物晶体等产品。HPFS®熔融石英是具有出色光学质量的高纯度非晶石英玻璃；ULE® Glass 7972是一种具有接近零膨胀特性的氧化钛硅酸盐玻璃，热膨胀系数接近0（表3-24）。

表3-24 康宁晶圆玻璃产品理化性能一览表

材料特性	单位	ULE®Glass7972	ULE®Glass7973	TSG™
密度	g/cm^3	2.21	—	2.21
热膨胀系数（5～35℃）	$\times 10^{-9}℃^{-1}$	0±30	≤ 100	0±100
导热系数	W/（m·℃）	1.31	1.31	1.31

续表

材料特性	单位	ULE®Glass7972	ULE®Glass7973	TSG™
应变点	℃	890	890	890
退火点	℃	1000	1000	1000
软化点	℃	1490	1490	1490
泊松比	—	0.17	0.17	0.17
弹性模量	GPa	34.1	34.1	34.1
剪切模量	GPa	29.0	29.0	29.0
光弹常数	(nm/cm) / (kg/mm²)	4.15	4.15	—
折射率	—	n_F（486nm）1.4892	—	—
		n_D（589nm）1.4828	—	—
		n_C（656nm）1.4801	—	—

4. 产业链情况

AR/VR行业的产业链环节和显示器有相似之处，主要包括硬件、软件、内容制作与分发以及应用与服务四个环节，主要区别在于显示器应用面向个人消费者，VR/AR 除个人消费者外，还渗透到各行各业的应用中，因此在应用环节相对复杂得多。

AR/VR产业链上、中、下游所涉及的行业如下。其图谱见表3-25。

表3-25 AR/VR行业图谱

环节	产品结构及相关企业		
上游——硬件 / 软件 / 内容提供商	硬件	芯片	高通、瑞芯微、华为海思
		显示屏	京东方、华星光电、TCL
		光学器件	舜宇光学、水晶光电、联创电子
		声学器件	瑞声科技、歌尔股份
		传感器	意法半导体、赛微电子、韦尔股份
	软件	操作系统	谷歌、超图软件、虹宇软件、微软
		开发工具	苹果、谷歌、Facebook
	内容平台	Steam、Quest、Viveport、Pico	
中游——系统集成商	歌尔股份、和硕、立讯精密、广达电脑、欣旺达		
下游——终端品牌厂商	VR 设备	Facebook、索尼、HTC、Pico	
	AR 设备	微软、联想、爱普生、TCL	

（1）上游。主要为硬件、软件和内容平台提供商，硬件涉及芯片（如高通、瑞芯微、华为海思）、显示屏（如京东方、TCL）、光学器件（如舜宇光学、水晶光电）、声学器件（如歌尔股份、瑞声科技）、传感器（如意法半导体、韦尔股份）；软件涉及操作系统（如谷歌、超图软件、微软、虹宇软件）、开发工具（如苹果、谷歌、Facebook）；内容平台主要有Steam、Quest、Viveport、Pico等。

（2）中游。主要为系统集成商，代表公司主要有歌尔股份、立讯精密、和硕等。

（3）下游。主要为终端品牌厂商，包括VR设备厂商（代表公司主要有Facebook、索尼、Pico等）和AR设备厂商（代表公司主要有微软、联想、爱普生等）。

（三）发展趋势

随着消费电子市场的不断发展，玻璃晶圆制造创新正持续推动半导体技术的进步。其中玻璃晶圆也被用作消费电子产品的载体。玻璃晶圆制造具备一系列独特的优势，因此成为各个行业和应用的理想选择。

未来玻璃晶圆发展呈现高折射率变化，以及较高的平整度、较低的弯曲度、纳米表面粗糙度、良好的表面光洁度、大尺寸、从深紫外到红外区域的卓越透射率以及超低的热膨胀系数趋势。

九、重点企业

（一）美国康宁公司

自20世纪80年代进入中国市场以来，康宁先后在北京、合肥、武汉、广州、重庆投资建设8.5代和10.5代液晶玻璃基板工厂。为更高效地服务本地客户，康宁在绵阳投资建设的8.5代液晶玻璃基板工厂于2022年正式投产，并宣布扩建其重庆工厂以新增8.5代及以上液晶玻璃基板热端制程能力。2020年康宁显示玻璃总销售收入约为32亿元。

（二）日本艾杰旭株式会社

AGC创立于1907年9月，不仅在亚洲的中国、印度尼西亚、泰国、越南等均有该公司的股份及工厂，在欧洲也有子公司。AGC信息显示玻璃全球占比为30%左右。自AGC正式进入中国以来，AGC在深圳、惠州、苏州等地建设的8.5代和11代液晶玻璃基板工厂先后投产运行。2020年AGC营业收入约为14123亿日元，净利润约为327亿日元。

（三）日本电气硝子株式会社

NEG是世界知名的信息显示玻璃制造商，创立于1949年，总公司位于日本滋贺县大津市。NEG立足于日本，在中国台湾省、韩国、马来西亚、欧洲、美国设有生产及销售基地。NEG信息显示玻璃全球占比为20%左右。同时，NEG加快在中国的布局，先后在南京、厦门建设8.5代液晶玻璃基板原片和加工生产线。2020年NEG营业收入约为2428亿日元，净利润约为152亿日元。

（四）中国建材集团有限公司

中建材集团是全球最大的综合性建材产业集团、世界领先的新材料开发商和综合服务商，连续11年荣登《财富》世界500强企业榜单。中建材集团在超薄信息显示玻璃领域处于国内领先地位。

中建材集团开发出的0.12mm世界最薄的超薄触控玻璃位居国内前列，作为玻璃行业的唯一展品，在中华人民共和国成立70周年大型成就展上展示；首片8.5代浮法TFT液晶玻璃基板成功下线，实现我国高世代液晶玻璃基板零的突破，成功导入惠科大尺寸显示产业链，并与山东舰、嫦娥四号等同时入选国务院国有资产监督管理委员会（简称国务院国资委）“2019年十大创新工程”；30μm柔性可折叠玻璃连续打破弯折不破损纪录，弯折半径小于1mm，并通过华为质量认证，率先实现高性能高强盖板玻璃的国产化，稳定量产0.25～1.1mm全系列高强盖板玻璃，拓展到航天航空应用领域。2020年，中建材集团年营业收入约为2547亿元，净利润约为216亿元。

（五）东旭集团有限公司

东旭集团是一家集液晶玻璃基板、高端盖板玻璃、OLED光学膜材等光电显示材料，高端装备制造及系统集成，新能源汽车研发及制造，石墨烯产业化应用为一体的综合性高新技术企业，是全球领先的液晶玻璃基板和光电显示材料供应商。公司在OLED基板玻璃、高端盖板玻璃、UTG、3D盖板等关键显示材料领域均实现了突破，打破国外垄断，并在河南安阳、甘肃天水、湖南株洲等多地合作布局产业化生产。

（六）彩虹集团有限公司

彩虹集团是中国电子信息产业集团有限公司全资子公司。从2004年起公司由传统彩色显像管产业逐渐向电子玻璃、光伏玻璃、电子功能材料产业转型，主要生产基地位于咸阳、合肥、珠海、昆山、张家港等地。公司的产业结构主要包括电子玻璃、光伏玻璃、电子功能材料。

公司先后建成国内首条5代、6代、7.5代、8.5代液晶玻璃基板生产线，高世代玻璃基板实现了产业化。主要产品涵盖5代、6代、7.5代、8.5代多品种液晶显示用玻璃基板。主要客户为中国面板厂商。2020年公司营业收入达104.5亿元，增长78.33%。

第三节　我国显示玻璃材料发展面临的问题

一、存在的主要问题

虽然我国显示玻璃材料发展取得了突破，但国内产业技术积累与国外企业尚存在较大差距，高世代玻璃以及新型显示用玻璃更是"卡脖子"问题。在我国显示玻璃材料与国际先进水平存在差距的背景下，尽管国内显示玻璃材料占有一定市场份额，但全球玻璃基板市场被国外四大龙头企业把持的现状并未改变，我国企业的发展建立在技术授权基础上，依然受制于人。

（一）基础研究不足

近年来，我国科技经费投入规模稳步增加，结构持续优化，但我国研究与开发（research and development，R&D）经费投入强度与美国（2.83%）、日本（3.26%）等科技强国相比尚显不足，基础研究占比与发达国家普遍15%以上的水平相比差距仍然较大。目前我国显示玻璃组分-制备-性能关系规律以及材料体系的原始数据积累还处于较低水平，不能为产业化提供有效理论依据和实验指导，对显示玻璃基础研究能力的提升势在必行。

（二）创新能力不足

经过多年的自主创新，我国已基本实现主流显示玻璃产品与核心装备的国产化，产品和技术均达到了国际先进水平。但是由于缺乏创新意识、追求短期经济效益、研发投入不足等，产业技术创新，特别是重大关键技术创新仍然乏力，我国产业发展以模仿为主的模式尚未根本改变。

从内因来看，国内显示玻璃企业普遍规模较小，新材料的探索和技术的开发以科研院所为主，以银行贷款为资金投入，经济效益差，可持续能力弱，无法形成一批规模企业。此外，具有一定规模的企业以经济效益为主，通过技术购买、设备进口、企业收购等方式实现产品技术的更新换代，企业研发也侧重于实用性技术的开发，基础创新研究趋于弱化。由于显示玻璃产业技术水平高、研发投入大、周期长、风险高，企业不敢大规模投入，导致企业创新能力薄弱，一些先进显示玻璃关键技术和装备无法实现突破，严重制约我国先进显示玻璃产业的发展。

从外因来看，显示玻璃行业是资金密集型、技术密集型行业，一条10.5代TFT-LCD玻璃基板生产线的投资为20亿～30亿元。根据我国下游行业的需求测算，显示玻璃产业投资需求均将达1000亿元，企业在产业化和推广应用的过程中存在巨大的资金压力，同时面临国外企业的市场封锁，如TFT玻璃国产化后价格仅为国产化前进口产品价格的1/10，对企业造成巨大的经营压力。显示玻璃属于战略性新兴产业范畴，对国民经济发展有着重要支撑作用，虽然企业也是市场行为的主体，但是在起步阶段，国家层面应给予更多的支持。特别是高世代TFT玻璃基板、OLED玻璃、柔性玻璃等研发难度很大，没有国家政策鼓励和资金支持与统筹协调以及大企业的参与，仅仅依靠科研院所、高校等来承担和完成相关研究，很难取得较大突破。

（三）结构性产能过剩

目前，国内已建成玻璃基板生产线共20多条，其中4.5代生产线1条，5代生产线9条，6代生产线10条，8.5代生产线2条。在建玻璃基板8.5代生产线3条。目前低世代生产线已经饱和，高世代方面仅有2条生产线实现量产。未来我国主要增长点仍要以8.5代及以上世代生产线为主。另外，随着AMOLED等新型显示技术市场的逐渐扩大，传统低世代面板生产线开始转产和改造，适用于α-Si TFT工艺的玻璃基板生产线也面临技术升级，因此，产能过剩的可能性极大。我国企业应当在扩充产能的同时，客观把握技术路线和产业动态，进行合理投资。

（四）产品替代风险

目前，平板显示器件以TFT-LCD为主，但新一代显示技术异军突起、飞速发展，OLED显示技术具有能耗低、色彩逼真丰富等优点，最具竞争优势，在中小尺寸领域可能对LCD存在替代风险，但在大尺寸领域目前不具备明显优势。未来10～15年可能会对液晶显示产业造成一定程度的冲击和影响。为适应AMOLED制程中的高温，必须采用耐热性更好的玻璃基板，这对玻璃基板生产提出了更高的要求。因此，一方面，我国企业应当在6代线的基础上，加强开发，做好更高世代玻璃基板的技术储备工作；另一方面，我国企业要做好下一代显示技术玻璃基板的研发和准备工作。

（五）关键上游仍然依赖进口

随着面板产能的提升，我国信息显示产业配套体系建设取得了一定成绩，但还主要集中在中低端要求不高的部分，关键核心材料与高端设备对外依存度仍居高不下。TFT-LCD用关键材料中，玻璃基板国产化率仅为12%，8.5代线国产化率更是不足3%。AMOLED用关键材料中，玻璃基板国产化率不足1%。即便在国产化率已相对较高的领域，关键材料和设备仍存在受制于人的困境，对我国企业提升竞争力、保障产业安全构成威胁。

（六）前瞻布局不足

信息显示产业技术含量高，创新迭代迅速，21世纪初TFT-LCD技术仅用十数年就完成了对CRT技术的全面替代。目前TFT-LCD和AMOLED两种技术占据95%以上的市场份额，并且仍在不断通过渐进式创新提升性能、改进形态、扩展应用，Micro-LED、激光显示、微显示等其他技术路线发展迅速，下游整机竞争也给面板技术带来更多的创新挑战。我国玻璃基板企业起步较晚，且体量偏小，研发投入难以与康宁、AGC等国际巨头抗衡，在多点出击、快速推进的前瞻技术布局上十分吃力。

二、重点短板问题

随着5G、柔性显示等新业态、新技术不断涌现，产业格局正面临新一轮洗牌，我国信息显示产业正处于行业发展战略机遇期，但我国在显示玻璃材料、显示技术以及相关装备等方面依旧面临的“卡脖子”困境，给我国信息产业战略发展、实现我国信息显示大国向信息显示强国的转变带来不利影响。

（一）TFT-LCD玻璃基板

美国康宁、日本NEG、日本AGC三家公司掌握着高世代TFT-LCD超薄玻璃基板的生产核心技术并在全球进行产业化布局，相关技术实行严格封锁。我国的高世代玻璃基板生产技术与其差距甚远，不具备足够的市场竞争力，高世代玻璃基板产业面临“卡脖子”难题，研发自主核心技术以及形成完善的产业链任重而道远。

（二）OLED玻璃基板

目前全球仅康宁、AGC能够生产出满足OLED面板制程要求的玻璃基板。我国OLED玻璃基板自主供给能力薄弱，OLED玻璃基板的市场缺口仍然很大，国内OLED玻璃基板完全被AGC和康宁垄断，OLED显示产业链关键环节缺失，成为制约OLED显示产业发展的“卡脖子”关键材料。

（三）柔性玻璃

相较于传统玻璃深加工制程，柔性玻璃（尤其是UTG）的制造工艺难度极高，产品良率为30%～40%。除切割、强化等关键环节外，柔性玻璃产线的自动化配套也是产品良率提升、实现批量生产的关键因素。目前全球柔性玻璃行业处于发展初期，完全掌握柔性玻璃全制程制造技术的企业少，市场竞争体系尚未成型。我国相关企业在关键制造环节存在明显短板，国内相关企业需要在每个制造工艺中寻求创新与突破。

第四节　我国显示玻璃材料发展战略

一、我国显示玻璃材料发展目标

到2025年，加快8.5代TFT-LCD玻璃基板生产线国内布局和产品推广应用，国内产品市场占有率超30%；完成10.5/11代TFT-LCD玻璃基板核心技术攻关及产业化，实现技术水平与国外领先企业并驾齐驱；研发突破8.5代大尺寸OLED玻璃基板关键技术；突破一次成型厚度为70μm及以下柔性玻璃产业化核心技术；实现锂铝硅超强盖板玻璃成套技术的攻关和产业化；培育1或2家规模水平达到全球前五的领军企业，组建1或2个具有国际影响力的研发机构，建成3或4个新型显示玻璃智能工厂示范项目，开展适应Micro-LED、激光显示等新一代显示技术的新型玻璃研发。

到2035年，开发集柔性化、大型化、多功能化为一体的新型显示功能玻璃，开展跨学科智能感知显示玻璃研究，开发智能显示玻璃关键技术及装备。培育5家以上全球领军企业，市场份额达到全球领先，整体技术水平处于国际领先，全面实现我国玻璃新材料产业领跑地位。

二、我国显示玻璃材料发展任务

作为信息显示产业链顶端的玻璃基板，虽然在中建材集团、彩虹集团、东旭集团的艰苦奋斗和不懈努力下，国内已实现批量生产6代以下玻璃基板，且中小尺寸面板市场占有率约80%，但在8.5代及以上高世代玻璃基板方面，我国仅有两家公司（中建材集团、彩虹集团）建设有2条8.5代线，本土10.5代线还属空白，只能与康宁、NEG合作后段加工生产。从玻璃基板的发展趋势来看，高世代和轻薄化是玻璃基板未来的主要趋势。因此，未来应瞄准新领域，加快基板玻璃产业的技术升级，提升国产化规模，保障我国信息显示产业健康发展。

1. 加大玻璃新品种研发力度

光电显示是当今世界日新月异发展的高科技产业之一，显示界、玻璃界乃至消费电子业的企业精英密切合作，促进催生了一大批光电玻璃产品。ITO导电膜玻璃应用仅20多年，TFT玻璃基板、盖板玻璃在近10年间迅速发展，LTPS玻璃伴随着新一代显示技术共同发展。近几年柔性玻璃异军突起，康宁、AGC分别开发出厚度低于100μm的UTG以满足未来柔性显示的需要，未来我国需要紧跟世界显示发展方向，提前布局新品种。

2. 加强玻璃基板理化性能研究

以TFT-LCD玻璃基板为代表的光电玻璃在外观、尺寸、化学成分、力学、热学、光学、电学、化学稳定性方面具有严格的要求，而LTPS玻璃基板对玻璃的应变点要求更高，热收缩率要求更小，电阻特性要求更苛刻，这需要从玻璃料方设计、工艺制程和设备方面予以研发改进，打破国外技术壁垒。

3. 加快轻薄化产品布局

从TFT-LCD产业看，无论是面板还是基板，5代以及高世代玻璃有从0.7mm到0.4mm、0.3mm过渡的趋势，玻璃基板逐渐实现超薄化，尤其是随着折叠时代的到来，厚度小于100μm的柔性玻璃市场空间巨大。UTG行业处于发展起步阶段，目前全球仅有少部分企业具备UTG制造技术，产能严重不足。

折叠手机是未来十年高端智能手机市场增长最快的细分领域，预计全球折叠手机出货量将从2020年的400万台增长至2025年的9000万台。折叠手机需求量提升将推动上游UTG需求的增加，预计到2025年应用于折叠手机的UTG市场规模将超184亿元。除手机领域，UTG盖板也将会在平板电脑、手提电脑、智能穿戴等其他衍生场景加速渗透，预计到2025年应用于平板电脑与手提电脑的UTG市场规模分别为44亿元与84亿元。伴随UTG的生产规模扩大，具有先进切割、钢化等技术的中游企业将会受益。

4. 构筑稳定的供应保障系统

在玻璃基板开发方面，要根据下游产业对产品的要求，开发相应的生产设备、配套材料、集成生产保障系统，从原材料到生产的各个工序包括质量管控、包装、运输等多个环节改进，形成稳定供货。

在后加工方面，精密、精细是最显著的特征，要研制出一批高自动化、智能化、精密化的切割、研磨清洗、检验装置，并与加工工艺相匹配，不断改进提高。

随着经济全球化进程加速，特别是5G热潮和智慧城市的不断普及及应用，国内企业面临的市场竞争形势日趋严峻，产品生命周期不断缩短，只有不停地推陈出新，研发更具竞争力的产品，才能打破目前的国际垄断局面。

三、我国显示玻璃材料发展路线

我国显示玻璃材料发展路线见表3-26。

表3-26　我国显示玻璃材料发展路线

<table>
<tr><th colspan="2">项目</th><th>2025 年</th><th>2030 年</th><th>2035 年</th></tr>
<tr><td colspan="2">优先发展的基础研究方向</td><td>OLED 玻璃、高强柔性玻璃理化与工艺性能研究；柔性玻璃一次成型原理研究</td><td>显示玻璃规模化制备新机理、新方法研究</td><td>玻璃材料基因组构建；基于大数据的高效重构算法对玻璃三维结构研究</td></tr>
<tr><td colspan="2">关键技术群</td><td>柔性玻璃、OLED 玻璃、10.5/11 代 TFT-LCD 超薄玻璃基板等新型显示玻璃新材料产业化技术</td><td>Micro-LED、量子点玻璃、激光显示玻璃等产业化技术</td><td>显示、发电、感知等一体化功能玻璃产业化技术</td></tr>
<tr><td colspan="2">共性技术群</td><td>玻璃高质量熔化、成型、退火、裁切技术；高效节能、超低排放技术；玻璃精密加工技术</td><td>飞行熔化、等离子体熔化等新型熔化技术</td><td>显示玻璃材料高通量计算表征开发技术</td></tr>
<tr><td colspan="2">跨领域技术群</td><td>智能装备开发；碳捕捉及利用技术</td><td>全玻璃生产线智能控制技术；显示玻璃材料全生命周期大数据平台</td><td>显示玻璃人工智能生产技术；显示玻璃组分 AI 设计优化技术</td></tr>
<tr><td rowspan="3">“卡脖子”材料品种及技术指标</td><td>OLED 玻璃</td><td>尺寸为1500mm×1850mm，应变点≥730℃，应力＜60psi；再热收缩率＜10ppm（600℃/10min）</td><td>尺寸为2200mm×2500mm，应变点≥740℃，应力＜30psi；再热收缩率＜8ppm（600℃/10min）</td><td>尺寸为2940mm×3370mm，应变点≥750℃，应力＜20psi；再热收缩率＜6ppm（600℃/10min）</td></tr>
<tr><td>柔性玻璃</td><td>厚度≤70μm，极限弯折半径≤3mm</td><td>厚度≤50μm，极限弯折半径≤2mm</td><td>厚度≤30μm，极限弯折半径≤1mm</td></tr>
<tr><td>10.5/11 代 TFT 玻璃基板</td><td>尺寸为2940mm×3370mm，整板翘曲度≤0.2mm，厚薄差≤0.02mm，粒径≤400μm</td><td>尺寸为2940mm×3370mm，整板翘曲度≤0.1mm，厚薄差≤0.01mm，粒径≤200μm</td><td>尺寸为2940mm×3370mm，整板翘曲度≤0.05mm，厚薄差≤0.006mm，粒径≤100μm</td></tr>
</table>

注：1psi = 6.89476×10^3Pa

四、“十四五”期间我国显示玻璃材料重大工程

我国显示玻璃材料重大工程见表3-27。

表3-27　我国显示玻璃材料重大工程

序号	项目名称	计划完成时间/年
1	OLED 玻璃基板产业化项目	2024
2	10.5/11 代 TFT-LCD 玻璃基板项目	2024
3	一次成型柔性玻璃项目	2025
4	纳米微晶高强盖板玻璃项目	2025
5	AR 显示玻璃项目	2025

（一）OLED玻璃基板产业化项目

内容：开展OLED显示用玻璃基板组成-结构-性能作用规律研究，开发满足特定生产工艺的玻璃配方；研究OLED玻璃基板熔化制备的热力学、动力学过程与温度场、流动场的高效协同机理，开发OLED玻璃基板高效熔化、澄清均化、精密成型等关键技术；研究玻璃基板应力弛豫机理，开发再热收缩率精细调控技术，实现产业化应用示范。

目标：尺寸为1500mm×1850mm，应变点≥730℃，应力＜60psi；再热收缩率＜10ppm（600℃/10min）。

（二）10.5/11代TFT-LCD玻璃基板项目

内容：开发具有自主知识产权的适于浮法工艺的高性能TFT-LCD玻璃基板化学组成；在已有8.5代TFT-LCD玻璃基板生产线基础上，对8.6代、8.6+代、10.5/11代等高世代TFT-LCD玻璃基板的熔化、澄清、成型装备进行数值、物理模拟，开发产业化系列核心技术装备；结合高世代信息显示玻璃基板生产线建设，进行生产工艺技术攻关。

目标：尺寸为2940mm×3370mm，应变点≥670℃，翘曲度≤0.2mm，厚薄差≤0.02mm，波纹度≤0.03μm。

（三）一次成型柔性玻璃项目

内容：开展高强柔性玻璃理化与工艺性能研究，研究柔性玻璃一次成型原理，对柔性玻璃成型过程进行物理及数值仿真模拟，开展成型工艺技术研究；开发柔性玻璃一次成型高温熔窑、成型炉、拉边机、退火炉、牵引系统等工艺段所需核心热工装备，实现厚度为100μm以下柔性玻璃一次成型，建立柔性玻璃性能测试评价体系，满足终端器件对柔性玻璃的性能与质量需要。

目标：一次成型厚度≤70μm，极限弯折半径≤2mm，动态弯折≥20万次。

（四）纳米微晶高强盖板玻璃项目

内容：针对微晶和化学强化的耦合强化效应，设计高强透明微晶玻璃成分体系。主要研究微晶玻璃氧化物及晶核剂对玻璃力学、热力学性能的影响规律；研究微晶玻璃的核化温度及时间、晶化温度及时间对其性能的影响规律。研究多步化学强化熔盐组成、强化工艺对透明微晶玻璃硬度、抗冲击性能等的影响；建设高强透明微晶玻璃示范线，攻克微晶玻璃的高质量熔制、高温析晶控制、大尺寸成型、热处理、化学强化等核心工艺技术。

目标：弹性模量≥100GPa，强化前硬度≥700kgf/mm^2，表面应力≥500MPa，应力层深度≥100μm，跌落高度≥2m。

（五）AR显示玻璃项目

内容：开发适用于AR显示用玻璃材料，研究该光学级玻璃独有的熔炼技术以实现批量生产，可在最严酷的激光和辐射照射下保证透射率与耐用性，满足半导体精密加工工艺要求。

目标：折射率≥1.5，TTV＜0.8μm，翘曲度（非镀膜/镀膜）＜20μm/50μm，表面粗糙度Ra＜1.0nm/1.5nm。

第五节　我国显示玻璃材料发展对策建议

近10年来，我国信息显示产业投资约1.5万亿元，但产业链发展极不平衡，上游材料、装备国产化率较低，特别是8.5代及以上高世代玻璃基板，国产化替代产品刚刚进入供应链，出货量小，严重制约着产业的安全、健康和高质量发展。

一、加强产业顶层设计，坚持统筹协调持续推进

一是建立中央政府和地方政府信息共享机制，全面掌握产业发展过程中出现的最新动向，加强合作和信息共享，避免资源分散；二是建立产业发展协调机制，加强“窗口”指导和投融资监管，持续推进产业区域集中和投资主体集聚，做好重大项目部署和重点方向攻关，集聚产业资源，引导科学布局，防止盲目和重复投资；三是充分发挥财政资金的引导作用，吸引多渠道、多元化的资金投资，继续鼓励多元化投资模式，采用战略入股、合资建厂等方式，持续推进多层次、多类型、多渠道的合作。

二、提升关键配套水平，推进产业链协同发展

一是开展针对显示玻璃产业关键高端配套的重点突破，围绕关键材料和设备进行系统性攻关，并与上游二阶材料和零部件协同推进，促进产业链均衡发展；二是发挥骨干显示玻璃企业带动作用，强化产业纵向联动效应，支持企业以入股、兼并等方式向上游价值链高端延伸，建设全产业链集群发展体系；三是加大配套产业资本投入，打通高技术初创企业融资和上市渠道，引导地方政府和社会资本加强对相关领域的关注和投资，为配套产业发展提供资金支持。

三、夯实技术研发基础，构建多层次创新体系

一是打通产学研互通渠道，引导高校、科研院所和企业建立从前瞻研究到产业化落地的多层次递进创新体系，培育创新人才梯队，提升产业综合创新实力；二是聚焦关键基础技术，推进共性技术创新平台和国家技术创新中心建设，鼓励骨干企业及上下游企业联合组建技术创新联盟，集中突破产业技术升级面临的共同难点，打造安全稳定的产业链、供应链，构建国内国际双循环相互促进的平板显示产业新发展格局；三是由协会、联盟、咨询机构等第三方牵头组织国内企业建立共享专利池，搭建知识产权体系框架，提升我国显示玻璃产业整体创新实力和对外知识产权诉讼反制能力，加快自主技术创新体系构建步伐。

四、深化国际交流合作，开拓合作共赢新局面

一是坚持“走出去”与“引进来”相结合，支持企业在海外设立研发中心和生产基地，鼓励海外企业来华投资建设；二是鼓励境内外资本、技术、人才等深度合作，推动信息显示产业国内国际双循环相互促进；三是支持国内外企业、行业组织在显示玻璃领域深入开展标准研制、技术验证、应用探索等方面的交流合作，努力构建更为开放包容的发展环境，开创显示玻璃材料全球合作共赢发展新局面。

五、构筑高端人才高地，增强显示玻璃发展后劲

显示玻璃产业需要材料科学、流体力学、物理模拟仿真、工业设计、集散控制系统（distributed control system，DCS）数据分析等领域的高端稀缺专业人才，是典型的知识密集型产业，后续发展离不开高水平人才的支撑。人才是玻璃基

板企业解决核心技术难题、引领进步的关键，但人才难引难留是企业普遍存在的问题。

应针对性地帮助显示玻璃企业培养和引进关键人才与高水平团队，深化校企联合，快速形成核心技术力量，引领产业的进步与突破。多措并举，灵活扩大后续人才培养规模，营造企业人才成长环境，鼓励并支持企业内部培养技术人才，增强产业发展后劲。改善研究环境，加强企业研究设施建设，增加学习、交流、实践的平台，完善人才激励机制，解决人才方面的后顾之忧。

第四章 显示配套材料发展战略研究

第一节 概　述

显示配套材料是指具有优良的电学、磁学、光学、热学、声学、力学、化学、生物学功能及其相互转化功能的用于非结构目的的高技术材料，包含靶材、光刻胶、掩模版、电子气体、光学膜、湿电子化学品、稀土抛光材料等。

当今新一轮科技革命与产业变革蓄势待发，全球新材料产业竞争格局正在发生重大调整，而国际形势复杂多变，贸易保护主义、单边主义涌动，全球投资贸易格局、科技创新格局等面临前所未有之大变革，给我国信息产业发展带来诸多未知因素，增加了我国各行业全球化发展的风险，我国正处于调整产业结构、推动制造业转型升级的关键时期，在全球竞争格局重构以及全球下一轮科技革命逐步推进的大环境下，我国信息显示产业发展进入关键阶段，机遇和挑战并存，保障供应链的安全和效率、形成全产业链竞争能力对行业发展越发关键。进一步健全显示材料产业体系，下大力气突破一批关键材料，提升信息显示产业保障能力，提升我国显示关键材料创新发展水平，是支撑中国制造实现由大变强之历史跨越的有效保障。我国显示行业只有通过加强创新引领，在技术上完成弯道超车，同时完善产业结构，加速产业自主化，才能保障在未来国际产业竞争中形成优势。

显示配套材料是信息显示产业链的重要支撑，是产业发展的重要保障，我国部分显示配套材料自主供应能力弱，对进口依赖性强，成为我国信息显示产业发展短板，是我国信息显示产业发展的潜在威胁与重要风险点。大力发展显示配套材料，开展核心技术自主研发，加速完成我国显示配套材料的技术自主化、产业自主化，与信息显示主链环节形成深入协同，对我国信息显示产业发展具有重要意义。

第二节　国内外发展现状与需求分析

一、靶　　材

（一）材料概述

1. 材料介绍

磁控溅射的工艺原理是利用高能量金属等离子体（由离子源产生），在惰性气体环境中，通过高压电场的作用，促使氩气电离、加速、聚集成高速氩离子流，轰击靶阴极，被溅出的靶材原子或分子沉积在半导体芯片或玻璃、陶瓷基材表面，从而形成各类纳米或微米功能薄膜。

靶材是在溅射过程中被高速金属等离子体流轰击的目标材料，是制备功能薄膜的原材料，又称溅射靶材，不同靶材可以得到不同的膜系，满足不同的使用需求。

靶材由靶坯和背板焊接而成。①靶坯是高速离子束流轰击的目标材料，属于靶材的核心部分，涉及金属纯化、晶向调控等工艺。②背板主要起到固定靶材的作用，涉及焊接工艺。由于高纯金属强度较低，靶材需要安装在专用的机台内完成溅射过程。机台内部为高电压、高真空环境，因此，超高纯金属的靶坯需要与背板通过不同的焊接工艺进行接合，背板需要具备良好的导电、导热性能。

按原材料材质，靶材可分为金属/非金属单质靶材、合金靶材、化合物靶材等（表4-1）。

表4-1　靶材分类（按原材料材质）

材质	靶材种类
金属/非金属单质靶材	镍靶、钛靶、锌靶、镁靶、铌靶、锡靶、铝靶、铟靶、铁靶、硅靶、铜靶、钽靶、银靶、金靶、镧靶、钼靶、钇钯、铈靶等
化合物靶材	ITO靶、氧化镁靶、氮化硅靶、碳化硅靶、氧化铬靶、硫化锌靶、氧化硅靶、氧化铝靶、氧化钛靶、氧化锆靶等
合金靶材	铁钴靶、铝硅靶、铁硅靶、铬硅靶、锌铝靶、钛锌靶、钛铝靶、钛锆靶、钛硅靶、钛镍靶、镍铬靶、镍铝靶、镍铁靶等

按形状，靶材可分为平面靶材和旋转靶材（图4-1）。平面靶材正常溅射消耗量为35%～40%，旋转靶材正常溅射消耗量达70%。

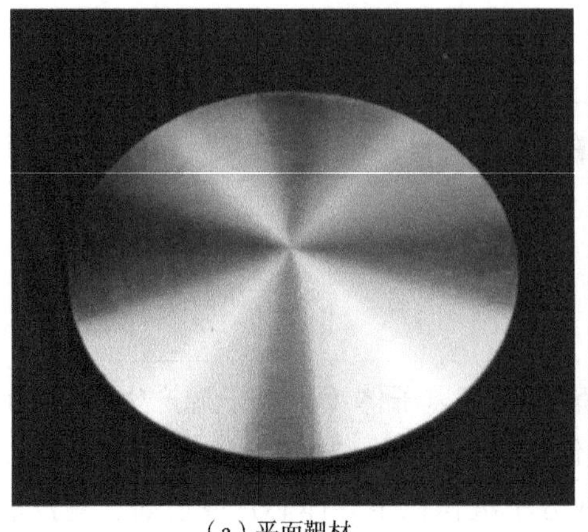

（a）平面靶材

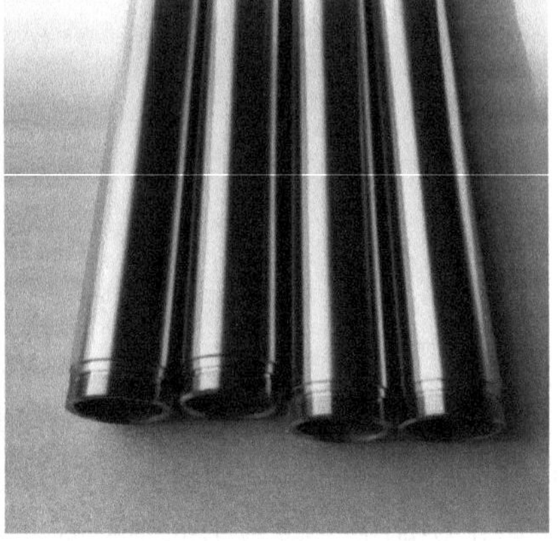

（b）旋转靶材

图4-1 平面靶材和旋转靶材

按用途，靶材可分为半导体用靶材、平板显示用靶材、信息存储用靶材、太阳能电池用靶材、光学靶材、其他用途靶材（表4-2）。

表4-2 靶材分类（按用途）

应用领域	使用材料	性能要求	纯度
半导体	超高纯铝、钛、铜、钽、金、镍、铬、高熔点金属等	技术要求最高，超高纯金属、高精度尺寸、高集成度	99.9995%（5N5）以上
平面显示	高纯铝、铜、钼、镍、铌、硅、铬、ITO、铝合金、铜合金、钛等	技术要求高，高纯材料、材料面积大、均匀性高	99.999%（5N）以上
信息存储	铬基、钴基合金、镍、铁合金、铬、碲、硒、稀土 - 迁移金属等	高存储密度、高传输速度	—
太阳能电池	高纯铝、铜、钼、铬、铟、ITO、AZO、ZnS、钽等	技术要求高、应用范围大	99.99%（4N）以上
光学	钒、镍、钨、钛、钼氧化物等	用于节能玻璃等，具有光敏变色性，满足节能环保、降低辐射要求	—
其他	镍铬、铬硅、铬、钛等	技术要求一般，主要用于电子器件镀膜、装饰镀膜、玻璃镀膜等	—

2. 制备工艺

靶材种类繁多，传统的制备工艺主要可分为熔炼铸造法和粉末冶金法两大类，等离子喷涂法等新工艺仍在发展阶段。纯金属铝、钛、铜，或添加铜、钛、金、铌、钽等至少一种金属所形成的合金靶材多用熔炼铸造法，钼等难熔金属、

ITO等多用粉末冶金法，脆性金属及合金、陶瓷靶材等旋转靶材更适合用等离子喷涂法。

A. 熔炼铸造法

熔炼铸造法的基本工艺是将一定比例的合金原料熔炼后浇注到模具中形成铸锭，然后通过锻造、挤压或拉拔的成形工艺进行加工，最后经过热处理、机加工等工序制备得到靶材。常用的熔炼方法有真空感应熔炼法、真空电弧熔炼法和真空电子束熔炼法等。与粉末冶金法相比，熔炼铸造法得到的靶材纯度高、密度高，但其工艺较为复杂，对设备要求高，成本也随之升高，并且靶材晶粒粗大。若各组分之间熔点和密度相差较大，则难以获得成分均匀的合金靶材。

B. 粉末冶金法

粉末冶金法包括粉末压制烧结法、粉末热等静压法等。粉末冶金法是将纯金属粉末按比例混合均匀，经过压制成形，然后在高温下烧结，经压力加工、热处理后最终得到靶材，适合难熔金属如钨、钼靶材及陶瓷靶材等。采用粉末冶金法制备的靶材具有成分均匀及晶粒均匀细小、成品率高的优点，但制备过程采用粉末混合、压制和烧结工艺，容易在制备过程带入杂质元素，烧结过程杂质排出效果较差，造成靶材纯度相对较低，并且密度较熔炼铸造法低。

C. 等离子喷涂法

等离子喷涂是利用等离子火焰加热熔化喷涂粉末使其形成涂层，一般等离子喷涂使用Ar或N_2气，再加入5%～10%的H_2气，气体进入电极区的弧状区被加热、电离形成等离子体，其中心温度一般可达15000℃以上，将金属或非金属材料粉末送入等离子射流中，将其加热到半熔化、熔化或气化状态，并在冲击力的作用下将其沉积到基体上，从而获得具有各种功能的涂层。等离子喷涂工艺首先出现在航空航天及核工业领域，并日趋发展成熟，因为其涂层具备高性能，并且厚度、质量和再现性可控，所以等离子喷涂工艺已迅速扩展到其他行业，如靶材的制备领域等。但是该方法也存在一个重要缺陷，那就是喷涂组织具有多孔性，使其制造的靶材相对密度只能达到85%～95%，靶材纯度一般为99.5%～99.9%，该技术指标仍需进一步研发优化。两类传统方法在靶材的制备方面虽然被广泛采用，但其共同的问题就是难以制备大尺寸靶材（平面靶材及管状靶材），对一些高熔点脆性材料更是如此。靶材的大尺寸及高利用率（管状靶材利用率可达50%～70%）已经成为未来镀膜领域的新趋势。相比之下，等离子喷涂法在未来更具有优势。等离子喷涂法包括真空、水稳、气稳等离子喷涂，主要可用于制备脆性金属及合金靶材、陶瓷靶材等旋转靶材。

靶材工艺流程如图4-2所示。从工艺的难易程度来看，超高纯金属提纯技术、晶粒晶向控制技术、异种金属大面积焊接技术、金属的精密加工与特殊处理技术及靶材的清洗包装技术是目前靶材生产过程中的五大核心技术。

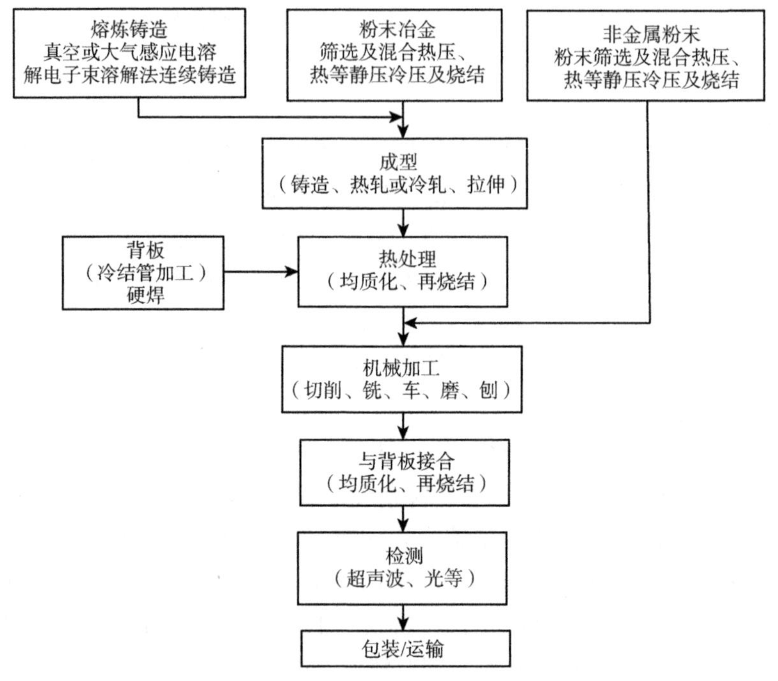

图 4-2　靶材工艺流程图

资料来源：《靶材制备研究现状及研发趋势》

（二）平板显示用靶材

平板显示器包括LCD、OLED、场致发光显示器、场发射显示器（field emission display，FED）以及触控面板显示产品等。平板显示器多由金属电极、透明导电极、绝缘层、发光层组成，为了保证大面积膜层的均匀性，且提高生产率和降低成本，几乎所有类型的平板显示器都会使用大量的镀膜材料来形成各类功能薄膜，其所使用的物理气相沉积（physical vapor deposition，PVD）镀膜材料主要为靶材，主要品种有铝、铜、钼、镍、铌、硅、铬、ITO、铝合金、铜合金、钛等（表4-3）。玻璃及触控屏电极用量最大的是ITO靶材，其次是钼、铝、铜等金属靶材。TFT-LCD是大面积平板显示领域主流，OLED 在智能手机应用领域发展迅速，它们均需要靶材在玻璃基板上镀膜。

表4-3　不同材质靶材在平板显示器上的应用

材质	应用
ITO	透明导电膜
Mo，W，Cr，Ta，Ti，Al，Cu，AlTi，AlTa	电极布线膜
ZnSMn，ZnSTb，CaSEu	电致发光薄膜
Y_2O_3，Ta_2O_5，$BaTiO_3$	电致发光薄膜

1. TFT-LCD领域

TFT-LCD占80%以上的显示面板市场份额。制作TFT-LCD面板的金属靶材主要用于竖膜工序中的栅电极、数据（源/漏）电极、像素电极在玻璃（栅）上的成膜工序，以铝靶、铜靶、钼靶、ITO靶和钼铌靶为主，部分平板显示企业也会用到钛靶、钽靶、铌靶、铬靶以及银靶等。技术性能要求主要在于纯度、大面积以及均匀性方面，目前由于各家企业所采用的溅射工艺不同，其所选的靶材也有区别。

1）ITO靶

ITO薄膜通过磁控溅射技术将靶材金属镀在玻璃基板上，因此除磁控溅射的技术难点外，金属靶材原料是影响ITO薄膜质量的重要环节之一，靶材质量会严重影响薄膜成品的性能。ITO靶的相对密度大于99.5%，是由90%的铟与10%的锡混粉配比组成的，混粉后的技术流派分为两种成型方法：一种为等静压法；另一种为高温烧结法。

2）铜靶

高纯铜靶的纯度要求在5N以上。随着电视面板尺寸的大型化，电极需要更低的电阻金属，从而提高了对铜电极的需求。与铝电极相比，铜电极的电导率较高，若将配线制作得相对较细，则几乎不会产生电子信号失常的现象，且能够传送稳定的信号，由此可以改善响应速度及亮度等。另外，铜电极在大尺寸电视面板制作过程中更显优势的是，将不再为了改善电导率而增加其他附加材料或制程。因此，许多厂商为实现铜电极的量产而投入大量研发成本。要达到液晶使用靶材所需的高纯铜，从开采铜矿开始，需要大致经历硫化铜—干燥前处理—溶解成氧化铜—还原法还原成粗铜—电气分解法提炼成高纯铜的过程。

3）铝靶

铝靶因为有价格优势，所以一直是显示行业常用的靶材之一，它是对高纯铝经过系列加工后的产品。铝靶对铝材的第一个要求也是最重要的要求就是纯度要高，铝靶所用的高纯铝是在电解铝的基础上再经过偏析法、三层电解法或联合区域熔炼法生产而成的，价格要比工业纯铝贵得多，显示行业对高纯铝的纯度要求是在5N以上。

4）钼靶

最初，显示面板的电极和配线材料主要是铬，但随着显示面板的大型化和高精度化，越来越需要比阻抗小的材料，且提出更环保的需求。钼具有高熔点、高电导率、低比阻抗、良好的耐腐蚀性和环保特性，替代铬成为平板显示靶材的首选材料之一。在LCD元件中使用钼靶，可大大提高LCD的亮度、对比度、色彩和寿命。随着显示行业玻璃基板尺寸的不断提高，要求配线的长度延长、线宽变细，为了保证薄膜的均匀性及布线的质量，对钼靶纯度的要求也相应提高。

2. OLED领域

钼靶作为电极和配线材料的首选，为OLED屏幕使用最多的靶材。此外，OLED面板用作阳极材料的ITO导电玻璃价值量最高。

（三）国内外现状

1. 总体概况

2020年全球TFT-LCD用靶材市场规模为32.50亿元，与2019年相比小幅增长，预计到2025年全球TFT-LCD用靶材市场规模将增加至38.05亿元。2020年全球OLED用靶材市场规模为18.12亿元，与2019年相比大幅增长，预计到2025年全球OLED用靶材市场规模将增加至47.61亿元。OLED用靶材尽管需求量相比TFT-LCD小得多，但靶材价格要高出数倍，特别是TFT-LCD用靶材市场价格近年来受面板厂商控制，价格呈稳中有降趋势。

综合TFT-LCD与OLED领域，2020年全球平板显示用靶材市场规模为50.62亿元（不含触摸屏用）。预计到2025年全球平板显示用靶材市场规模将增长至85.66亿元（不含触摸屏用）。增长的驱动力主要来源于OLED领域，2019～2025年全球平板显示用靶材市场规模见表4-4。

表4-4　2019～2025年全球平板显示用靶材市场规模（单位：亿元）

年份	市场规模
2019	45.82
2020	50.62
2021	54.61
2022	58.12
2023E	70.72
2024E	80.52
2025E	85.66

资料来源：CEMIA

2020年国内TFT-LCD用靶材市场规模达到16.82亿元，预计2023年将达到规模瓶颈，TFT-LCD用靶材市场规模为25.25亿元，到2025年基本处于稳定状态。

2020年国内OLED用靶材市场规模为3.37亿元，2020～2025年，我国OLED

用靶材市场规模呈现迅速增长趋势，2025年我国OLED用靶材市场规模将达到23.17亿元。

综合TFT-LCD与OLED领域，2020年我国平板显示用靶材市场规模为20.19亿元（不含触摸屏用）。预计到2025年我国平板显示用靶材市场规模将增长至49.10亿元（不含触摸屏用）。增长的驱动力主要来源于OLED领域，2019～2025年我国平板显示用靶材市场规模见表4-5。

表4-5　2019～2025年我国平板显示用靶材市场规模（单位：亿元）

年份	市场规模
2019	16.98
2020	20.19
2021	24.81
2022	31.00
2023E	37.28
2024E	43.93
2025E	49.10

资料来源：CEMIA

2. 竞争格局

目前，平板显示领域用靶材竞争格局以攀时、世泰科、贺利氏、爱发科、住友化学、JX金属等为代表的国外少数几家跨国集团占据主导地位，其中攀时、世泰科等厂商是全球钼靶的主要供应商，住友化学、爱发科等厂商占据了全球铝靶的大部分市场，三井矿业、JX金属、优美科等厂商是全球ITO靶的主要供应商，爱发科、JX金属等厂商是全球铜靶的主要供应商。近年来，国内企业发展迅速，各大厂商在细分领域均有所突破，产品成功应用于下游厂商，并实现了部分出口，全球范围内已具有部分话语权。

（1）铝靶。国内液晶显示行业用铝靶主要被日资企业主导。爱发科大约占据国内50%的市场份额。其次，住友化学也占有一部分市场份额。国内江丰电子从2013年左右开始介入铝靶，目前已大批量供货，是国产化铝靶的龙头企业。

（2）铜靶。从溅射工艺的发展趋势以及国内液晶显示行业市场规模的不断扩大来看，平板显示行业对铜靶的需求量将继续呈上升趋势。爱发科几乎垄断着国内铜靶市场，市场占有率在80%以上。国内有研新材具备高纯铜原料生产能力，但没有液晶显示行业用的条形靶生产线，目前主要致力于半导体行业用圆形靶生产，洛铜集团具备高纯铜生产能力但不生产靶材，且高纯铜原料价格和进口原料相比无明显竞争优势，江丰电子引进海外高端人才，致力于开发高纯铜原料和铜靶，即将批量生产。

（3）钼靶。具体分为条形靶、宽幅靶和管状靶三种，4.5代、5.5代和6代线一般使用宽幅钼靶，而8.5代及以上世代线使用组合条形靶或管状靶。目前奥地利攀时、德国世泰科、日本爱发科等龙头企业已基本退出了这部分市场。国内洛阳四丰占据了国内60%以上的市场份额。

（4）ITO靶。目前三井矿业、JX金属、优美科占据全球ITO靶80%以上的市场份额。其中JX金属在TFT-LCD领域市场占有率最高，三井矿业在各领域所占的份额较为均衡，且凭借尺寸较大的ITO靶和先进的常压烧结技术，占据大部分高端平板显示市场。

国内靶材市场主要国际企业见表4-6。

表4-6 国内靶材市场主要国际企业

主要竞争者	成立时间	总部	靶材业务概况
JX金属	1992年	日本	主营产品：ITO靶、半导体用靶材、光碟用靶材、贵金属靶材、高纯金属铟、碲等 应用范围：大规模集成电路、平板显示、相变光盘领域
东曹	1935年	日本	主营产品：Cr、Co-Ni-Cr、Co-Nb-Zr、ZAO、ITO、Ni-Cr-Si、Cr-Si、Al、Al-Cu、Al-Si、Al-Si-Cu、C、Ta、$TaSi_2$、Ti、Ti-W等靶材 生产基地：美国、日本、韩国、中国 应用范围：半导体、太阳能电池、平板显示、磁记录领域
爱发科	1952年	日本	主营产品：大尺寸多种类平板显示器用靶材、半导体晶片类靶材、薄膜太阳能靶材生产设备用靶材、ITO靶材、3m长超大IGZO靶材 应用范围：平板显示、半导体、太阳能电池领域
攀时	1921年	奥地利	主营产品：难熔金属靶材 应用范围：各类显示器的金属喷涂领域
优美科	1989年	比利时	主营产品：靶材加工及销售、ITO靶 应用范围：半导体、LED、光学镀膜、TFT-LCD、OLED、触控以及薄膜太阳能等产业

3. 产业链情况

靶材产业链见图4-3。

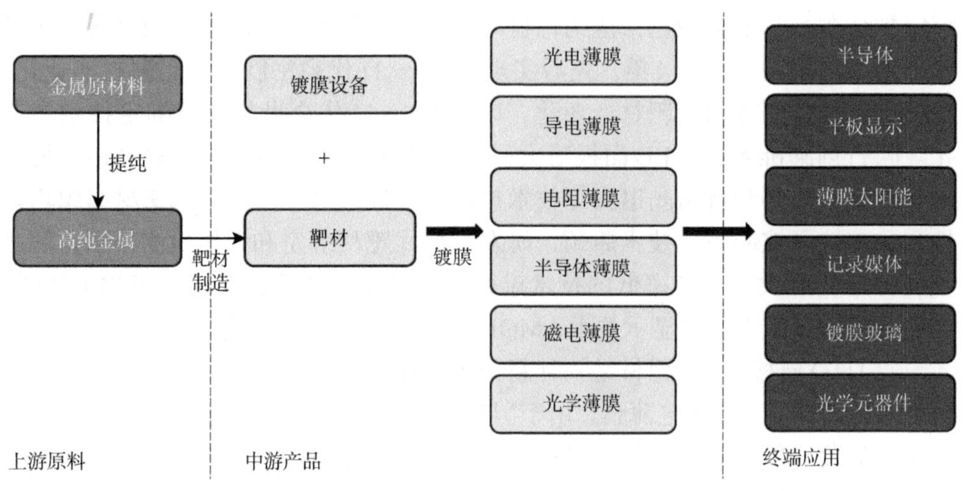

图 4-3　靶材产业链

靶材行业上游主要为各类高纯金属（铝、铜、钛、钽、钨、金、银等）供应商和生产设备供应商，其中高纯金属原材料生产成本可占据靶材生产成本的80%左右，上游原材料价格波动及供应状况会对中游企业的利润空间和产品品质产生重要影响。

在生产设备方面，靶材生产线由30多种设备构成，主要包括靶材冷轧系统设备、热处理设备、热等静压设备、超声波焊接分析系统等。由于靶材生产工序长且复杂，靶材生产线投资为7000万～14000万元，生产设备折旧费用占据整体生产成本的17.4%。中国本土企业为降低生产成本，通常与设备厂商联合进行定制化设备生产。

下游方面，随着消费类电子产品等终端应用市场的快速发展，靶材的市场规模日益扩大。

4. 配套情况

近年来，中国平板显示产业在一系列投资的助推下发展迅速，TFT-LCD产能全球第一，OLED产业竞争力持续提升。基于产品价格、采购国产化等因素的考虑，我国面板厂商不断加强与本土优秀靶材厂商合作，并建立长期合作伙伴关系，这为带动我国靶材行业的快速发展提供了有利的市场条件。与此同时，国内靶材厂商紧抓机遇，在产品研发与产业化方面不断取得突破，目前在诸多产品国产化上取得了很好进展。

（1）高纯钼靶材。钼靶材是一种具有高附加值的特征电子材料，在显示面板中主要用于制备配线材料及扩散阻挡层材料。钼靶材和铜背板通过铟接合层绑定黏结在一起配合使用，达到靶材与机台固定装配、及时排放靶材表面热量等目的。洛阳四丰历经4年，先后实现了8.5～11代高密度条形钼靶材产业化、2.5～6代高密度宽幅钼靶材产业化，以及2.5～11代全世代靶材绑定技术产业化。阿石创瞄准AMOLED面板对大尺寸一体化钼靶材的需求，解决钼靶材的粉末冶金、轧制和再结晶退火等技术难题，突破大尺寸一体化钼靶材组织均匀性和致密性可控制备的技术瓶颈，研发大尺寸靶材绑定和无损检测技术，解决常规绑定变形大、黏结率低的技术难题，建设了一体化钼靶材规模化生产线，产品已推广应用于新型显示技术AMOLED 5代、5.5代、6代等生产线。

（2）ITO靶材。ITO靶材是一种新型半导体氧化物陶瓷材料，主要用于磁控溅射制备高性能ITO光电薄膜。由于国产ITO靶材与日韩进口靶材相比存在技术性能差距大、产业规模小等显著问题，长期以来我国的 TFT-LCD/AMOLED高端显示器用ITO靶材几乎全部依赖进口。广西晶联光电历经17年的潜入研究与产业化发展，利用3年时间完成总产能200t/年TFT-LCD/AMOLED用高性能ITO靶材产业化建设，公司ITO靶材实现稳定量供的8.5代产线达到4条，同时2020年为京东方10.5代产线供样。阿石创与福建工程学院和福州大学经过多年的产学研合作攻关，突破了ITO靶材粉体制备、坯体成型、烧结和绑定等环节关键技术，成功研发了TFT-LCD用ITO靶材，经京东方、蓝思科技等企业应用，其品质完全可以与国外产品相媲美。芜湖映日科技的大尺寸ITO旋转靶材得到了京东方、华星光电、惠科等面板企业的高度认可，实现批量稳定供应。

（3）铜靶材。平面铜靶材是超大型面板镀膜传输配线的核心原材料。江丰电子实现了能够满足4K/8K等超高清面板的量产需求，且可用于生产OLED电视的产品产业化，产品已在京东方、华星光电等10.5/11代线稳定供应；欧莱新材2019年成功研发出了10.5代平面铜靶材，并成功导入合肥京东方、武汉京东方、深圳华星光电等产线。随着靶材行业不断发展，旋转靶材技术工艺水平不断提升，国内外企业通过不断调整镀膜设备或者引进新的镀膜设备加大旋转靶材的使用，尤其是国内外靶材下游行业新开工建设的产线越来越优先选择旋转靶材。近年来，旋转靶材产能、产量等都在不断扩大，对平面靶材的替代效应不断加强。到2020年底，我国有12条8.5代TFT-LCD面板铜制程生产线实现量产，其中有6条产线使用铜旋转靶材。欧莱新材从2015年起着手研发TFT-LCD用铜旋转靶材，成功实现量产，产品达到国内领先水平，得到众多国内客户的认可，供货量持续增加；2021年开始，江丰电子也在从事铜旋转靶材的研发生产，目前已在中电熊猫实现批量供货。

（4）氧化物半导体靶材。氧化物半导体靶材用于制备氧化物TFT有源层，具有良好的迁移率和稳定性，可满足高分辨率LCD、AMOLED、超高清显示产品等高端显示的需求。先导薄膜成功开发了氧化物半导体靶材，并实现了批量销售。

总体上，2020年TFT-LCD用靶材本地化配套率达到40.1%，AMOLED用靶材本地化配套率达到34.5%（图4-4和图4-5）。

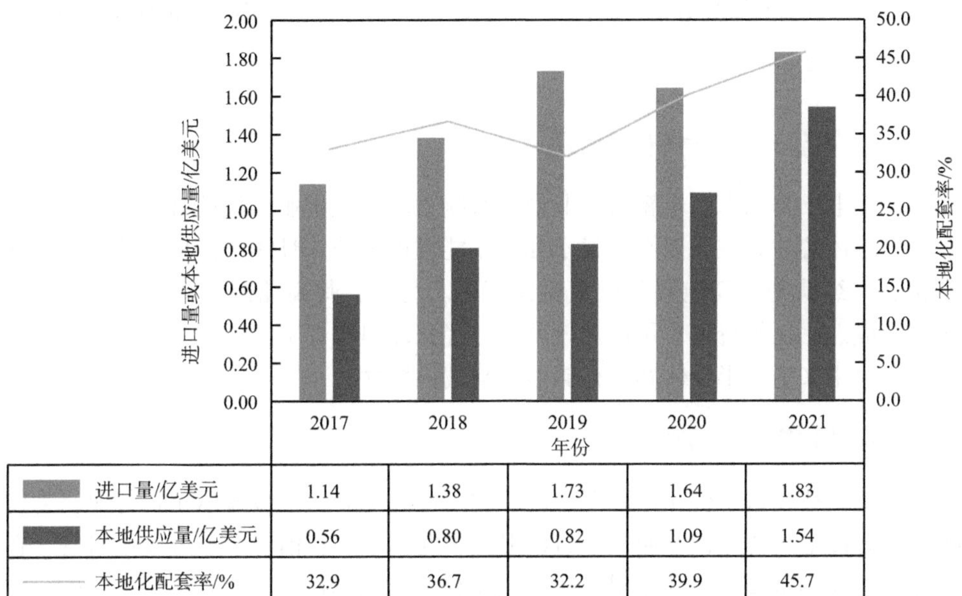

年份	2017	2018	2019	2020	2021
进口量/亿美元	1.14	1.38	1.73	1.64	1.83
本地供应量/亿美元	0.56	0.80	0.82	1.09	1.54
本地化配套率/%	32.9	36.7	32.2	39.9	45.7

图 4-4　TFT-LCD 用靶材本地化配套情况

资料来源：CODA

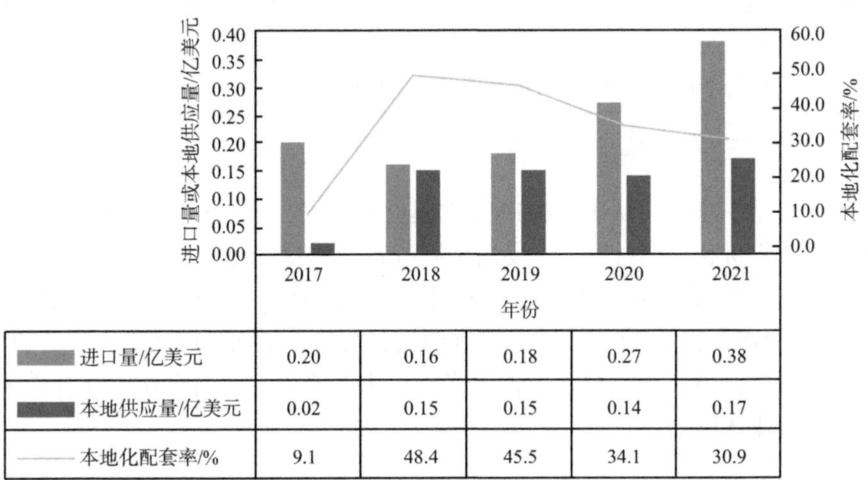

年份	2017	2018	2019	2020	2021
进口量/亿美元	0.20	0.16	0.18	0.27	0.38
本地供应量/亿美元	0.02	0.15	0.15	0.14	0.17
本地化配套率/%	9.1	48.4	45.5	34.1	30.9

图 4-5　AMOLED 用靶材本地化配套情况

资料来源：CODA

（四）发展趋势

在全球面板行业大周期中，产业链在变迁中重新分布。以低成本、高质量的优势，国内快速推进LCD面板国产化，逐步抢占三星、LG显示等市场份额，上游原料端的国产化率持续提升。基于显示面板的大尺寸化和高分辨率成像要求，显示面板用靶材的发展趋势是：高纯金属、大尺寸、高溅射率、晶粒晶向精确控制。

（五）国内重点企业

1. 江丰电子材料股份有限公司

江丰电子是国内高端靶材行业最具影响力的代表企业。其靶材的下游应用行业以半导体芯片为主，以平面显示和太阳能发电为辅。具体的靶材产品包括高纯钽靶、高纯钛靶、高纯铝靶以及钨钛靶等。另外，其高纯铜原料及靶材生产工艺日趋成熟，正等待逐步量产。该公司已经从瑞典购置了国际领先的热等静压设备，主要用来生产半导体芯片存储器用高端钨靶材。

2. 隆华科技股份有限公司

隆华科技通过子公司洛阳四丰、广西晶联光电介入平板显示靶材行业，为国内ITO靶材龙头企业，专业从事ITO靶材研发、生产和销售。经过多年研发，在高品质钼粉制备及大尺寸溅射镀膜用钼靶材关键成形技术方面有了实质突破。广西晶联光电 ITO 靶材产品已经通过了京东方、华星光电、天马及信利半导体等客户的多条 TFT 产线的测试认证并开始批量供货。随着不同用户端测试认证的增加和广西晶联光电自身产能的快速提升，未来 ITO 靶材出货量也将同步快速增长。近些年，公司靶材业务加快了替代进口进程，尤其是宽幅钼靶材、高世代线ITO靶材作为新的增长点，市场份额大幅提升。

3. 福建阿石创新材料股份有限公司

阿石创是一家专门从事各种PVD镀膜材料研发、生产和销售的生产型企业，主导产品为靶材和蒸镀材料，主要用于制备各种薄膜材料。拥有电阻式、电容式触摸屏用靶材以及各世代线（4.5～8.5代）、不同尺寸（T16、T18）TFT-LCD用靶材，其中ITO靶材有高密度和低密度两类，规格以平面、旋转为主。公司已与京东方、群创光电、蓝思科技、伯恩光学、水晶光电等知名企业建立合作关系，得到下游行业认可。

4. 广东欧莱高新材料股份有限公司

欧莱新材是国家专精特新“小巨人”企业和高新技术企业，欧莱新材主营靶材——高性能薄膜新材料，同时生产平面靶材和旋转靶材，在广东韶关、广东东莞设立了生产和研发基地，在深圳和苏州设立了办事处。

欧莱新材的产品广泛应用于半导体显示（TFT、OLED）、半导体芯片、太阳能发电、低辐射玻璃、光学通信、装饰镀/工具镀、计算机硬盘等行业。

5. 洛阳高新四丰电子材料有限公司

洛阳四丰是专业生产钨、钼等高熔点金属材料及合金制品的厂家，主要产品为高纯钼及钼合金靶材、钨及钨合金靶材等高纯稀有金属靶材，同时也是国内首家研发制造大尺寸钼靶材的生产企业。其产品主要用于平面显示器、太阳能发电、半导体、电子等行业。洛阳四丰打造了高端钼靶材研究基地。

6. 先导薄膜材料有限公司

先导薄膜是国内具备相当规模和影响力的靶材供应商之一，专注于为全球显示行业客户提供高品质、高性能的ITO和IGZO靶材，同时还提供钼靶、铝靶、铜靶、钛靶等高质量的配套金属靶材，可应用于LCD、触摸传感器、笔记本电脑电磁干扰涂层、手机后盖渐变、可穿戴设备硬质涂层等。

7. 芜湖映日科技股份有限公司

芜湖映日科技是一家集研发、生产、销售、服务为一体的靶材解决方案高新技术企业。公司主要为TFT-LCD、OLED、LED、触控、低辐射玻璃及太阳能电池等工业领域提供高质量的靶材。芜湖映日科技形成以ITO系列陶瓷靶材、高纯金属及合金靶材、热喷涂靶材为主的三大产品系列，其大尺寸ITO靶材得到多家显示面板龙头企业认证，并形成供应链上的战略合作伙伴关系。

二、光 刻 胶

（一）材料概述

光刻胶是由光引发剂、感光树脂、单体三种主要成分和其他助剂组成的对光敏感的混合液体，是一类通过光束、电子束、离子束等能量辐射后，溶解度发生变化的耐刻蚀薄膜材料。我国光刻胶原材料成本占比情况如图4-6所示。

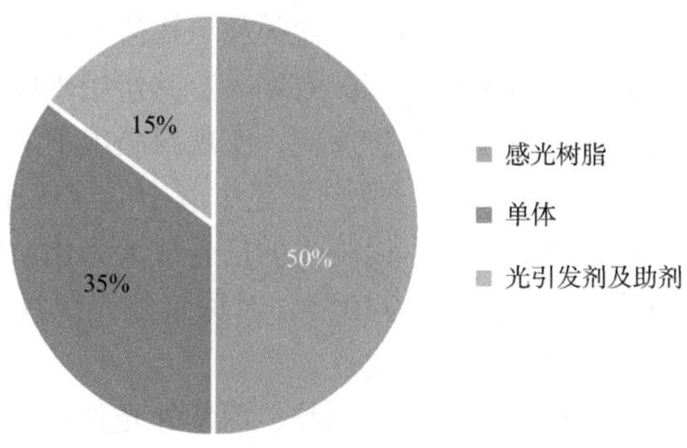

图 4-6　我国光刻胶原材料成本占比情况

光引发剂是光刻胶的关键组分，对光刻胶的感光度、分辨率等起决定性作用。因产生的活性中间体不同，可分为自由基型光引发剂和阳离子型光引发剂。感光树脂是光刻胶中比例最大的组分，构成光刻胶的基本骨架，主要决定曝光后光刻胶的基本性能，包括硬度、柔韧性、附着力、曝光前和曝光后对特定溶剂溶解度的变化。单体是含有可聚合官能团的小分子，也称为活性稀释剂，一般参加光固化反应，降低光固化体系黏度，同时调节光固化材料的各种性能。助剂是指根据不同用途添加的颜料、固化剂、分散剂等具有调节性能的添加剂。

光刻胶种类非常多，根据化学反应机理和显影原理，可分为负性光刻胶和正性光刻胶两类。光照后形成不可溶物质的是负性光刻胶；反之，对某些溶剂是不可溶的，经光照后变成可溶物质的即为正性光刻胶。

根据光刻胶的化学结构，可以分为四种类型：光聚合型光刻胶、光分解型光刻胶、光交联型光刻胶和化学放大型光刻胶。

（1）光聚合型光刻胶。采用烯类单体，在光作用下生成自由基，自由基进一步引发单体聚合，最后生成聚合物，具有形成正像的特点。

（2）光分解型光刻胶。采用含有重氮醌类化合物（diazoquinone，DQN）的材料作为感光剂，其经光照后，发生光分解反应，可以制成正性光刻胶。

（3）光交联型光刻胶。采用聚乙烯醇月桂酸酯等作为光敏材料，在光的作用下，其分子中的双键被打开，并使链与链之间发生交联，形成一种不溶性的网状结构，起到抗蚀作用，这是一种典型的负性光刻胶。

（4）化学放大型光刻胶。在集成电路光刻技术开始使用深紫外光源以后，化学放大技术逐渐成为行业应用的主流。化学放大型光刻胶主要有四个组分，即成膜树脂、光致产酸剂（photo acid generator，PAG）、添加剂及溶剂。其中成膜树脂的设计要考虑曝光波长，对于248nm波长，成膜树脂是聚对羟基苯乙烯类树脂，通过在羟基上有选择地引入保护基团，降低树脂的溶解速度；对于193nm波长，成膜树脂是丙烯酸酯类树脂，通过不同单体的共聚来实现对树脂性能的控制。光致产酸剂则主要分为离子型光致产酸剂和非离子型光致产酸剂，其中以离子型光致产酸剂应用最为广泛，包括碘鎓盐类和硫鎓盐类，光致产酸剂的设计要考虑产生酸的强度、酸的扩散速度及产酸效率等。其作用机理是光致产酸剂吸收光生成酸，酸催化成膜树脂发生脱保护反应，实现树脂由不溶于显影液向溶于显影液的转变，即通过曝光与烘烤改变光刻胶显影液中的溶解速度。这一过程中，酸作为催化剂，不会被消耗，因此可以将光的信号放大为化学信号。化学放大型光刻胶曝光速度是光分解型光刻胶的10倍，对深紫外光源具有良好的光学敏感性，同时具有高对比度、高分辨率等优点。

按感光波长，光刻胶可分为紫外光刻胶、深紫外光刻胶、极紫外光刻胶、电子束光刻胶、离子束光刻胶及X射线光刻胶。

按应用领域，光刻胶可分为半导体用光刻胶、平板显示用光刻胶、PCB用光刻胶及其他领域用光刻胶。

光刻胶是光刻工艺的核心，工艺选择和研发过程漫长而复杂。光刻胶需要与光刻机、掩模版及制程中的许多工艺步骤相配合，一旦一种光刻工艺建立，便极少再去改变，因而光刻胶的研发突破难度较大。同时，光刻胶开发成本巨大，对于厂商而言，量产测试时需要产线配合，测试需要付出高昂成本。针对不同应用需求，光刻胶的品种非常多，这些差异主要通过调整光刻胶的配方来实现。通过调整光刻胶的配方，满足差异化的应用需求，是光刻胶制造商最核心的技术。

（二）平板显示用光刻胶

在平板显示领域，光刻胶主要用于制作显示器像素、电极、障壁和荧光粉点阵等。无论是LCD面板还是AMOLED面板，都要用到各种类型的光刻胶。接下来将从TFT-LCD和OLED两个平板显示领域对光刻胶的情况进行介绍。

1. TFT-LCD领域

光刻技术是TFT-LCD生产技术最为核心的内容，它不但是决定产品质量的重要环节，还是影响产品生产成本的关键部分。在光刻过程中，需要经过清洗、金属镀膜、涂光刻胶、曝光、显影、刻蚀以及光刻胶剥离等步骤才能实现图形的转移、电极的制作。

（1）TFT正性光刻胶。TFT正性光刻胶主要涂覆在导电玻璃上，然后进行软烘烤，使膜内的溶剂挥发，并进行曝光，用显影液溶解掉曝光区域的光刻胶，将掩模版上的图形转移到光刻胶上。利用光刻胶的保护作用，对ITO导电层进行选择性化学腐蚀，从而在ITO导电玻璃上得到与掩模版完全对应的图形。

（2）平坦层（overcoat，OC）光刻胶。OC光刻胶属于保护层用光刻胶，也属于正性光刻胶，因为其留在驱动背板上，对TFT起部分去保护以及像素分隔、绝缘作用，所以不需要刻蚀、剥离去膜制程，其余工艺同TFT正性光刻胶。

（3）光敏间隔物（photo spacer，PS）光刻胶。PS光刻胶是负性光刻胶，同正性光刻胶相反，用显影液溶解掉未曝光区域的光刻胶，其制作方法是将光反应材料涂布在玻璃基板上，经过曝光、显影、烘烤等步骤得到所需厚度的基板，然后将具有间隔物（spacer）的基板与另一基板直接贴合，两个间隔物间即形成液晶槽。光刻过程可以很好地控制细胞（cell）的间隙，并且由于固定的形状不会任意滑动从而成为大型基板优选的间隙控制材料。

（4）彩色滤光膜光刻胶。彩色滤光膜光刻胶包括RGB彩色光刻胶（简称彩色光刻胶）和黑色矩阵（black matrix，BM）光刻胶。彩色光刻胶和BM光刻胶均属于负性光刻胶。其光刻工艺也同PS光刻胶一样，经过涂胶、曝光、显影、烘烤等步骤在透明玻璃基板上制作防反射的遮光层——BM，依序制作具有透光性红、绿、蓝三原色的彩色滤光膜层，然后在滤光层上涂布一层平滑的保护层，溅镀上透明的ITO导电膜，最后形成彩色滤光片。

2. OLED领域

现今OLED制程设备还在不断改良阶段，并没有统一标准的量产技术，主动与被动驱动以及全彩化方法都会影响OLED的制程和机组的设计，整个生产过程需要洁净的环境和配套的工艺与设备。改善器件的性能不仅要从构成器件的基础（即材料的化学结构）入手，以提高材料性能和丰富材料种类；还要深入了解器件的物理过程和内部的物理机制，有针对性地改进器件的结构以提高器件的性能。两者相辅相成，不断推进OLED技术的发展。光刻胶在OLED中的应用如图4-7所示，其主要是在前端涂布在玻璃基板上，以及全彩化方法中会使用到彩色光刻胶，同时在绝缘层中会使用到聚酰亚胺光刻胶等。

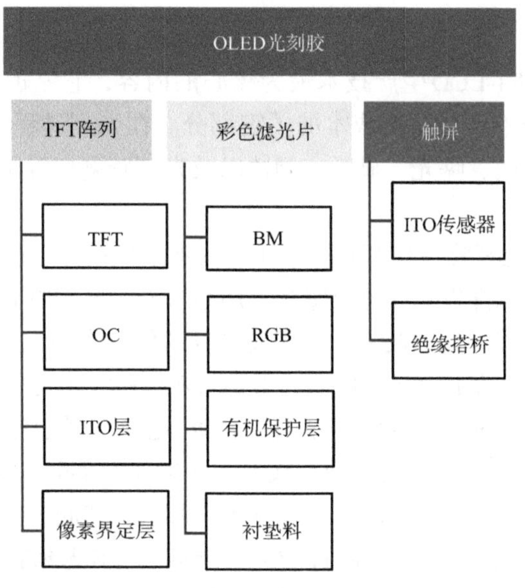

图4-7　光刻胶在OLED中的应用

3. 制备工艺

光刻胶生产工艺的主要过程是将感光化合物、胶体、基体材料、溶剂等主要原料在恒温恒湿且净化级别达到1000级的黄光区洁净房进行混合，在N_2气保护下充分搅拌，使其充分混合形成均相液体，经过多次过滤，并通过中间过程控制和检验，使其达到工艺技术和质量要求后进行产品检验，合格后在N_2气保护下包装、打标、入库。

（三）国内外现状

1. 总体概况

1）全球市场概况

2020年全球TFT-LCD用光刻胶市场规模为108.38亿元，比2019年的106.45亿元增长1.81%。预计到2023年全球TFT-LCD用光刻胶市场规模将增长至119.53亿元，2019～2023年全球TFT-LCD用光刻胶市场规模见表4-7。

表4-7　2019～2023年全球TFT-LCD用光刻胶市场规模（单位：亿元）

年份	市场规模
2019	106.45
2020	108.38
2021	112.67
2022	117.35
2023E	119.53

资料来源：CEMIA

2020年全球OLED用光刻胶市场规模为2.73亿元，比2019年的2.09亿元增长30.6%。预计到2023年全球OLED用光刻胶市场规模将增长至5.26亿元，2019～2023年全球OLED用光刻胶市场规模见表4-8。

表4-8　2019～2023年全球OLED用光刻胶市场规模（单位：亿元）

年份	市场规模
2019	2.09
2020	2.73
2021	3.14
2022	3.46
2023E	5.26

综合来看，2020年全球平板显示用光刻胶市场规模为111.11亿元（不包括PSPI光刻胶），预计到2023年将增长至124.79亿元（图4-8）。

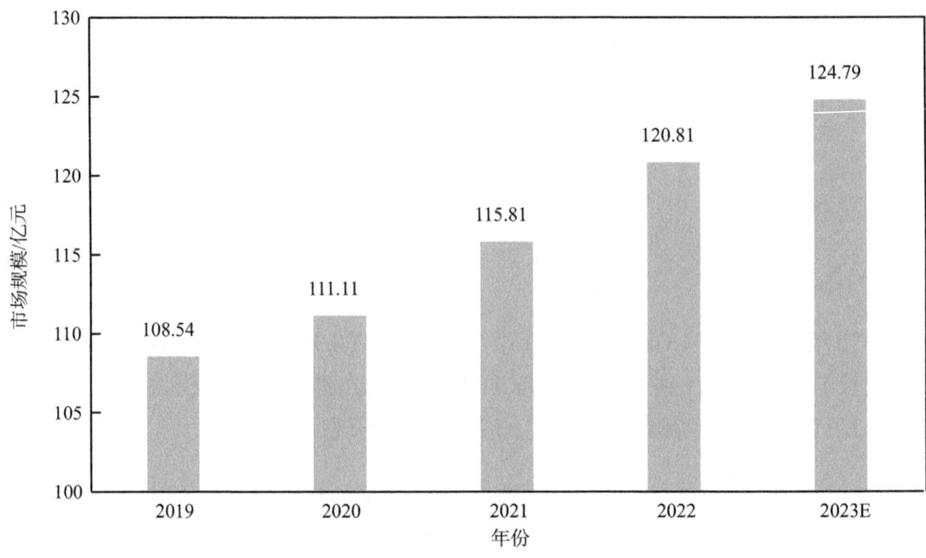

图 4-8 全球平板显示用光刻胶市场规模

资料来源：CEMIA

2）我国市场概况

我国在光刻胶的研发上起步较晚，2000年左右开始光刻胶技术的研发，经过20多年的发展，国内光刻胶技术取得了突破，陆续攻克了中低端光刻胶的部分技术，但与国际先进水平仍有较大差距，技术上才刚达到20世纪90年代国际水平。

随着TFT-LCD面板产能逐渐向中国转移，产业链配套的要求使得中国对TFT-LCD用光刻胶的需求剧增。与此同时，多条OLED产线的规划与投产也将带动相关领域对光刻胶的需求增长。2020年中国TFT-LCD用光刻胶市场规模为56.09亿元，比2019年的50.07亿元增长12%，预计到2023年中国TFT-LCD用光刻胶市场规模将增长至84.21亿元，2019～2023年中国TFT-LCD用光刻胶市场规模见表4-9。

表4-9　2019～2023年中国TFT-LCD用光刻胶市场规模（单位：亿元）

年份	市场规模
2019	50.07
2020	56.09
2021	66.57
2022	79.55
2023E	84.21

资料来源：CEMIA

2020年中国OLED用光刻胶市场规模为0.51亿元，比2019年的0.30亿元增长70%。预计到2023年中国OLED用光刻胶市场规模将增长至1.81亿元，2019～2023年中国OLED用光刻胶市场规模见表4-10。

表4-10　2019～2023年中国OLED用光刻胶市场规模（单位：亿元）

年份	市场规模
2019	0.30
2020	0.51
2021	0.73
2022	1.08
2023E	1.81

综合来看，2020年中国平板显示用光刻胶市场规模为56.60亿元（不包括PSPI光刻胶），预计到2023年将增长至86.02亿元（图4-9）。

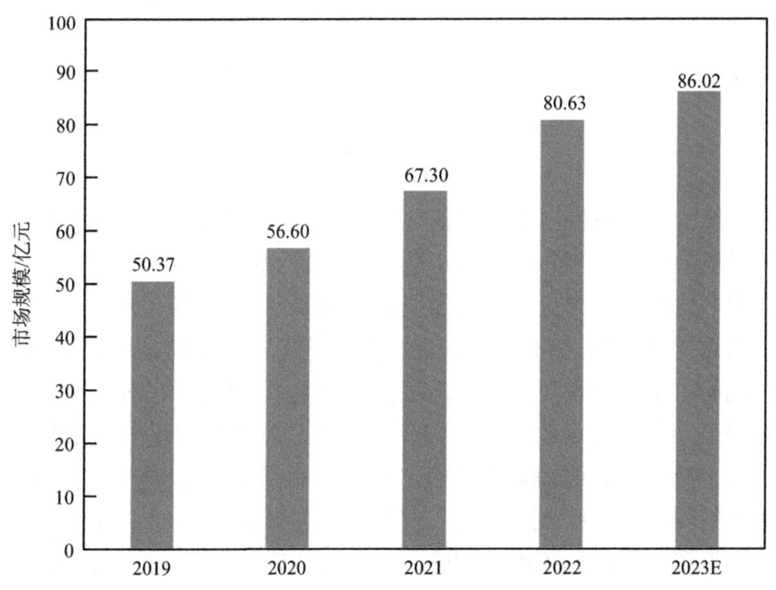

图4-9　中国平板显示用光刻胶市场规模

资料来源：CEMIA

2. 竞争格局

光刻胶行业技术壁垒极高，呈现寡头垄断局面。日本、欧美等国家或地区少数专业公司长期处于垄断地位。目前前五大厂商占据了全球光刻胶市场88%的份额，其中日本JSR、日本东京应化、日本信越化学与日本富士电子市场占有率合计达到74%，行业集中度极高。

2020年，中国光刻胶市场基本由外资企业占据，国内企业市场份额不足40%。相关核心技术基本被日本、韩国和美国企业所垄断，产品基本出自日本、韩国和美国公司，包括陶氏化学、JSR、信越化学、东京应化、富士电子，以及东进等企业。

平板显示用光刻胶主要由德国默克，日本东京应化、JSR、住友化学、三菱化学，韩国东进，美国杜邦等厂商所主导（表4-11），国内厂商近年来取得了长足进步，但合计全球市场占有率仅8%。

表4-11 国内平板显示用各类光刻胶主要供应商

产品	境外/国内外商独资企业	内资/合资企业
阵列正性光刻胶	默克、东京应化、东进	北京北旭、苏州瑞红
彩色光刻胶	JSR、住友化学、三菱化学	阜阳欣奕华、浙江永太科技、北京鼎材
BM光刻胶	东京应化、CHEIL、NSCM	博砚电子、阜阳欣奕华
PS光刻胶	Samyang、JSR等	阜阳欣奕华
OC光刻胶	JSR、杜邦、东进	阜阳欣奕华

目前，作为重要原材料之一的正性光刻胶产品，近80%仍来自国外公司，全球最大的供应商德国默克在中国的市场占有率超过60%。TFT正性光刻胶主要生产厂家有中国台湾省永光化学，国际上有德国默克、日本东京应化、美国罗门哈斯、韩国安智电子材料（AZ）和东进。中国从事TFT正性光刻胶研究生产的主要有北京北旭电子材料有限公司、北京科华微电子材料有限公司、苏州瑞红电子化学品有限公司等。北京北旭于2012年购买了日本东京应化的光刻胶生产技术，为国内最大的阵列正性光刻胶生产商，产品涵盖从4.5代线到10.5代线的全系列TFT正性光刻胶产品，目前产品在京东方市场占有率超过40%。彩虹集团与德国默克签约，投资建设彩虹正性光刻胶项目，达产后可年产TFT正性光刻胶1800t，产能位居国内第二。

彩色光刻胶行业技术壁垒高，其市场主要由日本、韩国厂商垄断，主要生产商有JSR、LG化学、CHEIL、TOYO INK、住友化学、奇美、三菱化学，七家公司占全球产量逾83%。近几年，中国台湾省达兴、新应材逐步加入彩色光刻胶行业。中国TFT-LCD生产企业所需的彩色光刻胶主要从韩国和日本进口。国内的彩色光刻胶目前仍处于起步阶段，从事彩色光刻胶的研究生产单位主要是阜阳欣奕华材料科技有限公司、北京鼎材科技有限公司、浙江永太科技股份有限公司。

阜阳欣奕华与全球业内顶尖企业在产品技术、生产技术与市场客户等方面建立了战略合作关系，引进国外先进垂直流工艺设计，建成国内自动化程度最高的垂直流布置合成生产线，以及国内第一条彩色光刻胶生产线。90%工艺过程实现自动化控制，实现绿色、安全、高效生产，达到国际先进水平。阜阳欣奕华目前已实现RGB光刻胶和BM光刻胶的稳定供应，2020年出货量突破1000t。北京鼎材彩色光刻胶自2020年下半年实现真正销售，2021年销售额持续提升。

3. 产业链情况

光刻胶产业链比较长，从上游的基础化工行业到下游的电子产品消费终端，环环相扣（图4-10）。由于上游产品质量对最终产品性能影响重大，常采用认证采购模式，上游供应商和下游采购商通常会形成比较稳固的合作模式。

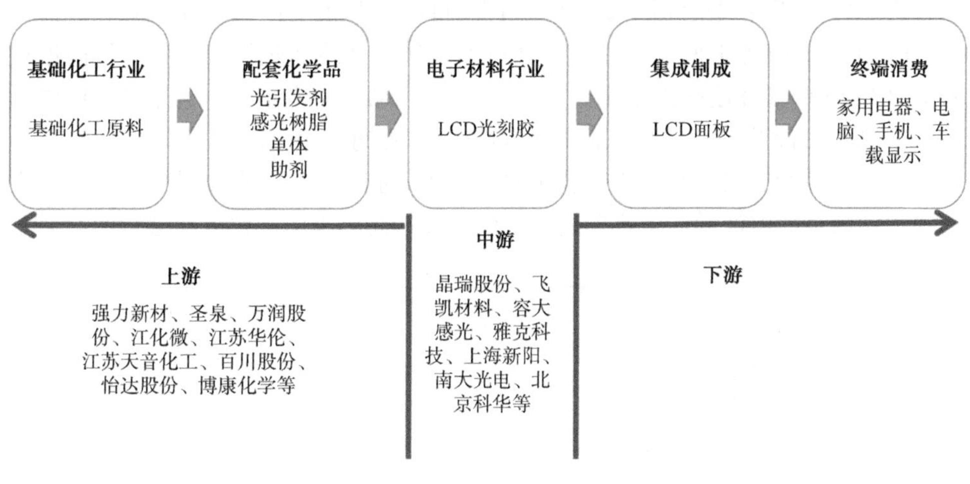

图4-10　光刻胶产业链

光刻胶原料核心技术匮乏，国产化率小于10%，影响国产光刻胶数量和质量。其中，光引发剂可以控制和调节曝光过程中光化学反应，感光树脂和活性稀释剂产生连锁胶合，使胶黏剂交联固化，虽用量占比不到1%，但非常昂贵。德国巴斯夫垄断，国内强力新材、久日新材能够量产，强力新材是国内少数专营光刻胶原料生产的企业。

此外，感光树脂和增感剂是核心原料，占据主要生产成本，大部分仍依赖于进口，主要阻碍因素为核心技术匮乏以及价格昂贵。其中，感光树脂是光刻胶的基本骨架，是具有惰性的聚合物，将其他成分聚合到一起，使光刻胶具有力学和化学性质，成本占比50%。

国内光刻胶原料生产领域尚处于起步阶段，呈现出产品种类较少、生产规模较小的特征，但已经实现从无到有，并逐渐向全品类发展。强力新材能够覆盖光刻胶感光树脂、单体和光引发剂，久日新材通过收购、投资微芯新材也完成光引发剂、感光树脂和单体的布局。一些光刻胶生产企业如徐州博康、雅克科技、彤程新材已经具备部分原料生产能力，原料能够实现自给的光刻胶生产企业将获取更低的生产成本，并掌握更多的自主性。

在设备方面，目前中国光刻机研发生产企业有上海微电子、中国电子科技集团公司第四十五研究所、合肥芯硕半导体、先腾光电科技和无锡影速半导体等，其中上海微电子在产高端光刻机，并已实现量产，分别应用于集成电路前道制造、后道封装及面板制造。

4. 配套情况

国产光刻胶发展起步较晚，与国外先进光刻胶技术相比落后3～4代，严重依赖进口，国产替代空间巨大（图4-11）。目前主要集中在PCB光刻胶、低世代TFT-LCD 光刻胶等中低端产品，虽然PCB领域已初步实现进口替代，但高世代TFT-LCD、OLED和集成电路用光刻胶等高端产品仍需大量进口，正处于由中低端向中高端过渡阶段。此外，高端光刻胶的保质期较短（通常只有3～6个月），一旦遇到贸易冲突或自然灾害，我国对国外光刻胶依赖程度严重的相关产业势必面临短期内全面停产的严重不利局面。因此高端光刻胶国产化势在必行。

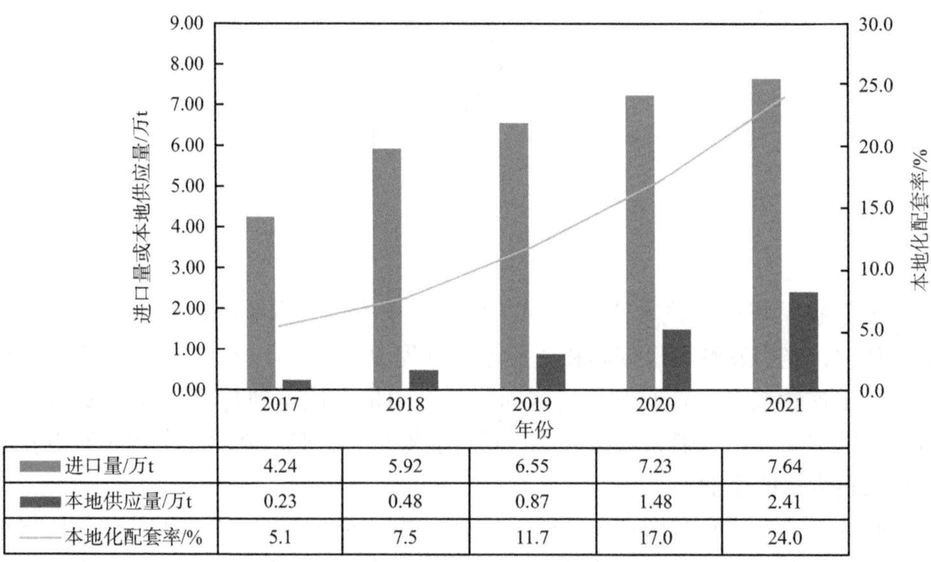

	2017	2018	2019	2020	2021
进口量/万t	4.24	5.92	6.55	7.23	7.64
本地供应量/万t	0.23	0.48	0.87	1.48	2.41
本地化配套率/%	5.1	7.5	11.7	17.0	24.0

图4-11　TFT-LCD 光刻胶本地化配套情况

近年来，我国在光刻胶领域的研发和生产已经取得了很大的进步，尤其是在PCB和低世代TFT-LCD面板领域，国内企业已能占据一部分份额，其中领军企业主要是北京北旭和阜阳欣奕华。但在高世代TFT-LCD面板和半导体领域，国内企业所占的市场份额仍非常少，绝大多数产品仍以进口为主。高世代TFT-LCD面板、半导体用光刻胶为相关领域所有工艺材料中技术含量最高的产品，长期以来，国外一直对于该产品的配方和生产技术进行封锁，各大知名厂商在国内建厂的情况也屈指可数。此外，OLED用阵列正性光刻胶在国内也几乎全部依赖进口，我国企业只能在摸索中前进，北京北旭、江苏艾森正在开展相关产品的研发生产工作。

总体来看，我国光刻胶的发展仍存在原材料严重依赖进口、关键设备与技术处于垄断状态、客户端评价验证困难和企业研发投入不足等问题。2013～2018年，国内主要光刻胶企业的研发投入总计约4亿元，不及国际单一同类企业同期研发投入的15%。

（四）发展趋势

一方面，从产业需求的角度来看，随着产业政策和基金护航，自主研发突破，光刻胶国产化初见曙光但任重道远。国内下游产业需求旺盛，以需求促进供给，未来将逐步完成国产替代进口。随着信息显示产业的不断发展，信息显示产品会朝着更高清、色彩度更饱满、更轻薄方向发展，TFT技术的提升将增加光掩模次数，进而提高TFT正性光刻胶的需求量。

另一方面，相关技术依然需要依赖进口。高分辨率是光刻胶中技术壁垒，未来势必需要通过分辨率增强技术不断提升光刻胶的分辨率。目前，尽管高端光刻胶尚难突破，但中下游企业已经可以采用部分国产的中低端光刻胶。未来仍需要解决产品停留在研发、测试阶段难以突破的问题，只有在应用过程中才能发现问题，我国相关光刻胶企业需要不断提升技术、工艺与产品水平，从而为高端光刻胶的技术突破打下基础。

（五）重点企业

1. 德国默克集团

默克创建于1668年，总部位于德国达姆施塔特市（Darmstadt），该公司主要致力于创新型制药、生命科学以及前沿功能材料技术，并以技术为驱动力，为患者和客户创造价值。在高性能材料业务方面，下设显示材料事业部、颜料和功能性材料事业部、先进技术事业部和集成电路材料事业部。2014年，公司完成了对国际化工知名制造商AZ的收购，进一步扩大了其在亚洲市场的布局。自成立以来，默克在创新之路上从未停歇，在市场布局的所有国家或地区中，中国是很重要的市场，在国内光刻胶市场占有65%以上的市场份额。公司在高性能材料开发探索中独树一帜，重点关注特种化学品和功能性材料。在新材料研发上默克舍得重金投入，2016年公司高性能材料领域的营业收入占比17%，而研发投入就达11%，目前重点关注显示材料和发光显示两大板块。

默克于19世纪末就开始从事对中国的贸易活动，向中国销售高纯度化学试剂，并于1933年在上海成立了第一家中国子公司。数字化时代，智能设备中默克的身影无处不在。默克不断致力于推进智能设备的创新和发展。例如，默克提供品种丰富的光刻胶产品，推动生产工艺的持续创新。落户苏州工业园区的默克电子材料（苏州）有限公司一直致力于研发、生产、提纯应用于大屏幕TFT-LCD和半导体硅片制作工艺的电子材料及相关辅品、助剂、表面活性剂等。默克苏州光刻胶研发实验室是默克在中国建设的第一个光刻胶研发实验室，处于世界顶级水平。实验室的研发人员个个“身怀绝技”，都是全球光刻胶领域的翘楚。实验室主推的两款产品分别为四道光罩光刻胶和高解析光刻胶，产品应用到面板行业后，将大大提高显示屏的灵敏度，促使电路板的线宽缩短至1.5μm，达到国际领先水平。同时，这两款产品也体现了默克的人性化设计，根据客户需求，产品可不断改善设计和优化工艺。

2. 阜阳欣奕华材料科技有限公司

阜阳欣奕华由中国光电与创新科技产业基金和北京欣奕华科技有限公司投资创立，成立于2013年，位于阜阳市阜合园区巢湖路与天柱山路交口。

公司专业从事光刻胶、液晶、OLED、生物医药、碳纳米、沸石分子筛等高新材料的开发与生产，同时公司与全球业内顶尖企业在产品技术、生产技术与市场客户等方面建立战略合作关系，引进国外先进垂直流工艺设计，建成国内自动化程度最高的垂直流布置合成生产线，以及国内第一条彩色光刻胶生产线。90%工艺过程实现自动化控制，实现绿色、安全、高效生产，达到国际先进水平。

公司在阜阳和北京均设有研发中心，研发团队包括韩国、中国台湾省等业内顶尖专家、博士、硕士50余名，形成集设计、研发、开发、检测于一体的完整研发体系，实现可使用专利121余项。目前其LCD用光刻胶产品主要包括彩色光刻胶、BM光刻胶、OC光刻胶和PS光刻胶。

3. 北京北旭电子材料有限公司

北京北旭前身为京东方科技集团股份有限公司与日本旭硝子株式会社、丸红株式会社、共荣商事株式会社共同兴办的北京旭硝子电子玻璃有限公司，注册资金为860万美元。公司于1994年1月1日正式开业。2008年10月，京东方收购日方全部股份，该公司成为京东方的全资子公司，并更名为北京北旭电子玻璃有限公司。2014年根据公司主营业务变化，更名为北京北旭电子材料有限公司。

自与日方合资以来，在原有引进技术、设备的基础上，公司进一步吸收了国外在生产、技术、经营中的管理经验，扩大了生产规模，增加了产品品种，产品质量完全达到了国际上同类产品的技术水准，产品不仅行销国内，而且远销日本、东南亚及欧美地区。2003年12月，公司成立北京本部和天津工厂。同月，公司天津工厂正式投产并顺利达产。公司利用自身技术优势，致力于无机材料粉体、浆料及后续应用产品的开发。

公司的研发中心拥有国内先进水平的X射线荧光分析仪、X射线衍射分析仪、扫描电子显微镜、热分析仪等先进测试设备，并拥有先进的检测手段，为材料及产品的开发提供了强有力的保障。自2007年开始，陆续开发了低温共烧陶瓷（low temperature co-fired ceramic，LTCC）、低熔点封接玻璃粉、TFT-LCD用彩色光刻胶等一系列新产品，并逐渐投放市场。目前其彩色光刻胶产品主要供给京东方。

4. 博砚电子科技股份有限公司

博砚电子成立于2014年7月，是一家研发、生产TFT-LCD彩色滤光片用光刻胶的专业厂家。公司主营产品为BM光刻胶、彩色光刻胶、PS光刻胶、正性光刻胶。其生产的光刻胶广泛适用于TFT-LCD、印刷电路和集成电路以及印刷制版等过程。公司秉持技术创新战略，凭借自身雄厚的科研实力，已经成功开发出系列光刻胶产品。截至2021年，拥有员工100人，研发人数占公司总人数的40%，其中硕士及以上学历23人，日韩专家4人，中国台湾省专家2人。公司引进研发经验丰富的日韩行业专家，突破本土制造的长期技术瓶颈，成为国内液晶面板制造企业的光刻胶合格供应商。

公司已经完成了光刻胶的开发和中试工作，实现了稳定生产，实现了正常百公斤级供货能力。公司光刻胶材料已经通过科技成果鉴定会，BM光刻胶的主要技术指标达到甚至超过了当前国际上同类产品的水平，整体技术达到国际先进，并逐步在京东方、熊猫电子等国内大型客户中实现批量化应用。此外，公司还先后承担了“十三五”国家重点研发计划项目、宜兴市科技成果转化项目、宜兴市“陶都英才”人才项目、江苏省“外专百人”项目。项目的实施将打破外国对我国电子用化学品技术封锁的局面，推动电子行业的可持续发展。

5. 浙江永太科技股份有限公司

永太科技成立于1999年10月，目前公司在浙江、江苏、山东、重庆、上海、福建等地设有子公司，并在美国、上海建立研究院。公司利用既有资源，积极在平板显示领域拓展，现已成功开发出平板显示器材又一核心原材料——彩色滤光膜光刻胶，将率先实现该领域的进口替代，并成为推动我国平板显示行业关键材料国产化的生力军。

2016年公司建成年产150t彩色滤光膜光刻胶中试线，已向多家平板显示厂商提供了样品测试，并通过华星光电认证。项目于2018年通过了竣工验收。

6. 上海飞凯材料科技股份有限公司

飞凯材料是一家研究、生产、销售高科技制造中所用材料和特种化学品的专业公司，主要产品为光纤紫外固化材料和电子化学材料，后者主要包括屏幕显示材料和半导体材料。飞凯材料在光纤紫外固化材料领域已跻身全球第一，国内市场占有率约50%，全球份额约30%。在液晶显示混合液晶材料方面也是国内龙头，以国内市场约30%的份额占据第一位。公司积极布局LCD光刻胶、半导体封装、OLED材料等领域。

2016～2020年公司总营业收入呈现增长趋势。其中屏幕显示材料受益于国产化率提升、国内面板产能增加、公司新产品面板用光刻胶投入市场，2020年营业收入达到18.6亿元，同比增长23.2%，毛利为7.4亿元，同比增长14.5%，受到下游面板厂商的降价压力，毛利率为39.5%，较上年同比下降3%。在屏幕显示材料方面，随着国内高世代面板产线逐步投产，显示面板国产化率提升及国内面板产能增加，公司混合液晶销量仍保持快速增长，2020年公司屏幕显示材料实现营业收入9.1亿元，同比增长23.4%，占总营业收入比例为49.1%（图4-12）。

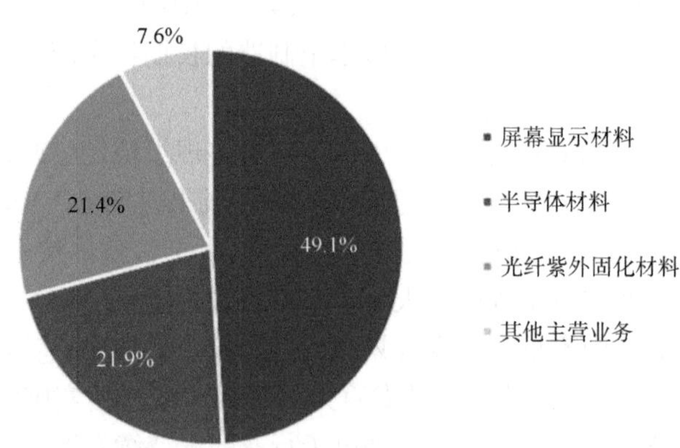

图4-12　2020年分产品营业收入比例

公司光刻胶主要集中在TFT-LCD领域，暂不涉及集成电路级光刻胶，目前公司光刻胶处于客户认证阶段。随着大基金入股飞凯材料，LCD光刻胶的国产替代进程有望加速。

截至2020年上半年，公司通过香港斯洋国际有限公司收购韩国LG化学下属的彩色光刻胶事业部的部分经营性资产，并在标的资产交割完成后的18个月时间内，在韩国投资建设彩色光刻胶生产工厂，以满足未来年度主要客户对于彩色光刻胶的需求。通过收购LG化学彩色光刻胶事业部的部分经营性资产，公司获取彩色光刻胶的关键技术，在生产经营上减少对国外企业的依赖，并逐步引进、吸收相关技术，为将来的自主研发打下坚实的基础。

2020年公司5000t/年TFT-LCD光刻胶项目顺利试生产并开始供货，5500t/年合成新材料和100t/年高性能光电新材料提纯项目产能爬坡，集成电路封装材料基地项目部分产线投产。

2020年公司借助良好的供应链关系深度切入半导体材料和屏幕显示材料等电子化学材料领域。公司密切关注市场发展动态，挖掘市场上有技术潜力的新兴公司，加快推进公司光刻胶、OLED材料、半导体配套材料项目的合作和生产建设，为公司布局各类新材料技术打下基础。在屏幕显示材料行业，公司将通过外部合作等方式，显著加快TFT-LCD行业光刻胶产品的市场开拓工作。

7. 北京鼎材科技科技有限公司

北京鼎材是一家从事新型电子材料研发、生产、销售和技术服务的高科技企业，主要致力于平板显示及光电领域新材料产品技术开发和产品技术创新。

北京鼎材由一批具有显示领域行业背景的专家、技术人员组建而成，技术来源于清华大学。2013年9月由风险投资者投资成立北京鼎材科技有限公司，注册资本为4350万元。公司位于北京市海淀区东升科技园，隶属于中关村高科技产业园区。北京鼎材在OLED材料及彩色光刻胶两大主营业务上有着重要的行业地位。在OLED材料业务领域，北京鼎材是国内最早具备实际量产经验及销售实绩的材料企业，目前OLED材料技术和产品质量在国内处于领先地位。在彩色光刻胶产品领域，北京鼎材是国内最早从事该领域技术开发的团队，拥有多年的产品开发经验。2014年北京鼎材开始同国内大尺寸液晶面板企业华星光电合作，开发8.5代高世代线用高色饱和度彩色光刻胶产品。这一产品的技术突破填补了国内大尺寸液晶彩色显示高端电子材料的技术空白。

三、掩　模　版

（一）材料概述

平板显示用掩模版根据应用领域分为TFT-LCD掩模版与AMOLED蒸镀用FMM。TFT-LCD掩模版又称光罩、光掩模版、光刻掩模版，是液晶显示器制造过程中图形转移工具或母版，是承载图形设计和工艺技术的知识产权信息的载体，称为光刻工艺的“底片”。FMM则主要应用于OLED面板制造，在OLED生产过程中沉积RGB有机物质并形成像素，决定了OLED屏幕尺寸与分辨率。掩模版是下游行业生产流程衔接的关键部分，是下游产品精度和质量的决定因素之一（图4-13）。

图4-13　掩模版

光掩模版主要由基板和遮光膜两部分组成（图4-14），其中，基板可分为透明树脂基板和透明玻璃基板。按玻璃材质，基板又可以分为石英玻璃基板、苏打玻璃基板和硼硅玻璃基板，其中使用最广泛的是石英玻璃基板，其次是苏打玻璃基板，硼硅玻璃基板因性能相对较差一般很少使用（表4-12）。遮光膜主要包括硬质遮光膜和乳胶遮光膜，硬质遮光膜可进一步分为铬、硅、硅化钼、氧化铁。

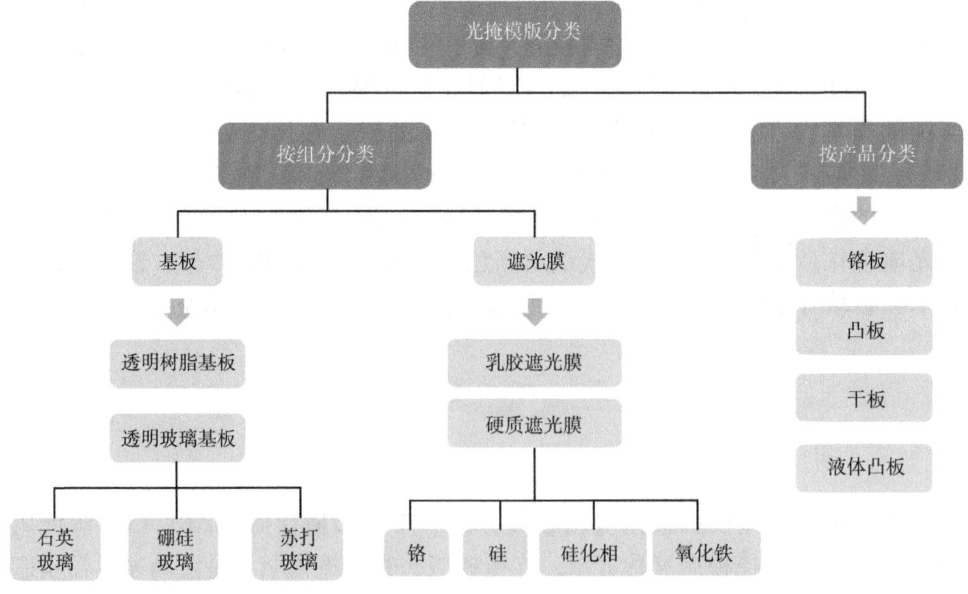

图4-14　光掩模版分类

表4-12 石英与苏打玻璃基板比较

种类	概况
石英玻璃基板	使用石英玻璃作为基板材料，透光率高、热膨胀率低、相比苏打玻璃更为平整和耐磨，使用寿命长，主要用于高精度掩模版
苏打玻璃基板	使用苏打玻璃作为基板材料，透光率高，热膨胀率高于石英玻璃，平整度和耐磨性弱于石英玻璃，主要用于中低精度掩模版

光掩模版按产品可分为铬板、凸板、干板、液体凸板四类。其中，铬板精度最高、耐用性更好，广泛应用于平板显示、集成电路、PCB和精细电子元器件行业；干板、凸板和液体凸板主要用于中低精度LCD行业、PCB及集成电路载板等行业。

光掩模版制作工艺过程一般简要包括坯料（photomask blanks）、涂胶（exposure（patterning））、显影（development）、刻蚀（etching）及清洗（resist removal）五个步骤（图4-15）。

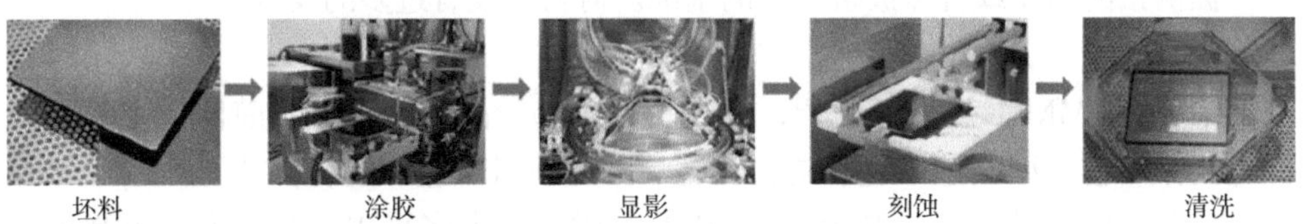

图4-15 光掩模版主要生产工艺流程

资料来源：Toppan官网

（1）坯料。通过在石英玻璃基板上沉积铬等物质形成数十纳米厚度的吸收层。这种状态下的石英玻璃基板称为光掩模坯。

（2）涂胶。光刻胶（光敏树脂）均匀地涂在光掩模坯的表面上，然后使用电子束或激光束绘制图案。

（3）显影。通过显影过程去除暴露于电子束的抗蚀剂部分（正性抗蚀剂）。根据抗蚀剂的种类，有时会去除抗蚀剂的未曝光部分（负性抗蚀剂）。

（4）刻蚀。与化学气体反应刻蚀（干法刻蚀），去除抗蚀剂和暴露部分。

（5）清洗。光掩模版在去除抗蚀剂和清洗后完成，通过几个严格的检查过程后最终出货。

光掩模版工作原理如下：根据客户所需要的图形，厂商通过光刻制版工艺，先将微米级和纳米级的精细图案刻制于掩模版基板（感光空白板）上，再将不需要的金属层和胶层洗去，即得到掩模版产成品。掩模版对下游行业生产线的作用主要体现为利用掩模版上已设计好的图案，通过透光与非透光的方式进行图像（图形）复制，从而实现批量生产。

FMM主要由框架（frame）、盖板（cover）、支撑件（support）、对齐棒

(align stick)、细棒(finestick)五个部分组成。FMM制作过程是把盖板、支撑件、对齐棒、细棒以一定的方式焊接在框架上，这一过程称为张网。一般在OLED蒸镀过程中，对FMM材料的热膨胀性能有较高要求，倾向于选用热膨胀系数较小的材料。

A. 框架

厚度及尺寸根据蒸镀机的规格要求制作，普遍厚度为30mm左右。材质采用Invar36合金。考虑张网时焊接因素，框架加工对平坦度要求比较高，一般要达到0～50μm。

B. 盖板/支撑件

一般采用30～100μm厚的Invar36或SUS304。Invar36热膨胀系数小，能保证蒸镀过程中掩模版形变小。SUS304不导磁，可减少蒸镀过程中FMM褶皱(wrinkle)的产生。

C. 对齐棒

提供张网制作或者蒸镀机对位的基准。对材质没有过多的要求。

D. 细棒

细棒是FMM工艺中最复杂，也是技术要求最高的部分。目前比较主流的有四大制作工艺，即刻蚀工艺、电铸工艺、激光镭射工艺、混合工艺。

(1)刻蚀工艺为主要FMM制作工艺，供应商大多采用刻蚀技术，可制作出最薄20μm并达到宽屏四倍超高清(wide quad high definition plus，WQHD)级别的分辨率，此工艺通过不断减薄基材，可以获得更精细的开孔，目前我国超薄Invar36材料受阻。

(2)电铸工艺为部分FMM供应商所采用的制作工艺，可制作超薄FMM(＜10μm)，利用电铸工艺特点可以突破刻蚀工艺的瓶颈，开孔更精细，缺点是无法满足特定的蒸镀角以及与Invar36匹配的物理特性。

(3)激光镭射工艺可实现＞1000PPI精度，目前尚属研发阶段，产能效率低，且需增加制程后的清洗工艺。

(4)混合工艺：在经刻蚀后的Invar36基材上盖PI材料，用激光镭射工艺于PI表面形成精密开孔，以达到与FMM功能相同的效果。此外，还可以利用电铸+电铸或者电铸+刻蚀等混合工艺，其中电铸+刻蚀工艺无论是可行性还是产业化都具有独特的优越性，未来最有希望在这个工艺上突破高分辨率难题。分辨率高且可行性较好，但设备要求苛刻，当前需解决产业化难题。

(二)国内外现状

1. 总体概况

从全球市场来看，掩模版主要应用在集成电路、LCD领域(图4-16)。其中，

LCD市场份额为23%，是掩模版行业增长的主要动力之一。近年来，受益于电视平均尺寸增加，大屏手机、车载显示和公共显示等需求的拉动，全球平板显示产业保持平稳增长态势，国内企业积极布局显示面板生产线。随着国内高精度、高世代面板线的集中建设，全球新型显示产能加速向中国转移，推动我国成为全球面板产能最多的地区，直接拉动我国显示行业掩模版需求快速攀升。

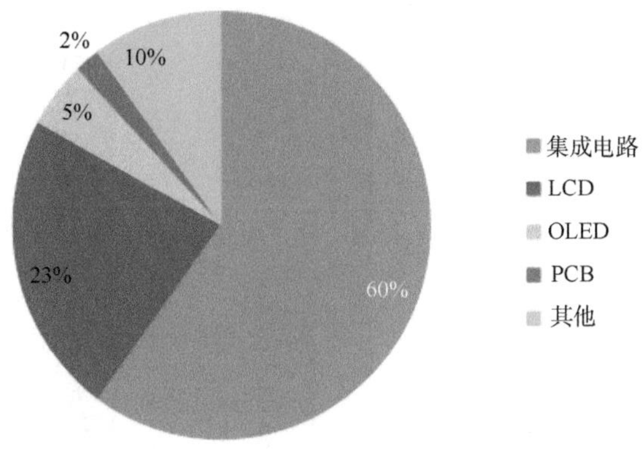

图4-16 掩模版主要应用领域

在光掩模版领域，据HIS统计，2020年全球平板显示光掩模版市场规模约为10.1亿美元（图4-17）。其中，中国平板显示光掩模版市场规模约为5.1亿美元，占全球市场规模一半以上（约为51%）。

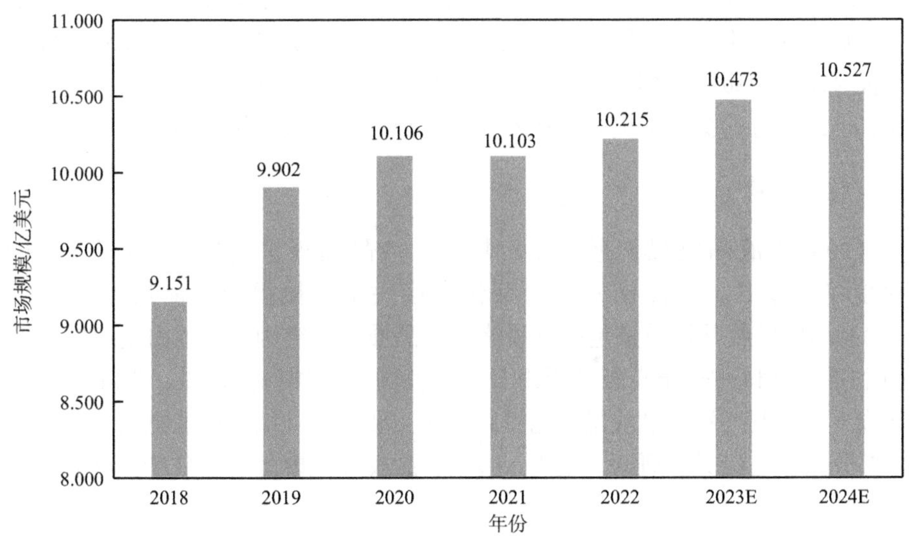

图4-17 全球平板显示光掩模版市场规模

在FMM领域，OLED显示技术渗透率的快速提高带动FMM市场规模的快速增长。IHS 数据显示，2020年FMM全球市场规模达到9.00亿美元，2016～2020年复合年均增长率为65.6%（图4-18）。

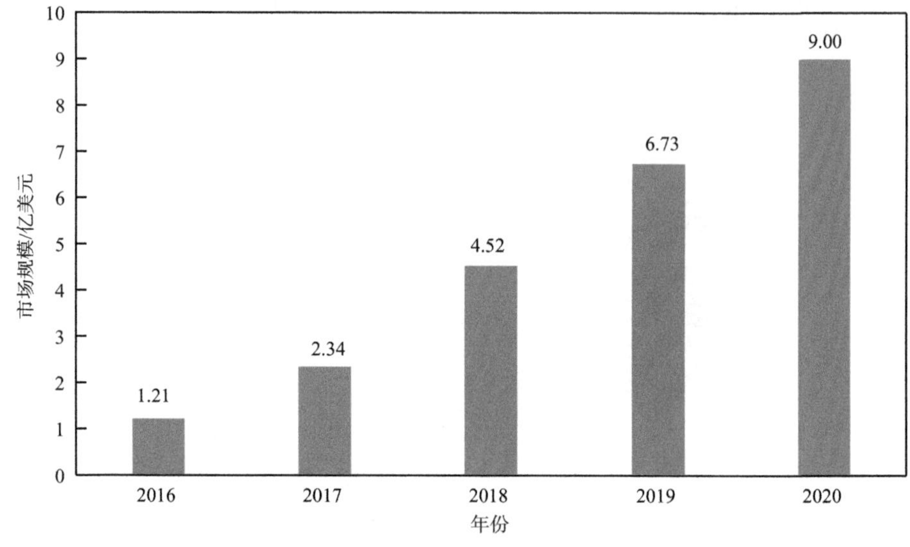

图4-18　全球FMM市场规模

掩模版行业的发展与下游终端行业的主流消费电子、笔记本电脑、车载电子、网络通信、家用电器、LED照明、物联网、医疗电子等产品的发展趋势密切相关。据HIS预测，未来显示屏的显示精度将从450PPI逐步提高到650PPI以上，对平板显示掩模版的光刻分辨率、最小过孔、关键尺寸均匀性、套合精度、缺陷尺寸、洁净度等均提出了更高的技术要求，推动掩模版产品日趋精细化。

2. 竞争格局

自2007年液晶电视占据主流市场后，液晶面板平均尺寸以每年增加1in的速度稳定增长，液晶面板的大型化直接决定了掩模版产品尺寸的大型化（表4-13）。掩模版基板质量是影响最终产品品质的关键因子，国内企业生产掩模版的主要原材料——掩模版基板由日本、韩国等国外厂商提供，为降低原材料采购成本、控制终端产品质量，掩模版行业主要企业陆续向产业链上游延伸。目前，部分企业已经具备研磨、抛光、镀铬、涂胶等掩模版基板全产业链生产能力（表4-14）。

表4-13　全球薄膜晶体管液晶面板及掩模版发展简表（单位：mm × mm）

年份	世代	液晶面板玻璃尺寸	掩模版尺寸
2018	10.5/11 代	2940×3370	1620×1780
2009	10 代	2880×3130	1620×1780
2006	8 代	2160×2460 ～ 2290×2620	1220×1400/850×1400
2005	7 代	1870×2200 ～ 1950×2250	850×1200
2003	6 代	1500×1800 ～ 1500×1850	800×920/850×1200
2002	5 代	1000×1200 ～ 1150×1300	520×800/800×920
2000	4 代	680×800 ～ 730×920	500×750/520×800
1995	3 代	550×650 ～ 550×670	390×610
1993	2 代	360×465 ～ 410×520	330×450
1988	1 代	300×350 ～ 300×400	330×450

资料来源：HIS

表4-14　平板显示掩模版行业主要企业产业链情况

项目	HOYA	LG-IT	SKE	DNP	Toppan	PKL	清溢光电
基板	√						
研磨	√	√					
抛光	√	√					
镀铬	√	√					
涂胶	√	√	√	√	√	√	
注册地	日本	韩国	日本	日本	日本	韩国	中国

3. 产业链情况

TFT-LCD掩模版产业链上游主要包括图形设计、光掩模设备及光掩模材料行业，主要供应厂商有日本东曹、日本信越化学、日本尼康和中国菲利华等；中游为掩模版制造行业，主要企业有日本HOYA、日本DNP、韩国LG-IT、日本SKE和中国清溢光电；下游主要包括平面显示、集成电路制造和PCB等行业，广泛应用于消费电子、家电、汽车等领域，主要客户有英特尔、三星、台积电等半导体厂商，以及京东方、华星光电等显示屏厂商（图4-19）。

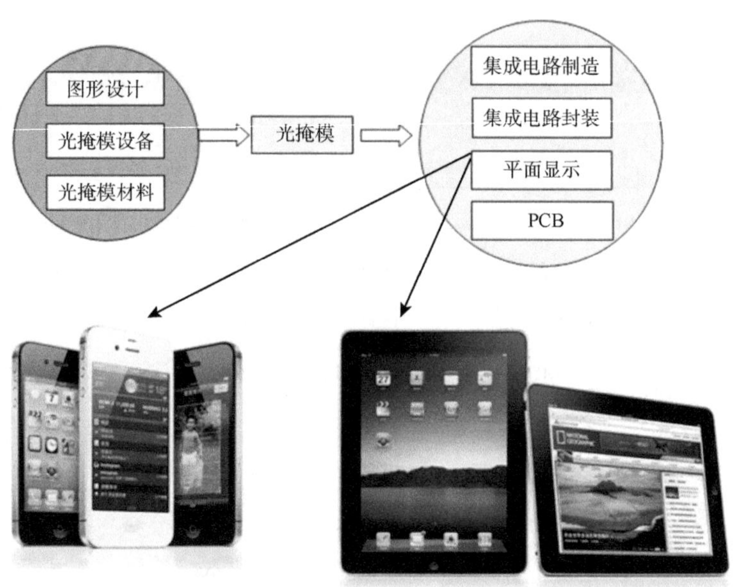

图 4-19 光掩模版上下游产业链

资料来源：清溢光电官网

在FMM产业链结构中，FMM材料的最上游为Invar36、刻蚀液及树脂等原料，经过刻蚀、电铸和多重材料（金属+树脂材料）复合均可制得FMM材料。目前，FMM材料的原材料Invar36（10～20μm厚）主要由日立金属（Hitachi-Metals）生产，中游的材料制造则主要集中在日韩和中国台湾省等少数企业，中国大陆并没有能够量产FMM的公司，中国台湾省达运是全球少数具备量产FMM能力的企业，但产能有限，月产能约3000片，我国是全球FMM需求量最大的市场。

其中，上游关键材料Invar36是一种含有36%镍的镍-铁低膨胀合金。在正常大气温度范围内尺寸稳定，并且从低温到约500°F（约260℃）具有低膨胀系数特点。在低温下也保持良好的强度和韧性，特别适合需要最小热膨胀系数和高尺寸稳定性的应用。目前国内尚不能实现厚度为20μm以下 Invar36材料的自主生产。2018年以前，日立金属与DNP属捆绑合作，而DNP与三星签署了垄断性合约（提供厚度为10～20μm Invar36制成的FMM）。2018年后，三星与DNP垄断合约到期，京东方才与DNP达成协议，DNP逐步向京东方提供WQHD级手机用的FMM（约30μm厚）。但国外垄断公司出于技术专利保护措施，仍然限制对我国厚度为20μm以下Invar36材料的供应，直接阻碍了我国FMM的研发。

4. 配套情况

掩模版属于技术密集型和资金密集型行业，其对资本实力要求较高。作为精密度较高的定制化产品，掩模版产品具有较高的技术门槛和设备门槛。总体来看，国内掩模版平板显示领域国产化率不足10%。

据统计，2020年，全国光掩模版的本地化配套率仅有21.7%（图4-20）。一方面，国内仅有少数几家企业和科研院所能够生产光掩模版，且相关产品仅能够满足国内中低档产品的需求。国内仅有清溢光电和路维光电能够批量生产光掩模版，主要针对8.5代以下掩模版。另一方面，国内掩模版行业起步较晚，相关企业在高端掩模版产品的技术水平和综合产能上与国际厂商存在较大差距，导致国内掩模版高端市场主要由国外公司占据。

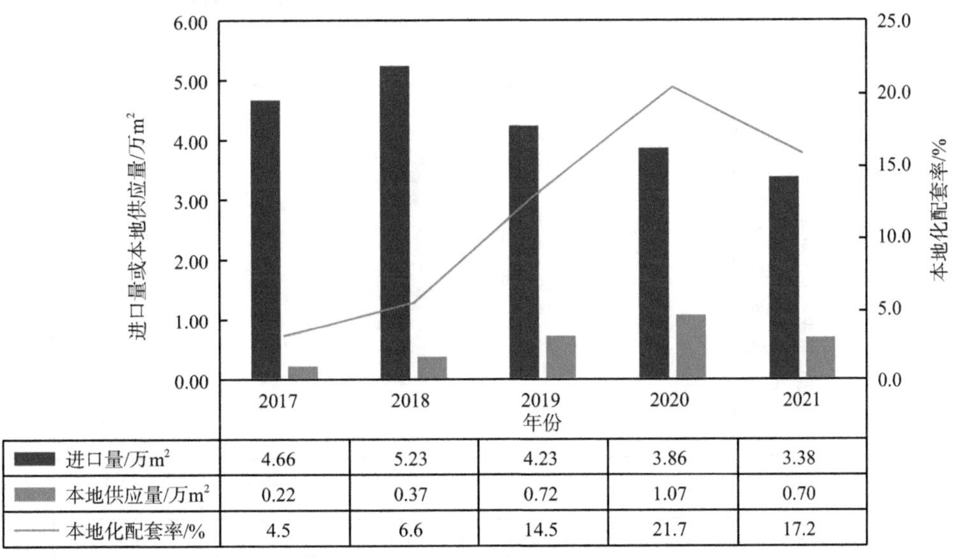

	2017	2018	2019	2020	2021
进口量/万m²	4.66	5.23	4.23	3.86	3.38
本地供应量/万m²	0.22	0.37	0.72	1.07	0.70
本地化配套率/%	4.5	6.6	14.5	21.7	17.2

图4-20 光掩模版本地化配套情况

在FMM领域，DNP、Toppan、LG-IT等跨国公司掌握核心技术并进行严格的技术封锁，导致国内企业难以进入全球各大厂商可供应的掩模版产品情况见表4-15。其中DNP更是占据FMM全球市场的90%。据统计，2020年底，国内FMM本地化配套几乎为零，完全依赖跨国公司供给（图4-21）。总体来说，国内掩模版行业仍以跨国公司为主体，市场集中度较高。

表4-15 全球各大厂商可供应的掩模版产品情况

公司	可供应产品
SKE	10 代掩模版、8.5 代及以下掩模版、6 代及以下高精度 AMOLED/LTPS 用掩模版
HOYA	8.5 代及以下掩模版、6 代及以下高精度 AMOLED/LTPS 用掩模版
PKL	8.5 代及以下掩模版、6 代及以下高精度 AMOLED/LTPS 用掩模版
LG-IT	10 代掩模版、8.5 代及以下掩模版、6 代及以下高精度 AMOLED/LTPS 用掩模版
DNP	8.5 代及以下掩模版、6 代及以下高精度 AMOLED/LTPS 用掩模版
SDP	10 代掩模版
Toppan	8.5 代及以下掩模版
清溢光电	8.5 代及以下掩模版、6 代及以下高精度 AMOLED/LTPS 用掩模版

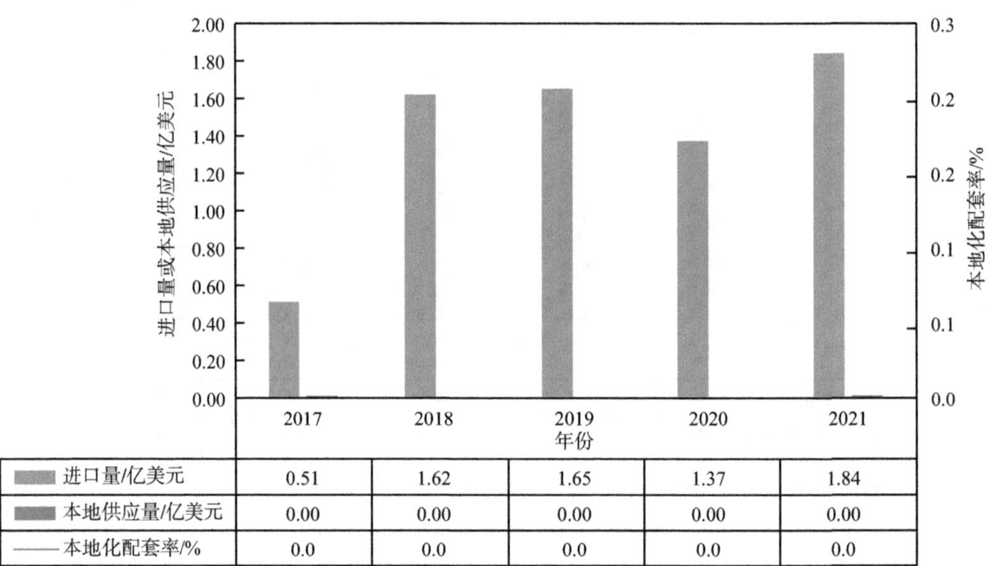

	2017	2018	2019	2020	2021
进口量/亿美元	0.51	1.62	1.65	1.37	1.84
本地供应量/亿美元	0.00	0.00	0.00	0.00	0.00
本地化配套率/%	0.0	0.0	0.0	0.0	0.0

图 4-21 FMM 本地化配套情况

光掩模版的主要原材料为玻璃基板，占原材料成本的90%，是产业链的核心瓶颈。从材质来看，相较于苏打玻璃基板，石英玻璃基板透光率高、热膨胀系数低、使用寿命长，主要用于高精度掩模版制作。近年来，凭借其精密度较高的优势，石英玻璃掩模版成为掩模版行业的主流产品，全球领先掩模版厂商的主要产品均为石英玻璃掩模版，部分厂商甚至完全退出苏打玻璃掩模版的生产销售，导致石英玻璃掩模版产品市场竞争更为激烈，进而带动石英玻璃基板需求的逐渐提高。由于高端石英玻璃基板生产工艺难度高，我国尚未实现国产化，主要依赖进口。目前，只有少数厂商具备上游基板生产能力，大多数掩模版企业主要通过采购的方式来获取，我国光掩模版上游原材料供应问题凸显。当前上游原材料厂商主要集中在日本和韩国，我国菲利华已实现突破，已推出4～8代系列产品，成为国内独家生产8代光掩模版基板和可以生产大规格光掩模版基板的企业，后续有望逐渐提升供应产能。

在FMM材料方面，目前国内厂商大多采用刻蚀工艺制造。核心板材Invar36（厚度＜20μm）受国外限制不予供应，国内多家企业正规划与开发薄Invar36板材，同时进行新工艺研发，亟待突破高精细度FMM自主化生产。另外，FMM的制造长期被海外企业所垄断，我国OLED产业受制于人的局面凸显。国际上FMM制造商产能有限，且优先供应韩国，中国市场的需求无法保障，且日韩FMM制造商交货期至少4周，严重阻碍了我国高端信息显示产业的快速发展。根据报告，2022年全球FMM市场规模约为72.64亿元，中国FMM市场规模达38.10亿元。

目前国内公司生产模式以外购掩模版基板，购进光刻机设备然后进行加工成品为主。其中掩模版加工主要需要光刻机设备，国内企业光刻机设备均需向境外供应商采购，且国外相关设备供应商高度集中，主要为瑞典Mycronic、德国海德堡仪器两家公司，其中平板显示用最高端光刻机由瑞典Mycronic生产，目前全球主要平板显示用掩模版制造商对该公司的生产设备都存在较高的依赖程度。

（三）发展趋势

随着京东方、华星光电、惠科等企业不断投资新型面板生产线，全国面板行业将持续快速增长，带动配套掩模版产品规模进一步扩张。据IHS统计测算，中国平板显示行业掩模版需求量占全球比例已经从2011年的5%上升到2020年的51%。考虑到未来全球信息显示产业产能进一步向国内转移，国内平板显示行业掩模版需求量将持续上升，预计到2025年中国平板显示行业掩模版需求量占全球比例将达到55%。

平板显示用掩模版产品精度精细化、尺寸大型化发展是必然趋势（表4-16）。高精度掩模版是生产AMOLED及高分辨率TFT-LCD显示屏的关键要素，随着中国AMOLED/LTPS、高世代面板线的陆续投产，对高精度、大尺寸的掩模版需求将大幅增加。

表4-16 平板显示用掩模版发展趋势

特征	2013～2014年	2015～2019年	2020～2021年	2022年
面板分辨率/PPI	约450	450～650	650～850	＞850
面板技术	LTPS/氧化物	LTPS	LTPS/LTPO	LTPS/LTPO
曝光分辨率/μm	2.0	1.5	1.0～1.2	约1.0
最小间隙/μm	2.5	2.0	1.5～1.7	约1.4
均匀度/μm	±0.2	±0.15	±0.12	±0.1
覆盖层/μm	±0.65～0.5	±0.5～0.3	±0.3～0.28	±0.25
发展程度	批量生产	批量生产	正在发展	不确定

（四）重点企业

1. 日本大日本印刷株式会社（DNP）

DNP成立于1876年，是全球最具规模的印刷企业之一。公司主营业务包括信息交流、生活品与工业品、电子等三大部分。其中，电子部门主要从事显示器组件（触摸屏电子薄膜等）和电子元件（光学薄膜等）的生产。1985年，DNP成功开发LCD滤镜生产技术。2002年，DNP成立光掩模版海外制造公司等。

DNP以印刷技术为核心，利用已有技术优势和经验，以相同的“复制”流程和逻辑实现其他行业产品的生产。例如，将传统的制版工艺提炼发展为精密雕刻技术，利用该技术雕刻电子元器件电路、生产光掩模版等器件；将传统喷墨工艺提炼为精准涂层技术，利用该技术可在显示器表面精准涂上一层抗辐射膜。通过多业务拓展模式，公司在传统纸质印刷行业下行背景下仍实现了销售额和毛利率的稳定增长。

2. 日本凸版印刷株式会社（Toppan）

Toppan成立于1900年，总部位于日本东京台东区，包括信息通信、生活方式和工业、电子三个业务部门，截至2021年，公司员工达51210人，在全球拥有183家公司，海外拥有145个基地，专利披露数量达1536件。其产品在显示材料部分包含用于显示的滤色镜、用于显示的大尺寸光掩模版、铜触摸传感器防反射膜、有机电致发光的金属掩模版等。

3. 日本SKE株式会社

SKE成立于2001年，由SHASHINKAGAKUCo.，LTD的电子部门拆分而来，于2003年在东京证券交易所上市。

1988年写真化学株式会社就在京都设立工厂并导入大型电子商务描绘机，制作出了当时世界第一张液晶用大型光掩模版。2001年事业部从写真化学株式会社独立出来成立SK-Electronics Co.，LTD，专注于液晶显示器和其他平板显示器领域的光掩模版制造。2002年在中国台湾省台南市设立光掩模版生产基地，2009年在日本滋贺县对应当时世界上最先进的光掩模版——10代、11代生产基地正式投产。

SKE拥有日本京都、日本滋贺县、中国台湾省台南市等生产基地。SKE的主要产品为平板显示用掩模版，拥有10代和11代掩模版生产线。除掩模版外，SKE的产品还包括印刷电子、射频识别产品和医疗电子。

4. 深圳清溢光电股份有限公司

清溢光电是中国成立最早、规模最大、技术最先进的集研究、设计、生产、销售于一体，专业制作高精度掩模版的企业。

公司先后推出了多款填补国内空白的掩模版产品，2008年成功研制出国内第一张5代掩模版，2014年研制出国内第一张8代掩模版，2016年成功研制FMM。公司在图形设计处理、光刻工序工艺、显影刻蚀工序工艺、测量和检查分析技术、缺陷控制与修补、洁净室建设等方面位于国内领先水平。

2020年，清溢光电实现营业总收入4.86亿元，同比增长1.6%（图4-22）；实现归母净利润7629万元，同比增长8.6%。从业务结构来看，石英玻璃掩模版是企业营业收入的主要来源，实现营业收入3.9亿元，占比82.1%，毛利率为28.5%。

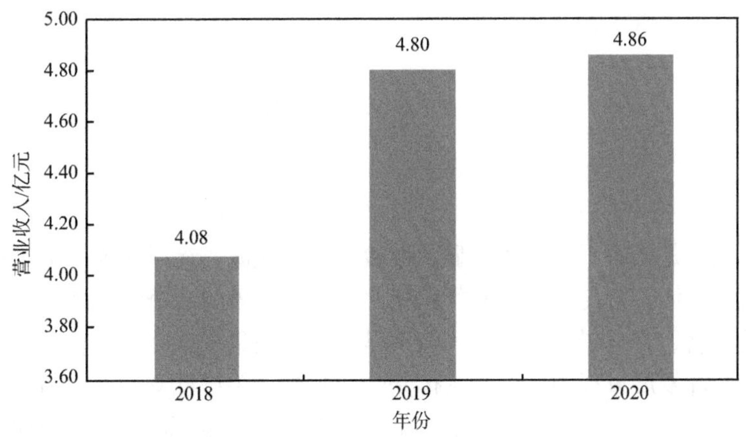

图4-22 2018～2020年清溢光电营业收入

5. 路维光电股份有限公司

深圳路维光电成立于1997年，是国内研发、生产和销售各类掩模版产品的国家高新技术企业，产品应用于平板显示、触控、LED、PCB和半导体集成电路封装等多个领域，是京东方、天马、长虹、维信诺、三星、索尼等知名企业的供应商。成都路维光电是路维光电设立的第三家工厂，专注于研发和生产高世代、高精度TFT掩模版产品以及新型掩模技术的开发。

路维光电通过多年的自主研发及技术积累，于2019年成功建设国内首条11代高世代掩模版产线并实现投产，成为国内首家、世界第四家掌握11代掩模版生产制造技术的企业，缩小了与国际领先企业的差距。图4-23为2018～2020年路维光电营业收入。未来公司将扩大高世代TFT掩模版、高精度AMOLED掩模版的生产规模及市场占有率，进一步推动半导体掩模版的技术与产品突破。

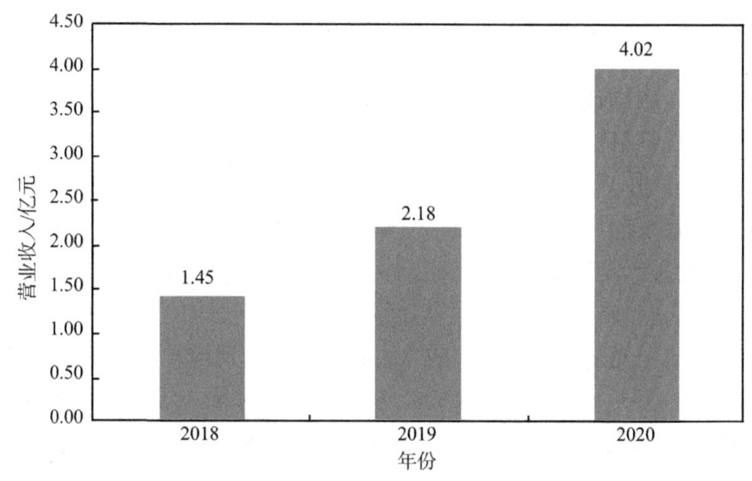

图4-23 2018～2020年路维光电营业收入

四、电子气体

（一）材料概述

电子气体是指用于半导体、显示面板、光伏能源、光纤光缆等电子产品生产加工过程的气体，与传统的工业气体相比，电子气体的洁净度极高。

集成电路、光电子、微电子，特别是超大规模集成电路、平板显示器件、半导体发光器件发展过程中，电子气体是不可缺少的关键性支撑原材料，被广泛应用于薄膜、刻蚀、掺杂、气相沉积、扩散等工艺。它被称为电子工业的“血液”和“粮食”，它的纯度和洁净度直接影响光电子、微电子元器件的质量、集成度、特定技术指标和成品率，并从根本上制约着电路和器件的精确性与准确性。

按不同应用领域划分，电子气体主要包括半导体用电子气体、平板显示用电子气体、太阳能电池用电子气体等。

（二）平板显示用电子气体

1. TFT-LCD 领域

TFT-LCD的制造过程主要包括三大阶段：前段阵列（array）工艺、中段成盒（cell）工序以及后段模组（module）工序。

在TFT-LCD领域，电子气体主要应用于溅射、刻蚀、气相沉积等工艺。

1）气相沉积工艺中的电子气体

等离子体增强化学气相沉积（plasma enhanced chemical vapor deposition，PECVD）技术利用低温等离子体作能量源，经一系列化学反应和等离子体反应，在样品表面形成不同厚度的薄膜。在PECVD工序中使用到的电子气体有硅烷、氨气、磷烷、笑气（N_2O）、NF_3等。

2）溅射工艺中的电子气体

平板显示中的栅极、源极、漏极和ITO膜属于金属膜，成膜通过溅射方式来完成。

溅射电子气体是溅射的主要配套材料。首先，要求电子气体不能和靶材发生化学反应，最合适的气体莫过于惰性气体；其次，要求电子气体有比较高的溅射率。溅射率与材料的质量有关，氙和氪溅射率最好，氩次之，氖最差。但是一方面氙和氪价格很贵，另一方面由于其质量太大，电离困难，相应设备的成本提高；而氩气的价格比较便宜，电离相对容易，因此溅射工艺中氩气使用率更高。

3）刻蚀工艺中的电子气体

刻蚀工艺主要用于非金属膜图形的刻蚀。刻蚀的方式有等离子刻蚀（plasma etching）、反应性离子刻蚀（reaction ion etching）和传导耦合等离子刻蚀（inductively coupled plasma etching）等。刻蚀工艺针对不同的膜，选择的电子气体也是不同的，详见表4-17。

表4-17　不同刻蚀工艺用电子气体

刻蚀对象	选用气体	刻蚀方式
α-Si层和N+α-Si层	CF_4、SF_6、HCl和He	反应性离子刻蚀
光刻胶和硅岛	O_2和He	反应性离子刻蚀
沟道	CF_4、SF_6、HCl和He	反应性离子刻蚀
接触孔	SF_6、He和O_2	传导耦合等离子刻蚀

2. OLED领域

电子气体在OLED中的应用主要集中在薄膜晶体管层。OLED常用电子气体见表4-18。

表4-18 OLED常用电子气体

工艺环节	常用气体	
	LTPS技术	金属氧化物技术
沉积	硅烷、氨气、笑气、四乙氧基硅烷（tetraethyl orthosilicate，TEOS）	硅烷、氨气、笑气
掺杂	1%B_2H_6/H_2；15% B_2H_6/H_2；20%PH_3/H_2	—
清洗	NF_3、F_2	NF_3、F_2
刻蚀	CF_4、SF_6、Cl_2	SF_6
激光	4.5%HCl/1%H_2/Ne；Xe；Ne；5%F_2/He；Kr	—
大宗气体	H_2、O_2、N_2、He、Ar	H_2、O_2、N_2、He、Ar

除以上应用外，薄膜封装技术也是OLED相当重要的一环，因为OLED对于空气中的水汽很敏感，对封装的要求也很高，封装质量直接影响了OLED器件的寿命。研究表明，OLED器件内部的水汽是影响可靠性的最主要因素。

薄膜封装中应用的电子气体主要为前驱体，主要作用是阻隔水汽，延长有机发光物质寿命，是OLED工艺中的核心技术之一。总的来说，通过PECVD、原子层沉积（atomic layer deposition，ALD）制造工艺，在有机发光层之上沉积一层/多层的有机/无机薄膜（一般有机层和无机层交替进行），获得良好的封装性能。薄膜封装常用的前驱体包括铪基、锆基以及铝基化合物、氧化硅以及氮化硅。

（三）国内外现状

1. 总体概况

近年来，全球平板显示用电子气体市场规模呈现平稳增长态势，2019年全球液晶面板用电子气体市场规模为28亿元，同比增长7.7%。2016～2019年全球液晶面板用电子气体市场规模见图4-24。

2019年中国液晶面板用电子气体市场规模为13.79亿元，2022年增长至18.47亿元（图4-25）。

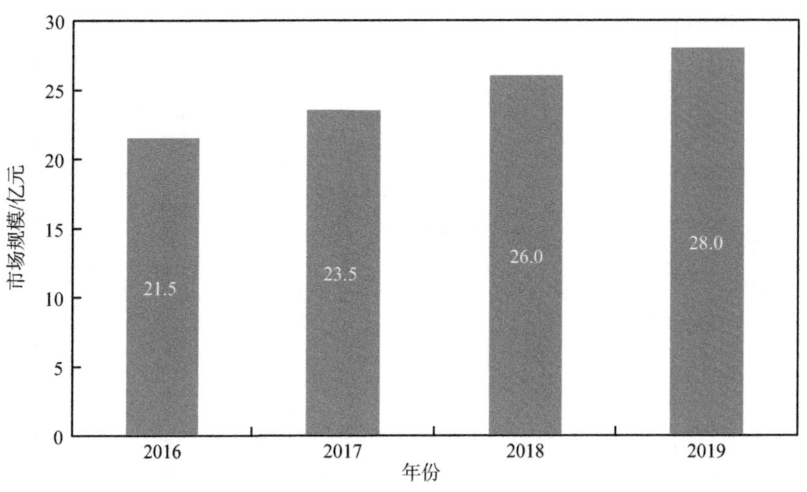

图 4-24　全球液晶面板用电子气体市场规模

资料来源：CEMIA

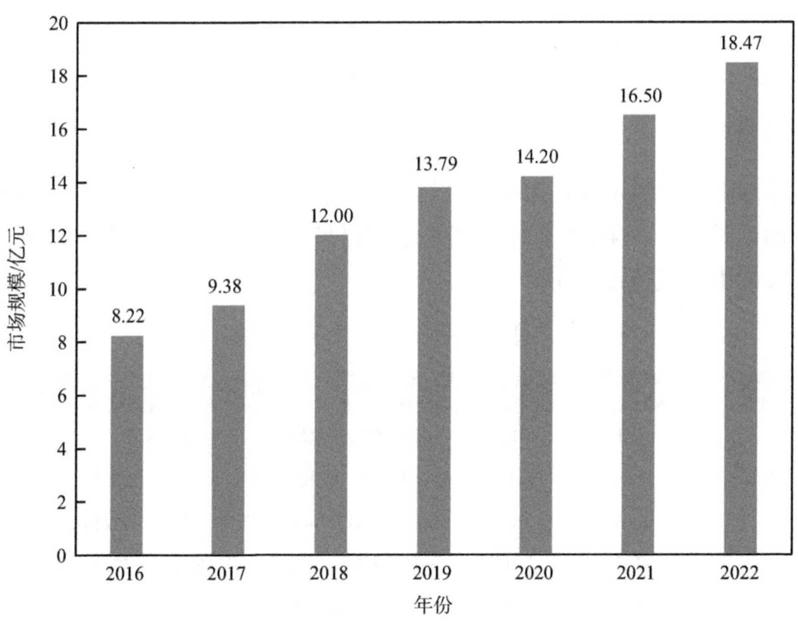

图 4-25　中国液晶面板用电子气体市场规模

资料来源：CEMIA

市场需求方面，2019年中国液晶面板用电子气体市场需求为12637.4t，2022年增长至17849.79t（图4-26）。

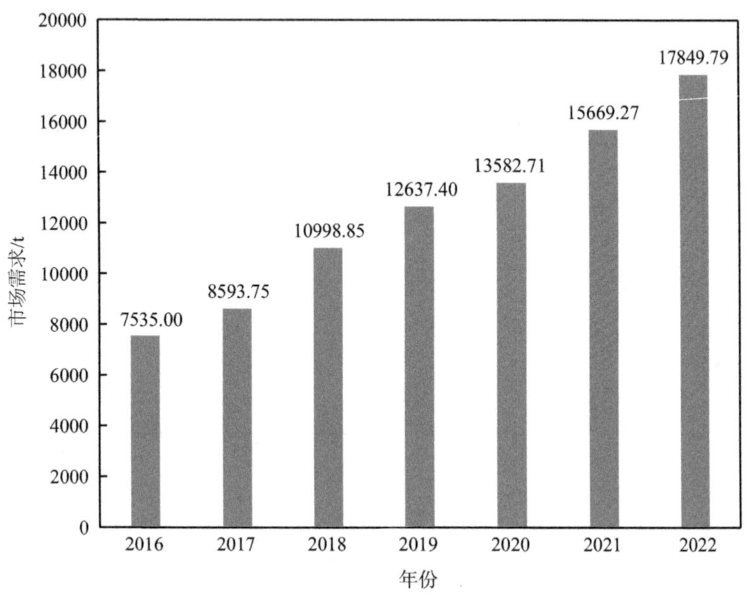

图 4-26 中国液晶面板用电子气体市场需求

资料来源：CEMIA

2. 竞争格局

国际范围内，显示面板用电子气体主要生产厂商为美国空气化工、法国液化空气、德国林德（表4-19）。这几家气体公司具有极强的市场竞争力，占有全球接近70%的电子气体市场份额。

表4-19 国外电子气体行业主要企业基本情况

企业	产品品种	工艺技术	达到水平
美国空气化工	SiH_4	$SiHCl_3 \longrightarrow SiH_4+SiCl_4$，多级吸附、低温精馏提纯	6N
	PH_3	$H_3PO_3 \longrightarrow PH_3+H_3PO_4$，吸收、吸附、低温精馏提纯	6N
	AsH_3	$Zn_3As_2+H_2SO_4 \longrightarrow AsH_3+Zn_2SO_4$，吸附、干燥、低温精馏	6N
德国林德	B_2H_6	$NaBH_4+I_2 \longrightarrow B_2H_6+NaI$，吸收、吸附、低温冷冻提纯	4N5
	BF_3	工业品经吸附、干燥、低温精馏提纯	5N
法国液化空气	BCl_3	工业品经吸附、干燥、低温精馏提纯	5N
	CF_4	工业品经多级吸附、低温精馏提纯	6N
	NF_3	氟化铵电解得到粗品，经吸收、干燥、精馏提纯	5N
日本昭和电工	SiH_2Cl_2	$SiHCl_3 \longrightarrow SiH_2Cl_2+HCl$，吸附、离子交换、精馏	4N
	NH_3	工业品经吸收、吸附、离子交换、精馏提纯	6N
日本酸素	N_2O	医药级笑气经多级吸附、低温精馏提纯	5N5
	SF_6	氟化反应制得粗品后经吸收、干燥、精馏提纯	5N

随着我国信息显示产业的快速发展，几大电子气体供应商纷纷入驻我国，如法国液化空气在张家港建设了电子气体生产基地，并在南通生产氨气；德国林德在苏州建立了特种电子气体分装厂并生产混合气体；日本昭和电工分别在上海金山和浙江衢州建设工厂并生产氨气；日本大阳日酸在扬州建设了气体分装和纯化厂，并生产混合气体；德国梅塞尔在江苏吴江生产笑气、二氧化碳及混合气体；还有一些电子气体公司与国内企业合作，授权生产或分销其产品，如英特格分别授权博纯材料、湖北晶星生产离子注入气体和硅基气体；韩国Wonik与大连科立德合作生产笑气；法国液化空气、德国林德、美国慧瞻等则以OEM方式向国内供应电子气体产品等。这些公司技术水平高、产品覆盖面广，主导着我国电子气体市场。

经过30多年的发展，我国本土电子气体已经取得了很不错的成绩，中国船舶集团有限公司第七一八研究所、昊华气体、科利德、中宁硅业、太和气体等企业均在各自细分产品上不断突破，不仅实现了本土批量供应，而且远销海外，但国内企业全球整体市场占有率仍较低。

3. 产业链情况

电子气体在工业气体行业的产业链见图4-27。电子气体行业的上游供应方面，气体原料及化工原料是电子气体的主要生产原料，且涉及气体生产设备。同时，由于电子气体产品大多为危险化学品，运输环节也是电子气体供应链中不可或缺的一环。

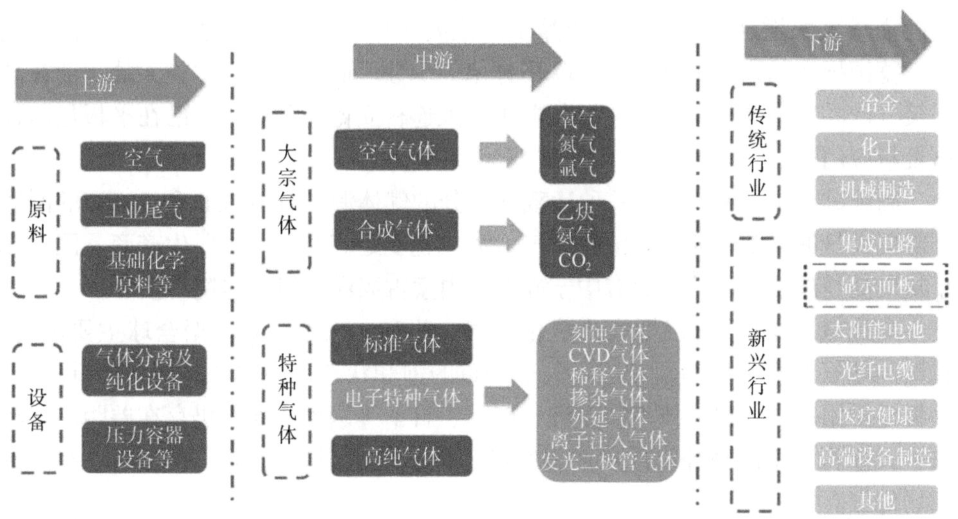

图4-27　电子气体在工业气体行业的产业链示意图

目前，气体分离及纯化设备、基础化学原料供求普遍较为稳定，变动较小。随着国家对环境保护以及工业尾气排放目标的进一步明确，原材料中的工业尾气的供应也将更加充足。

4. 配套情况

平板显示领域，电子气体的整体国产化率已经提高到了50%。昊华气体和中国船舶集团有限公司第七一八研究所的NF_3替代了美国空气化工、韩国OCI相关产品，昊华气体和华特的SF_6替代了法国液化空气相关产品，实现千吨级量产且纯度达到近5N，绿菱电子和华特的CF_4替代了法国液化空气相关产品。WF_6、笑气、硅烷、氯气等主要品种均实现了不同程度的国产化，但高世代液晶面板的刻蚀用氦气、高世代液晶面板/OLED的离子注入用BF_3目前仍高度依赖进口。平面显示领域用电子气体重点产品发展现状如下。

三氟化氮（NF_3）是优良的等离子刻蚀气体和CVD清洗气体。长期以来，三氟化氮的生产和销售厂家集中在美国空气化工、韩国SKM、日本关东电化和三井化学等国外几家相关产品气体公司，其优势为产能大、品种齐全，劣势在于原材料均由国内采购。随着国内市场的发展，以中国船舶集团有限公司第七一八研究所和昊华气体为代表的国内企业在技术水平上取得了明显进步，打破产品依靠进口的局面，国产化率稳步提升，全球市场占有率不断提高。目前国内企业三氟化氮全球用户覆盖率为75%，市场占有率已接近1/3，与国内市场需求基本匹配。

高纯笑气（N_2O）主要应用于面板制造过程中的氧化、CVD（CVD制备氮化硅的氮源）等工艺流程中。2017年来，随液晶面板的迅猛发展，TFT-LCD对笑气的需求大幅增加。全球高端产品生产主要集中在美国空气化工、日本住友化学、德国梅塞尔以及中国台湾省联华林德等少数厂商，近年来中国大陆厂商在高纯笑气产品上不断加大投入，绿菱电子、大连科立德等公司产品已在平板显示领域批量应用。

高纯硅烷（SiH_4）作为一种运载硅组分的气体源，TFT-LCD和OLED的制造都需要大量的硅烷作原料。液化空气、大成化工是高纯硅烷主要生产商。国内真正从事高纯硅烷生产的厂商有中宁硅业、内蒙古兴洋、河南硅烷科技等。

高纯氨（NH_3）以巴斯夫、液化空气、昭和电工等厂商占据全球主要市场。我国高纯氨产能在低端领域已经处于严重的饱和状态，高端产品产能严重不足。平板显示用高纯氨提纯技术同欧洲、美国、日本等国家或地区仍存在差距。近年来，大连科立德的高纯氨成功取得突破，产品已达到7N水平，在国内占有部分市场份额。

四氟化碳（CF_4）广泛用于硅薄膜材料刻蚀和电子器件表面清洗。国内采用四氟化碳直接合成串联两级精馏-吸附工艺，高纯四氟化碳已经量产，实现了部分进口替代。科美特占据龙头地位，昊华科技通过国家专项测试，国产化进程加速。预计未来四氟化碳的需求将会显著增加，2025年有望超过8000t。

高纯六氟化硫（SF_6）是一种优异的电子刻蚀剂和清洗剂。六氟化硫产能主要集中在中国，雅克科技（其收购了科美特）为行业龙头。2018年全球六氟化硫需求量约为2万t，国内产能已超过50%。

三氟化硼（BF_3）是高世代液晶面板/OLED离子注入过程的P型掺杂源，也用作等离子刻蚀气体。国内三氟化硼刚刚起步。

（四）发展趋势

自20世纪80年代中期电子气体导入中国市场，本土电子气体行业经过发展和沉淀，在供给层面，业内领先企业已在部分产品上实现突破，达到国际通行标准，逐步实现了进口替代，电子气体国产化具备了客观条件。在需求层面，近年来国内连续建设了多条高世代面板生产线，为保障稳定供货、及时服务、控制成本等，电子气体国产化的需求迫切。因此，在技术进步、需求拉动、政策刺激等多重因素的影响下，电子气体国产化势在必行。

近年来下游产业技术快速更迭，显示面板从LCD向OLED乃至柔性面板发展；作为信息显示产业发展的关键性材料，伴随着下游产业技术的快速迭代，电子气体的精细化程度持续提高，企业在气体纯度、混配精度等方面的技术要求也会越来越高。

我国电子气体产业目前仍面临供应链不完善局面，产业发展仍存在瓶颈难题。发展电子气体产业配套所需的不锈钢钢瓶、阀门、管道和压力传感器以及生产所需的分析检测仪器和包装材料等尚未形成供应能力。完善电子气体供应链是实现自主生产的必经之路和必然趋势。

（五）重点企业

1. 美国空气化工产品公司

空气化工生产氢气、氦气和其他工业用气与化学品。在全球提供大气气体、工艺气体和特种气体，以及功能材料、设备和服务。公司提供三氟化氮、硅烷、砷化三氢、磷化氢、白氨、四氟化硅、四氟化碳、六氟乙烷、临界刻蚀气体和六氟化钨、吨位工业气体、特种化学品，以及用于生产硅、复合半导体、TFT-LCD和光伏设备的设备和服务。

2. 法国液化空气集团

液化空气是全球领先的工业、健康和环保气体供应商，公司业务已覆盖中国重要的沿海工业区域，并继续向中部、南部和西部地区拓展。液化空气的电子气体业务为半导体、平板显示器和太阳能电池领域的客户提供其生产过程中所必需的各种电子气体。

3. 德国林德集团

林德是全球领先的气体和工程集团，是工业气体、工艺与特种气体的全球领先供应商，林德在2020年实现总销售额287亿美元。集团共由三大部门构成：工业气体与医疗健康、工程、其他。集团最大的部门——工业气体与医疗健康部门，有三个细分市场——欧洲/中东/非洲、亚洲/太平洋地区、美洲，这些细分市场又进一步划分为九个地区性业务单位。

另外，林德还建有五个全球管理中心，这些管理中心实行各地区集中管理运营，包括GGC商业与包装气体（液化气体与瓶装气体）、GGC电子（电子气体）、GGC医疗、GGC运营与GGC供货。为了更好地了解业务，林德还在集团内建立了机遇与项目发展职能部门。

4. 中国船舶重工集团公司第七一八研究所

中国船舶重工集团公司第七一八研究所创立于1966年，是集科研开发、设计生产、技术服务于一体的国家级科研单位。主要从事高能化学、三防技术、制氢及氢能源开发、特种气体、精细化工、石油测井、环境工程、气体分析、自动控制、核电消氢、变频节能、空气净化、医用制氧等方面的专业研究设计。

目前该所已建成国内最大的三氟化氮、六氟化钨及三氟甲磺酸系列产品研发生产基地。其中三氟化氮国内市场覆盖率超过95%，国际市场覆盖率达30%；六氟化钨国内市场覆盖率达100%，国际市场覆盖率达40%。

5. 黎明化工研究院（已被收购，现为昊华气体）

黎明化工研究院是原化学工业部综合性研究院，始建于1965年，现隶属于中国昊华化工集团总公司。蒽醌法制过氧化氢技术是黎明化工研究院在国内外享有较高声誉、最具影响力的技术之一。该项技术已先后向国内50多家企业推广。目前，以昊华气体为主在吉利科技园区投资建成了年产10万t（27.5%H_2O_2计）过氧化氢装置，在我国中西部地区生产规模最大。

黎明化工研究院是国内最早从事六氟化硫工艺研究开发并规模生产的单位，曾获全国科学大会奖，负责起草了《工业六氟化硫》国家标准。院内拥有最新的电解、合成、精制等生产技术，建有2套年产1000t六氟化硫自动化生产装置，总生产能力近3000t。依靠工业六氟化硫生产优势，黎明化工研究院积极开发了以三氟化氮、高纯六氟化硫和商品氟为代表的其他氟化物生产，具有规模化工业生产能力。

五、光　学　膜

光学膜是指在光学元件或独立基板（通常为PET切片）上制镀或涂布一层或多层介电质膜或金属膜或这两类膜的组合，以改变光波的传递特性，包括光的透射、反射、吸收、散射、偏振及相位改变等。

广义上讲，显示面板用光学膜分为偏光片和背光模组用光学膜两大类。

（一）偏光片

1. 材料概述

1）材料介绍

偏光片，全称为偏振光片，用于控制特定光束的偏振方向。在自然光通过偏光片时，振动方向与偏光片透过轴垂直的光将被吸收，透过光只剩下振动方向与偏光片透过轴平行的偏振光。

在背光模组中，有两张偏光片分别贴在玻璃基板两侧，下偏光片用于将背光源产生的光束转换为偏振光，上偏光片用于解析经液晶电调制后的偏振光，产生明暗对比，从而产生显示画面。因此，液晶显示模组的成像必须依靠偏振光。

OLED器件本身是自发光显示模式，故无需背光模组和偏光片。但是当外界光源照射到OLED的金属电极上并反射时，就会在OLED的显示屏表面上造成反射光干扰，降低对比度。因此，在OLED的结构设计中，会在外层增加一层带1/4波长波片的偏光片来阻隔外界光的反射，以使屏幕保持较高的对比度。

偏光片由多层膜复合而成，基本结构包括最中间的聚乙烯醇（polyvinylalcohol，PVA）膜、两层三醋酸纤维素（tri-cellulose acetate，TAC）膜、压敏胶（pressure sensitive adhesive，PSA）膜、离型膜和保护膜（图4-28）。其中TAC膜和PVA膜为主要原材料，成本占比分别为50%和12%。

偏光片中起偏振作用的核心膜材料是PVA膜，它决定了偏光片的偏光性能、透光率、偏振度、色调等关键光学指标。TAC膜则起到对延伸的PVA膜的支持和保护作用。偏光片主要膜材料及特性详见表4-20。

图 4-28 偏光片基本结构

表4-20 偏光片主要膜材料及特性

类型	性状	作用
PVA 膜	具有高透明性、高延展性、好的碘吸附作用、良好的成膜特性等特点	是偏光片的核心部分，决定了偏光片的偏光性能、透光率、色调等关键光学指标
TAC 膜	具有优异的支撑性、光学均匀性和高透明性，耐酸碱、耐紫外线	作为 PVA 膜的支撑体，保证延伸的 PVA 膜不会回缩，保护 PVA 膜不受水汽、紫外线及其他外界物质的损害，保证偏光片的环境耐候性
保护膜	具有高强度，透明性好、耐酸碱、防静电等特点	一面涂布有 PSA，贴合在偏光片上可以保护偏光片本体不受外力损伤
PSA 膜	与 TAC 具有很好的黏附性，透明性好，残胶少	是使偏光片贴合在 LCD 面板上的胶材，决定了偏光片的黏着性能及贴片加工性能
离型膜	具有强度高、不易变形、透明性好、表面平整度高等特点，不同应用具有不同剥离强度	在偏光片贴合到 LCD 面板之前，保护 PSA 不受损伤，避免产生贴合气泡
反射膜	为单侧蒸铝的 PET 膜，反射率高	用于不自带光源的反射型 LCD，将外界光反射回来作为显示的光源
相位差膜	具有不同的光学各向异性及补偿量	用于补偿液晶材料的相位差，提升液晶显示器的对比度、观看视角，校正显示颜色等

2）制备工艺

偏光片的主要生产环节包括TAC膜清洗、PVA膜延伸与复合、PSA膜涂布和离型膜复合。其中，PVA膜延伸是最核心的环节。具体步骤是：将PVA膜浸入染色槽，吸附二向吸收的碘分子，在拉伸槽中对碘分子进行拉伸取向，烘干后与TAC膜进行复合形成半成品偏光片。

3）技术要求

A. LCD技术对偏光片的要求

为适应LCD技术大屏幕、超薄化、高清晰度、广色域以及智能化等，偏光片不断朝着大尺寸化、轻薄化、高亮度化、多功能化及高附加值方向发展，同时对偏光片的偏振度、单体透光率、耐高温性、耐寒性要求越来越高（表4-21）。

表4-21 不同LCD技术对偏光片要求

显示技术	要求
TN	偏振度≥95%；单体透光率≥40%；信赖性要求达到40℃/90%（相对湿度）×500h、70℃×500h
STN	偏振度≥99.5%；单体透光率≥42%；信赖性要求达到60℃/90%（相对湿度）×500h、80℃×500h 有光学补偿功能
TFT	偏振度≥99.95%；单体透光率≥43%；信赖性要求达到60℃/90%（相对湿度）×500h、80℃×500h 有防眩、硬化、广视角等功能

B. OLED技术对偏光片的要求

目前OLED技术具备全固态、主动发光、超高对比度、超薄、低功耗、无视角限制等诸多特点。PMOLED产品只有单、双色，对于偏光片的要求只是单纯降低外界反射光，一般偏光片搭配1/4波长的波片可以满足需求。AMOLED产品是全彩色，要求偏光片能够实现全面隔断外界可见光谱，从而达到一体黑的效果。AMOLED用圆偏光片应具备在可见光波长范围内有高穿透度、补偿膜与线偏振光匹配良好、可以实施高量产型的卷对卷贴合、材料成本低等特点。

2. 国内外现状

1）总体概况

据CINNO Research数据，2020年全球显示用偏光片的需求量为5.4亿m^2，市场规模约为550亿元。预计未来五年市场规模将按复合年均增长率3%持续增长，并维持在600亿～700亿元（图4-29）。

TFT-LCD用偏光片占偏光片总需求的90%以上。OLED占比虽然很低，但复合年均增长率高达67%。根据IHS数据，全球偏光片产能从2014年的5.82亿m^2增长到2019年的7.28亿m^2，复合年均增长率为4.6%，而2019年全球偏光片的有效供给为5.32亿m^2，即只有73%的产能可转化为偏光片供给。

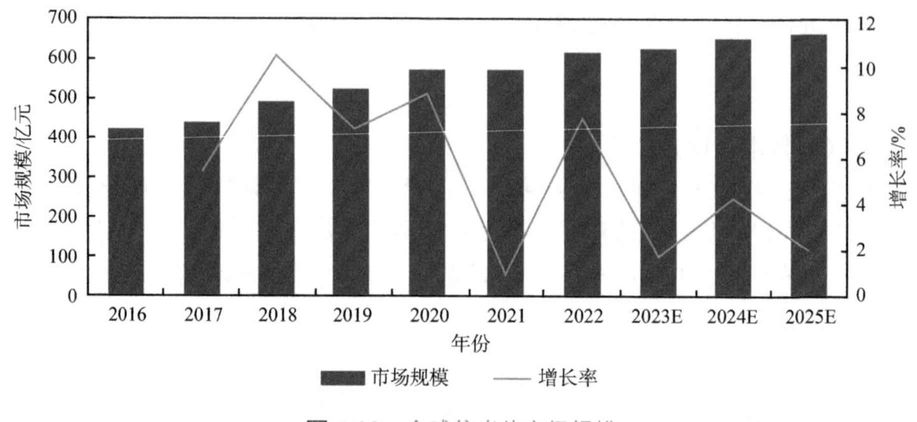

图 4-29　全球偏光片市场规模

2）竞争格局

偏光片的技术门槛高，市场集中度高，目前，中国、日本、韩国企业是偏光片产能的主导者。LG化学将旗下偏光片业务于2021年2月出售交割给杉杉股份。国内厂商整体产能规模得到较大提升。随着国内厂商产能持续扩张，偏光片市场预计将进一步向中国转移。

偏光片上游的核心原材料为PVA膜和TAC膜，日本企业垄断全球市场。全球TAC膜主要由日本企业供应，日本富士胶片占全球TAC膜市场53%的份额。TAC膜的生产商、涂布企业及偏光片生产企业都拥有一定的TAC膜的表面处理技术和能力。

日本可乐丽（Kuraray）是全球高端PVA原料的主要供应者之一。目前，可乐丽PVA供应量约占全球供应量的40%，偏光片用PVA膜供应量约占全球供应量的80%。国内方面，皖维高新是唯一生产、销售、研发PVA光学薄膜的企业，拥有500万m^2/年的PVA膜产能，PVA膜主要产品应用在偏低端的TN、STN液晶显示上。

3）产业链情况

偏光片行业上游为光学材料供应商；下游为液晶显示模组厂商及各类终端产品生产厂商（图4-30）。其中上游原材料市场行业集中度最高，以日本厂商为主。下游终端应用市场与品牌厂商最为分散，涉及电视、笔记本电脑、手机、仪器仪表、计算器等多个应用领域。整体来看，中游偏光片及上游原材料均由下游的终端应用市场需求驱动。

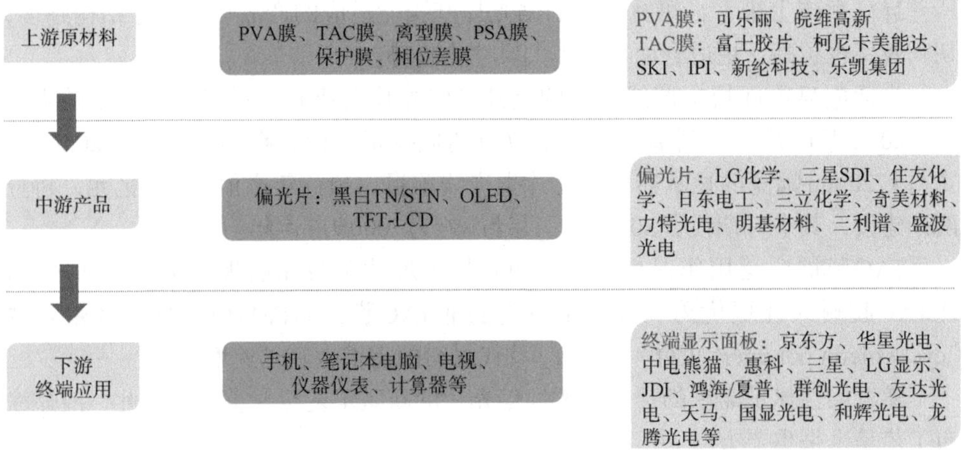

图 4-30　偏光片产业链

4）配套情况

根据CODA统计，2020年我国TFT-LCD偏光片本地化配套率为65.5%。偏光片整体市场特别是大尺寸电视面板偏光片面临较大的国产化缺口。

随着国外厂商纷纷在国内建设偏光片厂，国内偏光片产能与日俱增。2015～2020年，我国偏光片整体市场规模增速约5.7%。2020～2025年，我国偏光片年需求约4.26亿m^2。2020年中国偏光片产能达到2.07亿m^2，主要来自LG化学、日东电工、住友化学等在国内所设的工厂，其合计产能约1.4亿m^2。

整体而言，国内公司偏光片产能明显不足，国产替代空间巨大。在TFT-LCD用偏光片领域，中国厂商中具备全工序规模生产能力的主要为盛波光电和三利谱两家，即使加上国外公司在国内的产能，国内偏光片供应也远不能满足生产需求，仍需要大量进口。假设我国LCD面板在建和已投产线处于满载情况，合计偏光片年需求达4.38亿m^2，2020年我国偏光片产能仅为2.07亿m^2，供需缺口达2.31亿m^2，考虑到日韩企业在国内产能为1.4亿m^2，国产替代空间巨大，特别是用于切割55in以上产品的超宽幅偏光片产线。

随着杉杉股份收购LG化学LCD偏光片业务，杉金光电成为全球LCD偏光片领域的龙头企业，规模第一，技术领先。未来杉金光电将与上下游产业形成协同，我国偏光片产业摆脱“卡脖子”局面指日可待。

3. 发展趋势

偏光片的发展呈现大尺寸化、非TAC膜新技术和涂层偏光片三大趋势。

目前液晶电视产品全球出货平均尺寸约49in。匹配相应尺寸的偏光片市场需求将会快速增长。不同幅宽的偏光片产线对于不同尺寸的电视面板的切割效率有所差异。整体上来看，幅宽越大的偏光片产线能适应的产品切割尺寸结构越多，切割效率也越高，更适合面板应用大尺寸化趋势。

为适应显示面板生产线规格的提升，偏光片企业开始投资建设宽幅的生产线。2022年10月，三利谱与黄山市政府达成投资意向，在当地投建2520mm幅宽与1720mm幅宽的显示器用偏光片生产线项目，预计年产值达100亿元，将分两期建设，其中一期投资50亿元，设计产能为7000万m^2/年。

TAC膜被广泛用作保护膜，但随着超大尺寸和液晶面板需求的不断增加，比TAC膜耐久性更优秀、吸水率更高的非TAC膜，如PMMA、环烯烃聚合物（cyclo olefin polymer，COP）等多种替代材料的需求也在迅速增加。

随着柔性显示需求的提升，柔性偏光片的新型工艺至关重要，因此，液晶涂布工艺是未来重要方向。

综上所述，大尺寸化、非TAC膜新技术和涂层偏光片是未来的重点发展方向。较大的国产化缺口将给偏光片本土化供应与发展带来巨大机遇。

4. 重点企业

1）LG化学（其中国偏光片业务已被杉杉股份收购）

LG化学是全球偏光片产业的龙头企业之一。公司在韩国拥有10条产线，年产能为1.72亿m^2。同时，公司在南京设有工厂——乐金化学（南京）信息电子材料有限公司，公司新建2250mm产线已经投产，年产能为3240万m^2。广州亦有2250mm及全球最大的2600mm等新建产线规划。目前LG化学尖端材料广州基地成功生产出了行业内最大的宽幅偏光板，幅宽达2600mm。

2021年2月1日，杉杉股份收购了LG化学旗下在中国和韩国的LCD偏光片业务及相关资产。

2）日东电工株式会社

日东电工是全球第一大偏光片制造商，其中液晶电视用多层光学补偿膜占全球市场份额40%以上，是国内京东方、华星光电等面板厂商主要的偏光片供应商。日东电工的营业收入来源于五大部分：光电产品、工业胶带、医疗产品、内部交易及其他。偏光片所属的光电产品占总营业收入的比例达60%以上。

3）住友化学株式会社

住友化学是日本大型综合化学公司之一，拥有基础化学品、石化和塑料产品、信息技术相关化学品、健康和农作物科学、制药、其他化学品等六大业务。其中信息技术相关化学品包括彩色滤光片、偏光片等光学商品，以及半导体加工材料和电子材料等业务。住友化学拥有13条偏光片产线，年产能合计8700万m^2，住友化学与东旭光电合资成立的旭友电子材料科技（无锡）有限公司投资建设了产能2000万m^2偏光片生产线。

4）明基材料股份有限公司

明基材料隶属于明基友达集团，公司主要产品包括偏光片、光学膜等薄膜材料。目前有3条偏光片产线，主要在中国台湾省桃园市，主要客户为友达光电，销售占比达7成，大陆客户销售占比约3成。

5）三利谱光电科技股份有限公司

三利谱致力于偏光片的研发、生产和销售，产品包括TFT偏光片类、黑白偏光片类（TN、STN、染料系列）、3D眼镜用偏光片类和OLED偏光片类等共四大类八个系列，产品涵盖各种LCD模式。

三利谱在深圳光明、安徽合肥、福建莆田、深圳龙岗、深圳松岗都拥有生产基地，产能处于较领先地位，目前公司拥有6条偏光片产线。2020年公司新增项目投资12.62亿元建设超宽幅2500mm TFT偏光片产线，另外，2021年投资龙岗6号线1000万m^2手机等偏光片产线；莆田线加码车载显示用偏光片，并于2022年投产。

6）盛波光电科技有限公司

盛波光电主要从事TN/STN-LCD、TFT-LCD、AMOLED/PMOLED用偏光片的研发、生产、销售和技术服务工作，年产能达2000万m^2，是国内领先的偏光片生产及技术服务商。目前共有6条量产生产线、1条在建生产线。盛波光电产品现已覆盖TN型/STN型/TFT型偏光片、车载工控类专业显示、3D立体显示、OLED等相关光学薄膜领域。

另外，盛波光电在深圳坪山建设的年产3200万m^2 TFT-LCD用偏光片项目于2021年7月正式投产。

（二）背光模组用光学膜

光学膜主要应用于液晶背光模组，如扩散膜（diffuser film）、增亮膜（prism film）、反射膜（reflection film）等（图4-31）。此外，膜材料还广泛应用于OLED中的水汽阻隔膜、ITO膜、3D光学膜等，背光模组在LCD面板成本中占比为29.1%，是LCD面板成本中占比最大的原材料。

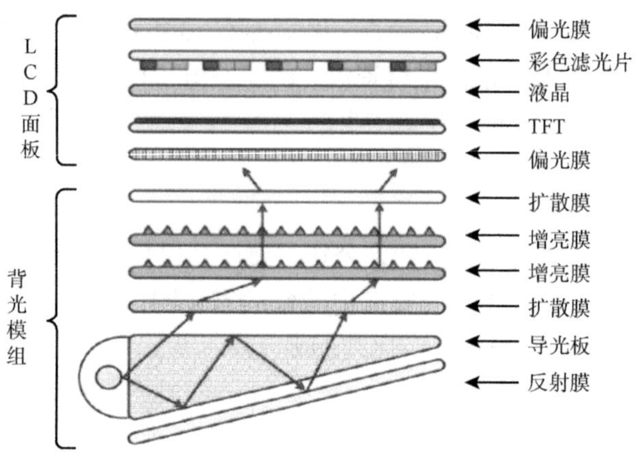

图 4-31 背光模组结构示意图

1. 材料概述

1）扩散膜

扩散膜主要由三层结构组成，包括最下面的抗刮伤层、中间的透明PET基材层和最上层的扩散层。

扩散膜的工作原理是：光线从最下方的抗刮伤层入射，再穿透高透明的PET基材层，然后被分散在扩散层中的扩散粒子所散射，形成均匀的面光源（图4-32）。

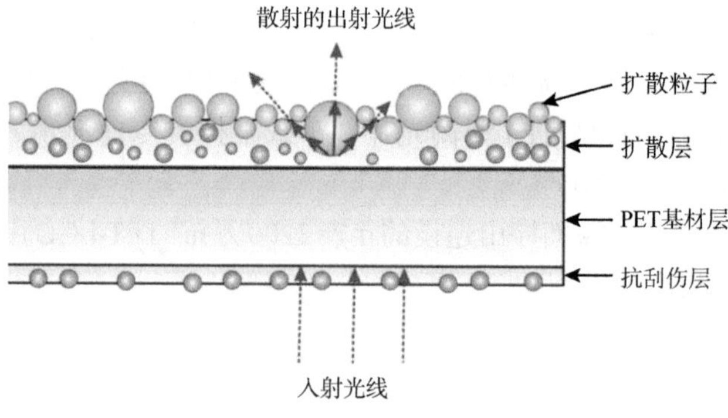

图 4-32 扩散膜工作原理

在背光模组中，一般需要1～2片扩散膜：下扩散膜和上扩散膜。其中，下扩散膜贴近导光板，用于将导光板中射出的不均匀光源转换成均匀分布、模糊网点的面光源，同时起到遮蔽导光板印刷网点或其他光学缺陷的作用；上扩散膜位于背光模组的最上层，具备高光穿透能力，可改善视角、增加光源柔和性，兼具扩散及保护增亮膜的作用。

2）增亮膜

增亮膜因其产品呈微棱镜结构也称为棱镜膜，根据其修正光的方向以实现增光效果的过程也称为增光膜（brightness enhancement film，BEF）。

增亮膜是一种透明光学膜，由三层结构组成：最下层的入光面需要通过背涂提供一定的雾度；中间层为透明PET基材层；最上层的出光面为棱镜层（其表层为微棱镜结构）。

增亮膜的工作原理是：光源通过入光面及透明的PET基材层，在棱镜层透过其表层精细的微棱镜结构时将经过折射、全反射、光积累等来控制光强分布，进而光源散射的光线向正面集中，并且将视角外未被利用的光通过光的反射实现再循环利用，减少光的损失，同时提升整体辉度与均匀度，对LCD面板起到增加亮度和控制可视角的效果。

3）反射膜

反射膜一般置于背光模组的底部，主要用于将透过导光板漏到下面的光线再反射回去，重新回到面板侧，从而起到减少光损失、增加光亮度的作用（图4-33）。

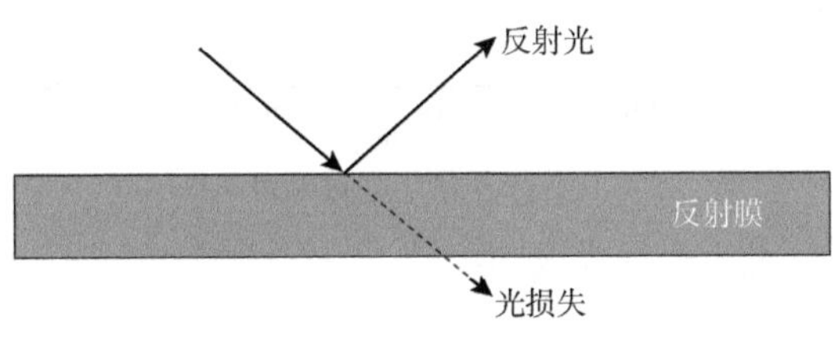

图4-33　反射膜工作原理

反射膜根据镀层材料，一般可分为镀银反射膜和白色反射膜。镀银反射膜的金属涂层表面导电系数高，穿透深度浅，反射率最好，但价格昂贵。白色反射膜价格较低，根据结构可以分为通用白反射膜、白色漫反射膜和复合反射膜。其中，通用白反射膜是在PET基材层中添加高反射率原料经过拉伸形成含有不同泡径的微细泡的反射PET薄膜，细泡越微细、密度越大，反射率就越高；白色漫反射膜是在通用白反射膜的光学表面涂布配方材料形成抗吸附层，增加反射膜光面的反射率；复合反射膜则是通过多层薄膜叠加复合，各叠加薄膜界面上的反射光矢量、振动方向相同，使得合成的光反射率在白色反射膜中最好。

2. 国内外现状

1）总体概况

近年来，全球液晶面板产业的稳定增长带动光学膜市场需求逐渐提升。2019年，全球液晶显示领域背光模组用光学膜市场规模约135亿元，其中，国内市场规模占全球比例超过60%（图4-34）。

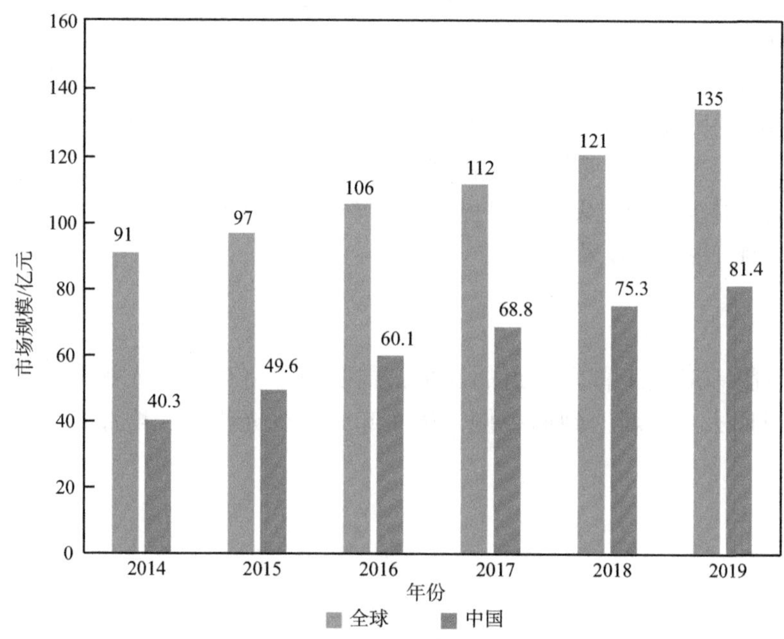

图4-34 2014～2019年背光模组用光学膜市场规模

资料来源：赛瑞研究

2）竞争格局

目前，光学膜市场主要由美国、日本、韩国和中国台湾省主导。

在反射膜领域，全球主要供应商有中国长阳科技、日本东丽、日本帝人、韩国SKC、中国激智科技等。中国本土企业在反射膜领域发展较其他光学膜领域更成熟，技术和生产工艺已与国际企业并肩。

在增亮膜领域，技术壁垒较高，多年来被美国3M占据了全球一半的市场，尤其是高端多功能增亮膜和专用增亮膜优势明显。中国增亮膜厂商如激智科技、东旭成、华威新材已加大研发投入，缩小与龙头企业的差距。

在扩散膜领域，全球市场体量相对较小，被日本和韩国企业所瓜分，其中韩国SKC和日本惠和是全球最大供应商，中国激智科技和乐凯集团合计约占中国扩散膜市场份额的50%。

3）产业链情况

背光模组类的光学膜产业链上游是PET基材膜、溶剂、胶水、粒子等原材料供应商。其中，PET切片和各类光学薄膜特种添加剂是关键原材料，生产技术门槛极高，全球70%以上产能集中在三菱树脂、东丽、帝人、杜邦、可隆、SKC、东洋纺为代表的国际巨头企业。中国仅东材科技、南洋科技、康得新等少数企业可生产PET基材膜，且只能满足中低端市场需求，与国际龙头企业在涂布技术、关键环节生产制程技术方面还存在差距。部分中游厂商对PET基材膜等关键材料的品质标准要求高，对高端光学膜原材料进口依赖性强。

光学膜上游生产设备供应方面，LCD光学膜生产线需要在净化级别达到1000级的净化厂房内配置精密度高、稳定性好、线性可调的涂布及控制系统，精密辊筒模具加工车床等生产设备。长期以来，BMB、PolyType、平野、富士等欧洲、美国、日本发达国家或地区的企业在光学膜生产设备方面占据主导地位，中国光学膜模具设备制造企业难以在精度方面满足中游生产企业要求。近几年，随着中游市场需求不断扩大、上游生产设备生产商技术水平不断提高、配套设施逐渐完善，其与欧美精密设备龙头企业差距逐渐缩小，有望为中游偏光片生产厂商提供更优质的生产设备。

光学膜上游属于精细化工行业，具有专业跨度大、专业性强、门槛高的特点。行业集中度高，对进口依赖性强，上游原材料供应商在定价上拥有较大话语权。未来中国本土企业的产品原材料逐渐实现进口替代将会成主流趋势，上游原材料价格进一步下降，为中游生产企业成本降低创造空间。

光学膜下游生产企业包括光学膜裁切企业、背光模组生产企业和液晶模组生产企业。背光膜组用光学膜的产业链下游则是光学膜裁切企业。终端客户通过选定合作较好的几家光学膜裁切企业为其供应光学膜片材产品。光学膜裁切企业根据终端客户定制化要求将光学膜卷材裁切加工后，销售给背光模组厂或液晶模组厂，进而应用于液晶模组的加工、制造。光学膜裁切技术门槛不高且终端需求量大，以锦富为代表的生产企业数量众多，整体发展良好。

在中国光学膜市场上，显示用光学膜是LCD面板产品中的关键原材料，其质量直接影响终端面板的显示性能。中游背光模组光学膜和偏光片企业需经终端面板生产商或终端客户在产能、质量及供货响应速度等多维度品质认证后，才能进入原材料供应体系。对于中游光学膜生产企业而言，液晶面板生产厂商等下游品牌客户掌握最终话语权。

液晶显示产业竞争日益激烈，为提高差异化竞争优势和成本控制能力，部分光学膜下游厂商通过垂直一体化整合策略，向产业链中游延伸。例如，中国以

TCL、海信、创维、长虹为主的几大电视厂商向背光模组和液晶面板制造领域延伸，已掌控大部分液晶模组产业链关键环节，京东方、华星光电等液晶面板厂商亦参与到整合液晶模组厂商的产业链中。

随着下游生产厂商的产业集群逐步形成，产能依然会不断扩大，对中游光学膜生产企业形成稳定的需求，促进光学膜行业稳定发展。

4）配套情况

光学膜作为显示面板的核心材料，以及国家重点扶持的新材料行业之一，在政策的积极引导下，我国光学膜企业已从引进国外技术转向拥有自有技术和设备。目前反射膜、扩散膜、增亮膜已基本实现国产化，产品结构逐渐向中高端迈进，相应产品产能显著增加。

光学基膜作为多种光学膜的基膜，其性能直接决定了制成的光学膜性能。光学基膜是以PET切片为主要原材料，经过双向拉伸工艺制备而成的一类具有优异光学性能的光学级PET薄膜。光学基膜的技术壁垒体现在需要具备低雾度、高透光率、高表面光洁度、小厚度公差等出色的光学性能，所以对PET切片、加工设备、车间洁净度等都有很高的要求。

近年来，我国PET薄膜行业高速发展，但呈现低端产品产能过剩、高端产品供给不足的结构性矛盾，光学基膜等高端领域主要依赖进口。2020年我国PET基膜产能达到47.9万t，2015～2020年复合年均增长率为20.7%。2020年我国高附加值的特种功能性PET薄膜进口量为33.1万t，同比增长0.79%，普通包装用途的PET薄膜出口量为43.3万t，同比下降1.61%，国内高端中厚型特种功能性PET薄膜基本上依赖进口。长期以来，高端光学基膜只有国外少数企业具备生产能力，日本东丽、日本帝人和韩国SKC等公司占据全球大部分市场份额，偏光片离型膜和保护膜、多层陶瓷电容器（multi-layer ceramic capacitors，MLCC）离型膜等光学基膜亟待国产替代。

3. 发展趋势

未来光学膜需求仍然向好，尤其是国内市场增量明显。在产品形式上，单张膜向复合膜升级趋势明显。具体如下。

光学膜需求的景气度高，尤其是国内市场，支撑点主要来自大屏趋势的持续、创新应用、LCD持续占据主流地位和面板产业链的转移；行业轻薄化趋势下，扩散、增亮单张膜向复合膜升级的趋势明显。

复合膜主要由扩散膜、增亮膜及其他高端膜类经过复合工艺开发而成，一张复合膜可以实现多张传统单张膜的效果，其核心优势在于：避免基材的多次使用，降低模组的厚度和成本；提高组装的效率；避免光源能量的散失，提高显示效率；结构更稳定，特殊结构多包裹在内部，可以避免结构的刮伤。其缺点是整体辉度不如单张膜叠加效果、生产难度高，但随着技术进步，辉度差距在快速缩小。复合膜是光学膜未来的主要趋势，目前复合膜主要为2～3张膜的复合产品，如扩散膜+增亮膜复合（diffuser on prism，DOP）、增亮膜+增亮膜复合（prism on prism，POP）、扩散膜+增亮膜+增亮膜复合（diffuser prism prism，DPP）、扩散膜+反射偏光增亮膜+增亮膜复合（core on prism，COP）等。

4. 重点企业

1）3M公司

3M总部现位于美国明尼苏达州首府圣保罗市，素有“除了上帝，什么都造”之称的多元化跨国企业。在新型显示领域，主要从事薄膜、精密涂层、光学、影像、微复制等核心技术的产品开发和创新，产品包括广泛应用于市场的液晶电视、液晶显示器、笔记本电脑、掌上电脑、背投电视镜头及成像系统、电脑光学防窥片、电脑视保屏、防反射保护片、MicroTouch触摸屏及触摸显示器等。3M公司在全球60多个国家和地区设有分支机构，产品在200多个国家和地区销售。

2）激智科技股份有限公司

激智科技是一家集光学薄膜和功能性薄膜的配方研发、光学设计模拟、精密涂布加工技术等服务于一体的高新技术企业。公司主要生产光学膜产品，产品主要包括扩散膜、增亮膜、量子点膜、复合膜（DOP、POP等）、银反射膜、3D膜、保护膜、手机硬化膜等。

激智科技量子点膜产品已广泛应用于小米集团多种品类和型号的液晶电视、智能手机等终端产品，且已经顺利通过冠捷、BOE、TCL、海信、微鲸、PPTV、友达光电、VIZIO、索尼、联想、飞利浦等公司的验证，部分客户已开始稳定量产出货。

3）道明光学股份有限公司

道明光学是一家专业从事研究、开发、生产和销售各种功能性薄膜、高分子合成材料的国家级高新技术企业，现已形成以反光材料为主业、光学电子材料事业为核心、其他功能高分子材料为延伸的产业格局，是世界领先的反光材料生产上市企业。公司产品品质与3M公司没有明显差异。未来公司凭借服务和价格优势，市场份额将迅速扩大。

六、湿电子化学品

（一）材料概述

1. 材料介绍

湿电子化学品是超大规模集成电路、平板显示、太阳能电池等制作过程中不可缺少的关键性基础化工材料之一。湿电子化学品一般要求超净和高纯，对生产、包装、运输及使用环境的洁净度都有极高要求。按照组成成分和应用工艺，可分为通用湿电子化学品和功能性湿电子化学品两大类（表4-22）。

表4-22　湿电子化学品分类

类别	试剂类别		品名
通用湿电子化学品	酸类		氢氟酸、硝酸、盐酸、磷酸、硫酸、醋酸等
	碱类		氨水、氢氧化钠、氢氧化钾、四甲基氢氧化铵等
	有机溶剂类	醇类	甲醇、乙醇、异丙醇等
		酮类	丙酮、丁酮、甲基异丁基酮等
		酯类	醋酸乙酯、醋酸丁酯、醋酸异戊酯等
		烃类	苯、二甲苯、环己烷等
		卤代烃类	三氯乙烯、三氯乙烷、氯甲烷、四氯化碳等
	其他类		双氧水等
功能性湿电子化学品	复配类		显影液（正胶显影液、负胶显影液）
			刻蚀液（氧化硅刻蚀液、Al 刻蚀液、Cu 刻蚀液、ITO 刻蚀液）
			剥离液（DMSO 系、NMP 系）
			稀释液（丙二醇甲醚醋酸酯、丙二醇甲醚 / 丙二醇甲醚醋酸酯）

注：DMSO指二甲基亚砜（dimethyl sulfoxide），NMP指N-甲基吡咯烷酮（N-methyl-2-pyrrolidone）

通用湿电子化学品是指在集成电路、平板显示等领域中被大量使用的液体化学品，主要包括超净高纯酸（如氢氟酸、硝酸、盐酸等）及碱类（如氢氧化钠、氢氧化钾、氨水等）、超净高纯有机溶剂（如甲醇、乙醇、丙酮等）等。

功能性湿电子化学品是指通过复配手段达到特殊功能、满足制造中特殊工艺需求的配方类及复配类化学品，通常是在一种或多种高纯试剂的基础上加入溶剂、水、表面活性剂等混配而成的化学品。功能性湿电子化学品主要包括剥离液、显影液、刻蚀液、稀释液等。由于多数功能性湿电子化学品属于混合物，它的理化指标很难通过普通仪器定量检测，只能通过应用手段来评价其有效性。近年来，功能性湿电子化学品的需求比例明显增加。

湿电子化学品纯度直接影响产品的成品率、电性能以及可靠性，为使湿电子化学品的质量满足要求，需从多个方面同时进行保障，包括试剂的提纯、包装、供应系统及分析方法等。目前，国际上普遍使用的提纯工艺有十余种，它们适用于不同成分、不同要求的湿电子化学品的生产，如蒸馏、精馏、连续精馏、盐熔精馏、共沸精馏、亚沸腾蒸馏、等温蒸馏、减压蒸馏、升华、化学处理、气体吸收等。湿电子化学品在运输过程中极易受污染，湿电子化学品的包装及供应方式是湿电子化学品使用中的重要一环。特别是颗粒控制，它贯穿于湿电子化学品生产、运输的始终，包括环境控制、工艺控制、成品包装控制等各个环节。

在产品标准方面，我国尚未出台统一的湿电子化学品质量标准。目前在湿电子化学品领域，在全球范围内较为通用的执行标准为国际半导体设备与材料协会（Semiconductor Equipment and Materials International，SEMI）制定的针对集成电路制造的SEMI标准（表4-23）。在SEMI标准中，将品种进行分类，每个品种归并为一个指导性的标准，其中包括多个用于不同工艺技术的等级。SEMI标准现已成为世界湿电子化学品制造业中通用的、最权威的标准。

表4-23 湿电子化学品SEMI标准等级

等级指标名称	C1（Grade1）	C7（Grade2）	C8（Grade3）	C12（Grade4）	Grade5
金属杂质 /（μg/L）	≤ 100	≤ 10	≤ 1	≤ 0.1	≤ 0.01
控制粒径 /μm	≤ 1.0	≤ 0.5	≤ 0.5	≤ 0.2	供需双方协定
颗粒数 /（个 /mL）	≤ 25	≤ 25	≤ 5	供需双方协定	供需双方协定
IC 线宽 /μm	> 1.2	0.8 ～ 1.2	0.2 ～ 0.6	0.09 ～ 0.2	< 0.09
国内技术水平	技术成熟，已实现规模化生产	技术成熟，已基本实现规模化生产	工艺及测试技术成熟，但生产设备及包装材料国内只有部分企业可以规模化生产	只有少部分企业的部分产品可以规模化生产	—
国外技术水平	目前，国际上制备 Grade1 到 Grade5 湿电子化学品的技术已经成熟				
平板显示领域需求	在薄膜制程清洗、光刻、显影、刻蚀等应用领域，一般要求达到 Grade2、Grade3，超高清 LCD、OLED 面板一般要求达到 Grade4				

资料来源：SEMI

我国湿电子化学品通常执行SEMI标准，部分企业采用国内分类标准UP-S、UP、EL等级。

1）UP-S级

UP-S级金属杂质含量小于1ppb（$1ppb=10^{-9}$），经过0.05μm孔径过滤器过滤，控制0.2μm粒子，在100级净化环境中灌装，达到SEMI C8标准。

2）UP级

UP级适用TFT-LCD制造工艺，金属杂质含量小于10ppb，经过0.2μm孔径过滤器过滤，控制0.5μm粒子，在100级净化环境中灌装，达到SEMI C7标准。

3）EL级

EL级金属杂质含量小于100ppb，控制1μm粒子，达到SEMI C1标准。

2. 关键技术

湿电子化学品的关键技术主要包括制备工艺技术、分离纯化技术以及与生产相配套的分析测试技术、环境处理与监测技术、包装技术等（表4-24）。

表4-24　湿电子化学品部分关键技术

名称		采用方法或材料
制备工艺技术		蒸馏、亚沸腾蒸馏、等温蒸馏、减压蒸馏、升华、气体吸收、化学处理、树脂交换、膜处理等技术
分析测试技术	颗粒分析测试技术	激光光散射法
	金属杂质分析测试技术	发射光谱法、原子吸收分光光度法、火焰发射光谱法、石墨炉原子吸收光谱法、等离子发射光谱法、电感耦合等离子体 - 质谱法
	非金属杂质分析测试技术	离子色谱法
包装技术		使用高密度聚乙烯（high density polyethylene，HDPE）、四氟乙烯和氟烷基乙烯基醚共聚物（polyfluoroalkoxy，PFA）、聚四氟乙烯（polytetrafluoroethylene，PTFE）等材料

1）分离纯化技术

分离纯化技术的关键问题是针对不同产品的不同特性采取何种提纯方法。常用的提纯方法主要有蒸馏和精馏、离子交换、分子筛分离、气体吸收和超净过滤（表4-25）。目前国内外制备超净高纯试剂常用的提纯方法主要有高效连续精馏技术、气体低温精馏与吸收技术、离子交换技术、膜处理技术等。

表4-25 湿电子化学品常用提纯方法

方法	原理	适用产品
蒸馏	利用混合物挥发度不同而进行分离	HF、HCl、HNO_3、H_2O_2、H_2SO_4 等
精馏	借助多次部分汽化和部分冷凝，使沸点更相近的混合物分离	一般湿电子化学品均可采用精馏方法提纯
离子交换	离子杂质通过阴、阳离子柱时，杂质离子被交换成 H^+ 和 OH^-，而被纯化	乙二醇、H_2O_2、$NH_3{\cdot}H_2O$ 等
分子筛分离	根据分子有效直径进行分类吸附分离	C_3H_6O、异丙醇等
气体吸收	溶于水吸收和反应吸收	NH_4F、$NH_3{\cdot}H_2O$、HNO_3、H_3PO_4 等
超净过滤	过滤纯化过程中未去除以及环境、包装容器和去离子水代入的杂质	对苯二甲酸（terephthalic acid，TPA）、绝大部分有机溶剂等

2）包装技术

湿电子化学品大多属于易燃、易爆、强腐蚀的危险品，且技术水平发展对其产品的质量提出了越来越高的要求，即不仅要求产品在储存的有效期内杂质及颗粒不能明显增加，而且要求包装后的产品在运输及使用过程中对环境不能有泄漏的危险。另外，必须使用方便且成本低廉，所有这些都对包装技术提出了更高的要求。

对湿电子化学品包装容器的材质要求如下：首先必须耐腐蚀；其次不能有颗粒及金属杂质溶出，这样才能确保容器在使用时不构成对湿电子化学品质量的损害。

目前最广泛使用的湿电子化学品包装材料是HDPE、PFA、PTFE。HDPE对多数湿电子化学品的稳定性较好，而且易于加工，并具有适当的强度，因而它是湿电子化学品包装容器的首选材料。HDPE与大多数酸、碱及有机溶剂都不发生反应，也不渗入聚合物中。醋酸、HF、H_2SO_4会侵蚀低密度聚乙烯而使其结晶度增加。低密度聚乙烯允许在室温下存放，但温度升高后，浓硫酸会侵蚀低密度聚乙烯而生成衍生物，导致“酸暗”。在室温下也不能储存硝酸、醋酸，因硝酸会使聚合物断裂，醋酸会引起树脂龟裂。对于使用周期较长的管线、贮罐、周转罐等，可采用PFA或PTFE材料作内衬。湿电子化学品包装所选用的HDPE材料要经过严格的试验考核，不同级别的HDPE材料具有不同的颗粒脱落特性。

A. 对专用氟树脂包装材料的要求

氟树脂又称氟碳树脂，主要包括PTFE、聚三氟氯乙烯（polytrifluorochloroethylene，PCTFE）、乙烯-四氟乙烯共聚物（ethylene tetrafluoroethylene，ETFE）、聚偏氟乙烯（polyvinylidene fluoride，PVDF）、聚全氟乙丙烯（fluorinatedethylenepropylene，FEP）、PFA等。

氟树脂之所以有许多独特的优良性能（表4-26），是因为氟树脂中含有较多的C—F键。F元素是一种性质独特的化学元素，在元素周期表中，其电负性最强、极化率最低、原子半径仅次于氢。氟原子取代C—H键上的H，形成的C—F键极短，键能高达486kJ/mol（C—H键能为413kJ/mol，C—C键能为347kJ/mol），因此，C—F键很难被热、光以及化学因素破坏。F的电负性大，F原子上带有较多的负电荷，相邻F原子相互排斥，含氟烃链上的F原子沿着锯齿状的C—C链呈螺线型分布，C—C主链四周被一系列带负电的F原子包围，形成高度立体屏蔽，保护了C—C键的稳定。因此，氟树脂化学性质极其稳定。

例如，氧化和腐蚀性较强的超净高纯硝酸对PFA管的溶出测试表明，在常温、浓度为69%～70%的硝酸（符合SEMI Grade4标准产品）中浸泡84h后，其金属离子和颗粒数无明显变化，说明其具备良好的稳定性。

表4-26　各种氟树脂材料主要性能

特性	PTFE	PFA	FEP	ETFE	PCTFE	PVDF
相对密度	2.13～2.22	2.12～2.17	2.12～2.17	1.70～1.86	2.10～2.14	1.76～1.78
熔点/℃	327	302～310	270	260	210～212	173～175
最高连续使用温度/℃	260	260	200	150	120	150
抗拉强度/MPa	20～45	27～35	19～22	40～50	31～41	39～59
伸长率/%	200～450	280～400	250～330	420～460	80～250	300～450
介电常数（10^3Hz）	2.1	2.1	2.1	2.6	2.3～2.7	7.72
（10^6Hz）	2.1	2.1	2.1	2.6	2.3～2.5	6.43
体积电阻/（Ω·cm）	＞10^{18}	＞10^{18}	＞10^{18}	＞10^{16}	＞10^{16}	＞10^{14}
介电击穿强度（V/mm）	480	500	500～600	400	500～600	260

实验表明氟树脂化学稳定性依次为PFA、PTFE、FEP、PVDF。由于氟树脂具有高耐腐蚀性和高化学稳定性，可以很好地保证产品的洁净度，氟树脂在与高纯化学试剂接触时，几乎没有不纯物质的溶出，且耐腐蚀性优异，具备长期使用也能保持纯度的优异特性。在应用于湿电子化学品的氟树脂中，尤其以PTFE与PFA最为广泛，其耐腐蚀性更加优异，耐蚀高纯化学试剂的品种更加广泛，同时大量用于有清洁度要求的TFT-LCD等行业以及微量分析领域。

B. 对专用HDPE包装材料的要求

HDPE是不透明的白色粉末，造粒后为乳白色颗粒，分子为线型结构，很少出现支化现象，是较典型的结晶高聚物。它的力学性能均优于低密度聚乙烯，熔点为126～136℃，相对密度为0.941～0.965的聚乙烯称为HDPE。它的生产方式有液相法和气相法两种。液相法又包括溶液法和淤浆法。

HDPE在湿电子化学品中主要应用于产品的包装、储存及部分管道等。与氟树脂比较，HDPE的稳定性和抗氧化性有一定程度下降，但由于其价格较低，在高纯化学试剂包装等体系里仍得到大量使用，但必须进行相关技术指标的评价。传统工艺生产的HDPE一般很难符合湿电子化学品成品的储运和包装要求。

湿电子化学品包装、储运用树脂主要技术指标要求如下。

（1）金属离子的析出。SEMI Grade3及以上技术水平的湿电子化学品产品在包装储运和使用过程中的单项金属离子要求保持在ppt（$1ppt=10^{-12}$）级的水平，因此对预期接触的所有材料必须也保持相应技术水平，无过量金属离子析出。

（2）颗粒数。树脂材料在分子水平上出现过量的分子断裂或者溶出，会导致化学品中颗粒数急剧上升，导致在电路湿制程中大量产品污染和线路缺陷。

（3）小分子渗透。湿电子化学品分子量一般相对较小，渗透性强，而树脂在合成过程中容易出现大分子间隙，导致分子溢出，如果在储运强腐蚀性化学试剂过程中出现过量分子溢出，可能会对储运设施外层金属产生微量腐蚀，而微量的腐蚀污染足以导致产品失效。

（4）产品耐化学稳定性。耐腐蚀性和稳定性是使用选型过程中最基本要求。

湿电子化学品包装、储运用树脂制造技术要求如下。

湿电子化学品产品包装、储运用树脂除满足一般性要求，如材质与不同化学试剂的兼容性强、合理的结构和强度、良好的密封性，还需要针对湿电子化学品特点，在制造过程中满足以下要求。

（1）材质的洁净度高，保证不对产品造成二次污染。

（2）树脂聚合中分子量分布尽可能地窄。

（3）聚合过程中支链的控制技术。

（4）功能添加剂的选择稳定性和溢出控制技术。

（5）精确的过程工程控制技术。

（6）提升产品评价技术。

（二）平板显示用湿电子化学品

湿电子化学品在平板显示器制造过程中主要用于面板制造中基板上颗粒和有机物的清洗、光刻胶的显影和去除、电极的刻蚀等。

在大屏幕、高清晰的面板制造过程中，湿电子化学品中所含的金属离子和个别尘埃颗粒都会让面板产生极大缺陷，所以湿电子化学品的纯度和洁净度对平板显示器的成品率有着十分重要的影响。湿电子化学品在平板显示器（TFT-LCD、OLED等）生产过程中主要在光刻、刻蚀、清洗工艺流程发挥功效。

1. TFT-LCD领域

在TFT-LCD制造工艺流程中主要应用的湿电子化学品见表4-27。

表4-27 TFT-LCD制造用主要湿电子化学品

类别	名称	主要组分	功能及工艺特征
刻蚀液	BOE	HF、NH_4F、水	刻蚀绝缘氧化物膜层
	ITO 刻蚀液	草酸系；无机酸系	刻蚀 ITO 薄膜
	铝刻蚀液	磷酸、硝酸、醋酸及添加剂（如硝酸钾、氯化钾）	刻蚀阵列工艺中钼 / 铝金属层
	铜刻蚀液	H_2O_2+ 添加剂	刻蚀铜金属层
清洗液	清洗液	丙酮、异丙醇、无机清洗剂等	去除基板表面尘埃颗粒及有机污染物
稀释液	PGMEA 稀释液	丙二醇甲醚醋酸酯	调节光刻胶的黏度，改善基材的疏水性，保证涂布胶膜的均匀性，达到工艺所需膜厚
	OK73 稀释液	丙二醇甲醚、丙二醇甲醚醋酸酯	调节光刻胶的黏度，改善基材的疏水性，保证涂布胶膜的均匀性，达到工艺所需膜厚
显影液	阵列显影液	四甲基氢氧化铵、氢氧化钾、氢氧化钠等	清洗曝光后的阵列光刻胶
	彩色滤光膜显影液	碱性物质、表面活性剂、水	清洗彩色滤光膜段部分光刻胶
剥离液	溶剂型剥离液	DMSO、MEA	去除金属电镀或刻蚀加工完成后的光刻胶和残留物质，同时防止对下面的衬底层造成损坏
	水系剥离液	环保溶剂、水	去除金属电镀或刻蚀加工完成后的光刻胶和残留物质，同时防止对下面的衬底层造成损坏
HF 溶液	HF 溶液	HF、水	对面板表面进行咬蚀，将面板变薄，达到工艺要求的玻璃基板的厚度

注：BOE指缓冲氧化物刻蚀液（buffered oxide etchant）；PGMEA指丙二醇甲醚醋酸酯（propylene glycol methyl ether acetate）

1）刻蚀液

TFT-LCD制造用刻蚀液主要包括BOE、铝刻蚀液、铜刻蚀液和ITO刻蚀液。

（1）BOE。BOE应用于TFT-LCD面板阵列端制作过程中的绝缘氧化物膜层的刻蚀和清洗过程。BOE产品品质是影响产品质量的直接因素。

（2）钼/铝刻蚀液。高纯度钼/铝刻蚀液（又简称为铝刻蚀液）是一种金属材料的化学刻蚀用的刻蚀液，是平板显示制作过程中关键性湿电子化学品材料之一。

钼/铝刻蚀液用于阵列工艺中钼/铝金属层的刻蚀，其颗粒度小，纯度高，可控制刻蚀角度和不同金属层的刻蚀量，提高刻蚀产品的良率。

TFT-LCD制造用钼/铝刻蚀液为无色透明溶液。它的组成成分主要是磷酸（H_3PO_4）、硝酸（HNO_3）、醋酸（CH_3COOH）及添加剂（如硝酸钾、氯化钾）。

（3）铜刻蚀液。铜刻蚀液由H_2O_2和添加剂构成。铜刻蚀液主要用在有铜电极存在的面板对铜金属层的刻蚀工艺中。铜刻蚀工艺技术主要起源于韩国，近年来，铜刻蚀工艺技术在TFT-LCD面板制造中的应用不断扩大，铜刻蚀液需求量大幅增加。

（4）ITO刻蚀液。在TFT-LCD领域，通常使用ITO作为导电膜，ITO膜具有低电阻率、高可见光透过率、膜层牢固坚硬、耐碱耐热耐潮湿等优良性能。整个ITO制程包括薄膜沉积、上光阻、软烤、黄光、显影、硬烤刻蚀去光阻、退火。其中刻蚀是一个重要的工序。为得到精确的像素电极图案，需要对沉积的ITO膜进行刻蚀，通常有干法刻蚀和湿法刻蚀。湿法刻蚀主要采用ITO刻蚀液。市场上ITO刻蚀液主要为草酸系和无机酸系，其中无机酸系一般采用硝酸（或醋酸）、硫酸、添加剂和水以一定比例混合的溶液，呈无色透明状。

2）显影液

（1）阵列显影液。面板制作中最常用的显影液是电子级四甲基氢氧化铵。在玻璃基板经过镀膜、上光阻、曝光后，用四甲基氢氧化铵水溶液来清洗曝光后的光阻，从而得到所需的图形。

清洗质量直接影响电子产品品质，因此对电子级四甲基氢氧化铵的质量要求十分严格。与氢氧化钾等显影液相比，四甲基氢氧化铵最突出的优点是纯度高，金属离子含量低，显影清洗后不留金属痕迹，显影效果更佳。

（2）彩色滤光膜显影液。彩色滤光膜制程的光刻胶主要为负性光刻胶，经曝光后，曝光区域的光刻胶发生反应，不溶于显影液中，而未曝光区域可以溶于光刻胶中，因此在显影工序后便得到所需的图形。彩色光刻胶的主要成分为丙烯酸类树脂、交联剂、光引发剂、颜料、分散剂和溶剂等。在显影过程中，光刻胶与显影液发生反应，显影后的图形应清晰、无光刻胶残留、无侧蚀、无基板腐蚀等。

目前市面上在用的彩色滤光膜显影液主要为碱性显影液，其主要成分包括碱性物质、表面活性剂和高纯水。

3）剥离液

TFT-LCD制造用剥离液用于去除金属电镀或刻蚀加工完成后的光刻胶和

残留物质，同时防止对下面的衬底层造成损坏，剥离液的配方还必须符合剥离工艺要求。

TFT-LCD制造用剥离液目前最大量使用的是溶剂型剥离液，主要成分为DMSO和MEA。水系剥离液是目前新型剥离液的发展趋势，由于有机类产品成本相对较高，能耗、污染等一直是溶剂型剥离液的短板。

4）清洗液

清洗液起到多次对玻璃基板、镀膜玻璃清洗的作用。例如，玻璃基板在受入平台前使用湿电子化学品对其清洗干净；在溅镀ITO导电膜之前对其清洗加工；在涂敷光刻胶等之前对玻璃基板进行清洗，以保证对微小颗粒以及所有的无机、有机污染物清除干净，达到所需要的洁净度。

5）稀释液

稀释液应用于光刻工艺前端光阻的清洗过程。在光阻涂覆的过程中，光阻涂布喷嘴、涂布周围设备或基板边缘等部分也会黏附光阻，这些在之后的基板光阻涂布工艺中会引发不良现象，必须去除，为此使用的有机溶剂统称为稀释液。

6）HF溶液

利用液体溶液与表面材料进行化学反应，应用HF与氧化硅发生反应并使其溶解的原理，对面板表面进行咬蚀，将面板变薄，达到工艺要求的玻璃基板的厚度。所用的高纯溶液多为电子级HF溶液。

TFT-LCD制造用通用湿电子化学品还包括醋酸、硝酸、异丙醇等有机溶剂产品，用于清洗去除颗粒、有机残留物、金属离子等污染物及在每个工艺步骤中的半成品上可能存在的杂质，避免杂质影响成品质量和下游产品性能。

2. OLED领域

目前OLED实现彩色化有三种方法，其中之一的独立发光材料法是以红、绿、蓝三色为独立发光材料进行发光，是目前最常用的工艺方法，不需用到彩色滤光片。因此在OLED制作过程中不需要使用彩色滤光膜显影液，在刻蚀液使用方面与TFT-LCD制作过程中也有较大区别，OLED制作过程中主要使用Ag刻蚀液。OLED制作过程中使用的湿电子化学品主要包括BOE、显影液、Ag刻蚀液、剥离液、稀释液、清洗液、NMP等。

在平板显示领域，国内对部分湿电子化学品的纯度要求见表4-28。

表4-28　平板显示领域湿电子化学品的纯度要求

湿电子化学品名称	纯度等级
双氧水	C7（Grade2）
Al 刻蚀液（液晶面板用）	EL 级
ITO 刻蚀液（液晶面板用）	EL 级
阵列显影液	C7（Grade2）以上
剥离液	EL 级

（三）国内外现状

1. 总体概况

1）全球市场概况

近年来，全球湿电子化学品市场规模以及下游需求量均呈逐年上升趋势。2020年，全球TFT-LCD用湿电子化学品市场规模为72.09亿元，并保持低速增长态势，预计到2025年全球TFT-LCD用湿电子化学品市场规模达到84.40亿元（图4-35）。

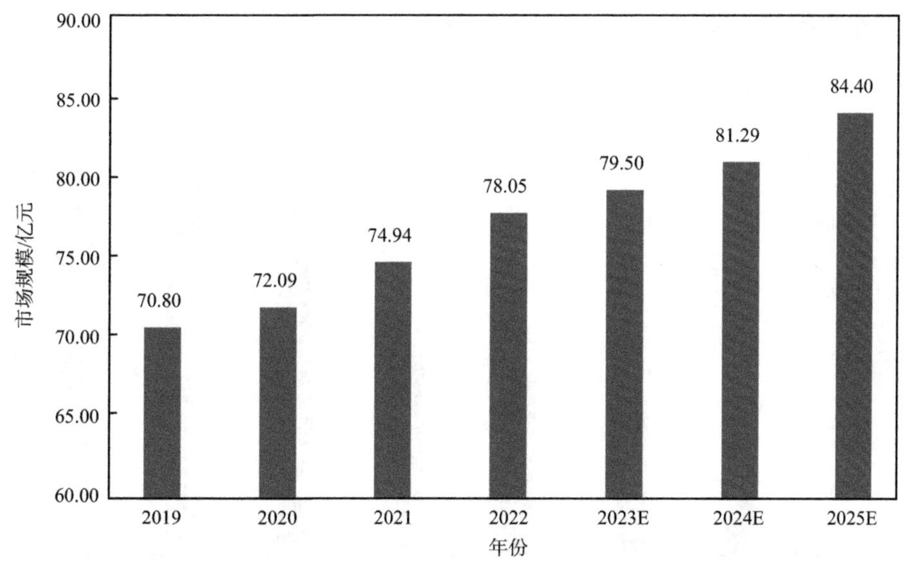

图4-35　全球 TFT-LCD 用湿电子化学品市场规模

资料来源：CEMIA

2020年，全球TFT-LCD用湿电子化学品市场需求为94.20万t，预计到2025年全球TFT-LCD用湿电子化学品市场需求达到110.29万t（图4-36）。

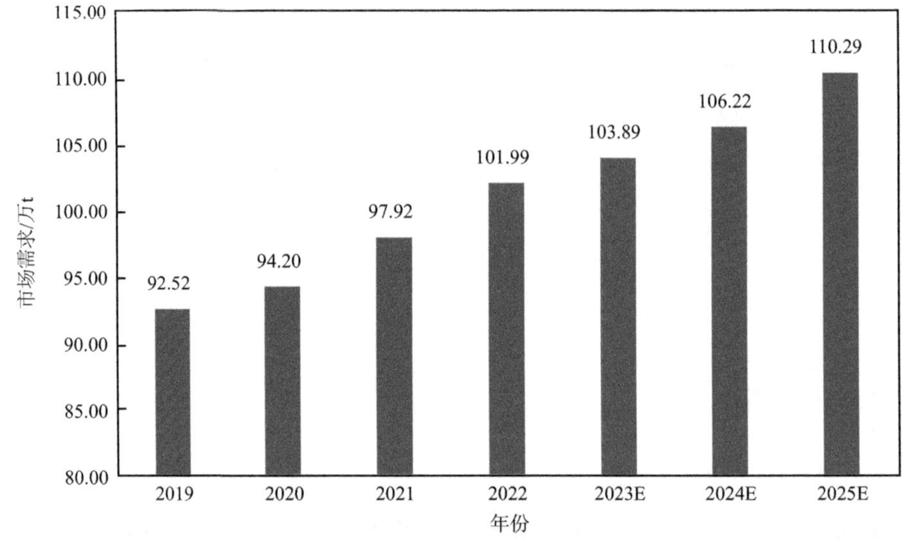

图4-36 全球TFT-LCD用湿电子化学品市场需求

资料来源：CEMIA

在OLED应用领域，2020年全球OLED用湿电子化学品市场规模为48.45亿元，预计2025年将增长至127.34亿元（图4-37）。

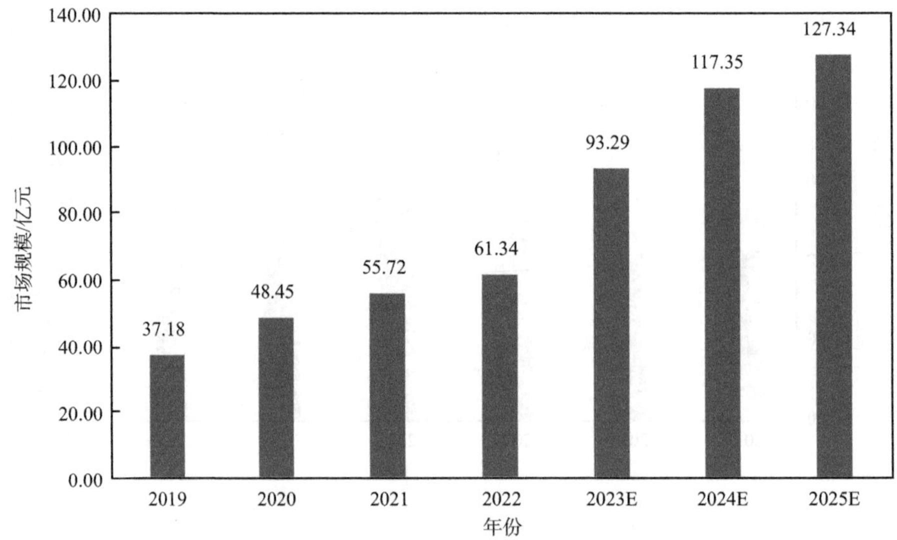

图4-37 全球OLED用湿电子化学品市场规模

资料来源：CEMIA

2020年全球OLED用湿电子化学品市场需求达50.50万t，预计到2025年将增长至132.72万t（图4-38）。

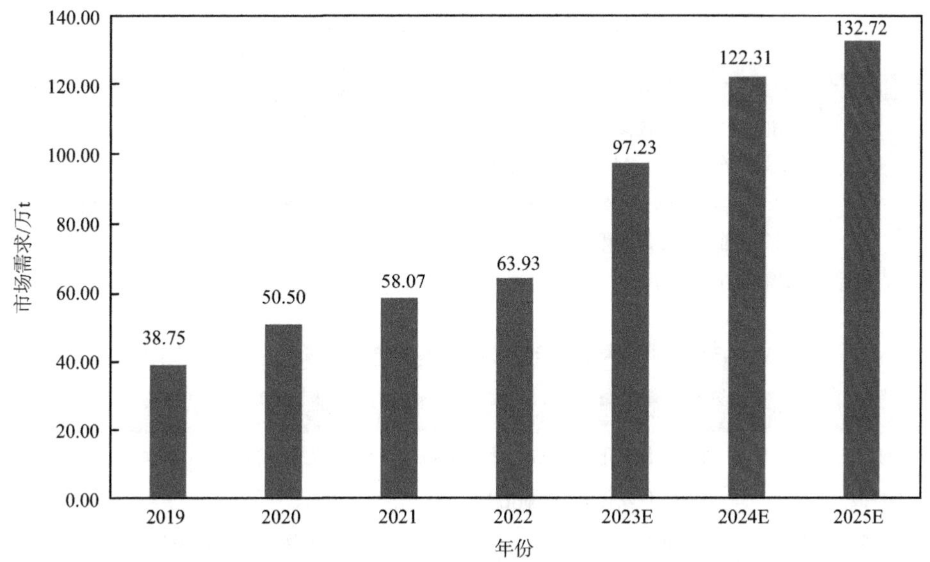

图4-38　全球OLED用湿电子化学品市场需求

资料来源：CEMIA

综合TFT-LCD与OLED领域来看，2020年全球平板显示用湿电子化学品市场规模为120.54亿元，预计到2025年将增长至211.74亿元；2020年全球平板显示用湿电子化学品市场需求为144.70万t，随着OLED产业的发展，预计到2025年将增长至243.01万t（表4-29）。

表4-29　全球平板显示用湿电子化学品市场

市场情况	种类	2019年	2020年	2021年	2022年	2023（E）年	2024（E）年	2025（E）年
市场规模/亿元	TFT-LCD	70.80	72.09	74.94	78.05	79.50	81.29	84.40
	OLED	37.18	48.45	55.72	61.34	93.29	117.35	127.34
	合计	107.98	120.54	130.66	139.39	172.79	198.64	211.74
市场需求/万t	TFT-LCD	92.52	94.20	97.92	101.99	103.89	106.22	110.29
	OLED	38.75	50.50	58.07	63.93	97.23	122.31	132.72
	合计	131.27	144.70	155.99	165.92	201.12	228.53	243.01

资料来源：CEMIA

表4-30和表4-31分别列出了全球湿电子化学品行业主要品牌和国内平板显示领域用各类湿电子化学品主要供应商。

表4-30 全球湿电子化学品行业主要品牌

地区	公司名称
欧美	德国：巴斯夫、汉高、默克 美国：霍尼韦尔、ATMI、阿贡、亚什兰、空气化工
日韩	日本：关东化学、三菱化学、京都化工、东京应化、住友化学、宇部兴产、Stella Chemifa 韩国：东友、东进、秀博瑞殷
中国台湾省	联仕电子、侨力

表4-31 国内平板显示领域用各类湿电子化学品主要供应商

产品	境外/国内外商独资企业	内资/合资企业
剥离液	东进、住友化学、LG化学、达诚	江化微、润玛、晶瑞电材
Al刻蚀液	东进、住友化学、三福化工	润玛、江化微
彩色滤光膜刻蚀液	住友化学、东进	江化微、新宙邦、易安爱富
CF显影液	住友化学、东进、汉高	格林达、信联
四甲基氢氧化铵	汉高	格林达、信联
稀释液	东进、默克、陶氏	润玛、江化微、格林达
ITO刻蚀液	住友化学、东进	江化微、格林达、润玛
醋酸	东进、住友化学	江化微、尚能
BOE	东进、住友化学	格林达
硝酸	东进、住友化学	江化微、尚能
清洗液	汎宇化学、横滨油脂	格林达、江化微、佑达
Ag刻蚀液	东进、东友	—
NMP	载元	格林达、裕能

资料来源：CEMIA

2）国内市场概况

2020年，中国TFT-LCD用湿电子化学品市场规模为37.31亿元，并保持低速增长态势，预计到2025年中国TFT-LCD用湿电子化学品市场规模达到57.51亿元（图4-39）。

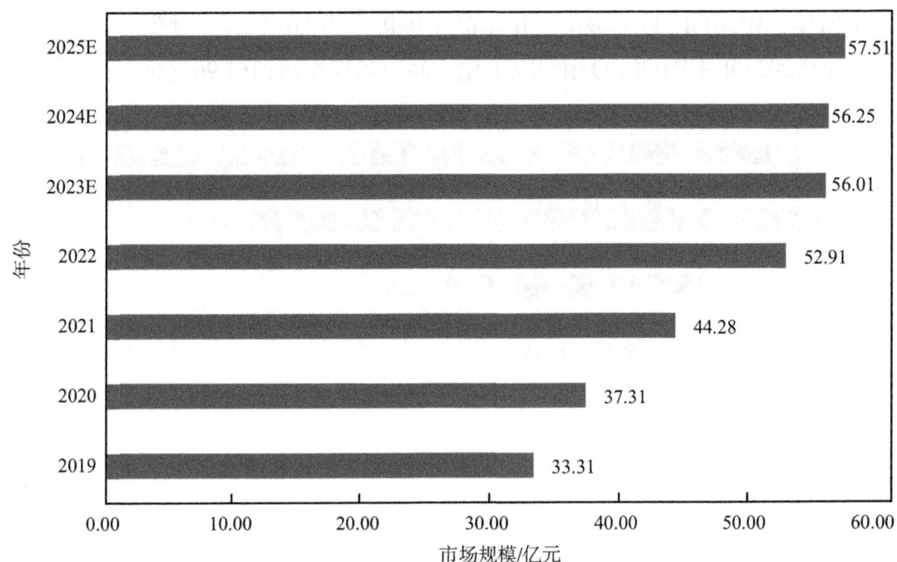

图 4-39　2019 ～ 2025 年中国 TFT-LCD 用湿电子化学品市场规模

资料来源：CEMIA

2020年，中国TFT-LCD用湿电子化学品市场需求为48.75万t，预计到2025年中国TFT-LCD用湿电子化学品市场需求达到75.15万t（图4-40）。

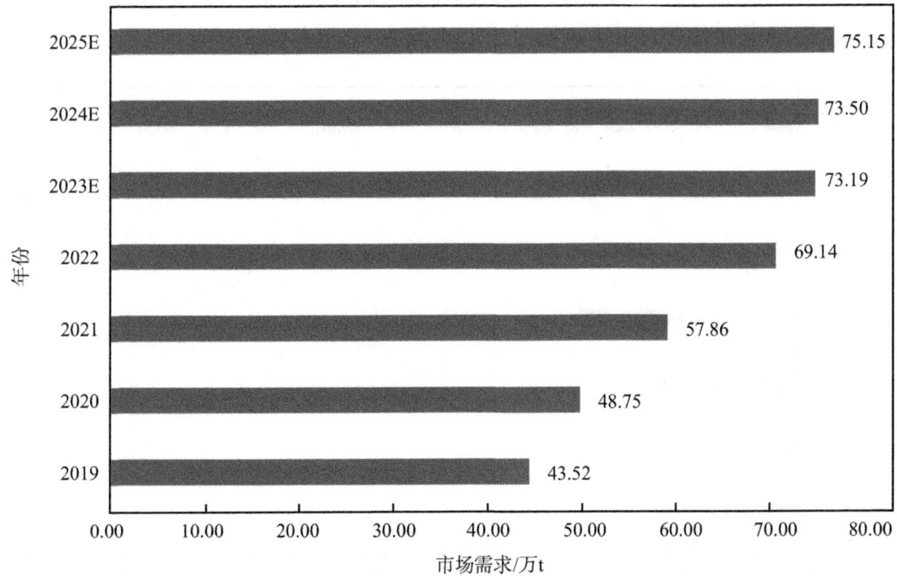

图 4-40　2019 ～ 2025 年中国 TFT-LCD 用湿电子化学品市场需求

资料来源：CEMIA

2020年，中国OLED用湿电子化学品市场规模为9.01亿元，并保持高速增长态势，预计到2025年中国OLED用湿电子化学品市场规模达到61.96亿元（图4-41）。

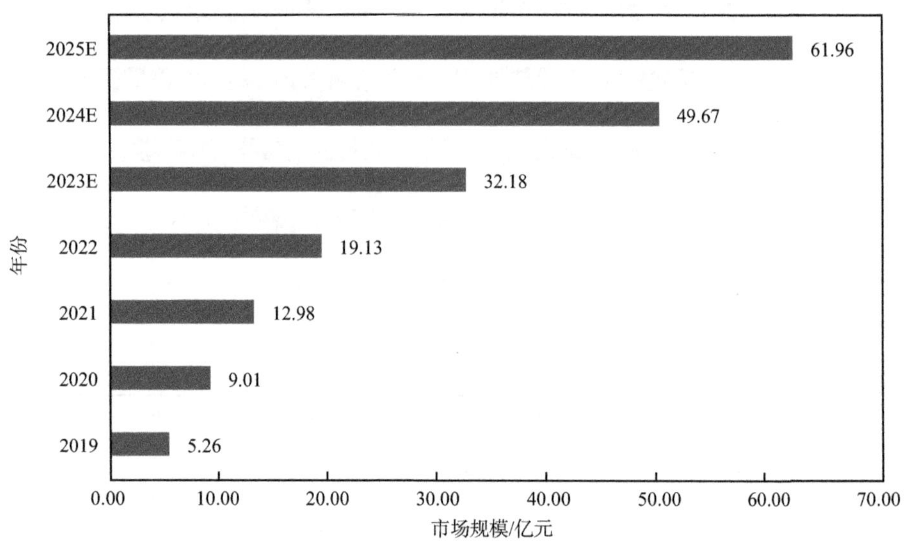

图4-41　2019～2025年中国OLED用湿电子化学品市场规模

资料来源：CEMIA

2020年，中国OLED用湿电子化学品市场需求为9.39万t，预计到2025年中国OLED用湿电子化学品市场需求达到64.58万t（图4-42）。

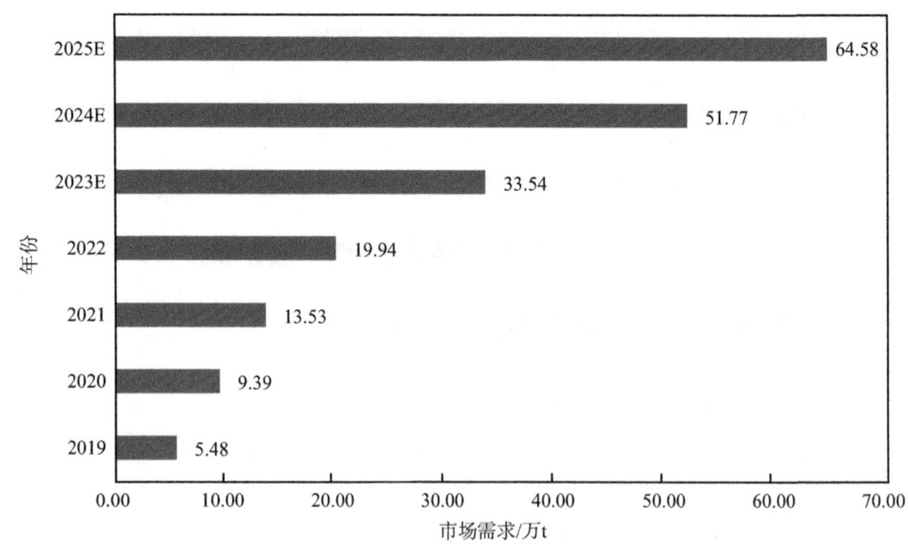

图4-42　2019～2025年中国OLED用湿电子化学品市场需求

资料来源：CEMIA

综合TFT-LCD与OLED领域来看，2020年中国平板显示用湿电子化学品市场规模为46.32亿元，预计到2025年将增长至119.47亿元；2020年中国平板显示用湿电子化学品市场需求为58.14万t，预计到2025年将增长至139.73万t（表4-32）。

表4-32　中国平板显示用湿电子化学品市场情况

市场情况	种类	2019年	2020年	2021年	2022年	2023（E）年	2024（E）年	2025（E）年
市场规模/亿元	TFT-LCD	33.31	37.31	44.28	52.91	56.01	56.25	57.51
	OLED	5.26	9.01	12.98	19.13	32.18	49.67	61.96
	合计	38.57	46.32	57.26	72.04	88.19	105.92	119.47
市场需求/万t	TFT-LCD	43.52	48.75	57.86	69.14	73.19	73.50	75.15
	OLED	5.48	9.39	13.53	19.94	33.54	51.77	64.58
	合计	49.00	58.14	71.39	89.08	106.73	125.27	139.73

资料来源：CEMIA

2. 竞争格局

目前，全球湿电子化学品竞争格局主要可分为三大板块。第一板块由欧美企业所占领，市场份额为32%，主要生产企业有巴斯夫、默克、杜邦、霍尼韦尔、会瞻、应特格等。第二板块由日本的十家左右生产企业所拥有，市场份额为30%，主要包括关东化学、三菱化学、京都化工、日本合成橡胶、住友化学、和光纯药、Stella Chemifa等。第三板块主要由韩国、中国企业（即内资/合资企业）所占领，市场份额为37%。从整体来看，欧美、日本、韩国等市场份额为70%以上，中国市场份额仅11%（图4-43）。

3. 产业链情况

湿电子化学品行业是精细化工和电子信息行业交叉的领域，其行业特色充分融入了两大行业的自身特点，具有品种多、质量要求高、对环境洁净度要求苛刻、产品更新换代快、产品附加值高、资金投入量大等特点，是化工领域最具发展前景的领域之一。湿电子化学品位于电子信息产业偏中上游的材料领域，其上游是基础化工原料，下游是化工电子材料产业以及信息通信、消费电子、家用电器、汽车电子、LED、显示面板、太阳能电池、军工等终端应用领域（图4-44）。

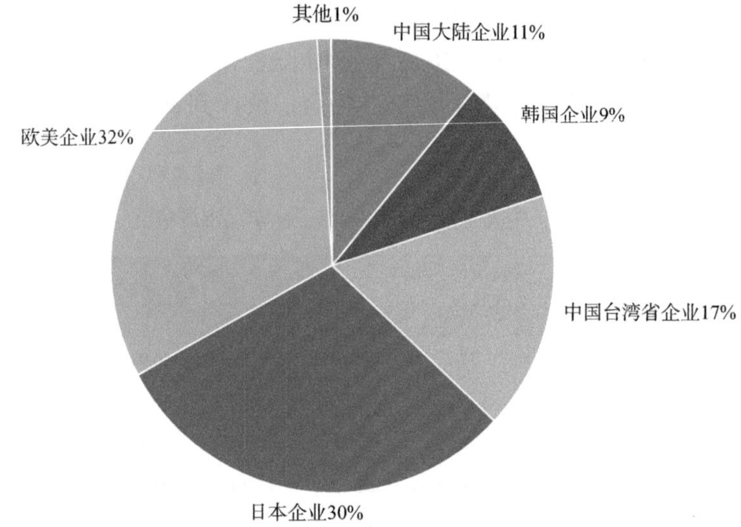

图 4-43　2020 年全球湿电子化学品市场竞争格局

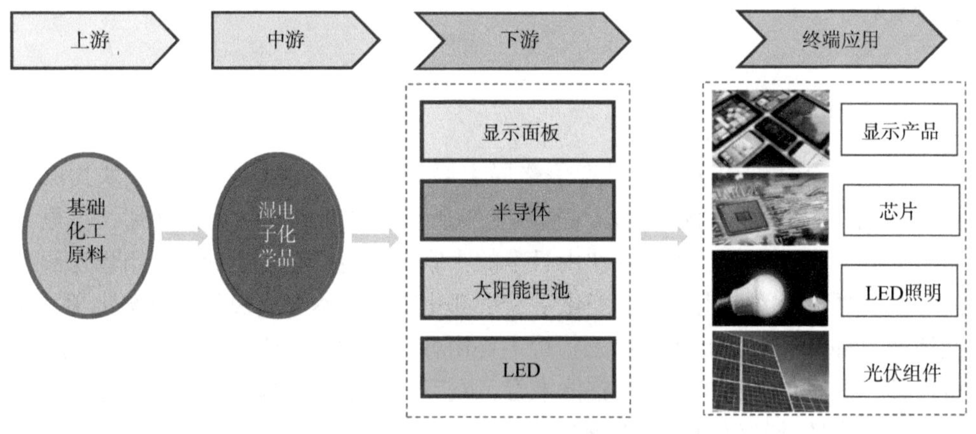

图 4-44　湿电子化学品产业链示意图

4. 配套情况

近年来，我国湿电子化学品在工艺技术方面逐步取得突破。国内从事湿电子化学品研究生产的企业有40多家。在平板显示领域，包括各个世代的TFT-LCD及OLED用湿电子化学品整体国产化率为40%。其中，3.5代线及以下的面板用湿电子化学品的国产化率近100%，LCD面板4.5代、5代线用湿电子化学品的国产化率约80%，而6代、8代线用湿电子化学品的国产化率不足30%。

OLED面板及大尺寸液晶面板所需的湿电子化学品部分品种目前仍被韩国、日本和我国台湾省等少数湿电子化学品厂商垄断。高世代液晶面板用铜刻蚀液及铜剥离液由国内企业实现了小批量供应，但与需求相比仍有较大差距，亟须进一步提高；OLED用Ag刻蚀液目前仍全部依赖进口。

另外，随着我国对湿电子化学品的需求稳定增长，欧洲、美国、日本、韩国等国家或地区的大公司纷纷在我国建设湿电子化学品生产厂，一定程度上提升了本地化能力。2020年，我国TFT-LCD和AMOLED产业湿电子化学品本地化配套率基本维持在80%以上的高位水平（图4-45和图4-46）。

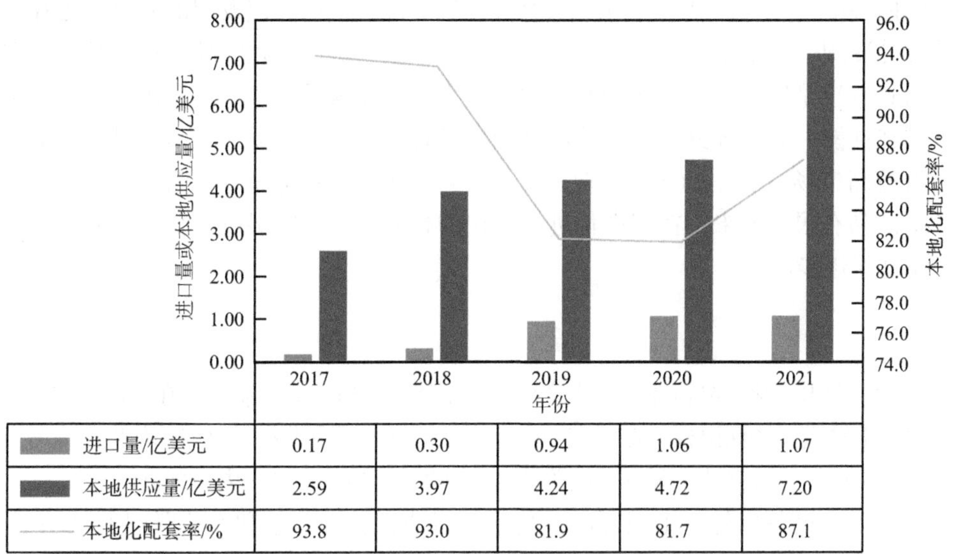

	2017	2018	2019	2020	2021
进口量/亿美元	0.17	0.30	0.94	1.06	1.07
本地供应量/亿美元	2.59	3.97	4.24	4.72	7.20
本地化配套率/%	93.8	93.0	81.9	81.7	87.1

图4-45　TFT-LCD用湿电子化学品本地化配套情况

资料来源：CODA

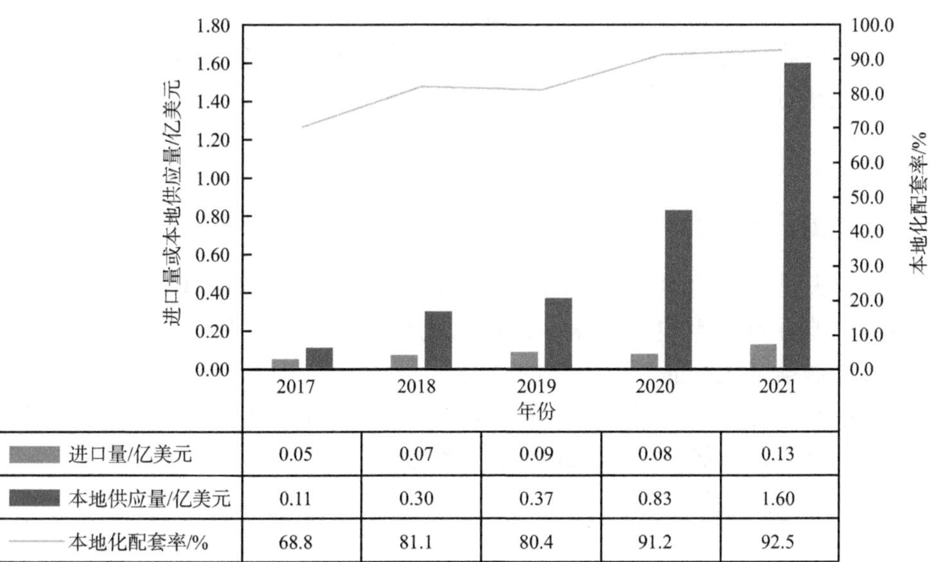

	2017	2018	2019	2020	2021
进口量/亿美元	0.05	0.07	0.09	0.08	0.13
本地供应量/亿美元	0.11	0.30	0.37	0.83	1.60
本地化配套率/%	68.8	81.1	80.4	91.2	92.5

图4-46　AMOLED用湿电子化学品本地化配套情况

资料来源：CODA

近年来，我国湿电子化学品制造商加大了高端产品研发力度。目前江化微已具备为6代、8.5代等平板显示生产线规模化供应高端湿电子化学品的能力，其产品已通过京东方、深天马、华润微电子等企业的认证，润玛、格林达等国内一批头部企业正加紧研发，以保障我国湿电子化学品自主化供应。

但是，受制造工艺水平生产、配方技术等因素影响，与国外制造商相比，尽管国内湿电子化学品制造商近年来取得了长足进步，在高速发展的同时，也存在着部分瓶颈。湿电子化学品行业投资大，产品获得认证过程烦琐、周期长，制造商需具有雄厚的资金实力和研发能力，还需配备高素质从业人员。国产湿电子化学品在性能、规模等方面与国外产品相比尚有较大差距。缺乏在多个品种方面均拥有较高市场占有率的龙头企业，产品相对较单一，部分企业尽管品种较多，但拳头产品有限。未来，在国产化进程加快的趋势下，中国湿电子化学品制造商发展空间将逐步增大。

（四）发展趋势

中国湿电子化学品行业上游生产设备主要依赖进口，导致制造商在生产成本和产品价格上缺少市场话语权。在国家利好政策推动下，国内设备厂商在部分生产设备方面逐步实现了技术突破，湿电子化学品生产设备有望在5～10年内实现进口替代。

除生产设备以外，中国湿电子化学品行业在各种政策和产业联盟的推动下，攻克了部分高端湿电子化学品的生产技术，逐步开始向中国电子生产企业提供质量稳定的高端湿电子化学品。随着中国湿电子化学品制造商研发及设备配套实力的增强，未来进口替代的趋势更加明显。

未来行业将进一步通过企业并购、合并等战略实现企业之间的资源整合，助力企业拓宽产品线和扩大经营规模，提高企业实力。

（五）重点企业

1. 德国巴斯夫股份公司

巴斯夫是电子化学品行业的领先供应商。在电子材料领域有超过30年的经验，占据了高端湿电子化学品市场的优势地位，巴斯夫是世界上唯一掌握可靠无羟胺盐基化学品制造工艺的公司。

2020年，巴斯夫实现销售收入591亿欧元，与2019年持平。不计特殊项目的息税前收益为36亿欧元，较2019年下降23%。

2. 日本住友化学株式会社

住友化学主要从事半导体、平板显示等用超净高纯化学试剂的研发、生产。在亚洲市场上该公司产品占有一定的份额。特别是在大尺寸晶圆制造中应用的湿电子化学品更具产品优势。我国的12in半导体晶圆生产中采用了很多该公司的产品。

3. 韩国东进世美肯科技有限公司

东进主要生产和销售半导体及平板显示用电子化学品和发泡剂产品，近几年在半导体、平板显示用湿电子化学品方面发展迅速。在北京、上海、成都、合肥、启东、西安、鄂尔多斯及台湾等地均设有子公司。

东进产品几乎涵盖平板显示领域用所有功能性湿电子化学品，特别是在铜制程相关产品方面处于垄断地位。

4. 江阴江化微电子材料股份有限公司

江化微专业生产适用于半导体、晶体硅太阳能、平板显示（TFT-LCD、彩色滤光片、触控面板、OLED、等离子显示器（plasma display panel，PDP）等），以及LED、硅片、锂电池、光磁等工艺制造过程中的专用湿电子化学品——超净高纯试剂、光刻胶配套试剂，属国内生产规模大、品种齐全、配套完善的湿电子化学品专业服务提供商。

江化微是国内领先的湿电子化学品生产企业，具备同时为4.5代线、5代线、5.5代线、6代线、8.5代线平板显示生产线规模化供应湿电子化学品的能力和经验，在高世代线平板显示领域湿电子化学品的竞争中成功开发了水系剥离液、钛-铝-钛刻蚀液、过氧化氢清洗液、高端金属膜刻蚀液等产品。

5. 杭州格林达电子材料股份有限公司

格林达隶属于杭州电化集团，是专业定制湿电子化学品及其配套服务与解决方案的供应商，其主要客户涉及芯片制造、平板显示、光伏面板等领域，主要产品包括正胶显影液、负胶显影液、刻蚀液、剥离液、稀释液、清洗液等。

格林达在合肥、鄂尔多斯、眉山等地先后成立全资子公司。格林达的未来发展整体布局如下：满足芯片制造、平板显示、光伏面板等领域高品质湿电子化学品产品的稳定供应；满足行业湿电子化学品本地配套服务；满足《中国制造2025》中关于新型显示行业用湿电子化学品的发展需求。

6. 江阴润玛电子材料股份有限公司

润玛是一家致力于研发、生产和销售微电子制造用超净高纯电子化学品的国家火炬计划重点高新技术企业。

目前公司产品已在国内半导体分立器件、大规模集成电路、硅材料处理、平面显示器行业的主要厂家广泛应用，特别是自主开发的RM-A、RM-B系列超净高纯湿电子化学品，填补了国内空白，替代部分进口产品，已广泛应用于多家大型微电子领域企业。

七、稀土抛光材料

（一）材料概述

1. 材料介绍

抛光粉通常由氧化铈、氧化铝、氧化硅、氧化铁、氧化锆、氧化铬等组分组成。材料不同，抛光粉的硬度不同，在水中化学性质也不同，使用场合也存在差异。氧化铝与氧化铬的莫氏硬度为9，氧化铈和氧化锆的莫氏硬度为7，氧化铁的莫氏硬度更低，其中氧化铈与硅酸盐玻璃的化学活性较高，硬度相当。

当前用于平板显示领域的抛光材料主要是稀土抛光材料，又指稀土抛光粉，稀土抛光粉是一种以氧化铈为主体成分、用于提高制品或零件表面光洁度的混合轻稀土氧化物的粉末，现已经广泛应用于光学玻璃、液晶玻璃基板以及触摸屏玻璃盖板的抛光。稀土抛光粉主体生产原料为氧化铈（CeO_2）、氢氧化稀土、稀土盐类、单氟碳铈矿，其中主要成分为氧化铈。稀土抛光材料具有粒度均匀、硬度适中、抛光效率高、抛光质量好、使用寿命长以及清洁环保等优点，被称为“抛光粉之王”（图4-47）。

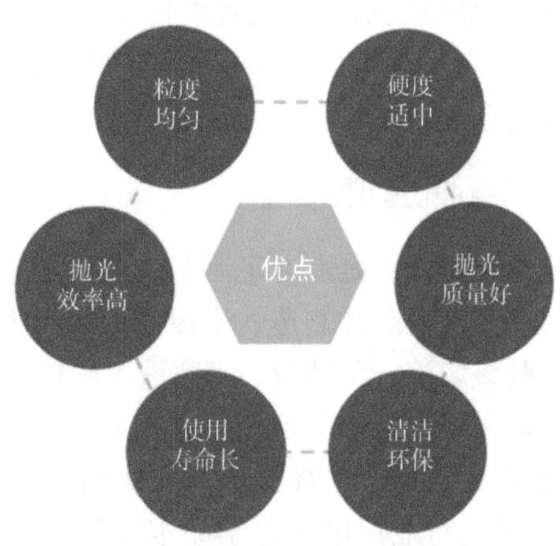

图 4-47　稀土抛光材料的优点

稀土抛光粉作为高效抛光化合物，通常认为其抛光机理是物理研磨和化学研磨的共同作用。物理研磨特指稀土抛光材料对玻璃表面所进行的机械磨削作用，即物理作用；化学研磨即化学溶解，特指稀土抛光材料对玻璃表面凸起部分进行微研磨，同时稀土抛光浆使玻璃表面形成水合软化层而导致玻璃表面具有某种程度的可塑性，水合软化层既可填补玻璃表面低洼处，使其表面光滑，又可被稀土抛光粉机械磨削，使其表面更加光滑。

根据氧化铈含量，一般将稀土抛光粉分为低铈抛光粉、中铈抛光粉、高铈抛光粉（图4-48）。低铈抛光粉生产工艺是使稀土富集物在固态下发生化学变化，从而转化成力学和化学性能均稳定的化合物，其氧化铈含量$w(CeO_2)$为30%～50%，粒度为1～4μm。这种抛光粉价格相对便宜、切削率高、应用较广，主要用于平板玻璃和镜片的抛光。

图4-48　稀土抛光粉和$w(CeO_2)$高于99.9%的氧化铈

中铈抛光粉（$w(CeO_2)$为80%～85%）的氧化铈品位较高，相比于高铈抛光粉，其浆料浓度可降低11%，抛光速率可提高35%，使用寿命可提高30%，适用于对中等精度的光学镜头及液晶显示器等工件的抛光。

高铈抛光粉（$w(CeO_2)$大于99%）几乎为纯氧化铈，主要用于特种玻璃的抛光，其颗粒形状和硬度均匀、纯度高，因而抛出的表面均一、无缺陷、无杂质污染。

近年来对稀土抛光粉的研究一般集中在粉体颗粒的粒度控制上。根据稀土抛光粉中位粒径，将稀土抛光粉分为三类：微米级稀土抛光粉、亚微米级稀土抛光粉和纳米级稀土抛光粉。三类稀土抛光粉粒径分布不同，表现出来的抛光性能各不相同，其使用领域也发生较大改变（表4-33）。

表4-33　稀土抛光粉中位粒径分类及应用

分类	中位粒径	应用
微米级稀土抛光粉	1～100μm	适合抛光光学元件、玻璃工艺品
亚微米级稀土抛光粉	100nm～1μm	适合抛光手机屏幕、手机盖板等物件
纳米级稀土抛光粉	1～100nm	主要抛光精密光学镜头

稀土抛光粉的应用性能相关评价指标一般有以下五点。

（1）颗粒大小。颗粒大小决定了抛光精度和速度，一般用目数和平均粒度来表征。目数反映了最大颗粒的大小，平均粒度决定了颗粒大小的整体水平。

（2）硬度。硬度大的颗粒具有较高的切削率，加入助磨剂也可以提高切削率。

（3）悬浮性。高速抛光要求抛光粉具有较好的悬浮性，颗粒形状和大小对悬浮性有较大影响，片状抛光粉以及小颗粒抛光粉的悬浮性较好。悬浮性的提高也可以通过加入悬浮剂来实现。

（4）颗粒结构。颗粒结构是团聚体颗粒还是单晶颗粒决定了抛光粉的耐磨性和流动性。团聚体颗粒在抛光过程中会破碎，从而导致耐磨性下降。单晶颗粒具有好的耐磨性和流动性。

（5）颜色。与原料中的镨含量和温度有关，镨含量越高，抛光粉越显棕红色。低铈抛光粉中含有大量的镨，因而显棕红色。对高铈抛光粉，焙烧温度高，颜色偏白红；焙烧温度低，颜色偏浅黄（图4-49）。

（a）焙烧温度高

（b）焙烧温度低

图4-49　稀土抛光粉

2. 制备工艺

制备稀土抛光粉所需的生产原料如表4-34所示。

表4-34　稀土抛光粉生产原料

生产原料	成分
氧化铈（CeO_2）	由混合稀土盐类经分离后所得（w（CeO_2）=99%）
氢氧化稀土（富铈）	混合稀土氢氧化物（$RE(OH)_3$），为稀土精矿（w（REO）≥ 50%）化学处理后的中间原料（w（REO）=65%，w（CeO_2）≥ 48%）

续表

生产原料	成分
稀土盐类	混合氯化稀土（$RECl_3$），从混合氯化稀土中萃取分离得到的少铕氯化稀土（主要含La、Ce、Pr和Nd，w（REO）≥45%，w（CeO_2）≥50%），包括氯化稀土、草酸稀土、碳酸稀土等
单氟碳铈矿	高品位稀土精矿（w（REO）≥60%，w（CeO_2）≥48%），有内蒙古包头的混合型稀土精矿、山东微山和四川冕宁的氟碳铈精矿

注：以上原料中除第1种外，第2、3、4种均含轻稀土（w（REO）≈98%），且以CeO_2为主，w（CeO_2）为48%～50%

稀土抛光粉的生产制备一般工艺过程如下。

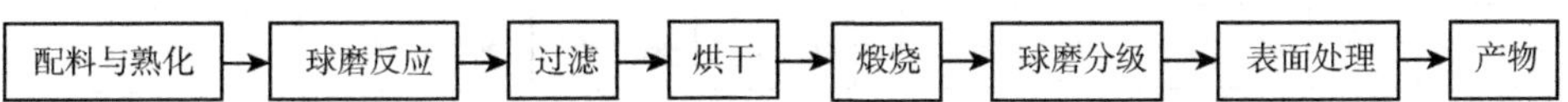

稀土抛光粉生产工艺流程可细分为两大类。

（1）以稀土精矿或铈富集物为原料的固相反应法。由矿石直接制备抛光粉可省掉繁杂的化学提取过程，而使生产成本大大降低。氟碳铈矿石（用w（REO）>68%的稀土精矿）经粉碎、分级、化学处理、过滤、干燥、900℃以上煅烧、粉碎、分级、混合得w（CeO_2）≈50%的氟碳铈矿系抛光粉，矿中的氟和硅对于保证产品的抛光效果起着重要作用。以氟碳铈矿为原料直接煅烧生产稀土抛光粉，无须合成中间体，制备工艺简单，虽然生产成本大大降低，但所得稀土抛光粉的档次不高。

（2）以稀土可溶盐为原料的煅烧沉淀法。煅烧沉淀法更适合通过调配化学组分来提高抛光性能，如加入氟硅酸进行共沉淀生产的抛光粉、加入硅灰石生产的高硅含量抛光粉等。此外，还可以通过控制技术条件来达到控制产品粒度的目的。例如，以氯化稀土为原料制取稀土抛光粉，经加入沉淀剂并合成中间体等化学处理、烘干、煅烧、分级、加工得到产品。

根据所得稀土抛光粉的氧化铈含量，高铈、中铈、低铈三种稀土抛光粉的工艺流程有所区别，分为以下三类。

（1）高铈稀土抛光粉。主要以稀土混合物分离后的氧化铈（如以氯化稀土分离）或以氟碳铈矿的中间产物——富铈富集物为初始原料，以物理化学方法加工成硬度大、粒度均匀、细小、呈面心立方晶体的高铈稀土抛光粉产品。主要工艺过程如下。

（2）中铈稀土抛光粉。以混合稀土氢氧化物（w(REO)=65%，w(CeO_2)≥48%）为原料，混入化学方法预处理的稀土盐溶液，加入中间体（沉淀剂），使其转化成w(CeO_2)=80%～85%的中铈稀土抛光粉产品。主要工艺过程如下。

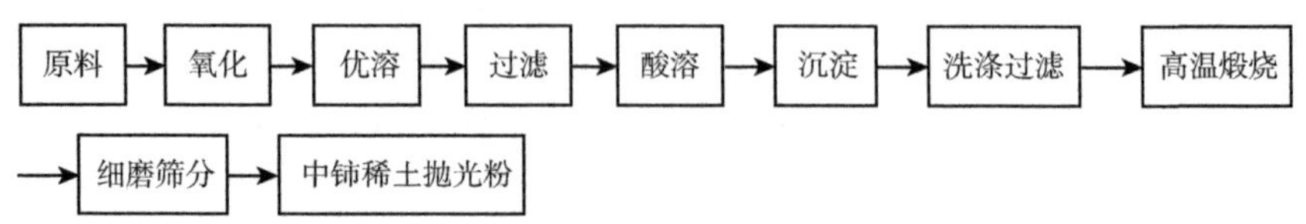

（3）低铈稀土抛光粉。主要以氯化稀土、氟碳铈矿、少铕氯化稀土（w(REO)≥45%，w(CeO_2)≥48%），以及少钕碳酸稀土为原料，以合成中间体（沉淀剂）进行复盐沉淀等处理，可制备低铈稀土抛光粉产品。主要工艺流程如下。

另外，以混合型的氟碳铈矿高品位稀土精矿（w(REO)≥60%，w(CeO_2)≥48%）为原料，用化学和物理的方法加工处理，如磨细、煅烧及筛分等，可直接生产低铈稀土抛光粉产品。主要工艺过程如下。

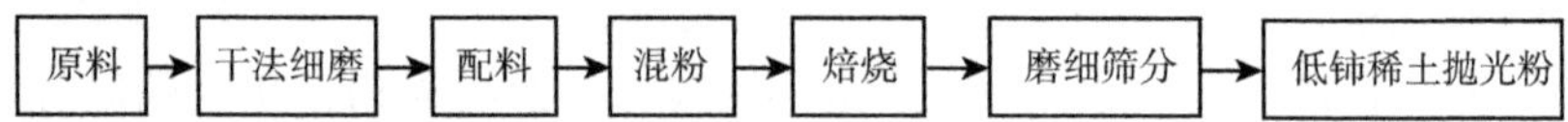

稀土抛光粉生产制备工艺主要环节如下。

（1）配料。合成配制碳酸氢铵溶液、硫酸铵溶液及稀土料液。

（2）煅烧。将合成所得中间体经干燥赶去水分，在一定温度下煅烧分解转型，确定抛光粉的晶型、颜色、切削力等物理性能。

（3）分级。将煅烧好的抛光粉焙烧料进行干法分级机分级，产出符合工艺要求的不同粒度段的抛光粉成品。

影响稀土抛光粉生产加工的因素如下。

（1）原料。按铈含量分为三种：高铈抛光粉采用硝酸铈或氯化铈生产，硝酸铈生产的抛光粉颗粒性能更好；富铈抛光粉采用镧铈氯化物生产，所得抛光粉为白色；低铈抛光粉采用混合碳酸稀土或氟碳铈矿生产，所得抛光粉为棕红色。

（2）沉淀剂。沉淀剂有草酸盐和碳酸盐两种。草酸盐得到的抛光粉具有单晶结构，粉体具有良好的流动性，易于沉降，可采用水力方法进行分级。碳酸盐得到的抛光粉呈片状团聚体结构，悬浮性好，但耐磨性较差，流动性差，一般用于平面抛光。

（3）分级方式。抛光粉在应用前均需进行分级，一般有水力沉降、湿式筛分、干式筛分、水力悬流分级、气流分级等方式。草酸盐生产的抛光粉一般采用湿式筛分或水力悬流分级；碳酸盐制得的抛光粉大多采用气流分级。

（二）国内外现状

1. 总体概况

20世纪30年代，稀土抛光材料真正投入实际应用领域，在全球范围内，欧洲首次将氧化铈抛光粉用于玻璃抛光领域。20世纪40年代，加拿大光学工业提出“巴林土粉”稀土抛光材料，并成功用于精密光学仪器的抛光。稀土抛光材料相关技术在第二次世界大战时期取得长足的进步与发展。20世纪60年代，国外开始大规模生产稀土抛光粉，20世纪90年代初期，已形成30多个标准的产品。铈基稀土抛光粉因其抛光的效率和效果等均优于同类产品，成为抛光材料领域的领军产品。

2020年，在全球稀土下游应用中，磁体材料占据最大份额，占比达到23%，抛光材料占到13%；在我国稀土材料应用结构中，磁体材料占据主要地位，抛光材料占比为5%（图4-50）。

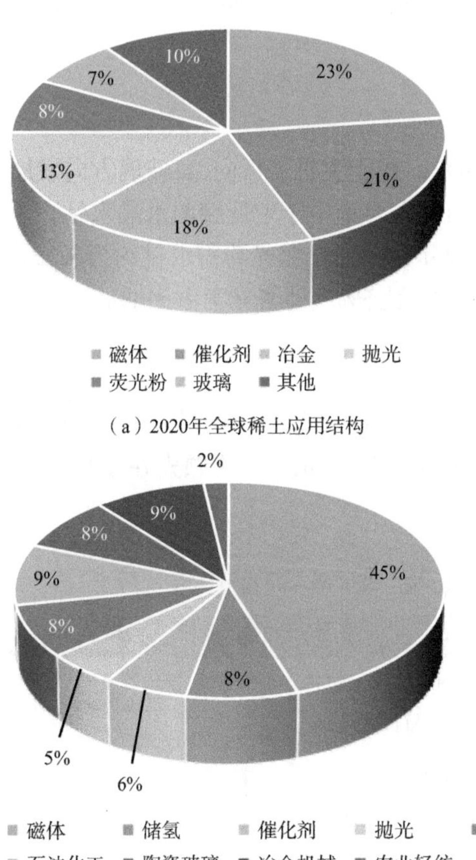

图4-50　稀土应用结构

相关数据显示，在国家新材料政策扶持和新能源、电子信息、节能电器及高科技领域等行业带动下，2020年我国稀土抛光材料产量约2.7万t，随着相关行业的持续高速发展，预计到2025年，我国稀土抛光材料产量将达到3.3万t，相比2020年增长约20%（图4-51）。

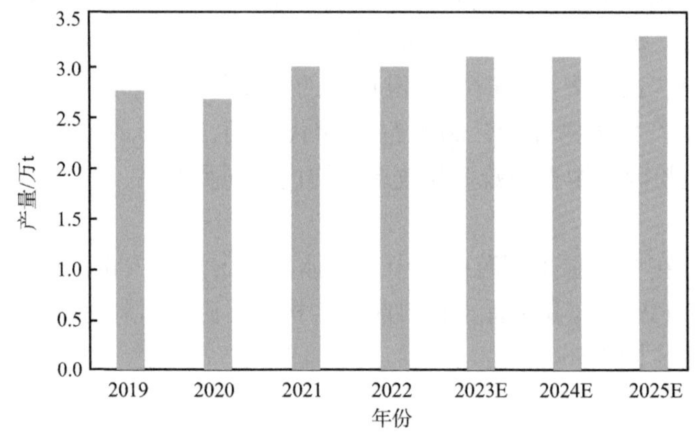

图4-51　2019～2025年我国稀土抛光材料产量

随着全面5G时代到来，智能手机盖板向3D玻璃方向发展，稀土抛光粉的需求量也成倍增长。消费结构主要集中于中低端的水晶水钻、手机盖板及平板玻璃基板及外屏等领域。2020年我国稀土抛光粉需求量约为3.2万t，手机盖板占比最大（达到78%），水晶水钻占比5%，精密光学占比4%。

2. 竞争格局

全球稀土抛光粉生产集中在中国、日本、韩国、美国、法国、英国等国家，日本、韩国的生产工艺水平国际领先，主要领先在焙烧工艺和粉体分级工艺上（表4-35）。

表4-35　全球稀土抛光材料主要生产厂家

序号	生产厂家	国家
1	罗地亚电子与催化材料公司	法国
2	戴伯克新材料公司	韩国
3	切列特兹机械厂	俄罗斯
4	光学表面技术公司	英国
5	费罗公司	美国
6	昭和电工株式会社	日本

续表

序号	生产厂家	国家
7	三井金属矿业株式会社	日本
8	清美化学株式会社	日本
9	中国北方稀土（集团）高科技股份有限公司	中国
10	广晟有色金属股份有限公司	中国
11	包头市华星稀土科技有限责任公司	中国
12	甘肃稀土新材料股份有限公司	中国
13	上海华明高纳稀土新材料有限公司	中国
14	包头新源稀土高新材料有限公司	中国

随着近年全球信息产业的迅猛发展，日本加大专用于电子和计算机元件的高端抛光粉研发力度，例如，三井矿业和东北金属化学最早研发了对玻璃存储硬盘基片、液晶显示屏、中间绝缘层表面及隔离浅槽等进行机械和化学抛光的技术，韩国三星与大宇为更好地满足电子线路小型化的技术需求，也在倾力研发类似抛光技术。日韩已成为机械化学抛光粉的主要生产国，欧美为了满足当地电子、电信及计算机元件供应商的需求也开展该技术研究，我国也自主研发或引进并掌握了该技术。

此外，我国已成为世界上最大的稀土抛光粉生产基地。国内现有稀土抛光粉生产企业30多家，主要集中在内蒙古、甘肃、山东、江苏、上海等地，其中仅包头生产企业达16家之多。稀土抛光粉总产量的65%用于智能手机、平板电脑及其他电子产品的外屏玻璃抛光，19%用于水晶饰品的工艺加工，10%用于光学器件的精密抛光，还有6%用在其他领域。

3. 产业链情况

稀土抛光材料产业链主要由上游稀土开采、中游稀土加工以及下游稀土应用构成（图4-52）。目前，已发现的稀土矿物有250种以上，其中具有工业价值的有50～60种，最重要的稀土矿物有氟碳铈（镧）矿、独居石、磷钇矿、离子吸附型稀土矿、褐钇铌矿等。

截至2020年初，全球稀土储量为1.16亿t，其中我国稀土储量达4400万t，排在世界首位，稀土储量占世界总储量的38%，巴西、越南、俄罗斯、印度等国家次之，我国在稀土矿产占有量上具备明显优势（图4-53）。

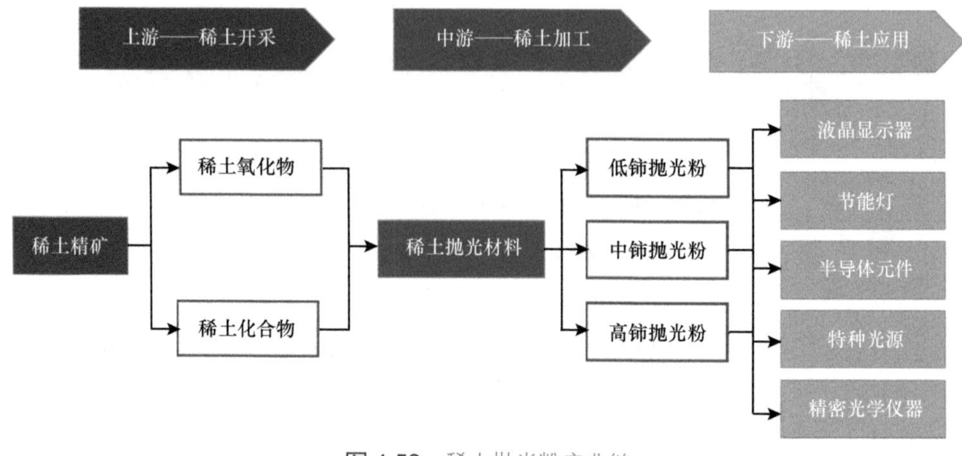

图 4-52　稀土抛光粉产业链

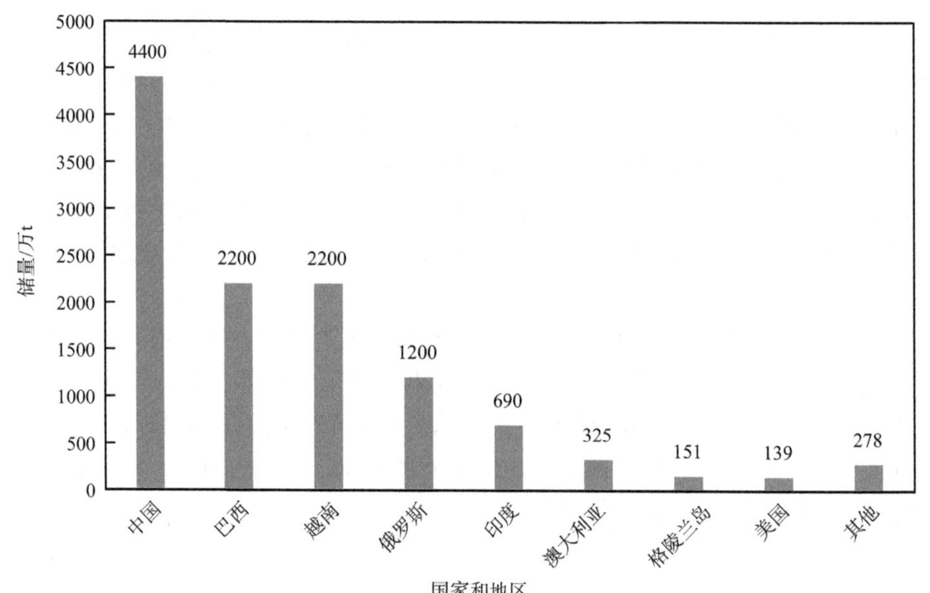

图 4-53　全球主要国家和地区稀土储量

我国稀土矿产分布在华北、东北、华东、中南、西南、西北等六大区，主要集中在华北地区的内蒙古白云鄂博铁-铌、稀土矿区，该地是中国轻稀土主要生产基地。2020年，全国稀土矿（稀土氧化物）开采总量控制指标为140000t，其中岩矿型稀土矿（以轻稀土为主）指标为120850t，离子型稀土矿（以中重稀土为主）指标为19150t。全国钨精矿（三氧化钨含量65%）开采总量控制指标为105000t，其中主采指标为78150t，综合利用指标为26850t。

4. 配套情况

目前，我国稀土抛光粉在高端领域的发展严重滞后，稀土抛光粉产业以及下游产业的发展也受到制约，日本和韩国等一批国外抛光粉企业购买中国的中低档抛光粉作为原料，再利用先进技术生产高档抛光粉，销往中国和欧美等，中国所用的高档抛光粉大量从日本和韩国进口。为了改变稀土抛光材料落后的状况，我国编制了《稀土行业发展规划（2016～2020年）》（以下简称《规划》）。《规划》明确提出，要开发高性能稀土抛光粉和稀土抛光液，产品达到或接近国际先进水平，满足液晶、硅晶片、高档玻璃基片抛光等应用要求。

目前，国内抛光材料相关企业在加紧研发寻求突破，2021年4月，包头中科雨航抛光材料有限公司建成年产6000t稀土抛光粉生产线，有效打破了国外企业对高档抛光粉市场的垄断。

总体来看，我国稀土抛光材料的发展仍存在产能作用发挥不足、产品未能达到相关要求、生产技术与设备相对落后和企业竞争力较弱等问题。

（三）发展趋势

未来全球电子产品的繁荣发展是必然趋势，稀土抛光粉材料用于液晶玻璃、智能手机面板、光学玻璃等产品器件的抛光前景广阔，同时，随着消费电子、物联网等技术在视频监控、车载摄像、机器视觉等领域的应用，对稀土抛光粉的需求将保持稳步增长，稀土抛光粉的市场发展空间巨大。

高档稀土抛光粉附加值高、应用面广、发展前景好。从发展趋势来看，液晶显示领域和高档光学加工领域是稀土抛光粉深加工的重点应用发展方向。加快我国技术设备的创新，开发新工艺，不断研发新品种，提高我国稀土抛光粉的生产水平和生产能力，重点突破高档稀土抛光粉的研发技术工艺瓶颈是必行之势。

国内以北方稀土控股的天骄清美、甘肃稀土为稀土抛光材料的主要供应商，逐步加强产业细分，向全产业链延伸，稀土抛光材料行业集中度逐渐提高，行业竞争进入白热化阶段。

（四）重点企业

1. 中国北方稀土（集团）高科技股份有限公司

北方稀土始建于1961年，其子公司包头天骄清美稀土抛光粉有限公司是目前世界最大的稀土抛光材料生产研发企业之一，具备年产14000t稀土抛光粉的生产能力。2020年北方稀土营业收入结构如图4-54所示。

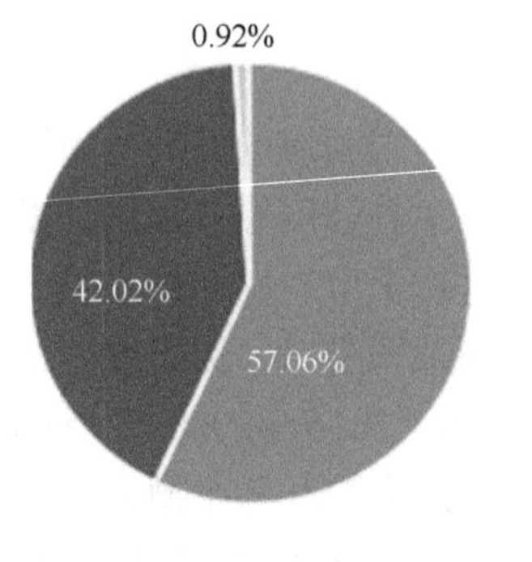

图 4-54　北方稀土营业收入结构

2. 广晟有色金属股份有限公司

广晟有色主营稀土和钨业、稀贵金属，是集有色金属投资、采选、冶炼、应用、科研、贸易、仓储为一体的大型国有控股的上市公司。2020年广晟有色营业收入结构如图4-55所示。

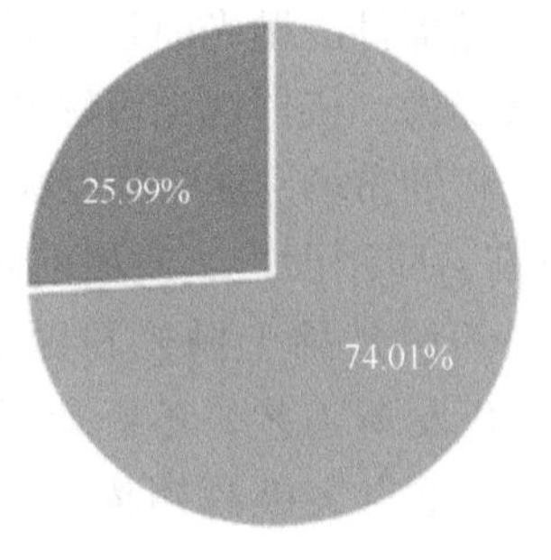

图 4-55　广晟有色营业收入结构

3. 甘肃稀土新材料股份有限公司

甘肃稀土是由原甘肃稀土公司改制发展而来的大型国有骨干企业。2018年公司完成了与北方稀土的整合重组，现为北方稀土的控股子公司。截至2020年底，公司总资产为32.21亿元，净资产为27.79亿元。甘肃稀土形成了稀土加工分离、稀土金属、稀土研磨材料、稀土储氢材料、稀土磁性材料、稀土发光材料和氯碱化工等七大较为紧密的产业链。公司可生产10大系列、100多个品种、200多个规格的产品（表4-36）。

表4-36　甘肃稀土部分抛光粉产品性能及用途

抛光粉型号	颜色	*w*（REO）	*w*（CeO_2/REO）	主要用途
739	粉红	≥ 88%	≥ 50%	光学玻璃仪器、水晶工艺品等的抛光
739-2	白色	≥ 90%	≥ 50%	
797-1	红色	≥ 90%	≥ 50%	电脑显示器、磁盘、荧光屏等的抛光
797-3	红色	≥ 88%	≥ 50%	
877-2	红色	≥ 88%	≥ 50%	
081-Y	红色	≥ 90%	≥ 5%	液晶玻璃、手机屏的抛光

4. 上海华明高纳稀土新材料有限公司

华明高纳成立于2006年，由国家超细粉末工程研究中心暨上海华明高技术（集团）有限公司与华东理工大学科研骨干人员共同投资组建。公司以稀土粉体颗粒性能控制专利技术为核心，以国家超细粉末工程研究中心的工程技术为依托，致力于高档稀土粉体新材料的研发、生产和销售。

公司拥有一整套的稀土功能粉体材料生产技术，可生产特种颗粒性能的稀土盐类、特种颗粒性能的稀土氧化物、稀土抛光粉、稀土催化剂载体、稀土荧光粉等无机稀土新材料产品，满足光电子、精密陶瓷、催化剂、涂料等行业的需求（表4-37）。

表4-37　华明高纳部分抛光粉产品性能及用途

抛光粉型号	颜色	粒径 /μm	应用领域
MS-25	白色	10.0 ～ 15.0	石材磨具
DT-212G	白色	0.8 ～ 1.2	ITO 玻璃、TFT 玻璃
GS-305	棕红色	0.4 ～ 0.6	光学偏软材质
GS-205S	白色	0.4 ～ 0.6	光学偏软材质
MG-226	白色	2.0 ～ 2.5	玻璃磨具
MS-20	白色	10.0 ～ 15.0	石材磨具

第三节　我国显示配套材料发展面临的问题

在信息化大发展时代，我国曾处于“缺芯少屏”的被动局面。为解决这一困境，政府和市场都做了很多努力与尝试。京东方等一批企业的成长与崛起正是我国突破关键技术、逐步走向世界前列的有力写照。

与发达国家相比，我国显示配套材料技术与产业起步较晚，基础相对薄弱。改革开放后，为了加速产业化发展，国家出台了多项政策文件和措施。全面部署并推进显示配套材料领域发展，在体系建设、产业规模、技术改良、集群效应等诸多方面取得了较大进步。国内显示产值达到3000亿元，拉动国内生产总值超过8000亿元，产业规模已成为全球第一。但在产业快速发展的同时，依然存在诸多问题。

一、存在的主要问题

（一）基础要素受制于人

近年来，我国显示配套材料取得了有目共睹的成绩，但产业基础能力不强的问题也逐步暴露，存在一些明显的技术、装备、原材料上的短板，尤其在核心基础元器件和零件、关键基础材料、先进制造工艺和装备、基础软件和研发平台等方面，产业基础薄弱问题突出。

1. 尖端技术短板明显

新技术的出现对材料提出了更高性能、更高纯度、零缺陷等要求。随着材料更新迭代速度加快，研发难度越来越高。我国信息显示产业高速增长，产业发展配套不足，自主技术研发迟缓，多数关键功能材料需从国外购买，国内材料的原创性、基础性、支撑性缺乏足够的重视。这些因素导致功能材料尖端技术与国际先进形成显著差距，对产业安全和重点领域构成重大风险。

2. 生产装备自给不足

研发与生产脱节，材料、工艺与装备多学科交叉融合研究不足，流程和装备问题未受到重视，多数企业生产被迫陷入“依靠市场换技术”和“成套引进—加工生产—再成套引进—再加工生产”的怪圈，天价的技术及装备和低端产品低价竞争导致国内企业沦为国际产业链的“底层打工仔”，利润微薄甚至经营困难，同时面临设备禁运、生产瘫痪的产业风险。显示器件技术的创新往往由材料与装备突破所带动，信息显示产业的竞争力依托于材料体系的建立与装备的成熟度。新型显示材料发展过程中，依然存在材料与装备严重依赖进口的问题。

3. 关键原辅料依赖进口

关键原辅料已成为制约我国显示材料高性能化、高端元器件及零部件制造的重大瓶颈。光掩模用石英玻璃基板、高档光刻胶用成膜树脂、高端靶材用超高纯金属、特种电子气体等都严重依赖进口。当前，我国显示材料产业发展总体仍处于爬坡上坎的关键阶段，急需加快解决材料受制于人的问题，提升显示材料支撑保障能力。

（二）创新动力不足

随着科学技术的发展，全球显示材料产业不断带来技术革新，加速推进已有产业的升级。我国显示配套材料领域的引领和发展能力严重不足，缺少高位规划引领、技术创新引领、产业体系引领，难以抢占战略制高点。改革开放40多年来，我国显示材料产业实现快速发展，面对全球科技日新月异的发展速度和我国显示材料产业创新发展的新要求，我国针对显示配套材料的上位规划统筹引导不足，产业研发基础和创新型人才的培养模式等问题日益突出。同时产业发展松散，纵向、横向协同不足，资源要素应用效率偏低，尚未形成有效产业体系，难以形成产业核心竞争力，严重制约了我国显示材料产业的持续发展。

（三）产业生态有待完善

材料测试、表征、评价、标准等材料支撑体系贯穿材料研发、生产、应用全过程，是材料产业提质升级的基础。完善的材料综合性能测试和应用技术评价体系是持续支撑技术及行业发展的基石，统一、科学、规范的标准体系是产业上下游交互的基础，是实现降低成本、提升研发效率的关键。

我国虽然拥有众多材料测试评价机构，但普遍规模较小，部分测试评价方法落后，高性能测试仪器设备未能完全自主掌握，长期依赖进口，部分高端仪器设备长期闲置，高水平测试评价人才不足，市场化服务能力弱。显示材料测试评价数据积累不足、缺乏共享，应用企业对新材料生产企业的测试评价结果缺乏信任，导致产业链上下游良性互动通道受阻。大部分测试评价机构的国际话语权不足，难以提升产品的国际竞争力。

标准研究仍处于相对滞后的状态，标准对于产业发展的引导作用没有充分发挥，缺少标准交流与沟通的国际渠道，国际标准水平难以确定。材料技术成熟度作为衡量材料产品的评价标准，对支持政府、社会、金融、企业决策具有非常重要的意义，但现有试点研究成果具有很大的局限性，需要加强创新和突破。

二、重点短板问题

我国显示配套材料的国产化率已从2017年的47.5%提升到2020年的60.3%。

但在高端关键材料方面，我国仍面临“卡脖子”风险，完全自主的能力仍没有实现。平板显示领域高纯度靶材、高分辨率光刻胶、高精细度掩模版、偏光片、湿电子化学品等关键显示材料国产化率低于50%，彩色/BM光刻胶完全依赖进口、高世代TFT-LCD用掩模版、AMOLED用FMM国内尚不能自主研发、偏光片上游核心原材料PVA膜和TAC膜完全由日本企业垄断、OLED用Ag刻蚀液目前仍全部依赖进口，我国显示配套材料自主化形势仍然严峻（表4-38）。

表4-38　显示配套材料关键材料国产化率及配套情况（单位：%）

种类	国产化率	关键材料	本地化配套率
靶材	40	TFT-LCD 用靶材	40
		AMOLED 用靶材	35
光刻胶	10	TFT-LCD 用光刻胶	17
掩模版	10	TFT-LCD 用掩模版	21
		AMOLED 用 FMM	＜5
湿电子化学品	40	TFT-LCD 用湿电子化学品	80
		OLED 用湿电子化学品	90
电子气体	60	—	—
偏光片	＜10	—	—
背光模组用光学膜	80	—	—

第四节　我国显示配套材料发展战略

一、我国显示配套材料发展目标

瞄准我国显示行业健康、稳定发展的重大需求，以保障国家安全、产业安全、科技安全为目标，着力破解显示配套材料核心系统、补强重大工程和应用系统中器件的核心问题。建立高效协同的常态化管理机制，合理分工、高效协作，产业链、创新链、资金链三链融合，合力提升显示材料产业综合统筹能力、核心技术水平和现代化产业体系发展水平，产业重点材料领域总体技术及应用与国际先进水平同步，部分达到国际领先水平，实现产业并领跑。

到2025年，显示配套材料产业结构显著优化，基础材料产品结构实现升级换代，自给能力超过80%，创新体系基本搭建完成，形成部分关键技术成果。构建显示配套材料创新引领、市场导向、协同发展、绿色生产的产业体系，满足显示产业对功能材料的重大需求，整体水平并跑国际先进。国内显示材料领域第三方测试机构水平显著提高，基本完成评价体系建设，基本形成以材料质量评价为目的的材料产品质量评价体系和材料生产流程质量控制评价体系。

到2035年，形成具有自主知识产权的新型显示关键材料生态体系，实现显示关键材料完全自主可控，彻底解决我国目前面临的显示行业关键材料“卡脖子”难题。在前沿显示技术关键材料领域，牢牢把握显示关键材料发展趋势，重要功能材料实现自主制造，占据显示行业全球制高点，使显示行业在国民经济重大领域中全面自主，推动我国迈入世界显示材料强国行列。

二、我国显示配套材料发展任务

（一）实施显示配套材料短板材料产业化攻关

发挥我国体制和市场优势，对高性能靶材、高解析度光刻胶、电子气体等关键材料启动实施“短板关键材料产业化攻关行动”，集中突破一批关键短板材料。以在五年内实现显示功能关键材料规模化应用为突破口，组织重点材料研制、生产和应用单位联合攻关，提升显示配套材料产业基础保障能力。推动实施产业基础再造工程，提升显示配套材料产业基础能力。

（二）提升显示配套材料成果转化能力

夯实材料创新体系薄弱环节，补齐材料创新链条中科技成果转化成功率低的短板，加速构建规模逐级放大的材料中试中心，加快整合各地创新资源。优化首批次保险补偿机制，完善材料生产及应用领域国有资本考核机制，加速材料推广应用。

（三）完善创新体系建设

建立以企业为主体、市场为导向、政产学研用一体化创新生态体系，加快显示配套材料创新平台布局。在应用端继续推动国家新材料生产应用示范平台，在材料开发端布局一批关键材料领域和材料领域创新平台，推动数字研发中心建设。加强相关材料领域人才培养，促进国际人才交流合作。鼓励显示配套材料学科发展，注重培养基础扎实、视野广阔的研究型人才，培养有工匠精神、实践操作能力强的应用型人才。

（四）提升材料“精品制造”能力

围绕高解析度光刻胶和高纯度靶材等关键材料，积极推进“精品制造工程”，促进企业由中低端产品制造向中高端产品制造转型升级，由价值链中低端向中高端转移。在提升相关材料高端产品竞争能力的同时，积极推进企业开展智能制造、绿色制造。

（五）推进显示配套材料产业协同发展

加速推动显示配套材料产业集聚区培育，支持建立产业集聚区培育平台，加强材料产业链相关产业、科研机构、成果转化机构、高等院校、服务贸易机构、金融机构等各类业态与产业集聚区的融合协同，推动形成高效协同融合发展集聚区试点示范。

（六）攻克一批核心装备与核心原辅料

实施“材料装备一体化行动”，组织相关材料生产单位、装备研制单位、高等院校、科研院所等开展联合攻关，加快专业核心装备的研发和应用示范，改变材料研发、生产、测试所需的核心设备、仪器、控制系统等不能自主生产，甚至高端装备面临国际禁运的现状。对相关材料生产原辅料和相关国际国内资源和加工生产技术加强保障，提升应对未知风险的能力。

三、我国显示配套材料发展路线

我国显示配套材料发展路线见表4-39。

表4-39　我国显示配套材料发展路线

项目	2025 年	2030 年	2035 年
优先发展的基础研究方向	配方开发技术，生产工艺设计技术，应急处理技术	关键原料生产技术，关键装备与分析检测仪器生产技术	环保型材料创新制造技术
关键技术群	工艺与材料整合能力，超高纯材料提纯技术	新型工艺与辅助材料制备技术	材料生产效率 / 成本合理控制与优化技术
共性技术群	材料性能分析检测技术，品质稳定性控制技术，品质一致性管控技术	材料失效机理及耐久性评价技术	在线监测技术
跨领域技术群	工艺与辅助材料系列化体系建设，工艺与辅助材料批量化、自动化生产技术	智能化生产装备开发制造技术	生产和管理的自动化、智能化，一体化综合能源管理体系建设

续表

项目		2025 年	2030 年	2035 年
“卡脖子”材料品种及技术指标	偏光片	1. 开发 OLED 中小型用偏光片 2. 开发中小型用超薄偏光片 3. 开发环保型（低溶剂）偏光片	1. 开发光固化 PSA 偏光片，优化偏光片结构 2. 开发 Mini-LED 用偏光片，光学补偿结构性能达标	偏光片生产降本提质增效，新产品技术与显示技术创新迭代协同，持续保持全球行业领先地位
	光学膜	1. 开发偏光片用保护膜： 透光率≥ 88%；雾度≤ 4%； 180° 剥离强度为 0.008 ～ 0.020N/cm；热收缩率（150℃ /30min）：MD ≤ 1.1%，TD ≤ 0.6%； 表面电阻≤ $1\times10^{10}\Omega$/□ 2. 开发减彩虹纹 PET 基膜： 透光率≥ 92%，雾度≤ 0.8%；抗拉强度≥ 100MPa，断裂伸长率≥ 50%，相位差≥ 9000nm 3. 开发 Mini-LED 反射膜： 180° 剥离强度≥ 2200gf/in； 反射率（550nm）≥ 94.5%（涂胶反射膜厚度≤ 100μm），≥ 95.5%（涂胶反射膜厚度 ＞100μm）；热收缩率（85℃ / 30min）：MD ≤ 0.20%，TD ≤ 0.10%	1. 偏光片用 PVA 膜、TAC 膜、保护膜、离型膜新技术研发满足新型显示应用需求 2. Mini-LED 反射膜国产化率达 60% 3. Mini-LED 显示背光模组用匀光膜开发完成，透光率≤ 75%，雾度≥ 95%，实现量产，批量导入下游应用，国产化率达 50%	开发绿色环保型光学膜，生产工艺持续优化，技术达到国际领先水平，跻身全球第一梯队
	靶材	1. 开发 AMOLED 面板用大型一体化银合金靶材： （1）靶材的纯度≥ 4N，20 种金属杂质总和＜ 100ppm，氧含量≤ 50ppm； （2）靶材密度≥ 10.365g/cm³； （3）平均晶粒尺寸≤ 150μm，微观组织均匀； （4）靶材的表面粗糙度 *Ra* ≤ 1.6μm； （5）靶材绑定焊合率≥ 97%	1. 高迁移率稀土掺杂金属氧化物半导体靶材量产，批量稳定供应，国内市场占有率达 70% 2. 开发新型高性能靶材，满足新型应用领域需求	显示领域用靶材产品全覆盖，原材料完全自主可控，优势企业持续做大做强，靶材上下游形成明显合力

续表

项目		2025 年	2030 年	2035 年
"卡脖子"材料品种及技术指标	靶材	2. 开发高迁移率稀土掺杂金属氧化物半导体靶材： （1）靶材纯度≥ 4N；相对密度≥ 99%； （2）靶材平均晶粒尺寸＜ 10μm； （3）组分均匀性为 ±0.5%； （4）抗弯强度≥ 80MPa； （5）对应的 TFT 器件迁移率≥ $25cm^2$/（V · s），亚阈值摆幅≤ 0.3dev/V，开关比≥ 10^7		
	光刻胶	1. 开发低温光刻胶： （1）光学，特定光谱，膜厚为 2 ～ 4μm，解析度≤ 10μm； （2）耐化性，相对色差 ΔE_{ab} ≤ 3，相对温度 ΔT ≤ 3%，膜厚无明显变化，无 mura，显影时间为 50 ～ 70s，postbake 为 90℃，残膜率≥ 95% 2. 开发量子点光刻胶： （1）背光转换率＞ 90%； （2）外量子效率＞ 30%，膜厚为 2 ～ 5μm，图案化分辨率≤ 5μm； （3）材料满足耐化性、耐候性等要求	1. 低温光刻胶实现量产，批量稳定供应，国内市场占有率为 60% 2. 量子点光刻胶实现量产，批量稳定供应，国内市场占有率达 50%	主流光刻胶配方设计技术水平显著提高，关键原材料自主可控，稳定性更高的新型光刻胶开发完成应用，产业链完成向高端转变，彻底改变显示用光刻胶全产业链受制于人的局面
	电子气体	开发离子注入气体 BF_3： 丰度≥ 99.7%，纯度≥ 5N	关键电子气体分离与提纯技术进一步提升，针对新要求，开发新技术、新产品，形成产品专利，拥有自主知识产权	电子气体配套钢瓶、阀门、管道等设备完全自主可控，重点产品全流程绿色生产，形成具有国际影响力的全球领先企业
	湿电子化学品	开发 Ag 刻蚀液： 产品等级达到 SEMI G4，金属离子杂质含量、颗粒数满足客户要求	功能性产品良率和可靠性进一步提升，湿电子化学品国产化率达 80%	生产用关键装备与分析仪器的保障能力、包装材料及其配套设施技术显著提升，功能性化学品配方开发技术国际领先，产业链健康稳定发展

续表

项目		2025 年	2030 年	2035 年
“卡脖子”材料品种及技术指标	掩模版	1. 开发 AMOLED 用灰阶 / 移向 / 高规格用二进制掩模版：CD：±0.1μm，TP：±0.3μm 2. 开发 AMOLED 蒸镀用金属掩模版 3. 开发高分辨率 Micro-LED 用光掩模版：分辨率≥1000PPI，子像素≤8.5μm，CD 精度≤80nm，registration≤±0.2μm，产品尺寸为 6025QZ	1. 开发 AMOLED 用超高规格用二进制掩模版：尺寸为 980mm×1150mm，CD：±0.03μm，TP：±0.10μm 2. 开发 AMOLED 复合层多功能掩模版：尺寸为 980mm×1150mm，CD：±0.08μm，TP：±0.30μm，半色调透光率为±12%，相移误差角为±1.2% 3. AMOLED 蒸镀用金属掩模版实现量产，批量稳定供应 4. 高分辨率 Micro-LED 用光掩模版实现量产，批量稳定供应	关键原材料自主可控，关键装备仪器自给自足，形成我国显示用掩模版科技创新及产业良好发展的健康生态

注：MD指纵向（machine direction）；TD指横向（transverse direction）；dev指偏差（d代表北坐标，e代表东坐标，v代表高度）；在显示器界，mura指显示器亮度不均匀，造成各种痕迹现象；postbake指后续烘焙处理；registration指配准；CD指特征尺寸（critical dimension）；TP指精密器件测量效果的一种方式（Test Pisce）；6025指模板的长为2500mm（25dm），宽为600mm（60cm），QZ指石英掩模版

四、“十四五”期间我国显示配套材料重大工程

我国显示配套材料重大工程见表4-40。

表4-40 我国显示配套材料重大工程

序号	项目名称	计划完成时间 / 年
1	偏光片研究与开发	2024
2	高纯靶材研究与开发	2024
3	先进光刻胶研究与开发	2025
4	特种电子气体研究与开发	2025
5	功能性湿电子化学品研究与开发	2025
6	高精度掩模版研究与开发	2025
7	光学膜研发及产业化	2024

（一）偏光片研究与开发

内容：开发OLED中小型用偏光片，实现批量生产；开发中小型用超薄偏光片，降低中小型用偏光片厚度，实现批量应用；开发环保型（低溶剂）偏光片，优化偏光片结构，降低挥发性有机化合物排放，实现批量应用。

目标：OLED中小型用偏光片表观质量、物理、光学、耐久性能达标；中小型用超薄偏光片整体厚度下降15%以上；环保型（低溶剂）偏光片挥发性有机化合物排放降低15%以上。

（二）高纯靶材研究与开发

内容：开发AMOLED面板用大型一体化银合金靶材，突破国外厂商银合金靶材的专利壁垒，研究银合金大尺寸靶坯熔炼铸造、塑性成形与再结晶等组织结构调控关键技术，建设银合金靶材大规模生产线，产品导入产线验证并实现批量应用。开发高迁移率稀土掺杂金属氧化物半导体靶材，通过稀土元素掺杂，调控和优化氧化物半导体材料的载流子传输路径，实现高性能。

目标：完善大型靶材绑定和质量检测技术，性能满足产业化应用指标需求，靶材纯度≥4N。

（三）先进光刻胶研究与开发

内容：开发低温光刻胶，实现柔性、AR、VR等显示的低温制程，保障工艺良率；开发量子点光刻胶，在巨量转移技术当前难以量产的背景下，借助醌型二氢蝶啶还原酶（quinoid dehydropteridine reductase，QDPR）光刻成膜后的色转换技术，实现Mini/Micro-LED全彩化、高分辨显示。

目标：完成硅基低温RGB开发及无偏光片技术（color filter on encapsulation，COE）-RGB光刻胶开发，各项技术指标满足要求，量产工艺开发完成；完成高性能QDPR配方及光刻工艺开发，应用于Mini-LED直显、Micro-LED器件中。

（四）特种电子气体研究与开发

内容：开发高纯度、高丰度离子注入气体BF_3，产品实现批量稳定供应。

目标：丰度≥99.7%，纯度≥5N。

（五）功能性湿电子化学品研究与开发

内容：开发OLED用Ag刻蚀液，实现产业化，批量稳定供应。

目标：产品等级达到SEMI G4，金属离子杂质含量与颗粒数满足客户要求。

（六）高精度掩模版研究与开发

内容：开发AMOLED用灰阶/移向/高规格用二进制掩模版，实现量产；开发AMOLED蒸镀用金属掩模版，提高掩模版精度；基于现有Micro-LED用掩模版技术，进行技术升级或革新，开发出适用于更高分辨率的Micro-LED用掩模版。

目标：AMOLED用灰阶/移向/高规格用二进制掩模版满足CD：±0.1μm，TP：±0.3μm；AMOLED蒸镀用金属掩模版研发完成，掩模版精度满足应用要求；Micro-LED用掩模版研发完成。

（七）光学膜研发及产业化

内容：开发偏光片用保护膜，实现量产；开发减彩虹纹PET基膜，实现量产；开发Mini-LED反射膜，实现量产；创新高稳定配方，优化工艺设计。

目标：解决制备技术难题，性能满足产业化应用要求，形成自主知识产权，核心材料国产化率达到40%。

第五节　我国显示配套材料发展对策建议

一、完善宏观管理体系

统筹协调产业资源，协同推进显示配套材料产业发展。开展显示配套材料产业链发展动态评估机制，摸清我国显示配套材料产业发展的痛点、难点、热点。根据相关材料产业发展规律，建立材料技术成熟度评价管理体系，动态跟踪重点材料发展水平。形成以材料质量评价为目的的材料产品质量评价体系和材料生产流程质量控制评价体系，以准确的材料性能质量评价体系和技术成熟度评价体系促进材料产业的高质量发展。定期梳理重点新材料产品目录、重点新材料企业目录、集聚区目录、颠覆性技术目录，加强政策评估，为政府对显示配套材料发展精准决策提供依据，为社会和企业发展提供指引。

二、统筹协调财政金融支持

加强政府、金融机构、企业信息对接，充分发挥财政资金的激励和引导作用，积极吸引社会资本投入，进一步加大对显示配套材料产业发展的支持力度。通过中央财政、制造业转型升级基金，统筹支持符合条件的相关材料产业创新发展。利用多层次资本市场，加大对显示配套材料产业的融资支持，支持优势材料企业开展创新成果产业化及推广。鼓励金融机构针对显示功能新材料产业特点，创新知识产权质押贷款等金融产品和服务。鼓励引导并支持天使投资人、创业投资基金、私募股权投资基金等促进显示配套材料产业发展。支持符合条件的相关材料企业在境内外上市、在全国中小企业股份转让系统挂牌、发行债券和并购重组。研究通过保险补偿等机制支持显示配套材料首批次应用。

三、加强信息共享能力建设

以国家战略和显示配套材料产业发展需求为导向，建立和完善显示配套材料领域资源开放共享机制，联合龙头企业、用户单位、科研院所、互联网机构等各方面力量，整合政府、行业、企业和社会资源，同时紧密结合政务信息系统平台建设工作，充分利用国家数据共享交换平台体系和现有基础设施资源，加强与各部门现有政务信息服务平台及商业化平台的对接和协同，结合互联网、大数据、人工智能、云计算等技术建立垂直化、专业化资源共享平台，采用线上线下相结合的方式，开展政务信息、产业信息、科技成果、技术装备、研发设计、生产制造、经营管理、采购销售、测试评价、金融、法律、人才等方面资源的共享服务。

四、加快布局标准体系

加快布局一批显示配套材料重点领域标准体系组织，建立完善的标准体系，根据显示配套材料发展阶段，积极推进团体标准、行业标准、国家标准制/修订工作，加快推进相关材料标准国际化，积极参与国际标准制/修订工作。推进重点材料专利布局，制定高价值专利目录，加强材料专利指引。完善进出口政策体系，维护公平贸易环境。支持显示配套材料相关企业运用贸易救济、反垄断等方式维护公平竞争秩序，引导并支持材料企业做好贸易摩擦应对工作，支持相关材料企业“走出去”。

五、提升产业链自主可控

全球跨境供应链严重受阻，各国均暴露出不同程度的产品短缺问题，维护产业链、供应链安全可控成为各国产业政策的重要逻辑。中国信息显示产业发展的重中之重是积极补齐显示配套材料的短板、完善本地产业链。同时，加快培育形成显示配套材料产业链“你中有我、我中有你”的国际分工合作格局，确保我国信息显示产业安全发展。

六、推进国际开放合作

支持企业开展国际合作，与国际领先显示配套材料企业和研发机构联合，设立高端制造企业和研发机构，鼓励通过海外并购实现技术产品升级和国际化经营，加快融入全球显示配套材料市场与创新网络。充分利用现有双边、多边合作机制，拓宽相关材料国际合作渠道，结合“一带一路”建设，促进显示配套材料产业人才团队、技术资本、标准专利、管理经验等交流合作。支持国内企业、高等院校和科研院所参与大型国际显示配套材料科技合作计划，积极与国外企业和科研机构开展合作，吸引其在我国设立材料研发中心和生产基地。

第五章 柔性显示高分子材料发展战略研究

第一节 概 述

柔性显示是指由柔软材料制成的可变形、可弯曲的光电显示器件，被广泛应用于手机、电视、可穿戴设备、车载显示器、VR等领域。柔性显示是未来显示技术的重要发展方向之一。目前，柔性显示的主流技术是柔性OLED，全球柔性OLED产线产能达到3700万m^2/年，主要厂家包括三星、LG显示、JOLED、夏普、京东方、华星光电、深天马、和辉光电、维信诺、信利国际及柔宇科技等。三星开发了世界上第一条柔性显示生产线，占据手机OLED屏大部分产量，2020年OLED屏出货量约2.08亿片，约占全球出货量的65%，京东方OLED屏出货量约3500万片，占比超过10%。

“十三五”期间，我国针对柔性显示科技创新与产业发展进行了全方位前瞻性的布局，在OLED领域投入至少1.4万亿元，建设了20条生产线。在柔性AMOLED屏生产线方面，维信诺、京东方、华星光电、和辉光电、深天马、柔宇科技等柔性显示屏制造商在各尺寸柔性AMOLED屏方面均有布局。2017年，京东方6代柔性AMOLED实现量产，此条生产线是中国首条、全球第二条量产的6代柔性AMOLED面板生产线，标志着我国在新一代柔性显示屏生产线的重大突破，推动了我国柔性显示屏行业逐步向规模化、通用化等方向发展。京东方已在多地布局柔性AMOLED生产线，绵阳6代柔性AMOLED生产线于2019年7月开始量产。京东方作为国内自主掌握柔性显示技术的企业，首次设计出全球独有的针对外折的AMOLED产品多膜层结构，实现了弯折半径为5mm条件下20万次弯折。

目前，实现柔性的方法主要包括物理柔性（物体很薄、很细）、结构柔性（刚性芯片之间采用弹簧机构连线）及材料本征柔性。目前，市场上的柔性技术是物理柔性与结构柔性的结合，存在长期稳定性问题，折叠多次后可能出现裂痕，若从材料本征柔性着手，将有更广阔的市场与产品性能空间。例如，柔性分子材料是可折叠手机、柔性显示屏产业链的重中之重。

进入OLED时代，为了实现柔性可折叠，需要将现有显示屏中的刚性材料替代为柔性材料。高分子材料具有独特的本征柔性，虽然我国在高分子半导体材料迁移率方面的研究起步晚，但在国家大力支持下已经实现了从跟踪、并跑，到目前的领跑，高分子材料迁移率与世界先进水平相当，达到1cm^2/(V·s)以上，超过了无定形硅，基本满足智能传感、显示驱动、信息处理与传递等诸多领域的应用需求。

在显示产品追求柔性且轻薄的趋势下，所使用的基材已经由传统玻璃或硅晶圆转向超薄玻璃、金属箔片与塑料基板等柔性材料。除了可卷曲的基板，柔性显示屏的关键部件还包括驱动显示屏电流的透明导体、触控模组、保护玻璃等元器件。在整机中，电池、电路板等零部件也要重新设计以适应弯曲的屏幕。在如此多门类的柔性显示材料中，高分子材料是不可或缺的重要组成，柔性显示器中涉及柔性基板高分子材料、电致发光/变色高分子材料、胶黏剂高分子材料，以及光刻胶、偏光片、感光亚克力、层间介电层、柔性盖板等功能性高分子材料，其功能性、实用性决定了它在柔性显示生产中的战略地位。

柔性显示从基板到封装，乃至最后的保护层，都需尽量采用可以弯折卷曲的柔性材料，来实现显示屏幕的弯曲和折叠。以柔性全色OLED屏为例，目前三星生产的OLED屏可以实现弯曲，下一步要做到可卷，最后是做到可对折，只有能做到对折才能算是真正的柔性屏。

我国柔性显示行业的发展需要抓住本征柔性显示、分子材料及印刷技术的战略机遇，其中关键的高性能高分子基础材料及加工成型工艺与装备的自主创新与产业发展具有重要意义。

第二节 国内外发展现状与需求分析

一、柔性基板高分子材料

（一）材料概述

柔性显示是指将无机/有机器件附着于柔性基板上，实现可以弯曲、折叠、扭曲、压缩、拉伸，甚至变形成任意形状但仍保持高效光电性能、可靠性和集成度的光电显示器件技术。柔性显示装置通常包括柔性显示屏幕和结合在其背面的下支撑膜或者背面保护膜，柔性显示屏幕通常包括封装膜、发光膜、背板膜、柔性基板等结构。为了满足柔性显示器件的要求，轻薄、透明、柔性和拉伸性好、绝缘耐腐蚀等性质成为柔性基板的关键指标。柔性显示的关键材料除了OLED器件，还包括柔性PI基板、柔性高分子膜、柔性阻隔膜、圆偏光片等。以柔性OLED器件为例，OLED屏中的导电电极、触屏单元等各功能单元均需要实现柔性化，需要材料具有高的玻璃化转变温度、良好的柔韧性、耐腐蚀性、低的热膨胀系数和优异的透过率等；在AMOLED领域，为适应高温（350℃以上）工艺制程，还要求柔性基板的聚合物光学薄膜材料能够在该工艺温度下保持良好的性能。常用的柔性基板还有玻璃薄膜、金属箔和柔性高分子薄膜。玻璃薄膜可弯曲，但易碎。金属箔可以高温加工，提供良好的防潮层和防氧气渗透层，但仅适用于非透射显示器，不能处理多个弯曲基板。柔性高分子薄膜断裂伸长率高，弯折性能优良，不会造成脆断；柔性高分子薄膜材料具有高感光性，可形成高精细度图形；柔性高分子薄膜在力学性能、光学性能和化学性质上的综合平衡性使其成为一种重要的基板材料。

目前，高分子柔性基板主要包括塑料基板、纸质基板及生物复合薄膜基板。塑料基板材料按聚合物性质可分为半结晶热塑性聚合物、非结晶聚合物及非结晶高玻璃化转变聚合物。半结晶热塑性聚合物主要包括PET、聚萘二甲酸乙二醇酯（polyethylene naphthalate，PEN）和聚醚醚酮（polyetheretherketone，PEEK）；非结晶聚合物主要包括聚醚砜（polyethersulfone，PES）和聚碳酸酯（polycarbonate，PC）；非结晶高玻璃化转变聚合物主要包括聚芳酯（polyarylate，PAR）、PI和COP，如聚降冰片烯（polynorbornene，PNB）。纸质基板是表面带有功能新涂层的纤维素结构高分子材料。生物复合薄膜基板是在细菌纤维素薄膜表面沉积缓冲层和导电层的纳米复合薄膜。一些高分子柔性基板材料的基本性能见表5-1。

表5-1　高分子柔性基板材料的性能比较

性能	PET	PEN	PC	COP	PES	PI	CPI
厚度 /mm	0.1						
透光率 /%	90.4	87.0	92.0	94.5	89.0	30.0 ～ 60.0	85.0
折射率	1.66	1.75	1.56	1.51	1.60	1.76	1.60
玻璃化转变温度 /℃	78	122	145	164	223	＞300	303
热膨胀系数 /（$\times10^{-6}$℃$^{-1}$）	33	20	75	70	54	8 ～ 20	58
吸湿率 /%	0.5	0.4	0.2	＜0.2	1.4	2.0 ～ 3.0	2.1
水汽透过率 /（g/m^2）（24h）	9	2	50	—	80	—	93

PI具有刚性的分子结构，其耐热性能表现优异，大部分PI的玻璃化转变温度大于350℃，耐高温的PI成为柔性显示技术中的热门材料。作为基板使用的PI浆料主要用于柔性OLED底层工序，即在玻璃基板上涂覆PI浆料使其成膜，再通过高温蒸镀、沉积等工艺，增加显示、触控、偏振、封装等功能层，最后

激光剥离成一张复合薄膜，成为整个柔性显示屏的基础。

传统PI材料呈黄色或棕黄色，成为制约其在柔性OLED领域应用的瓶颈。通过在分子结构中引入含氟单体、脂环族单体、大体积侧基等或者在加工过程中引入预亚胺化工艺等策略，减少电荷沿主链方向的共轭传递，增加链间堆砌的位阻以降低链间的传荷作用，降低薄膜色度，提高透光率，提升力学性能，制备具有高透光、耐弯折、耐摩擦等优异特性的CPI薄膜，可用于柔性盖板。

（二）国内外现状

目前，全球耐高温聚合物光学膜主要由日本、韩国、中国台湾省以及欧美等的少数企业生产，其中又以日本企业最为活跃。日本企业生产的无色透明耐高温聚合物光学膜主要包括PI、树脂+玻璃、聚酰胺（polyamide，PA）、PES及聚砜（polysulfone），具有领先地位，全球的研究工作主要集中在PI薄膜方面（表5-2）。

表5-2　无色透明耐高温聚合物光学膜厂家及产品特性

生产企业名称	制品名	树脂结构	透光率/%	玻璃化转变温度/℃
三菱瓦斯	Neopulim	PI	89～90	303
日本合成橡胶	Lucera	—	88	280
东洋纺	HM	PI	91（500nm）	225
新日铁	Sillplus	树脂+玻璃	91～92	—
东丽	Aramid	PA	—	315
住友电木	Sumilite	PA	89	223
昭和电工	Shorayal	—	92	250
东曹	OPS film	聚砜	93	220
仓敷纺织	Examid	PA	—	220
郡是	F fim	—	92	180
东丽	Colorless Kapton	PI	87（500nm）	＞300
NeXolve	LaRC-CPI	PI	88（400～780nm）	263
科隆	无色PI薄膜	PI	＞88（500nm）	＞300

PI最早出现在1955年Edwards和Robison的专利中。1962年，美国杜邦试生产芳香族PI，1965年实现大规模生产，商品名为Kapton，1984年又推出三种改良型Kapton薄膜，分别为HN型、FN型和VN型，改良型PI薄膜产量已占整个PI薄膜产量的85%以上。1983年杜邦与东丽合资建立公司，由杜邦提供技术和原料，专门生产Kapton。东丽于2013年推出了商品名为Colorless Kapton

的CPI产品，厚度为25μm的CPI薄膜的紫外截止波长为380nm，500nm处的透光率为87%。1999年，杜邦以51 %的股权投资中国台湾省太巨公司，在中国台湾省建成第六座PI工厂，使太巨成为杜邦在中国台湾省生产PI膜和柔性复合材料为主的公司。宇部兴产在20世纪80年代初成功研制一种新型线性联苯型PI薄膜，型号为Upilex-R、Upilex-S和Upilex-C，打破了以均苯四甲酸二酐（pyromellitic dianhydride，PMDA）与二氨基二苯醚（4, 4′-oxydianiline，ODA）为主要原料的Kapton独占市场20年的局面。Upilex系列薄膜的二酐组分是联苯四甲酸二酐（biphthalicanhydride，BPDA），二胺组分是ODA或对苯二胺（p-phenylenediamine，PDA），根据二胺结构，把采用ODA的定义为R型，采用PDA的定义为S型。Upilex-R于1983年投产，产能为100万m^2/年（约80t/年），1985年开始生产Upilex-S。与Kapton相比，Upilex-S具有更高的耐热性、较好的尺寸稳定性和低吸湿性，更适合作为柔性基板使用。在CPI薄膜方面，三菱瓦斯2007年推出了商品名为Neopulim的CPI薄膜产品，其玻璃化转变温度为303℃，可长期耐受280℃高温制程而不发生黄变；东洋纺商业化的CPI薄膜（硬掩模（hard mask，HM）型）产品玻璃化转变温度为225℃，在400nm和500nm处的透光率分别为86%和91%。NeXolve先后推出LaRC-CPI、CORINXLS系列CPI薄膜，当前主要用于空间飞行器的热控材料以及柔性太阳电池基板。

柔性显示中使用的PI材料以PI浆料（基板）和CPI薄膜材料（盖板）为主。根据IHS数据，2018年全球柔性基板用PI浆料约2687t，2019年用量约3500t，以宇部兴产、钟渊等公司的产品为主。在CPI薄膜产品方面，三菱瓦斯最早商业化生产CPI薄膜，其他主要生产企业为三井化学、SKC、科隆、杜邦、东洋纺等。根据现有柔性OLED产线国内布局推算，在满产情况下，年需求CPI薄膜约1680万m^2，以膜厚50μm计算，CPI年需求量在1000t以上。PI浆料及CPI薄膜产品的典型技术指标如表5-3所示。

表5-3 PI浆料及CPI薄膜产品的典型技术指标

PI浆料（宇部兴产）		CPI薄膜（三菱瓦斯）	
溶液黏度 /（Pa·s）	5±1	厚度 /μm	10，15，40
固含量 /%	18±1	透光率 /%	85～90
热膨胀系数 /（$\times10^{-6}℃^{-1}$）	3	热膨胀系数 /（$\times10^{-6}℃^{-1}$）	约35
5%分解温度 /℃	620	玻璃化转变温度 /℃	约480
热成型温度 /℃	450	强度 /MPa	约200
初始模量 /GPa	9.8	模量 /GPa	约5.0

中国也是最早开发PI薄膜的国家之一，自20世纪60年代初期，上海合成树

脂研究所、上海革新塑料厂、天津合成材料工业研究所、徐州造漆厂、哈尔滨绝缘材料厂、一机部北京电器科学研究院（现桂林电器科学研究院有限公司）、中国科学院长春应用化学研究所等单位先后研究开发PI，20世纪60年代末实现小批量生产。20世纪70年代，上海合成树脂研究所在上海革新塑料厂采用浸渍法最早投产PI薄膜（产能为5t/年），但性能上与国外产品有明显差距。其中。桂林电器科学研究院有限公司与天津绝缘材料厂、华东化工学院协作，采用流延法生产均苯型PI薄膜，通过反复摸索，验证确定了双轴定向PI薄膜的工艺路线，进一步与天津绝缘材料厂、机械部第七设计研究院协作，研制双轴定向PI薄膜的专用设备，1984年实现生产双轴定向PI薄膜成卷样品。1993年，桂林电器科学研究院有限公司与深圳市能源总公司香港港深繁荣投资促进中心合资的深圳兴邦电工器材有限公司完成国内第一条产能为60t/年、幅宽为650～700mm的双轴拉伸PI薄膜生产线。我国当前PI材料的产能约为1万t/年，近几年新增电子级PI薄膜、CPI薄膜、PI浆料等项目，PI总产能规划在3万t左右/年。但是，以目前的产品状态看，我国的PI材料仍集中于中低端市场。电子级PI薄膜制造工艺流程复杂，重要参数掌握在少数企业手中，属于高科技壁垒技术。虽然我国已有少数企业可以量产电子级PI薄膜，但是生产效率低，且不良率较高，性能稳定性方面也不如进口产品。在PI制膜工艺方面，绝大部分厂家采用热亚胺化工艺，仅有不足20%的企业采用双向拉伸工艺。我国利用热亚胺化工艺制备的PI薄膜已经基本可以满足国内低端市场需求，而应用于电子信息产业的高端PI薄膜仍有80%以上依赖进口。随着研发投入的增加，国内企业已取得很大突破。目前，国内已有多家企业采用流延双向拉伸工艺制造PI薄膜，相继进行双向拉伸PI薄膜的产业化开发。随着柔性显示技术和通信技术的发展，市场对高性能PI材料的需求呈稳步上升趋势。2014年国际上已普遍能生产8μm以下厚度的超薄PI薄膜，我国仅有少数企业可以量产，还处于试产阶段，更高等级的PI薄膜国内还处于空白阶段。化学亚胺化工艺是国际主流厂商采用的工艺，可以大幅提高PI薄膜的综合性能，但装备昂贵、工艺复杂、技术门槛较高，且国外对我国长期实行技术封锁。

尽管我国柔性显示材料产业整体水平仍与国际先进水平有一定差距，但经过多年发展，我国柔性显示材料产业取得了长足进步，柔性显示屏材料（如封装材料、偏光片材料）和制备工艺所需的设备、保护盖板、支撑结构等都得到快速发展。中国科学院长春应用化学研究所承担吉林省重点科技攻关项目“柔性电子基底膜材料关键单体的研发和产业化”，从柔性电子、柔性OLED领域对高性能PI基板膜材料的市场需求出发，通过结构设计和合成工艺开发，建立单体结构与基板膜材料性能间的构效关系，开发出一系列含吡啶、嘧啶二胺的高性能PI基板膜材料，开发了此类关键二胺单体的低成本合成路线，突破了上述二胺单体的规模化生产工艺技术，建成了关键单体的中试生产线，实现了关键单体的规模化生产，单体纯度均达到99.9%以上，形成了具有产业推广前景的PI基板膜材料技术。由上海大学牵头，与中国科学院上海有机化学研究所、上海华谊集团、维信诺集团、上海天马等19家单位联合承担国家重点研发计划“战略性先进电子材料”重点专项项目“柔性基板材料关键技术开发与应用示范”，面向新一代柔性显示开展产业链与创新链的全链条融合创新，研制开发具有自主知识产权的柔性显示用高端PI柔性基板材料。当前在柔性基板用PI浆料方面，已有多家国内单位启动了布局工作，包括鼎龙股份、依麦德、中科玖源等，规划产能约1500t/年，但多处于前期试验或小批量验证阶段，尚未形成大规模批量采购。2020年，鼎龙股份实现国内首条超洁净柔性AMOLED用PI浆料全自动化产线量产，通过6代线测试，获得了客户首张批量订单，并在第二季度完成了1000t/年产业化项目，目前公司已经形成持续稳定的批量供货能力。在PI薄膜方面，主要生产企业为深圳瑞华泰薄膜科技股份有限公司、株洲时代新材料科技股份有限公司、江苏中天科技股份有限公司、桂林电器科学研究院有限公司、安徽国风塑业股份有限公司、江苏高拓新材料有限公司、宁波今山电子材料有限公司、山东万达微电子材料有限公司、江阴天华科技有限公司等，但在柔性盖板用CPI薄膜方面，尚未实现规模化量产。工业和信息化部《重点新材料首批次应用示范指导目录（2019年版）》中公布了柔性显示盖板用CPI的主要性能指标要求：透光率＞89%，可弯折次数≥20万次。

华南理工大学开发了一种新型的纳米纤维素/PAR杂化聚合物基板，具有高透明性和优异的热性能。基板表现出极大改善的热稳定性，玻璃化转变温度为192℃，热分解温度为501℃，工作温度超过220℃。同时，基板表现出优异的力学性能。在该基板上制造的OLED器件显示出比在传统的PET基板上制造的器件高得多的光电性能。这项研究可能为制造柔性高性能有机电致发光器件开辟一条新的途径。

二、电致发光/变色高分子材料

（一）材料概述

光电转换材料是柔性显示的核心材料，主要包括电子给体与电子受体两类活性材料，电子给体材料具有P型结构，主要是聚噻吩衍生物，基础材料为3-己基噻吩（poly（3-hexylthiophene），P3HT），应用材料以聚（3, 4-乙烯二氧噻吩）：聚苯乙烯磺酸（poly（3, 4-ethylenedioxythiophene）：poly（styrenesulfonate），PEDOT/PSS）为主，电子受体材料具有N型结构，传统的电子受体材料为富勒烯衍生物（[6, 6]-phenyl-C61-butyric acid methyl ester，PCBM）。作为显示领域的核心材料，光电高分子材料不仅具有金属或半导体的电子特性，还具有优异的加工特性及力学性能，能够制备大面积柔性光电子器件。通常，用于柔性显示器件的发光材料需要具有高效率的固态荧光、良好的化学稳定性和热稳定性、易形成致密的非晶态膜、适当的发光波长、良好的电导特性及一定的载流子传输能力。具有高的发光效率、高的电子迁移率的有机发光材料是未来发展方向。柔性显示器件中的发光层一般选用具有大的 π 键结构、刚性平面结构且取代基中有较多的给电子基团的发光共轭高分子材料，如聚对亚苯（poly（p-phenylene），PPP）、聚对苯撑乙烯（poly（p-phenylene vinylene），PPV）、聚对苯撑乙炔（poly（phenylene ethynylene），PPE）、聚芴（polyfluorene，PF）、聚噻吩（polythiophene，PT）、聚苯胺（polyaniline，PANI）、聚吡咯及聚咔唑。

PPV是一种亮黄色荧光聚合物，发射光谱峰值在551nm和520nm，分别对应于2.25eV和2.4eV的带隙，落在可见光谱的黄绿色区域；PPV具有高导电性、高化学稳定性、易于加工性和良好的光学特性；PPV具有单斜晶胞的准晶体结构，可以转化为刚性和高度结晶的薄膜。1990年，剑桥大学首次报道在低电压下采用共轭聚合物PPV制备的黄色和绿色单层电致发光器件。与基于CRT和液晶显示器的传统显示技术相比，基于PPV的显示器件具有易于加工、可大面积柔性制造的特点。目前，PPV衍生物已经应用于聚合物/OLED、有机太阳能电池、有机场效应晶体管、传感器、超级电容器、生物成像等领域，并进一步通过改性、掺杂、共聚的方法来扩大其应用范围。

PF及其衍生物是一类重要的蓝色电致发光材料，具有较高的荧光量子效率、光和热稳定性，良好的溶解性、成膜性，高电荷迁移率、宽带隙，可以在大范围内调节材料的HOMO和LUMO能级，从而调节其最大发光波长、发光效率、饱和色纯度以及载流子传输能力；化学结构修饰性强，C-2位、C-7位、C-9位都是很好的反应位点，可以引入能提高溶解度和控制液晶态的烷基、提高稳定性的芳基，以及水溶性基团，并用于生物传感领域等。这些优势使PF及其衍生物成为最有可能实现商业化的蓝色电致发光材料。但是，PF在加热或器件制作过程中容易产生不理想的绿光发射，严重影响了器件发射光的饱和色纯度及发光颜色的稳定性。为此，通过在芴上引入不同的侧基后聚合制备芴均聚物，共聚、在C-9位引入位阻大的基团、支化结构等方法来改善材料的综合发光性能，提高空穴迁移率，因而表现出更高的器件效率和更稳定的电致发光光谱。

PT因具有良好的溶解性、高电导率、氧化还原稳定性和环境稳定性，与其他聚合物或无机纳米材料复合，在有机光电子、新能源等领域有重要的应用。在PT诸多衍生物中，PEDOT：PSS具有高电导率、低热导率和良好的柔性，在柔性热电及显示领域具有巨大潜力，是迄今研究最多也是性能最高的PT。PEDOT：PSS还原态为深蓝色，外加电压使得它变成接近透明的浅蓝色氧化态。PT与无机纳米材料复合，利用纳米材料的纳米效应，将无机物的尺寸稳定性和热稳定性与PT及其衍生物的导电性结合起来，提高材料的综合性能。

PANI是主链由PDA和醌二亚胺（quinonediimine，QDI）两个单元组成的一类长链共轭高分子，具有良好的稳定性、氧化还原化学特性、独特的掺杂/脱掺杂性质和优异的导电性，经过一定处理后，可制得各种具有特殊功能的设备和材料，如可作为生物或化学传感器的尿素酶传感器、电子场发射源、较传统锂电极材料在充放电过程中具有更优异可逆性的电极材料、选择性膜材料、防静电和电磁屏蔽材料、导电纤维、防腐材料、电致变色材料等。然而，本征态PANI的分子链刚性较强，同时存在很强的氢键，使PANI在大多数溶剂中难以溶解，仅溶于浓硫酸、N-甲基吡咯烷酮等少数强极性溶剂中，而掺杂态PANI更是不溶不熔，无法成型，难以应用。后来，华南理工大学采用对阴离子诱导加工技术，通过对阴离子与溶剂及PANI主链间的相互作用，改变PANI主链的链构象，使PANI从非极性有机溶剂或通用高分子熔体中加工成为高导电材料，解决了导电聚合物不能溶液加工的世界难题，推进PANI产品在防静电、抗电磁波屏蔽、光电器件透明电极等领域的应用。

在电致变色导电聚合物中，PANI因其氧化还原电位低（$<1.0V$）、自身颜色多种多样（浅黄色、绿色、蓝色）及较强的分子结构设计性等优点而在电致变色领域占有重要位置。对于PANI氧化还原过程中其化学结构如何变化这一问题的探索，人们比较认同的是MacDiarmid提出的理论模型，即PANI链段中拥有交替存在的苯环与醌环。同时，PANI材料能够在不同电压下发生不同程度的氧化还原并显现出多种颜色变化，即多色性。PANI在全还原态时，分子结构内均为苯环结构，材料为淡黄色。当PANI逐渐被氧化时，分子链段开始出现不同比例的苯环-醌环结构。PANI处于中间氧化态时，苯环与醌环的比例为3∶1，材料为绿色。PANI达到最高氧化态时，苯环与醌环的比例为1∶1，材料为蓝色或蓝紫色。

将无机物/有机高分子进行复合，制备复合高分子显示材料，可以实现电子器件可弯曲、扩大光学调制范围、提高电致变色稳定性和电化学循环稳定性等。

金属离子与配体形成的有机螯合物中金属离子能级分裂，落在可见光范围内的能级差Δ使其呈现能级差Δ的互补色，可作为有机电致变色器件中的变色材料。弹性透明导体上喷墨印刷单层WO_3纳米粒子，与PANI/碳纳米管复合电极组成的设备即使拉伸到50%的形变量，也能保持出色的电致变色和能量存储性能。基于聚（3-甲基噻吩）和普鲁士蓝电极的可拉伸电致变色器件显示出在弯曲和30%双轴拉伸下的机械稳定性。

光电转换材料大多数情况下不具有成膜性能，需要高透明、高阻隔的衬托光学薄膜材料进行成型，目前应用的材料主要有CPI、PC及PET。

（二）国内外现状

国际上，美国、英国、日本、韩国等已战略布局柔性电子（包括电致发光/变色高分子材料）项目，其在高精尖领域将长期保持高速增长态势。国外电致发光/变色高分子材料研究现状如表5-4所示。

表5-4　国外电致发光/变色高分子材料研究现状

领域	研究机构	研究进展
柔性显示	英国帝国理工学院	设立塑料电子中心，专门研究有机半导体光电材料及其光电性质，涉及有机/聚合物LED（OLED、高分子LED）的工艺开发、柔性信息显示等领域
	荷兰霍斯特中心	开发柔性信息显示工艺，尤其是卷对卷工艺制备大面积柔性OLED器件
	德国弗劳恩霍夫研究所	开发柔性信息显示工艺，尤其是卷对卷工艺制备大面积柔性OLED器件
	美国亚利桑那州立大学	设立柔性电子与显示中心，研究全彩OLED、电子纸和X射线检测器，实现小面积柔性显示原型器件的中试量产
	韩国首尔大学	电子与计算机工程系下设柔性电子与能源中心
	韩国光州科学技术学院	成立柔性光电子实验室，聚焦先进光电子器件系统、多功能纳米光电电子学和下一代光学医疗体系
	韩国三星公司和LG显示公司	主导柔性集成技术
生物传感与可穿戴设备	美国西北大学	在仿生电子器件的设计与制造、柔性电子学、可穿戴生物医学电子器件等研究领域走在世界前沿
	美国斯坦福大学	在柔性薄型显示器的全塑晶体管的新型高性能有机/高分子半导体材料、柔性生物电子和柔性传感等研究领域走在世界前沿
	英国萨塞克斯大学	在传感技术研究中心设立可穿戴/植入技术和柔性/可拉伸电子实验室
	美国伊利诺伊大学厄巴纳-香槟分校	在柔性生物电子和柔性传感研究领域走在世界前沿
	美国加利福尼亚大学伯克利分校和圣迭戈分校	在柔性生物电子和柔性传感研究领域走在世界前沿
	美国苹果公司、波音公司、哈佛大学	联合柔性混合电子制造创新研究所，共同致力于开发柔性可穿戴式传感器

我国也建立了光电显示的创新体系，成立了高校与企业联合中心。针对湖北省光电子产业显示领域对柔性光电显示材料与器件的开发及产业化的迫切需求，

按“一个重点学科、两个科技平台、三个产业化基地”的组织框架，由江汉大学牵头，协同华烁科技股份有限公司、武汉天马微电子有限公司、华中科技大学、武汉理工大学和武汉化学工业区等单位，依托江汉大学化学工程与技术湖北省重点学科、光电化学材料与器件省部共建教育部重点实验室、湖北省光通信化学材料工程技术研究中心、华烁科技股份有限公司国家高新技术成果产业化基地、国家高技术产业化示范工程——挠性高密度印制板用关键材料FCCL（FCCL即挠性覆铜板，也称柔性覆铜板（flexible copper clad laminate））产业化基地和武汉天马微电子有限公司柔性显示器件产业化基地，组建了柔性显示材料与技术湖北省协同创新中心。建立多学科融合、多团队协同、多技术集成的重大研发与应用平台，为产业结构调整、行业技术进步提供持续的支撑和引领，结合地方产业优势，面向光电子产业发展的核心共性问题，与大中型骨干企业、科研院所联合开展环境友好光电化学材料创新，以先进制造技术特别是绿色制造技术改造和提升基础原材料产业，满足地方经济和社会发展中的重大需求，突出自主创新，探索产学研一体化新模式，推进环境友好型、资源节约型社会建设。目标是通过开展重大基础研究、应用化研究和产业化研究，取得一批原始创新成果和具有自主知识产权的关键核心技术，通过构建多元、开放、动态的组织运行模式与协同创新机制，逐步将该中心建设成为国际一流的光电功能化学材料学术高地、创新中心、研发基地和产业引领阵地，带动区域产业结构调整和新兴产业发展，为地方政府光电子产业的发展提供战略咨询服务，在区域创新中发挥骨干作用。

目前，小分子电致发光材料的稳定性不够好，但已经产业化，主要集中在日本和韩国；高分子电致发光材料的稳定性大幅提高，但目前尚未产业化。

从技术上，赋予刚性电致变色器件可拉伸性比可弯曲性更难实现，人们不断将电致变色器件朝着柔性、可拉伸性的发展趋势推进，在可拉伸电致变色器件方面也取得了丰硕的成果。可拉伸电致变色器件要求在各种长周期的机械变形（弯曲、折叠和拉伸）下仍保持高性能，研发主要集中在平衡导电性、光学透明性和机械拉伸性的重大挑战上。

我国电致发光/变色高分子材料研究现状如表5-5所示。

表5-5 我国电致发光/变色高分子材料研究现状

领域	研究机构	研究进展
光电转化材料	华南理工大学	建立高分子光电材料与器件研究所，在全印刷PLED屏、基于金属氧化物的TFT驱动背板的柔性全色OLED屏及新型用电化学聚合图案化实现全色OLED屏等方面取得突出进展

续表

领域	研究机构	研究进展
柔性电子及可穿戴设备	西北工业大学、南京工业大学、南京邮电大学	在西北工业大学建立柔性电子研究院，在南京工业大学建立先进材料研究院，系统研究开发高性能有机光电材料及器件，批量制备有机半导体薄膜，研制新型高灵敏柔性健康传感器
	清华大学	建立柔性电子技术研究中心，研发类皮肤柔性电子生物传感器等
柔性电子及可穿戴设备	浙江清华柔性电子技术研究院	在柔性传感生物信号及检测方面已取得国际领先的研究成果
柔性印刷显示	华星光电、天马	成立广东聚华印刷显示技术有限公司，设立国家印刷及柔性显示创新中心，在柔性显示领域一直走在国际前列。作为开放创新平台，开发 OLED 面板的喷墨印刷技术，聚焦印刷显示工艺的基础、关键技术开发和工业化应用，研制出印刷显示机

工业和信息化部《重点新材料首批次应用示范指导目录（2019年版）》中公布了高性能有机发光显示材料的性能指标要求：蓝光色度坐标达到CIEy < 0.05，1000cd/m^{2}亮度下，效率 > 8.5cd/A，LT97 > 250h；红光色度坐标达到CIEx > 0.68，5000cd/m^{2}亮度下，效率 > 60cd/A，LT97 > 450h；绿光色度坐标达到CIEy > 0.70，10000cd/m^{2}亮度下，效率 > 160cd/A，LT97 > 400h[①]。

三、OCA

（一）材料概述

显示屏图像的每个微米级像素点分别穿透偏光片、OCA、玻璃或柔性盖板后再呈现给人眼视觉。电子触摸屏具有多层膜复合结构，OCA 起着层间黏结的作用（图5-1）。

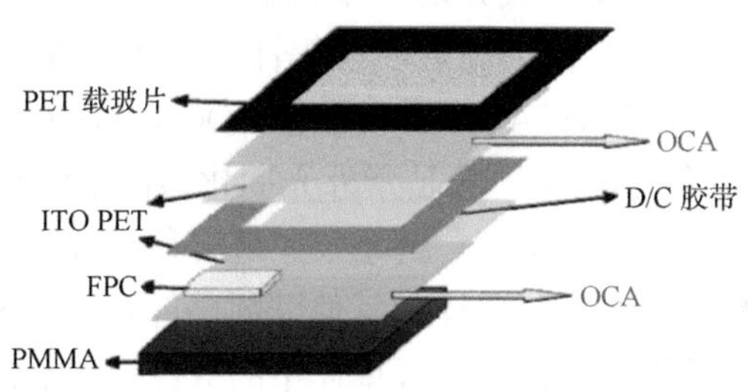

图 5-1　电子触摸屏的多层膜复合结构

① CIE 指国际照明委员会（International Commission on Illumination）；y 和 x 分别是坐标轴；LT97 指从初始亮度（100%）降低到 97% 的时间。

对于设计制备具有各向异性光学性能的光学薄膜，精准的分子设计、基础高分子材料设计合成、精准的结构和形态的调控、精密加工技术是面临的重要挑战。在OCA膜的生产过程中，高分子合成和涂布工序的质量控制决定了OCA产品的基本性能，对材料供应商的高分子胶水聚合技术以及无尘涂布、固化等工艺的控制水平有较高的要求。精密无尘模切加工工序的质量控制直接决定了OCA膜产品使用后的屏幕图像视觉效果和触控显示屏模组的贴合良率，精密无尘模切后的OCA膜除要求高精度、静电释放量小外，还要求无尘、无异物、无脏污、无凹凸点、无水波纹、无压痕、无毛边、无褶皱、无溢胶、无气泡、无吸附等不良现象，这对精密无尘模切加工厂商在环境洁净度、设备精密度、模具设计、加工工艺、辅耗材搭配、包装设计等方面提出了较高的要求，对整个触摸屏的性能有较大的影响。

OCA膜大致可分为两种类型：丙烯酸酯类OCA与有机硅类OCA。

丙烯酸酯类OCA膜因强度高、耐候性好以及光学性能和黏结性能优异而成为制备OCA中应用范围最广泛的胶黏剂。丙烯酸酯类胶黏剂可大致分为两类：一类是应用于压敏型、热熔型及水乳型胶黏剂的丙烯酸酯化聚丙烯酸酯；另一类是应用于丙烯酸酯结构胶和光敏胶的分子末端带有丙烯酸酯基团的大单体。常用的丙烯酸酯大单体有聚氨酯-丙烯酸酯（polyurethane-acrylate，PUA）、环氧丙烯酸酯、聚醚丙烯酸酯和聚酯丙烯酸酯等。PUA综合了聚氨酯材料的高耐磨性、优良的韧性和剥离强度以及丙烯酸类材料优良的光学性能、耐候性等，是一种具有高综合性能的光敏树脂。环氧丙烯酸酯是由环氧树脂开环，与丙烯酸等不饱和一元酸进行酯化反应所得的产物。环氧丙烯酸酯将环氧树脂突出的化学物理性能与不饱和聚酯优异的成型操作性能有机地结合在一起，具有剪切强度高、硬度高、耐热性高、耐化学腐蚀、成本低、固化速度快等优点，已经成为目前消耗量最大的光敏树脂之一。

丙烯酸酯类OCA膜的主体成分是丙烯酸酯，属于丙烯酸酯类光固化胶黏剂，具有优异的耐久性、耐化学性、高透明性等性能，按照固化交联的形式，OCA有热固型OCA、光固化型OCA、湿气固化型OCA、压敏型OCA和自交联型OCA。用于触摸屏贴合的OCA一般是紫外光固化型丙烯酸酯类胶黏剂，其固化符合自由基反应机理，包括链引发、链增长、链转移和链终止，该类材料体系中含有引发剂、低聚物、活性稀释单体和其他助剂，首先引发剂吸收能量产生活性自由基或阳离子引发低聚物和活性稀释单体中的双键形成活性链，然后活性链之间发生连锁反应形成链更长的聚合物链，最后链游离基之间相互碰撞失活，结束反应，若存在多官能团的单体，最后交联成为三维网络结构聚合物。

目前针对丙烯酸酯体系的研究主要包括减小固化收缩率、提高折射率和透光率、提高固化速度、增强稳定性及选择绿色稀释剂等方面。紫外光固化体系一般由光敏性低聚物、活性单体、光引发剂、添加剂等组成，其中光敏性低聚物决定了固化产品的主要性能，丙烯酸酯化聚丙烯酸酯是光固化预聚物的一种重要类型，一般可通过丙烯酸、丙烯酸羟基酯、甲基丙烯酸缩水甘油酯等单体共聚而得，使其形成脂肪族C—C为主链、侧链含有大量酯键及各种反应基团的结构，且具有光敏性能。其合成包含两个主要步骤：首先，以甲基丙烯酸酯/丙烯酸酯或者其他烯类单体合成侧链含有羟基、环氧基、羧基、酸酐等官能团的聚丙烯酸酯；然后，通过酯化或者加成等反应使聚丙烯酸酯侧链接上一定数量的丙烯酰氧基，得到丙烯酸酯化聚丙烯酸酯，这样可以进行光固化。丙烯酸酯化聚丙烯酸酯原料种类繁多，价格低廉，合成简便，分子量容易调节。丙烯酸酯化聚丙烯酸酯结构的可调节性使其合成的树脂耐候性好，固化收缩率低，性能优异，能够配合其他树脂（如环氧丙烯酸酯或聚氨酯丙烯酸酯）使用，有效地降低其固化收缩率，增强对基材的附着力。国内多家企业（纳利光学、安徽方兴光电新材料、浙江洁美电子科技等）拥有OCA相关的专利。

有机硅类OCA膜又称为液态光学胶（liquid optically clear adhesive，LOCA），其主体材料为硅树脂。硅树脂是以Si—O键为主链、硅原子上连接其他有机基团的高度交联三维网状结构聚合物。当其连接的有机基团含有氢基、不饱和烃基、巯基、（甲基）丙烯酰氧基或环氧基等活性基团时，硅树脂会拥有一定的反应活性，可进一步发生化学交联，交联后材料的性能由侧链活性基团的性质决定，补强效果好且易于个性化定制。基于侧基性质，反应性硅树脂可分别通过热或光诱导反应生成三维网络。其中，通过引入巯基、（甲基）丙烯酰氧基或环氧基等可光固化基团，使硅树脂具备光活性，能实现快速高效固化成型。目前，硅树脂以热固化为主，需要长时间加热才能有效地固化，且主要生成固体，通常需要提前预混或密炼，应用场合受限。光固化是一项快速高效、节能环保的绿色新技术，能耗仅为热固化的1/10～1/5。光固化材料受紫外光辐射时，可在几秒内实现固化。传统硅树脂要实现光固化必须先引入光活性基团。MQ硅树脂[①]是工业上用量最多的一类树脂，其分子结构中具有多个Si—O键，这不仅赋予了其优异的耐高/低温、耐腐蚀性能，而且强烈的极性基团赋予其良好的黏结性能。鉴于上述良好特性，MQ硅树脂一般用作聚硅氧烷的表面处理剂、补强材料、增黏剂或其他添加剂。但MQ硅树脂很难实现光固化，且因光固化基团具有一定的极性，故制备过程中易凝胶并难以保持透明，大大限制了其光固化速率，增加了制备难度。乙烯基MDT硅树脂以单官能度M链节（$R_3SiO_{1/2}$）、双官能度D链节（$R_2SiO_{2/2}$）和三官能度T链节（$RSiO_{3/2}$）为骨架构成，呈三维球状立体结构。MDT硅树脂结构中含有较多R基团（任意基因），R/Si值偏大，在引入光活性基

① 由单官能团Si—O单元（简称M单元）与四官能团Si—O单元（简称Q单元）组成的一种有机硅树脂。

团的同时，易实现液态化。透明硅树脂主要通过引入芳香族或稠环结构来提高折射率。通过以硫醚键、硫酯键、硫代氨基甲酸酯、砜基或环状硫等形式引入硫元素是提高硅树脂折射率的有效方法之一，但含硫硅树脂大多存在透明性不佳及带有颜色的问题，影响其在光学领域的应用。以含乙烯基的线性聚甲基苯基硅氧烷和含乙烯基苯基的硅树脂混合料为A组分，含Si—H基、苯基的硅氧烷为B组分，固化后可以用作LED的包封料和封装料，其硬度较高且表面不黏附粉尘。以乙烯基封端的聚硅氧烷为A组分，MQ硅树脂为B组分，Si—H基封端的聚硅氧烷为交联剂，铂配合物为催化剂，改性的环异氰脲酸酯为增黏剂配合后得到高黏结性、高硬度的封装材料。道康宁则以乙烯基封端的含光基链节的线型聚硅氧烷和含（M、D、T链节）支链及苯基的聚硅氧烷混合物为A组分，含Si—H基的聚甲基苯基硅氧烷为B组分，甲基丙烯酸、丙烯酸缩水甘油酯等单体共聚得到的聚合物为C组分（增黏剂），在催化剂作用下得到高黏结性能的橡胶型封装料。据相关数据统计，有机硅生产企业，如美国道康宁、德国瓦克、美国通用电气和日本信越化学等，在有机硅单体生产行业占据了全球90%的市场份额。从20世纪90年代以来，我国有机硅工业也保持着高速增长态势，发展了江西星火和浙江新安化工等有机硅生产企业，但与国外有机硅生产企业相比仍然存在很大差距，目前在很多技术要求高的应用领域仍以国外有机硅产品为主。

由于胶黏剂的黏结使用涉及两个被黏界面，在OCA固化过程中因体积收缩产生的应力缺陷更加难以消除，体积收缩比较大是其最大问题，严重影响黏结强度和产品外观。目前OCA应用于ITO膜、投影屏、显示器、触摸屏、手机面板等相关电子光学材料的黏结时，其工业指标要求固化收缩率≤2.5%，而近些年市场销售的国内产品固化收缩率为5%左右。近年来，人们研究了在不同类型胶黏剂中使用添加剂来改善其性能，基础聚合物的有机特性赋予胶黏剂柔韧性和加工能力的特性，将无机纳米颗粒（如硅、铝、钛和锌的氧化物、碳化物，氮化硼颗粒，碳化硅颗粒等化合物）加入胶黏剂中，可以改善耐热性和机械强度。例如，在涂料中添加了改性纳米级氧化硅和改性纳米级氧化钛，可在固化膜中形成Si—O—Si、Si—O—Ti、Ti—O—Si形式的杂化网络结构，改善了固化膜的韧性、抗拉强度和耐热性，同时赋予了涂料优良的透明性。除掺杂添加剂外，人们对胶黏剂的两大体系进行了一定研究，对胶黏剂的耐候性、光学性能等起到了一定的提高作用。

（二）国内外现状

随着触控面板市场大幅成长，黏结触控面板的上游材料——OCA市场规模也随之成长。OCA是一种用于胶结透明光学元件的特种胶黏剂，形成一种无基材高透双面贴合胶带。作为触摸屏的重要原材料之一，OCA能够起到电容触碰感应的效果，具备清澈度高、透光性强（全光透过率＞99%）、高黏着力、耐水耐高温、抗紫外线、胶结强度良好且固化收缩率小等特点。近年来，显示屏行业迅速发展，尤其是2021年上半年“宅经济”余热持续，在线教育、在线娱乐、远程办公、远程医疗等应用市场继续保持增长趋势以及车载市场回温，显示面板需求持续增大。2021年全球显示面板产值达1218亿美元，同比增长6.3%，笔记本电脑面板出货量同比增长17%，车载显示前装出货量同比增长超10%。在此背景下，随着技术发展，显示屏对全贴合需求越来越高，对黏结光学材料需求也越来越高，OCA需求进入快速增长通道。

生产OCA的企业主要集中在海外市场，如美国3M和日本三菱化学，三星SDI也成功开发了世界上首款为可折叠手机设计的OCA，折叠次数超过20万次（表5-6）。

表5-6　国外部分OCA生产相关企业

国家	企业	相关产品及说明
韩国	三星 SDI	柔性可折叠 OCA
	LG 化学	用于 3D 玻璃和柔性显示器以及触摸屏面板 OCA
	TMS	TM-Q 和 TTC-1000 系列，用于 TPS/ 玻璃至液晶模组 /OLED 器件
	栗村化学	OCA
日本	三菱化学	CLEARFIT 光学透明胶黏片，用于各种类型显示器的层间填充板
	日本霓达	LUCIACS CS986 系列光学透明胶带，用于光学薄膜、平板显示器等
	日本积水化学	HSV/SSV 系列高透明双面胶带，胶黏剂层中使用高性能丙烯酸胶黏剂
	日立化成	HITALEX 系列显示器用胶黏膜，有天然橡胶型和丙烯酸型胶黏剂
	琳得科	用于电容、电阻式 OCA
美国	3M	光学透明胶黏剂，用于薄膜触摸传感器、基板等
	戴马斯	Dymax 光固化光学显示器胶黏剂，用于汉语平板显示器、触摸屏
	DELO	用于显示和触摸面板黏合的 DELO Electronics Adhesive
	TESA	光学透明胶黏剂，用于刚性或柔性基材、镜头、触摸屏等

韩国三星SDI创建于1970年，主要从事小型锂离子电池、汽车电池、环境应力筛选（environment stress screening，ESS）试验、电子材料相关产品的研发、生产及销售，2018年与三星电子合作，成功开发出适用于可折叠产品的OCA。美国3M创建于1929年，制品包括磨具、胶黏剂和胶带、先进材料、薄膜、过滤产品等，OCA产品主要适用于OEM和Tier。3M作为全球知名材料企业，其OCA产品在全贴合显示、柔性AMOLED及中大尺寸显示屏上都得到了很好的应用，适用于薄膜触摸传感器、显示器基板等。

光学透明树脂（optical clear resin，OCR）又称为液态光学胶（liquid optically clear adhesive，LOCA），是设计用于透明光学元件黏结的特种胶黏剂，它的作用如下：将触摸屏显示器的各个光学元件黏结起来；固化后的薄膜充当光学通路。

OCR填充面板与透明保护层及液晶模组之间的空隙可提高显示器的对比度，与传统采用空气间隙的方法相比，OCR可抑制外部光照与背光等导致的光散射情况；阻止水分进入设备，或防止设备面板内或触摸屏附近形成露水。此外，OCR较OCA在固化方式和工艺控制两个方面也有一定优势，OCR采用紫外光固化化学方法，与光学胶带贴合方法比较，速度快，费用低；OCR不产生气泡，不需要抽真空进行脱泡，工艺简单，且其常温下具有液态流动性，适用于各种尺寸和形状的贴合面，固化后为胶质状态，可以轻松将贴合面分离，除去胶质物后，仍可以继续生产使用，良率较OCA得到较大提高。

目前OCR的生产商主要包括杜邦（美国）、共立理化学（日本）、元化学（韩国）、达兴材料（中国台湾省）、陶氏化学（美国）、九肚集团（日本）、迪睿合（日本）、出光兴产（日本）、爱克工业（日本）、热管技术（美国）、化药化工（日本）、特莱仕（荷兰），其典型OCR产品性能比较见表5-7。

表5-7 主要OCR产品的基本性能

性能		陶氏化学	共立理化学	元化学	特莱仕
型号		DOWSIL™ VE-6001 UV_T	HRJ-46	WU-5015	OCRP101
材料		有机硅类	丙烯酸酯类	—	—
固化前	黏度/（mPa·s）	3600	3800	1500	3600
	紫外固化条件/（mJ/cm²）	＞4000	1500	＞3000	3000～5000
固化后	硬度	54 shore 00	50 shore 00	10 shore C	—
	透光率/%	＞99	—	—	＞95
	体积收缩率/%	＜1.0	2.2	—	—
	折射率	1.53	—	—	—
	介电常数	—	—	—	5.2
	黄度指数	0.32（200μm）	—	—	0.39（300μm）

OCA全球供应厂商分为三个梯队：第一梯队是欧美厂商，以3M和德莎为主；第二梯队是日本、韩国和中国台湾省厂商，日本厂商主要是三菱和日东电工，韩国厂商是LG化学和SKC，中国台湾省厂商是长兴科技。前两个梯队的厂商市场占有率为80%以上。第三梯队是中国大陆地区的这些厂商，目前以上市公司新纶科技、斯迪克为主（表5-8）。多年来，国内胶带行业纷纷加大OCA的研

发力度，技术水平逐步上升（表5-9），全国OCA涂布线数量超20条。加韵光学于2011年在南京投资建设了涂布工厂，现有2条国际先进的涂布生产线，已经量产OCA，月产能达到40万m^2；正贤实业主要生产OCA、超强丙烯酸亚克力泡棉胶带、微孔防水泡棉胶带、PET双面胶带等产品。

表5-8 国内部分生产OCA的相关企业

企业	相关产品及说明
加韵光学	拥有5条涂布生产线，产品包括OCA卷材和片材
正贤实业	从事研发、生产、加工与模切冲型双面胶带，产品主要有OCA等
新纶科技	2013年底，筹划“光电子及电子元器件功能材料常州产业园项目”，主要产品包括光学胶带、高净化保护膜、高净化胶带、散热膜等电子功能材料
佳诚集团	主营光、电、热多功能创新型电子新材料，包括OCA带
凡赛特	2016年，收购日本日立化成的OCA事业部，国内工程位于张家港，目前年产能360万m^2，二期年产能400万m^2，主要客户包括天马、LG显示、国美、奇酷等
怡钛积	主营OCA模切、防指纹涂层材料的加工分销，主要客户包括京东方、深天马、合力泰、华星光电等
触银	产品包括OCA全贴合系列以及OCA触摸屏系列
慧谷化学	用于触摸屏领域的全贴合OCA带，应用于手机、平板电脑的OCA带
明基材料	用于导电玻璃、导电薄膜、全贴合制程的OCA系列产品
斯迪克	2018年，募集3.11亿元，新增3条OCA膜生产线，年产能2600万m^2

表5-9 国内部分企业生产的OCA产品的主要性能参数

企业	产品型号	性能参数			
		胶膜厚度/μm	黏着力/N（25mm）	透光率/%	雾度/%
新纶科技	SXC-PA	—	—	91.3	0.3
	SXC-PB	—	—	90.7	0.3
凡赛特	DC-7000	50	≥12	≥90	≤1.0
		75	≥16		
		100	≥18		
		125	≥20		
		150	≥20		
	DA-7000	50	≥15.5	≥90	≤1.0
		75	≥16		
		100	≥16.5		
		125	≥17.2		

续表

企业	产品型号	性能参数			
		胶膜厚度 /μm	黏着力 /N（25mm）	透光率 /%	雾度 /%
慧谷化学	全贴合用	150/175/200/250	—	≥ 90	≤ 1.0
	触摸屏用	50/75/100/125/150/175			
富印集团	T928-1	25	—	≥ 90	≤ 1.0
	T1513-4	100	—	≥ 90	≤ 1.0
	T928-2	50	—	≥ 90	≤ 1.0
	T1513-6	150	—	≥ 90	≤ 1.0
	T1513-7	175	—	≥ 90	≤ 1.0

据2018年出货量和市场价格测算，全球OCA市场需求近200亿元，国内拥有80亿元以上的市场需求。以下趋势在不断推进OCA的市场扩大：智能手机大屏幕出货量增加；智能手表及汽车主控大屏的爆发式增长；大尺寸平板电脑、电视及智慧屏的推广等。OCA是一种高度专业的胶黏剂产品，是重要触摸屏的原材料之一。与传统的全贴合OCA相比，柔性OCA作为柔性显示的关键材料之一，对延长柔性显示器件的寿命具有至关重要的作用。在弯折状态下柔性OCA会产生较大程度的形变，在非弯折状态下还需要形变完美恢复，不产生任何折痕，因此，与全贴合OCA相比，柔性OCA的技术难度非常高。OCA核心专利技术大多数掌握在海外厂商手中。国内高端OCA企业较少，导致进口产品价格昂贵，是我国柔性显示领域的“卡脖子”材料之一。国内企业目前仍以模仿海外产品为主，短期实现技术突破的可能性较小。结合未来发展趋势来看，OCA的市场需求将会一直稳定增长，而OCA国产化也是大势所趋。

新纶科技在柔性显示材料方面做了较多工作，其中，电子功能材料主要产品涉及水滴屏OCA以及固曲OCA等高端OCA、高净化双面胶带、导电屏蔽胶带、透明及彩色防爆膜、OLED相关柔性材料、耐跌落抗冲击泡棉框胶等，可以实现智能手机、平板电脑、汽车电子、触控设备等各功能模块或部件之间黏结、防震、保护、导热、散热、防尘、绝缘、导电等功能。光电显示材料主要产品涉及CPI膜、COP膜和TAC膜等，主要作为折叠屏、偏光片等显示结构中的高端光学显示材料产品。产品经模切加工后最终广泛应用于智能手机、平板电脑等消费类电子领域。国内企业和科研院所对于OCR的研究起步较晚，产品在折射率、耐黄变、耐湿热老化性能等方面与国外同类产品存在较大差距，大部分触摸屏贴合用的黏结材料（包括OCA胶带和OCR胶水）依赖进口，国外主要厂商如德国汉高乐泰、日本索尼化学、美国3M均有比较完善的产品线，同时依靠雄厚的资金实力和技术力量，设定高技术门槛，因此研制高折射率、高透光率、低黄变、耐老化的液态光学透明黏结材料并实现产业化，对促进国内黏结材料的发展和提高平板显示产业的国际竞争力具有十分重要的战略意义。

四、偏光片相关高分子薄膜材料

（一）材料概述

偏光片（polarizer）全称为偏振光片，可控制特定光束的偏振方向。自然光在通过偏光片时，振动方向与偏光片透过轴垂直的光将被吸收，透过光只剩下振动方向与偏光片透过轴平行的偏振光。偏光片主要由PVA膜、TAC膜、保护膜、PSA膜和离型膜等复合制成。构成偏光片的主要膜材及其特性见表4-20。

在柔性电子显示器件中，光学胶膜及其黏结层胶膜都极为重要，不管是LCD还是OLED都需要用到它们，其占液晶显示器产值的20%～30%，而液晶材料和OLED材料只占液晶显示器产值的15%～20%。

PVA膜的组分主要是碳、氢、氧等轻原子，具有高透光率和高延展性等特点。将PVA膜在染色槽中染色后，其表面会均匀地富集一层碘分子（或染料分子）。未经处理的PVA分子链呈杂乱分布，此时吸附其上的碘分子（或染料分子）也杂乱分布；当PVA经外力作用拉伸后，PVA分子链沿外力方向分布，此时碘分子（或染料分子）也有序分布，从而使PVA膜具备偏光的功能。一般而言，PVA制备偏光膜主要经历膨润处理、碘染（碘和碘化钾溶液）、交联（硼酸溶液）、干燥等步骤，并在每个步骤中进行部分拉伸，从而获得较高的单轴取向。早在1927年，Staudinger等就已经制备出PVA，发现了PVA能够与碘生成蓝色PVA-I络合物。目前主要研究PVA在溶液中和碘络合的机理，更加关注PVA薄膜或者纤维和碘进行反应的机理，特别研究PVA的化学结构（如1, 2-二醇结构、PVA的立构规整度、PVA的醇解度、PVA缩甲醛化等的化学改性）对于生成PVA-I络合物的影响。无论PVA以何种凝聚态结构形式与碘进行络合，碘浓度增加都会促进PVA-I络合物含量的增加；低温更有利于PVA-I络合物的形成；加入硼酸，能够大大提升PVA和碘的络合能力，因此硼酸交联是PVC膜工业生产中非常重要的一个步骤。目前人们对PVA膜的物理或者化学改性改善了其高温高湿环境的耐久性，提高了染色性能，减少了褶皱、瑕疵以及色斑。通过提高PVA的聚合度、分子内部脱水形成含有聚乙烯结构的薄膜、引入部分乙烯进行共聚、提高PVA树脂中间同结构的含量、引入无机粒子等方法，均可以改善PVA膜的耐久性；调整PVA膜中异构物的含量可以提高PVA膜的光学质量，PVA的分子链中可能存在间规结构、等规结构以及无规结构三种旋光结构，其中等规结构易于形成氢键，有利于PVA分子链的聚集，容易形成PVA-I络合物，故控制水解条件，提高间规结构在分子链中占比。此外，近些年对PVA膜制备工艺也进行了一定的改进，在染色前进行膨润处理，改善了PVA膜表观缺陷；采用多次交联，改善了染色不均匀问题；在膨润处理和染色工序中间进行湿法拉伸，改变染色槽的长度、控制染色时间或在膨润处理和染色之间设置一个高温低湿加热装置，均可以减小PVA膜的色差，制得染色均匀的PVA膜。传统的碘素偏光片由多层膜压制而成，光学偏振性能优良，但耐热和耐湿热性能差，厚度不能小于200μm。如今的显示器件正向柔性化方向发展，这要求其组成元器件薄膜化，其中包括偏光片。同时，新型偏光片，特别是耐高温、耐湿热性能好的偏光片成为研制热点，在保证偏振度的前提条件下，偏光片薄膜化并与纳米技术相结合已经引起人们的兴趣，美国Optiva公司正对这个方向进行研究。

TAC膜是偏光片的重要组成部分，具有均匀光学性、良好透明性和阻隔水分和空气的特性，用于保护PVA膜偏光层，避免因偏光层易吸水、褪色而丧失偏光性能。TAC是显示行业的战略性原料，为了适应显示屏幕大尺寸、轻薄化、高清化的发展趋势，TAC的生产企业需要进一步实现生产工艺的精确控制，改善产品的均一性，如分子量分布的均一性和取代度分布的均一性。其中，取代度分布的均一性不仅包含C_2、C_3、C_6位上取代度的均一性，而且包含改善纤维素链上取代度的均一性。工业上可以实际应用的TAC产品的取代度为2.8～3.0，通常所用TAC产品的取代度为2.8～2.9。制备方法如下：先将纤维素链上的羟基完全取代，即获得取代度为3.0的TAC产品，然后通过水解反应，降低TAC的取代度到设定位置。在TAC的合成和水解反应中，纤维素单体三个羟基所处的化学环境不同，反应活性有差异。通过精确控制水解反应时体系中水的含量、反应温度和反应时间，可以实现定向取代，实现高性能化。

COP是一类非晶性透明高分子材料，是通过具有较大环张力的环烯烃单体进行开环易位聚合制备的聚合物，聚合产物主链中存在双键，严重影响材料的化学稳定性和热稳定性，因此一般对合成的聚合物进行氢化以提高其性能。20世纪90年代，首次报道COP和环烯烃共聚物（cyclo olefin copolymer，COC），其具有优良的性能，引起了工业界和学术界的广泛关注。

对于COP，通过增大单体的位阻来提高其玻璃化转变温度，而选择大位阻的单体进行均聚和氢化所得的材料由于主链中都是非常刚性的链段，通常韧性较差，断裂伸长率较低。采用将大位阻单体与小位阻单体共聚的方法来同时改善材料的耐热性和韧性，大位阻单体有利于提高材料的玻璃化转变温度，而与小位阻单体共聚，使相对柔顺的链段插入聚合物中，提高材料韧性。日本瑞翁利用多环的环烯烃单体，经过开环易位聚合及氢化合成了聚合物，由于在主链中引入了位阻较大的单体，聚合物链段的运动变得困难，其玻璃化转变温度高达170℃，材料的耐热性得到了明显的改善，韧性也得到了改善，断裂伸长率可达20%，且该聚合物材料透明性良好。日本瑞翁的ZEONOR®和ZEONEX®已经实现了商业化，ZEONOR®作为工程塑料，主要用于汽车、电子、光学等领域，ZEONEX®可用于光学领域。日本合成橡胶合成了一类新型的环烯烃单体，将酯基引入环上，合成了新型COP，商品名为ARTON®，此类聚合物材料的玻璃化转变温度可达160℃，耐热性优良，透光率较高，极性官能团的引入提高了材料的可混性和黏附性，且材料的韧性良好，断裂伸长率为12%～14%。这种材料主要应用在光学异相薄膜、光学薄板、棱镜等领域。新恒东薄膜材料（常州）有限公司针对应用需求对COP膜进行改性，改性后COP膜除了具备TAC膜的光学性能，还具备防反射、防眩光、防指纹、防静电以及更好的水汽隔绝和更耐温等性能，更适合高温成型方面的操作。

COP和COC具有与PMMA相匹敌的光学性能，耐热性优于PC，吸水率低，耐化学腐蚀性高，在光学薄膜和棱镜、电子器件、医疗检测仪、光信息存储、药品包装、聚烯烃材料改性等领域具有广泛的应用，并显示出良好的发展前景。随着超大尺寸和液晶面板需求的不断增加，比TAC膜更耐用的非TAC膜的需求量也在迅速增加。市场已经量产的非TAC膜有PET、COP、PMMA等材料。赛瑞研究调研结果显示，2017年偏光片原材料中非TAC膜占比为28%，2021年上升至41%。随着OLED市场的快速发展，OLED用偏光片中的TAC膜将被COP膜取代。通常一张LCD用偏光片需要使用两张TAC膜，而OLED用偏光片发生了一定的结构变化，其中可能有一层TAC膜将被COP膜所取代。

（二）国内外现状

目前我国PVA膜市场主要被日本可乐丽垄断，而可乐丽本身也是全球高端PVA原料的主要供应者之一。可乐丽在PVA膜领域的垄断地位也得益于其集成化的生产体系，可实现从高端PVA到偏光片用PVA膜，再到PVA膜表面处理的一体化生产。目前可乐丽PVA供应量占全球供应量的约40%，偏光片用PVA膜的供应量更是占到全球供应量的80%，其产品性能参数如表5-10所示。

表5-10　可乐丽PVA产品的主要性能指标

型号	黏度 /cP	pH	醇解度 /%（摩尔分数）	挥发度 /%（最大）	灰分 /%（最大）
105	5.2～6.0	5～7	98～99	5.0	0.7
117	25.0～31.0	5～7	98～99	5.0	0.4
124	54.0～66.0	5～7	98～99	5.0	0.4
205	4.6～5.4	5～7	86.5～89	5.0	0.4
217	20.5～24.5	5～7	87～89	5.0	0.4
224	40.0～48.0	5～7	87～89	5.0	0.4

注：1 cP=10^{-3}Pa・s

TAC膜的技术壁垒高，其核心生产技术至今仍被掌握在少数企业手中。TAC膜的基膜生产、涂布加工均存在比较明显的技术壁垒，目前TAC膜全球市场主要由日本厂商垄断，富士胶片和柯尼卡美能达两家日企全球市场占有率达80%左右，还有韩国晓星化学和中国台湾省达辉光电。富士胶片于日本拥有3座TAC膜生产厂，分别为富士胶片九州、神奈川工厂足柄厂房以及富士 Opto材料，一共拥有17条生产线，年产能达8.2亿m^2，约占全球产能的59%，推出光学用TAC系列膜和显示器材料TAC系列薄膜（z-TAC、wv-b、p-TAC等）、TFT用扩大视野角反射防止膜（wv等）和覆盖膜（cv等）、其他（AMOLED用相位差板液晶聚氨酯型膜，触控面板组件内构件）等；日本柯尼卡株式会社于2000年正式开展偏光片用TAC膜生产，2003年与美能达株式会社合并成立柯尼卡美能达株式会社，拥有自主研发能力，为全球TAC膜主要供应商。目前，柯尼卡美能达拥有8条生产线，年产能约3亿m^2，约占全球产能的21%；韩国晓星化学推出Outer PMMA膜、TAC膜和用于保护液晶偏光片的PVA膜，目前晓星化学拥有1.1亿m^2的年生产能力，产品适用于电视、显示器、笔记本电脑等设备。中国台湾省达辉光电是生产和销售TAC膜的厂家，2007年5月母公司新光合成纤维收购了德国乐夫，开始TFT用TAC胶片开发，销售电视用光学薄膜P-TAC，已完全实现TAC膜原料自主供应，发展系列偏光片技术。

中国在偏光片领域起步较晚，经过多年追赶，一些企业也初具规模，包括中国乐凯集团有限公司（中国乐凯）、无锡阿尔梅新材料有限公司（阿尔梅）等。中国乐凯生产偏光片用TAC膜。阿尔梅于2008年从日本引进先进的TAC膜流延生产线，2012年从韩国引进先进的涂布生产线，TAC膜年产能达1050万m^2。

光学TAC膜制备技术专利申请方面，日本处于领先地位，主要是柯尼卡美能达和富士胶片，其他申请人包括大日本油墨、JIRO、大赛璐、住友化学等；美国的专利申请主要来自伊士曼化学；韩国的专利申请主要来自SK创新和晓星化学等。

按照最终的使用目的，对TAC常见的表面处理方式包括防眩（anti-glare，AG）处理、防眩+低反射（anti-glare+low reflective，AG+LR）处理、透明硬化+低反射（clear hardcoat+low reflective，CHC+LR）处理、透明硬化（clear hardcoat，CHC）处理、防反射（anti-reflective，AR）处理等。虽然光学TAC膜生产商、涂布企业及偏光片生产企业都拥有一定的TAC膜的表面处理技术和能力，但不同企业的技术优势各有千秋，其应用终端如表5-11所示。

表5-11　各企业TAC膜的应用终端

企业	应用终端
大日本印刷	拥有高清 AG 膜专利，占 AG 膜 70% 以上市场
日东电工	可自行生产 AG 膜、AG+LR 膜、CHC+LR 膜，满足自身需求
凸版印刷	主要产品为 CHC 膜，同时也是干法生产 AR 膜的市场领导者
日本造纸	CHC 膜市场中的领头企业
LG 化学	可自产普通的 AG 膜，满足自身需求
柯尼卡美能达	可对光斑 TAC 膜进行 CHC 处理
琳得科	干法生产 AR 膜、CHC 膜
日本日油	PDP 用防反射膜最大供应商

日本瑞翁致力于COP膜的生产和开发，利用COP所具有的透明性、低吸水性和耐热性等特性，抑制无机电致发光显示屏幕的外部光反射。此外，它还是世界上第一家开发倾斜拉伸技术的公司，其COP膜产品性能参数见表5-12。目前，三星和苹果已经将COP膜导入其部分偏光片中。

表5-12　日本瑞翁COP膜产品性能参数

性能		ZEONEX®350R	ZEONEX®E48R
物理性能	密度 / (g/cm³)	0.95	1.01
	熔流率 /g (10min)	26 (260 ℃ /2.16kg)	25 (280 ℃ /2.16kg)
	吸水率 (平衡) /%	<0.010	<0.010
力学性能	拉伸模量 /MPa	2800	2500
	拉伸应力 /MPa	38.0	71.0
	拉伸应变 (断裂) /%	1.5	10.0
	弯曲模量 /MPa	2900	2500
冲击性能	悬臂梁缺口冲击强度 / (J/m)	10	21
热性能	玻璃化转变温度 /℃	123	139
	线性热膨胀系数 - 流动 / ($℃^{-1}$)	7.0×10^{-5}	6.0×10^{-5}
光学性能	折射率	1.509	1.531
	透射率 (3000 μm)	92.0	92.0

随着中国显示面板产能越来越大，中国诞生了千亿元级新型显示市场，产值一直保持着超过两位数的增长率，但国内偏光片主要依赖进口，企业产能偏小。2017年前，国内偏光片出货量仅占全球的不足5%。作为液晶显示模组的重要材

料，偏光片约占整个液晶显示模组成本的10%。它也是液晶显示模组技术国产化最困难的领域之一。据统计，2018年全球偏光片产能约为7.27亿m^2，中国偏光片产能不足5000万m^2，仅占全球产能的7%。同时，偏光片所用的TAC膜和PVA膜仍主要依赖进口。即使国内能够生产TAC膜和PVA膜的企业所采用的基膜也基本依靠进口。中国的显示面板产能则占全球的40%左右。

目前市场上的偏光片可依据PVA膜上起偏光作用的二向性分子来分类，主要包括金属偏光片、碘系偏光片、染料系偏光片和PVA偏光片等，各自特点见表5-13。其中碘系偏光片由于透光率和偏振度高，是目前应用较广的偏光片。

表5-13　偏光片类型及其特点

类型	关键技术	优点	缺点
金属偏光片	金、银、铁等金属盐吸附在PVA上，还原后得到针状金属	偏振度高	适用范围有限
碘系偏光片	将碘分子吸附在PVA上，加以延伸定向	透光率高，偏振度高	高温高湿情况下碘分子的性能易受到破坏，耐候性差
染料系偏光片	将二色性有机染料吸附在PVA上，加以延伸定向	耐候性好	难以获得高的透光率的偏振度，成本较高
PVA偏光片	以酸为触媒，将PVA脱水，使PVA分子中含有一定量聚乙烯结构，并加以延伸定向	耐候性好，透光率高	技术尚不成熟，应用较少

全球范围来看，日本是COC和COP主要供应地，主要生产企业有瑞翁、三井、宝理等。我国使用的COC和COP原材料全部依赖进口。近年来，随着我国不断加大COC和COP的研发力度以及自主研发能力的提升，多家公司已经具备COC和COP产业化潜力，如无锡阿科力化工有限公司已经完成年产5000t COC和COP产品的试生产，但还未实现量产。

在四川省重大科技专项支持下，四川东材科技集团股份有限公司联合省内产学研单位，协同开展柔性显示屏及集成电路裸芯片用高分子材料研发，相关成果打破国外企业技术垄断，填补了国内空白。突破了集成电路裸芯片用特种马来酰亚胺设计、合成和应用等环节的关键技术，达到国际先进水平；开工建设1000t/年特种马来酰亚胺示范生产线，投产后将为我国芯片封装载板用关键原材料的国产化奠定基础；打破了国外企业对显示用TAC/COP膜材料的垄断，填补了偏光片基膜国产化基础材料空白；基本形成了具有自主知识产权的恒定光轴偏转角度贴合技术，实现了补偿膜与偏光片的连续卷对卷贴合，将为我国信息显示产业提供国产化的关键原材料。

五、PSPI材料

（一）材料概述

光刻胶（photoresist）又称光致抗蚀剂，是指通过紫外光、电子束、离子束、X射线等的照射或辐射，其溶解度发生变化的耐刻蚀材料。PSPI是一种在光作用下材料自身的物理性能会发生直接变化并利用此变化实现光刻蚀成像的功能性PI。采用PSPI时，光刻步骤明显减少。全芳香型聚酰亚胺（aromatic polyimide，Ar-PI）具有两种紫外-可见光吸收带：一种源自二胺或二酐部分占有轨道和非占有轨道之间的局域激发（locally excited，LE）跃迁；另一种源自二胺的给电子基和二酐的吸电子基之间形成的电荷转移络合物的电荷转移跃迁。制备PSPI主要有两种方法：一是通过向聚酰胺酸（polyamic acid，PAA）前驱体中引入或共混光敏性小分子或基团，再经过亚胺化制得PSPI；二是通过含光敏性基团的二酐或二胺单体单元直接缩聚制得分子链上固有光敏特性的PSPI。这两种方法各有优缺点，前者需要250℃以上进行亚胺化从而制得耐热性PI，这种方法在实际应用中具有一定限制，因为高温亚胺化过程中小分子的挥发会伴随着膜明显的收缩，因而不能得到足够精密的图像，此外，在有些使用场合中，如此高的温度可能引起基材变形；后者的化学结构比较复杂，带有侧基的光敏PI可能会降低成像后膜的某些物理性能，如热性能等。第一例PSPI由美国贝尔实验室在1971年通过PAA与重铬酸盐共混制得，但其寿命只有数小时且有金属离子残留，并没有实用价值。制备PSPI的预聚体主要分为酯键型预聚体、离子型预聚体和共混型预聚体。第一个商品化的PSPI是由西门子合成的含丙烯酸基的酯键型PSPI，其商品名为PSPI-PV1210。酯键型预聚体涂膜后经紫外光照射引起丙烯酸基交联，使曝光区在有机溶剂中不溶，显影后经过热处理曝光区与非曝光区全部转化为相应的PI，具有稳定性好、显影速度快且无论膜薄厚均可实现高分辨率等优点。默克、杜邦、OCG、朝日化学等公司在此基础上进行了技术改进。离子型预聚体是将同时拥有光活性基团和氨基的有机小分子和PAA混合搅拌，通过羧基和氨基反应形成盐，外加适当的光敏剂制得具有一定感度的光刻胶。第一例离子型PSPI是通过含有聚丙烯酰基的叔胺小分子与PAA成盐，日本东丽开发出了Photoneece型号的商品，具有感光灵敏度高、显影时无膨胀、可得到高分辨率等优点。此后，还发展了含芳香族叠氮基化合物、以双叠氮化合物作为丙烯酰基的助交联剂与PAA成盐。离子型预聚体通过聚合物与小分子以盐的形式结合，使亚胺化需要较高的温度，且溶液的黏度对湿度敏感，在涂布基片时必须保持室温和湿度不变。在不同种类的共混型预聚体中引入了与PAA共混的光敏性小分子或基团，主要包括丙烯酰单体与光引发剂、叠氮萘醌衍生物

（naphthoquinonediazo，NQD）、1, 4-二氢吡啶衍生物以及悬挂光敏性侧基的二胺单体。通过含有光敏性基团的二酐或二胺单体可以合成主链或侧基含光敏性基团的PSPI。不同的光敏性基团的感光成像机理有所不同，如丙烯酰基、肉桂酸基、叠氮萘醌、二苯酮基、噻吨酮等光敏性基团利用其光交联反应，马来酰亚胺二聚体利用其光裂解特性。此外，通过将脂肪族邻位取代二胺单体代替芳香族邻位取代二胺单体，制得半芳香型PI，减少芳香环PI中亚胺环的吸电子性以及甲基的给电子性，使得PI分子内和分子间存在电荷转移络合物，从而提高PSPI的光量子效率。

将蒽、苝、萘、芴、噁二唑等发光基团或金属配合物（如钌配合物、铕配合物、锌与卟啉环配合物等）引入PI主链或侧链，是提高全芳香型PSPI的荧光量子产率的主要手段。采用容易制备的两种单体3, 3′, 4, 4′-二苯甲酮四酸二酐和3, 3′-二甲基-4, 4′-二基二苯甲烷进行缩聚，然后用化学方法亚胺化制得自身结构具有感光性的PSPI，在中紫外至深紫外区具有负性感光性，其分辨率小于3μm。通过两种二胺（3, 3′, 5, 5′-四甲基-4, 4′-二胺基二苯甲烷和2, 3, 5, 6-四甲基-1, 4-苯二胺）与二酐合成了均聚型PSPI，提高了PSPI的感光灵敏度，具有优异的感光性能、优良的热性能和溶解性能。将PSPI与通过反胶束法合成的氧化钛纳米离子进行溶液共混制备了纳米杂化感光材料，使折射率从1.625增加到1.635。采用溶胶-凝胶法，利用PSPI与钛酸四丁酯制备了新型纳米杂化材料，在保持PI的图形刻蚀功能的同时，具有高折射率。通过苝四酸二酐和均苯四酸二酐与芳香二胺4, 4′-亚甲基双（2-叔丁基苯胺）共聚制得的含苝结构的PI具有极高的荧光量子效率、光化学和热稳定性。采用3, 3′, 4, 4′-联苯四羧酸二酐与4, 4′-二氨基二苯醚聚合形成PAA，通过氨基引入具有光敏功能的小分子化合物，制备离子型预聚体，具有良好光敏性、热稳定性和电性能。对于PI前驱体（PAA）/二叠氮萘醌（diazonaphthoquinone，DNQ）型正性光刻胶材料，在PAA主链中引入疏水基团，抑制PAA的溶解性；对于PI/DNQ型正性光刻胶材料，在PI主链中引入亲水基团，提高PI溶解性，可用于正性PSPI。中山大学在PSPI方面也做了大量研究工作，通过在二胺单体中引入1, 2, 4-三氮唑结构使PSPI薄膜具有良好的光致发光性能，荧光量子产率最高可达10%，通过在二胺单体中引入芳砜结构，大幅提高PSPI的无色透明性能，通过在二胺单体中引入硫醚结构，利用硫醚结构的氧化，调控PI分子内电荷转移作用，从而使PI具有良好的光致发光性能。华中科技大学通过含查尔酮结构的二胺、含氟和氧膦的二胺和4, 4′-（六氟亚异丙基）-邻苯二甲酸酐共缩聚，设计合成了含氟和氧膦的PSPI，分别通过查尔酮结构和氧膦基团赋予PI感光性能和提高其黏附性能。在掺杂银粒子层的PI表面用分子自组装技术浸渍上一层十二硫醇膜，使其成为一种新型的化学镀掩模版，利用聚焦激光进行图形化光刻，使光刻自组装膜暴露出银活化点，实施化学镀铜，为高分子材料实施图形化化学镀提供了一种新的技术。

（二）国内外现状

国外光刻胶主要厂商有东京应化、陶氏杜邦、住友化学及默克等。国内光刻胶厂商主要有晶瑞股份、北京科华、容大感光及南大光电等。在平板显示行业，主要使用的光刻胶有彩色及BM光刻胶、LCD触摸屏用光刻胶、TFT-LCD正性光刻胶等。LCD光刻胶的全球供应集中在日本、韩国及中国台湾省等地，企业市场占有率超过90%。彩色光刻胶和BM光刻胶的核心技术基本被日本和韩国垄断。PSPI是一种典型的光敏性高分子，在光刻胶应用领域具有很大的发展前景。2020年，全球PSPI市场规模达到7.2亿元，预计2026年将达到21亿元，复合年均增长率为19.5%。根据PSPI的结构特点、制备方式、感光性等，可分为离子型负性PSPI、自增感型负性PSPI、酯型负性PSPI、聚异酰亚胺正性PSPI、邻硝基苄酯正性PSPI等多种类型，其中能够实现工业化生产的仅有酯型负性PSPI、离子型负性PSPI及自增感型负性PSPI等。酯型负性PSPI具有溶解性好、成膜性能优良的特点，但分子量较低；离子型负性PSPI的制造工艺简单、经济，但留膜率较低；自增感型负性PSPI留膜率相对较高，但分辨率较低，且原料成本较高。PSPI主要有光刻胶和电子封装两大应用：相比于传统光刻胶，PSPI光刻胶无须涂覆光阻隔剂，大幅缩减加工工序；作为重要的电子封装胶，PSPI可用于集成电路以及多芯片封装件等的封装。

全球生产半导体光刻胶主要厂商见表5-14。

表5-14　全球生产半导体光刻胶主要厂商

公司名称	国家	I/G 线	KrF 线	干法 ArF 线	浸没式 ArF 线	EUV 线
JSR	日本	量产	量产	量产	量产	量产
东京应化	日本	量产	量产	量产	量产	量产
信越化学	日本	—	量产	量产	量产	
富士电子	日本	量产	量产	量产	量产	量产
住友化学	日本	量产（I线）	量产	量产	量产	量产
杜邦	美国	量产	量产	量产	量产	在建
默克	德国	量产	量产	量产	量产	—
东进	韩国	量产	量产	—	—	—
锦湖石油化学	韩国	量产	量产	量产	量产	—
三星 SDI	韩国	量产	—	—	—	—
水光化学	中国	量产	量产	—	—	—
晶瑞股份	中国	量产（I线）	验证	—	—	—

续表

公司名称	国家	I/G线	KrF线	干法ArF线	浸没式ArF线	EUV线
南大光电	中国	—	—	验证	—	—
上海新阳	中国	研发	研发	研发	—	—
容大感光	中国	研发	—	—	—	—
北京科华	中国	量产	量产	研发	研发	—
北旭电子	中国	量产	—	—	—	—
恒坤股份	中国	—	量产	—	—	—
理硕科技	中国	量产	—	—	—	—

注：EUV指极紫外光刻（extreme ultra-violet）

在全球市场中，PSPI市场主要由美日合资的日立化成杜邦微系统股份有限公司、日本东丽公司掌控，其中东丽正性PSPI产品应用在微电子封装、光电子封装等多个领域。其他主要厂商包括锦湖石油化学、旭化成、长兴材料、富士电子。IHS数据显示，2016～2022年光刻胶消费量以年均5%的速度增长，至2022年全球光刻胶市场规模可超过100亿美元。中国平板显示领域光刻胶的市场规模约150亿元，按照进口价格计算，半导体光刻胶市场规模为20亿～30亿元。目前，中高端光刻胶国产化率仅为10%。半导体用光刻胶被日本企业垄断，国内仅实现G线、I线、248nm KrF和193nm ArF国产化，而高端市场EUV光刻胶尚处于早期研发阶段；平板显示用光刻胶主要产地为日本、韩国和中国台湾省；核心资源还是掌握在JSR、信越化学、陶氏化学、默克等国际光刻胶巨头手中。

随着全球显示面板产能向国内转移，显示面板企业竞争激烈，成本控制、光刻胶用量提升促使厂商寻求国产光刻胶，增加本土显示面板光刻胶需求，尤其是针对彩色/BM光刻胶的布局。当前我国高端光刻胶与全球先进水平有明显差距，半导体国产化的大趋势下，国内企业有望逐步突破与国内集成电路制造工艺相匹配的光刻胶，同时提前布局国内晶圆厂的下一代工艺，形成半导体工业正常的技术迭代节奏。

当前，布局PSPI研发、生产的企业有瑞华泰薄膜科技、时代新材、奥神新材、惠程科技、明士新材料、国风塑业、鼎龙科技、律盛科技等，未来该领域国产替代空间较大。2020年2月21日，明泉集团总投资40.5亿元的山东明化新材料有限公司聚苯硫醚（poly（phenylene sulfide），PPS）项目和明士新材料有限公司PSPI项目在章丘区顺利签约。项目前期准备工作已经完成，自2020年3月起开始建设，建成达产后年实现销售收入75亿元。2021年6月27日，国风塑业与中国科学技术大学先进技术研究院（以下简称中科大先研院）签署了《中国科学技术大学先进技术研究院与安徽国风塑业股份有限公司共建中科大先研院-国风塑业新型显示与集成电路PI材料联合实验室合作协议》，决定共同建立中科大先研院-国风塑业新型显示与集成电路PI材料联合实验室。双方在联合实验室开展新型显示与集成电路PI材料等相关方向研究。依托联合实验室，充分发挥双方在资源、技术、研发和转化生产方面的优势，共同开展柔性衬底PI浆料、热塑性聚酰亚胺（thermoplastic polyimide，TPI）复合膜、PSPI光刻胶的研究工作。2021年上半年，鼎龙股份柔性显示基材黄色聚酰亚胺（yellow polyimide，YPI）产品持续销售，新产品PSPI、封装胶水（ink）研发取得突破，其中，PSPI已经进入中试阶段，开展客户端测试。

六、感光全息存储高分子材料

（一）材料概述

光聚合物以其成本低、制备方便、组分选择灵活、可设计性强等优点受到越来越多的关注。与其他有机材料相比，光聚合物作为一种适用于一次写入和永久读取的全息存储材料得到了广泛的应用。这些材料不仅具有高的折射率调制度和衍射效率，而且可以通过掺杂来提高性能，这使得它们在全息存储方面具有很大的优势。掺杂菲醌的聚甲基丙烯酸甲酯有机聚合物（phenanthraquinone/polymethylmethacrylate，PQ/PMMA）是一种被广泛研究的偏振敏感全息存储聚合物材料。20世纪90年代，PQ/PMMA作为一种传统的全息存储材料首次被提出并引起了人们的关注。存储全息光栅的主要原理是利用单体与基材的聚合反应和单体材料的扩散行为。

菲醌（phenanthraquinone，PQ）分子结构有碳氧双键和碳碳双键，是高度共轭的二维平面结构。在没有光照的情况下，不同方向的PQ分子在材料中随机分布，材料呈各向同性。在线偏振光照射下，PQ分子的方向与光偏振态平行，更容易在特定区域与单体发生反应。PQ吸收光子并在光照下被激发成单线态$1PQ^*$。单线态$1PQ^*$变为三重态$3PQ^*$，以大分子RHare为代表的氢供体被移除，生成活性自由基HPQ。其中，R为该层基体中预成型的PMMA链。自由基引发光连接反应，通过与不饱和乙烯基碳碳双键进行一对一的连接反应生成光产物。这种光反应会引起偏振分布，使材料各向异性，形成偏振光栅，实现偏振全息存储。

早期对提高光聚合物材料全息存储性能的研究主要集中在传统全息上。1969年，Close等注意到光聚合物作为全息存储材料。该材料包括由丙烯酰胺、丙烯酸钡和丙烯酸铅组成的单体混合物溶液和由亚甲基蓝等组成的光催化剂溶液。Close等用这种材料成功地记录了全息图，并描述了一些特性。1975年，Sadlej

等在Close等提出的原始材料体系的基础上添加了PVA黏合剂。这种改进使得生产稳定的光聚合物层成为可能，提高了衍射效率和稳定性。此后，研究者继续探索Close等报道的光聚合物材料。光聚合物材料在全息领域得到了广泛的应用，但聚合物材料存储后体积会变小。这种体积收缩可能会导致信息的偏差或失真，从而影响信息的读出。样品越厚，收缩效果越明显。这种性质也严重影响了光聚合物材料的存储容量，阻碍了全息存储领域的发展。

2003年，Tomita等通过将吡罗甲基染料掺杂到分散在PMMA光聚合物膜的氧化硅纳米颗粒中，证明了绿色通道中全息存储灵敏度提高了一个数量级。2005年，Tomita等提出了一种新型有机-无机纳米复合光聚合物，将无机氧化钛或氧化硅纳米颗粒分散在PMMA单体糖浆中。该光聚合物具有永久全息存储能力，净衍射效率接近100%，聚合缩水率明显降低。次年，Tomita等使用电子探针微分析仪分析全息图中形成的二维形貌和纳米颗粒分布。他们使用S原子和Si原子作为标记元素来识别形成的聚合物和纳米颗粒的类型，所形成的聚合物和纳米颗粒的周期密度不一致，结果证明了在全息双光束干涉曝光下，单体分子和氧化硅纳米颗粒在薄膜中相互扩散，进一步解释了纳米颗粒掺杂光聚合物中光栅的形成机理。富田课题组的研究改善了光聚合物的体积收缩特性，为光聚合物在体积全息存储领域的广泛应用奠定了基础。2009年，Trofimova等制备了PQ/PMMA材料，并将其应用于偏振全息存储。

2017年，Liu等用Irgacure 784代替PQ研究了Irgacure 784掺杂的聚甲基丙烯酸甲酯光聚合物（Irgacure 784/PMMA）的全息性能，并与PQ/PMMA进行了比较。该材料在衍射效率、折射率调制度和记录灵敏度方面具有较好的性能。2018年，Fan等将甲基丙烯酸苄酯（benzyl methacrylate，BzMA）引入PQ/PMMA。以BzMA为单体，与甲基丙烯酸甲酯（methyl methacrylate，MMA）进行自由基共聚，合成了高浓度的PQ掺杂聚（MMA-co-BzMA）。

近年来，PQ/PMMA的改进工作仍在继续。除了这些改变光敏剂组成和掺杂其他组分的方法，研究人员还通过改进材料的制备工艺来提高PQ分子的浓度。提高光聚合物材料极化灵敏度的有效途径如下：合成或寻找更有效的极化敏感光敏剂分子；优化聚合物衬底与相容的共聚合物衬底；添加有益的纳米组分。这种光聚合物材料在偏振全息存储方面具有广阔的应用前景。

（二）国内外现状

PMMA溶于有机溶剂，如苯酚、苯甲醚等，通过旋涂可以形成良好的薄膜，具有良好的介电性能，可以作为有机场效应晶体管亦称有机薄膜晶体管的介质层。光学级PMMA和普通级PMMA的区别是透光率更高，透明性更好，用来做LED透镜、车灯、镜片、导光板。光学级PMMA具有可与玻璃比拟的透光率，但密度只有玻璃的一半。

20世纪30年代初，德国罗姆公司成功开发出了本体聚合PMMA生产技术，并实现了工业化规模生产。20世纪60年代，德国莱莎英公司和日本三菱丽阳株式会社相继成功开发了悬浮聚合和连续本体聚合PMMA生产技术，并于70年代实现了工业化生产。20世纪70年代末，德国莱莎英公司和美国KSH公司共同投资，与美国聚合物技术公司共同开发溶液聚合PMMA生产技术，80年代初在美国建立了工业化生产装置。20世纪80年代末，全球MMA产量迅速增加，促进了PMMA生产的规模化和连续化。由于本体聚合技术封锁，20世纪90年代后期，溶液聚合PMMA生产技术成为国际市场的主流技术。近年来，随着PMMA改性及复合材料技术进步，PMMA在医用高分子材料、光学显示材料、塑料光纤等方面的应用得到拓展，发展前景广阔。新思界产业研究中心发布的《2021～2025年光学级PMMA行业深度市场调研及投资策略建议报告》显示，2019年，我国光学材料及相关元器件市场规模约为1350亿元，继续保持增长态势。我国是全球最大的消费电子以及汽车生产国，也是全球平板显示器主要供应国之一，这些因素共同推动我国光学材料需求不断增长。光学级PMMA作为光学材料的一种，需求同样呈现旺盛态势。光学级PMMA生产商主要有日本三菱化学、日本住友化学、法国阿科玛等，此外我国台湾省奇美实业等也具有生产能力。总体来看，我国PMMA行业起步较晚，但发展速度较快，现阶段生产企业有300余家，其中部分企业具备光学级PMMA生产能力，如双象股份、万华化学等，但大部分企业以中低端PMMA生产为主，主要终端消费领域为洁具、声屏障、建筑用材（如扶栏、安全门、装饰顶等）、广告灯箱、标牌、仪表、生活用品、家具等。高纯度的光学级PMMA在我国才刚起步。现阶段，我国已经具备光学级PMMA生产能力，但生产企业较少，产量较小，部分需求还需依靠进口。未来液晶显示器制造业的发展将带动导光板材料需求的增长，光学级PMMA的消费市场潜力巨大。

七、AR柔性显示用全息高分子材料

（一）材料概述

AR作为一种变革性显示技术，能够将计算机产生的虚拟对象通过特定的光学元件融合到用户所处的真实环境中，并赋予这些虚拟对象实时交互功能，它的大规模应用将对人们的生活生产方式产生颠覆性影响。高盛在发布的2016年行业研究报告《VR与AR：解读下一个通用计算平台》中明确指出，以AR显示设备为代表的交互终端将成为下一代移动计算平台，并在零售、教育、医护、工程、军事等众多领域催生新市场。AR技术能够极大地帮助人们增强对周围环境的感知能力，提高决策效率，因此在作战态势感知、辅助驾驶、物流仓储、远程医疗等场景具有重要应用价值。据公开报道，2021年美国军方与微软公司签订了价值219亿美元的采购合同，要求后者在未来10年内提供12万套AR头盔，以帮助美军构建集成视觉增强系统（integrated visual augmentation system，IVAS），无需纸质地图即可规划作战任务，显著提高部队的综合作战能力。在民用领域，AR技术的竞争也异常激烈。美国著名的社交传媒集团Facebook于2021年更名为Meta，全面布局元宇宙，其中一个关键目标就是构建以全息技术为核心的AR显示生态，通过虚拟场景与现实环境的完美结合，使得长期居家的人们能够重新感受到线下办公及娱乐的真实氛围。

全息光学元件是先进AR显示系统的关键，它通过衍射效应将数字信息投影到用户眼睛中，完成虚拟场景与现实环境的完美融合。全息高分子材料是通过相干激光聚合诱导相分离原理制备的结构功能一体化光学功能材料，能够同时存储相干光的振幅、相位等全部信息，被认为是高性能全息光学元件的终极解决方案。同时，由于具有质量轻、易加工、成本低等优势，全息高分子材料在汽车挡风玻璃、曲面镜片等对AR柔性显示需求强劲的应用场景具有独特优势。

然而，德国科思创、美国DigiLens等少数外国企业垄断了高性能全息高分子材料及其制备技术，并对我国进行严密封锁，严重限制了我国AR柔性显示行业的发展。

（二）国内外现状

美国霍华德·休斯医学研究所最早开展全息高分子材料的研究，研究对象为全息光聚合物。1972年，美国杜邦公司通过在全息光聚合物中引入高分子黏结剂和有机溶剂，推出了商品化的HRF系列柔性全息高分子材料。2016年，杜邦将相关材料与技术整体转让给全球最大钞票制造商Da La Rue，用于塑料钞的高端防伪。

2009年，德国科思创收购了美国全息数据存储技术公司InPhase Technology的材料研发团队，通过正交反应构建了无溶剂的Bayfol®HX系列全息光聚合物材料体系。Bayfol®HX系列产品一经推出便迅速占领了市场，已广泛应用于AR显示、高端防伪等重要高新技术领域。目前，Bayfol®HX200型全息高分子材料的感光灵敏度已达25cm/mJ，折射率调制度达到0.035。基于这些材料，日本索尼、美国谷歌等大型科技企业和Celes Holographic、WayRay等初创科技公司均着力打造AR眼镜和AR-HUD产品。

在AR柔性显示技术中，全息高分子材料的折射率调制度是限制视场角的主要瓶颈，而感光灵敏度是影响全息光学元件制备效率的主要因素。近年来，科思创对旗下Bayfol®HX系列产品进行了针对性优化，将折射率调制度提高至0.06。

大视场角显示要求发展高折射率调制度全息高分子材料。美国初创科技企业DigiLens通过液晶与全息高分子材料复合的方式，将材料的折射率调制度提高到了0.15，处于全球领先水平。基于这一高性能材料，DigiLens研发了AR眼镜和AR-HUD。基于液晶的电光响应功能，DigiLens也提高了AR显示的图像分辨率。

除了全息高分子材料的配方设计，加工工艺与装备也直接影响全息光学元件和AR显示设备的综合性能。Facebook 虚拟现实研究实验室、塞莱斯全息投影公司和韩国首尔大学等探讨了采用全息打印的方式制备全息光学元件的可能性。科思创和DigiLens也展示了采用接触式复制（contact copy）技术批量加工全息光学元件的方法，促进了全息光学元件的高效生产。

北京光谱印宝印刷科技有限责任公司推出了对532nm绿色激光敏感的全息高分子材料，折射率调制度和感光灵敏度分别为0.02和10cm/mJ，与科思创Bayfol®HX系列产品尚有较大差距。南昌三极光电有限公司也进行了全息高分子材料的研发，但尚未在材料性能和规模化生产方面取得突破。

国内部分高校和科研院所也对全息高分子材料开展了基础研究，取得了重要进展。例如，华中科技大学构建了全息高分子纳米复合材料体系，发明了光引发阻聚剂，通过调控相分离结构实现了材料高性能化，并突破了全息高分子纳米复合材料的柔性加工瓶颈，出版了《全息高分子材料》。中国科学院长春光学精密机械与物理研究所在全息高分子/液晶复合材料方面开展了基础研究，但未研发柔性显示材料。清华大学、北京理工大学、福建师范大学等也开展了全息高分子材料的基础研究工作。然而，迄今针对AR柔性显示应用需求，国内仍缺乏相应的高性能全息高分子材料，与之匹配的加工工艺也尚未建立，加工装备处于空白。

第三节　我国柔性显示高分子材料发展面临的问题

一、存在的主要问题

柔性屏具有画面质量高、响应速度快、加工工艺简单、抗挠曲性优良、驱动电压低等优点，已实现了产品的量产化。2018年，全球柔性屏产能份额已达到27%，较2017年提高了9%。产能的不断提升为柔性屏的大规模应用奠定了基础。例如，在智能手机领域，柔性屏正成为智能手机显示屏发展的大趋势。2018年，全球智能手机柔性屏出货量约为2.02亿片，同比增长51.9%。我国对于OLED行业发展高度重视，但因OLED涉及的各种单体的专利权大多数已经被国外企业控制，面板生产也主要集中在三星、LG显示和JDI三家，故国内企业要直接提供单体产品面临着较高的专利门槛和客户壁垒。国内企业主要供应OLED材料的中间体和单体粗品，销往欧、美、日、韩等地，再将单体粗品进一步合成或升华成单体，面板生产企业将多种单体蒸镀到基板上面，形成OLED材料层。

显示行业是一个资本密集、人才密集、投资回报周期长的行业，虽然在终端的面板制造领域国内企业已经成为全球最重要的力量之一，但中间环节诸如混合液晶生产、OLED终端材料制造、OLED材料蒸镀及印刷领域仍然由国外行业巨头占据主要市场份额。相比韩国、日本的高效产业链整合，国内显示行业产业链有所缺失，无法发挥协同作用，难以通过规模经济降低企业成本、提高生产效率。

国内企业与国外厂商存在巨大差距，材料在信息显示产业显得尤为突出。政策支持下，中国液晶面板产业崛起，中国显示材料的本土化率不断提升。根据CEMIA统计数据，液晶材料、湿电子化学品、靶材、电子气体等已经实现技术突破，形成一定市场规模，但是玻璃基板、偏光片、光刻胶、有机发光材料等新型显示材料还与国外厂商存在差距。

规模化生产是产品成本控制、稳定性提升、客户认同度提高的保证，进而提升企业竞争力和营利能力。中国新型显示材料产业由于起步较晚、技术储备薄弱、量产能力不足等问题，规模化发展有待提高，在与国际巨头的市场竞争中处于相对弱势的地位，产品议价能力弱，难以与下游用户建立稳固的供货关系。经过长时间的发展，虽然我国已经在柔性显示高分子领域有了较好的积累，前沿基础研究方面与发达国家处于同一起跑线上，但是产业技术发展仍相对滞后。目前我国各种柔性显示材料的单一功能在实验室中不难实现，但如何让各种材料匹配和兼容才是生产的关键。例如，一条6代柔性AMOLED产线使用的材料包括基板玻璃、PI浆料、有机蒸镀材料、高纯金属电极材料、光刻胶、靶材、光掩模版、FMM、偏光片、湿电子化学品和电子气体等数十个大类，包含各类物资上百种。如何将这些材料很好地匹配在一起，并且在长时间的弯曲后还能保证发光效率，是解决我国柔性显示材料产业发展问题的重要一环。此外，产业链条复杂、良率爬坡速度慢和技术攻关难度高，导致面板企业在更换供应商的过程中更加谨慎，客观上影响了我国产业链上游企业的发展。

柔性显示高分子材料的研发对多学科复合型人才需求较大。然而在我国的柔性显示高分子企业从业人员中，技术人员的配套系统还未完善，存在人才供需问题。产业迅速发展，但国内相关人才严重不足，会进一步促使生产成本提升。同时，由于研发设备昂贵、依赖进口等问题，许多企业并没有形成完整的流程设备和成熟的研发环境。

自2018年4月以来，中美贸易摩擦不断升级，柔性显示相关设备进口关税波动影响大，提高了柔性显示材料相关的设备配置采购成本。此外，随着柔性显示器件需求的增加，各个厂商正在积极推进柔性AMOLED产线扩张，需要占用较大的土地资源，而我国各地土地资源相对紧缺且土地价格不断攀升，导致柔性显示相关厂商的征地成本呈现上升趋势，提高了柔性显示厂商的基础建设成本，成为阻碍我国柔性显示发展的另一个障碍。

二、重点短板问题

（一）柔性基板高分子材料

柔性显示技术按照构造可以分为柔性基板、显示介质以及薄膜封装三个组成部分，其中柔性基板作为整个柔性器件的支撑与保护组件，不仅对器件的显示品质有着重要的影响，而且会直接关系到器件的使用寿命。柔性基板材料可以分为聚合物基板、金属箔片基板、超薄玻璃基板、纸质基板等。聚合物基板因具有良好的性能（如透光性好、耐热性好、成本低等）成为目前研究中最为热门的基板。目前常见聚合物基板材料主要包括PET、PEN、PC、COP、PES以及PI等。

PET、PEN属于热塑性半结晶聚合物，具有良好的透明性和阻水阻氧性能，但是它们的耐高温性较差，较高的加工温度会使其基板发生收缩，目前的研究主要致力于采用先进的加工技术来提高其性能。PC、PES等是热塑性非结晶聚合物，具有良好的光学透明性和玻璃化转变温度，但是它们的耐溶剂性较差，目前的研究致力于和其他物质组成多层结构薄膜，有良好的潜在应用价值。PI属于非结晶耐高温聚合物，PI材料以其优良的耐高温特性、良好的力学性能以及优良的耐化学稳定性成为柔性显示器件基板的首选材料。传统的PI薄膜的可见光透过率低，呈浅色或黄色，因此制备CPI薄膜成为研究的重点。现阶段我国部分PI产品的抗拉强度、伸长率和电气绝缘性能等技术指标已达到国外同类产品的先进技术水平，但整体PI产品与国外产品相比仍存在较大差距。此外，国内PI领域的研究成果大多只停留在实验室阶段，对生产工艺技术的掌握不足、生产线集成和设备能力欠缺，高性能PI材料的产业化或商品化成果较少。受此影响，中国PI材料主要集中在低端市场，而高端PI材料自主研发水平不高，致使高端PI材料市场被欧洲、美国、日本厂商垄断。要完全实现PI材料的国产化还需努力。国内PI材料落后的原因主要包括产业链系统问题和技术路线问题两个大的方面。

1. 产业链系统问题

1）低端电工级PI薄膜技术门槛低

从20世纪90年代开始，PI薄膜的生产形成以地方民营企业为主的整体布局，从地域上看，除天津、山东、广西外，主要集中于江浙一带。从20世纪90年代以来的近30年正是我国经济高速发展的时期，劳动密集型制造业高速发展，电工级PI薄膜技术门槛低，基本处于供不应求状态，较高的利润率和不断扩大的市场空间使得传统的PI薄膜企业缺少产品升级和技术革新的动力。许多企业的生产线仍采用20世纪70年代的装备和技术工艺路线，在此基础上略有微调但极其有限。就技术难度和产品性能而言，低端电工级PI薄膜只是最基本的第一代PI薄膜，与目前市场需求的PI薄膜可以认为是完全不同的产品。

随着近年来我国经济增长势头的减缓，人口红利逐渐消失，产业转型升级压力日趋严峻，有套装备加个配方就可以生产的作坊式企业由于缺少技术和产品升级能力而越来越难以满足市场的要求。许多企业采用装备引进、技术引进、人才引进等方式实现新产品的开发和转型，但往往需要大量的资本投入甚至银行贷款，这对于中小型民营企业而言过于冒险。此外，PI薄膜的整体技术难度高，不止是一套装备、一个配方、一组人员的问题，还涉及很多的专业理论知识和多年的技术积淀。以上各种原因造成了我国虽然PI薄膜总体产能较高，但均集中于低端产品，高端产品仍然需要进口的尴尬现状。

2）基础研究与生产应用有效沟通和融合不足

我国在柔性显示领域具有较好的积累，前沿基础研究方面与发达国家处于同一起跑线上，对于PI材料的研究与国外基本同步，中国科学院长春应用化学研究所、上海市合成树脂研究所等单位在PI材料的研究开发方面均做出了重要的贡献。21世纪以来，在PI材料基础研究方面，中国科学院化学研究所、北京化工大学、东华大学、中国科学院宁波材料技术与工程研究所等单位也都取得了长足的进步。但是，柔性显示领域的产业技术发展相对滞后，柔性显示材料的单一功能在实验室可以实现，而在生产中让各种材料匹配和兼容是关键，存在基础研究与产业应用脱节的现象，需要产学研紧密融合，打通基础研究、产业技术开发到产品生产制造全链条的关键环节。针对高性能PI薄膜技术，以高校和科研院所为代表的基础研究单位与薄膜生产企业之间并没有形成很好的沟通与交流。科研单位受制于文章、专利等考核要求，研究多侧重于化学结构的创新、新功能的开发等方面，真正聚焦到市场痛点产品的研究则较为缺乏，尤其在薄膜凝聚态结构控制、工艺控制、产品均匀性和稳定性等方面的研究经常被归类为工艺问题，并认为没有科学研究价值而得不到相应的支持。但实际上往往是这些不被重视的“工艺问题”中蕴含着重要的科学价值，也是影响产品性能和质量的重要因素。PI薄膜生产企业则明显缺少开展基础研究所必要的科研条件和能力，仅能在各自产线中摸索改进方案，缺少理论指导。此外，我国的科技成果转化制度尚不完善，科研单位与企业之间的合作、转化仍存在一些问题，也造成了研究与市场的脱节。

3）柔性显示装备制造工艺设备落后

在柔性显示产业发展过程中，在加快高性能柔性显示关键材料研发和产业化应用的同时，还要着力推进柔性显示装备制造的国产化，如高真空制造装备、柔性印刷制造装备、高精度检测控制装备等，使功能材料体系与面板制造装备、生产过程高度匹配，协同推进国产材料与面板制造装备的不断融合与迭代发展。设备服务于工艺，工艺的发展对设备提出更高的要求，从而促使设备升级改造。与此同时，一种新设备的发展往往带来一系列的工艺变革。因此，技术水平的提升是工艺与设备协同发展的结果。由于各种原因，我国PI薄膜行业所使用的工艺设备多年来没有显著提升，制造技术一直处于低水平徘徊的状态。其中，双向拉伸工艺及配套设备研制是制备高性能PI薄膜的关键技术，同时也是国内相关研究的薄弱环节。新工艺及新设备的开发均受到较大阻力，没有起到相互促进、共同发展的作用。

2. 技术路线问题

1）热法和化学法的路线选择

PI薄膜的制备技术路线主要有化学法和热法两种。其中，以杜邦为代表的国外技术集中于化学法，国内则集中于热法。若不考虑配方、装备、技术能力等问题，仅从技术路线分析，可以得到一个化学法优于热法的初步结论。化学法的优势在于通过化学试剂的作用降低前驱体PAA向PI转化的能垒，能够在较低的温度下实现亚胺化反应，降低了能耗，但化学亚胺化试剂的引入不仅提高了溶剂回收和提纯的难度，还对聚合、成膜、牵伸、环化等多个环节的工艺控制提出了更高的要求。热法的优势在于不用考虑复杂的化学变化过程，仅需考虑溶剂的脱除和闭环牵伸等因素，聚合、溶剂回收等工艺控制相对简单，但是目前国内热法PI薄膜的性能已达到了瓶颈，性能指标明显落后于进口同类型产品。实际上这一差距的原因并不是两种技术路线的先天问题，而是对于薄膜本征结构控制的技术问题。研究显示，完全依靠热法工艺，通过化学结构与凝聚态结构调控技术的有效结合，也可能得到关键性能指标与进口产品相当的PI薄膜产品。

2）双向拉伸技术

国产PI薄膜生产装备先后经历了流延法、单向拉伸法、双向拉伸法等升级过程，目前以双向拉伸法为主。双向拉伸并不是同步进行，而是先沿薄膜行进方向通过传动辊进行纵向牵伸，再利用随行夹具进行横向牵伸。进口PI薄膜的生产也需要经过双向拉伸过程，但由于环化温度低、溶剂含量高等，分子链的牵伸作用明显，对力学性能的贡献比较大。国产PI薄膜由于需要高温环化，溶剂脱除速度快，分子链的运动难度大，牵伸困难，对力学性能的贡献也相对较小。若期待用传统热法工艺也达到与化学法工艺相同的结构特点，就要想办法降低牵伸的阻力，如提高温度，但温度的提高又会使环化提前进行，导致分子链更不易于运动；温度更进一步地提高，造成材料力学性能下降，在生产过程中产生破损、均匀性差等问题，并对各部件的耐温性能、热膨胀收缩性能带来极大的挑战，能耗也随之增加。这是目前国产双向拉伸工艺难以得到高水平PI薄膜的主要原因之一。

3）配方问题

以Kapton为代表的PI薄膜以PMDA和ODA为化学组成。在此基础上，杜邦20余个细分牌号虽然有各自的功能特点，但也都是基于这两个主体化学结构通过共聚等方法得到的。以Upilex-R和Upilex-S为代表的PI薄膜以BPDA和ODA或者PDA作为主体化学结构。均苯体系和联苯体系对PI薄膜的热尺寸稳定性和成本有着各自的影响。国产PI薄膜虽然多以PMDA和ODA体系为主体化学结构，但是否引入第三单体或者第四单体进行共聚，选择哪种单体共聚，每家企业有着各自的选择，不尽相同。由于配方的选择涉及聚合反应控制、溶液黏度控制、牵伸工艺控制等多个因素的耦合作用，传统PI薄膜企业缺少系统研究的能力和条件，只能以成熟工艺对不同配方进行替代试验，无法进行全方位的系统研究，难免漏掉一些具有潜在性能优势的体系组合。因此在配方设计优化方面，国内PI产品也存在着很大的不足。尤其在技术难度更高的CPI薄膜方面，还涉及含氟单体、脂环族单体、大体积侧基单体等新型单体的使用和共聚结构设计，国内虽然研究较多，但多处于化学结构调控环节，在薄膜双向拉伸装备中的凝聚态结构调控相对缺乏，这也是国产CPI薄膜技术难以突破的主要原因之一。

（二）发光高分子材料

柔性显示的另一种核心材料就是有机发光材料。用于柔性显示器件的发光材料要满足以下五点要求：①具有高效率的固态荧光，无明显的浓度猝灭现象；②具有良好的化学稳定性和热稳定性，不与电极和载流子传输材料发生反应；③易形成致密的非晶态膜且不易结晶；④具有适当的发光波长；⑤具有良好的电导特性及一定的载流子传输能力。柔性显示器件中的发光层一般选用发光高分子材料，发光高分子必须有具有大的π键结构、刚性平面结构且取代基中有较多的给电子基团。目前广泛应用的发光高分子材料有聚苯亚乙烯类、聚乙炔类、聚对苯类、聚噻吩类和聚芴类等。高的发光效率且高的电子迁移率的发光高分子材料是未来发展的关键。我国在发光高分子材料中使用的升华材料存在制造工艺技术和专利产权壁垒，和国外相比竞争能力不强，发光高分子材料市场长期被韩国、日本、德国和美国厂商垄断，致使我国有很大一部分发光高分子材料依赖进口。

（三）OCA

OCA是一种高度专业的胶黏剂产品，具有高洁净度、高透光率、低雾度、高黏着力、无晶点、无气泡、耐水、耐高温、抗紫外线等特点，是重要触摸屏的原材料之一。与传统的全贴合OCA相比，柔性OCA作为柔性显示的关键材料之一，对延长柔性显示器件的寿命起到至关重要的作用。在弯折状态下柔性OCA会产生较大程度的形变，并且在非弯折状态下需要形变完美恢复，不产生任何折痕，因此，与全贴合OCA相比，柔性OCA的技术难度非常高。目前柔性OCA主要控制在国外少数企业手中，国内高端OCA企业较少，导致进口产品价格昂贵，是我国柔性显示领域的"卡脖子"材料之一。

（四）柔性电极材料

柔性电极是柔性OLED的核心部分，需要满足一定的透明性、导电性和柔性。柔性电极主要分为透明导电氧化物薄膜电极、碳基材料电极、金属电极和导电聚合物薄膜电极。每种电极各有优劣，导电聚合物薄膜电极因可旋涂制备，导电性与透光性良好，已成功作为电极应用于柔性器件中。其中最常用的导电聚合物薄膜电极材料为PEDOT：PSS，它是一种聚合物的水溶液，电导率很高，但是导电聚合物薄膜电极的电导率与传统金属电极仍有差距。研制出具有更高电导率和更好稳定性的柔性电极材料是未来的重点方向。目前国内高性能柔性电极研究处于实验室阶段，无法大规模生产制备高性能柔性电极，且我国柔性电极缺乏统一的评价标准，各家企业制备的电极材料多与国内其他相似材料进行比较，致使柔性电极的制造处于跟跑状态，无法实现大的突破。

（五）FPC材料

FPC是以PI或PET薄膜为基材制成的具有绝佳可挠性的PCB。在可弯曲的轻薄塑料片上嵌入电路设计，使在窄小和有限空间中堆嵌大量精密元件，从而形成可弯曲的挠性电路。FPC的组成材料是绝缘薄膜、导体和黏结剂。绝缘薄膜是电路的基础层，80%使用PI薄膜材料，20%采用PET薄膜材料，PI绝缘薄膜通常与PI或者丙烯酸黏结剂相结合，PET绝缘薄膜一般与PET黏结剂相结合。FPC的龙头企业位于日本、美国、中国台湾省等地区，日本企业常年占据FPC市场且高端市场占有率高，随着我国对FPC需求的增加，对相关材料的研发势在必行。

（六）偏光片相关高分子薄膜材料

偏光片在面板中起到控制特定光束偏振方向的作用，由PVA膜、TAC膜、PSA膜、离型膜、保护膜、相位差膜等复合而成，基本结构是两层TAC膜夹一层拉伸后的 PVA 膜。偏光片中最关键材料是PVA膜和TAC膜，分别占偏光片原材料成本的17%和54%左右。PVA膜生产主要由日本引领，国内PVA膜生产只处于产业化初期。我国TAC膜每年的消费量处于世界前列，生产量却比较少。此外，目前对TAC膜替代品的研究越来越多，COP膜、PMMA膜、PET膜等非TAC膜市场占有率不断提高，COP膜最有可能替代TAC膜成为新一代偏光片的保护材料。COP膜核心技术仅仅掌握在少数日企手中，国内COP膜生产处于空白状态。

（七）AR柔性显示用全息高分子材料

与科思创等外国公司的成熟产品相比，我国现有的全息高分子材料在折射率调制度、感光灵敏度这两项关键性能指标上仍存在明显差距，材料性能与商业化要求还有距离。

全息高分子材料的配方设计、工艺优化和一体化加工成型过程涉及化学、材料、光学、机械等多个学科的交叉融合，目前还存在学科交叉程度不深、研发力量投入不足等问题。解孝林团队与李德群院士等在材料结构-功能-工艺一体化以及全息打印机方面开展了原创性研究，为推动相关领域的发展与进步奠定了基础，但面对AR显示巨大市场的迫切需求，仍需在材料配方、工艺优化和设备开发方面增加更多投入，并加快与产业界的衔接和技术转化，推动相关成果产业落地。目前已出现折射率调制度达0.03、感光灵敏度达10cm/mJ的全息高分子材料，为进一步提升材料性能奠定了较好基础。

国际上，ISO 17901-1:2015标准规定了全息高分子材料衍射效率、折射率调制度等性能参数的测量方法。在国内，相关行业标准尚未建立。

（八）其他界面改性材料

在一般情况下，柔性基板材料与功能器件材料之间的模量是不匹配的，由此引发的界面应力使得柔性器件难以在长时间内维持正常工作，界面不匹配引发的问题一直是该领域面临的巨大挑战。目前主流方法是利用界面增强材料，通过一些化学键（共价键、离子键、氢键等）的作用达到黏附效果。因此，合成拥有优异的多功能性以及黏合性能的高分子材料将改善柔性器件和基板之间的模量不匹配问题。虽然我国在这一领域基础研究已经处于前列，但是适用范围广、简便、低成本且具有普适性的柔性界面改性技术还比较少，且大多只停留在实验室阶段。

总的来说，我国在柔性显示高分子核心材料研发方面仍未达到世界领先水平，部分关键材料及专利长期由国外垄断。在产业化方面，我国大部分材料产量不大且依赖进口，推进柔性显示高分子材料国产化进程任重而道远。

第四节　我国柔性显示高分子材料发展战略

一、我国柔性显示高分子材料发展目标

到2025年，信息显示产业将成为中国战略性新兴产业，"十四五"时期，显示材料产业将迎来发展新机遇，具有独特的本征柔性的高分子材料也将迎来广阔的发展空间，突出重点，显著提升创新能力，切实提升柔性显示关键高分子材料技术工艺水平。

到2030年，发展柔性显示高分子材料制备及装备制造的核心技术，显著提升创新能力，切实提升柔性显示关键高分子材料核心技术水平，促进柔性显示高分子材料产业的高质量发展，明显提高产业链现代化水平。

到2035年，显著提升创新能力，全面掌握OLED、LCD、AMOLED技术，加快柔性显示高分子材料关键材料的研发进程，PI浆料、CPI薄膜、发光高分子材料、OCA、AR柔性显示用全息高分子材料等取得技术突破，发展先进的材料制备工艺技术；打破柔性显示屏在发光高分子材料、聚合物光学薄膜、PVA偏光片材料、COP材料、PMMA光学材料等方面由国外厂商垄断的格局，解决柔性显示高分子材料中亟须突破的"卡脖子"共性技术问题，相关基础研究处于国际领先水平，摆脱柔性显示关键材料对进口的依赖，推进核心材料国产化，加快推动产业链、供应链优化升级，打造高质量、战略性、全局性的产业链，全面提高产业发展质量；在国内建立成熟的生产线、产学研合作形成完整的发展链，通过产学研紧密融合联动，推动建成从前沿基础研究到产业技术再到产品生产的体系，全面建成柔性显示行业配套体系；柔性显示行业产能居世界前列，推动柔性显示在下游应用等领域的渗透，柔性显示产品结构不断优化，产品竞争力不断提高。

二、我国柔性显示高分子材料发展任务

（一）关键技术开发

推动柔性基板/盖板、薄膜封装、柔性器件等核心技术的开发，完成量产技

术储备，开发具有简易制造流程、低成本、轻便可弯曲等特性的新型柔性电子材料和器件。推动OLED高性能、长寿命有机发光、电子传输和空穴注入材料的研发和产业化，要求在标准亮度下，蓝光主体材料T95大于200h；电子传输材料驱动电压低于4.5V。进一步研发原位本征可拉伸、可折叠的高分子柔性半导体材料，阐明有机柔性材料结构与机械应用力学、光电性质的关系；建立调控有机柔性材料性能的有效方法；探索提高柔性电子器件稳定性的新方法，制备抗氧化、抗紫外光照射、高热稳定性的柔性高分子功能材料；建立大面积、高质量的有机柔性电极薄膜的新方法、新工艺技术，发展全溶液加工制备有机柔性电子器件的完整工艺技术，实现有机柔性电子器件的低成本制造；开发多功能有机柔性电子集成器件。从分子结构设计以及制造工艺的优化等方面入手，研制开发综合性能更为优异的CPI材料，如良好的耐热性能、优良的光学透明性以及良好的力学性能。开发COP或COC的关键合成技术，开发高性能PVA膜及保护膜的关键制备技术。

（二）产业技术升级

以高性能化、多功能化、绿色化发展为主攻方向，面向新型柔性显示应用领域发展需求和传统显示领域升级需求，进一步提升显示用功能膜材料、有机发光材料、彩色光刻胶等基础材料技术水平，巩固液晶显示材料、玻璃基板国内优势地位，建立相关柔性高分子生产线。发展滤光片、偏光片、金属靶材等材料。攻克OLED背板、蒸镀和封装等主要技术难点和工艺细节，掌握相关知识产权，完成技术储备，制定发展路线，完成产业升级。

三、我国柔性显示高分子材料发展路线

我国柔性显示高分子材料发展路线见表5-15。

表5-15　我国柔性显示高分子材料发展路线

项目	2025年	2030年	2035年
优先发展的基础研究方向	高分子结构设计与光电特性研究；高分子体系配方设计与本征柔性显示功能研究；柔性显示高分子材料分析表征新方法	关键柔性显示高分子绿色制备的新原理、新方法；高分子生产关键装备及工程化研究；高分子高效分离纯化新方法研究	高性能柔性显示高分子材料制备的集成技术研究
关键技术群	高分子微观结构与性能调控技术；超高纯高分子分离技术	新型功能高分子材料制备工艺与结构调控技术	高性能低成本柔性显示高分子材料绿色低碳制备工艺及产业化技术

续表

项目		2025 年	2030 年	2035 年
共性技术群		材料性能分析表征技术；材料品质稳定性及其控制技术；装备安全诊断与控制技术	材料终端应用评价技术；材料应用可靠性评价技术	在线监测与原位调控技术
跨领域技术群		柔性显示高分子材料的合成装备与加工装备的智能化技术	人工智能与柔性显示高分子材料设计合成技术	柔性显示高分子材料服役过程中的预测与在线评价技术
"卡脖子"材料品种及技术指标	PI 浆料	溶液黏度为 4 ～ 6Pa · s；固含量为 17% ～ 19%；热成型温度为 450℃	溶液黏度为 4 ～ 6Pa · s；固含量为 17% ～ 19%；热成型温度为 450 ℃；5% 分解温度为 620℃	溶液黏度为 4 ～ 6Pa · s；固含量为 17% ～ 19%；热成型温度为 450℃；5% 分解温度为 620℃
	柔性显示盖板用 CPI	透光率＞ 87%；玻璃化转变温度约为 480℃；强度＞ 180MPa；模量＞ 4.5GPa	透光率＞ 89%；玻璃化转变温度约为 480 ℃；强度约为 200MPa；模量约为 5.0GPa	透光率＞ 89%；可弯折次数 ≥ 20 万次
	发光高分子	蓝光色度坐标达到 CIE*y* ＜ 0.05，1000cd/m² 亮度下，效率＞ 8.5cd/A，LT97 ＞ 250h；红光色度坐标达到 CIE*x* ＞ 0.68，5000cd/m² 亮度下，效率＞ 60cd/A，LT97 ＞ 450h；绿光色度坐标达到 CIE*y* ＞ 0.70，10000cd/m² 亮度下，效率＞ 160cd/A，LT97 ＞ 400h	蓝光色度坐标达到 CIE*y* ＜ 0.05，1000cd/m² 亮度下，效率＞ 9.5cd/A，LT97 ＞ 280h；红光色度坐标达到 CIE*x* ＞ 0.68，5000cd/m² 亮度下，效率＞ 65cd/A，LT97 ＞ 480h；绿光色度坐标达到 CIE*y* ＞ 0.70，10000cd/m² 亮度下，效率＞ 180cd/A，LT97 ＞ 420h	蓝光色度坐标达到 CIE*y* ＜ 0.05，1000cd/m² 亮度下，效率＞ 10cd/A，LT97 ＞ 300h；红光色度坐标达到 CIE*x* ＞ 0.68，5000cd/m² 亮度下，效率 ＞ 70cd/A，LT97 ＞ 500h；绿光色度坐标达到 CIE*y* ＞ 0.70，10000cd/m² 亮度下，效率＞ 200cd/A，LT97 ＞ 450h
	光学级 PET 膜	抗拉强度 ≥ 150MPa，断裂伸长率 ≥ 100%，150℃ / 30min 纵向伸缩率≤ 0.5%	抗拉强度≥ 150MPa，断裂伸长率 ≥ 100%，150 ℃ /30min 纵向伸缩率≤ 0.4%	抗拉强度 ≥ 180MPa，断裂伸长率 ≥ 150%，150℃ /30min 纵向伸缩率≤ 0.3%
	全息高分子材料	折射率调制度＞ 0.06，感光灵敏度＞ 25cm/mJ	折射率调制度＞ 0.08，感光灵敏度＞ 30cm/mJ	折射率调制度＞ 0.10，感光灵敏度＞ 40cm/mJ
	透明 COP/COC	密度为 0.90 ～ 0.96g/cm³，熔融指数为 23 ～ 30（260 ℃ / 2.16kg），吸水率（平衡）＜0.010%，透光率（3000μm）≥ 91.5%，玻璃化转变温度 ≥ 115℃，拉伸强度≥ 30MPa，断裂伸长率≥ 5%，悬臂梁缺口冲击强度＞ 10J/m	密度为 0.94 ～ 1.00g/cm³，熔融指数为 15 ～ 30（260 ℃ / 2.16kg），吸水率（平衡）＜ 0.010%，透光率（3000μm）≥ 91.8%，玻璃化转变温度 ≥ 120℃，抗拉强度≥ 65MPa，断裂伸长率≥ 8%，悬臂梁缺口冲击强度＞ 20J/m	密度为 0.94 ～ 1.05g/cm³，吸水率（平衡）＜ 0.010%，透光率（3000μm）≥ 92.0%，玻璃化转变温度 ≥ 135℃，抗拉强度≥ 70MPa，断裂伸长率≥ 10%，悬臂梁缺口冲击强度＞ 25J/m

四、“十四五”期间我国柔性显示高分子材料重大工程

我国柔性显示高分子材料重大工程见表5-16。

表5-16 我国柔性显示高分子材料重大工程

序号	项目名称	计划完成时间/年
1	柔性显示用高性能PI材料关键技术	2025
2	柔性OLED玻璃基板用PI浆料材料应用研究	2024
3	柔性显示用透明COP/COC关键技术	2025
4	PI基无胶覆铜板基材产业化及应用	2024
5	AR柔性显示用全息高分子材料	2025

（一）柔性显示用高性能PI材料关键技术

内容：通过分子结构设计制备高透明耐高温PI新材料，研究单体结构、浆料配比、制备工艺及条件对材料透明性及耐温性的影响规律；开发透明耐高温柔性显示基板新材料的批量化生产工艺技术；研究PSPI材料的分子设计与可控合成，开发PSPI功能材料的批量化生产工艺技术；开展透明柔性显示器件功能化验证。

目标：①柔性透明耐高温PI，20μm厚度下薄膜的平均透光率≥88%，雾度＜0.2%，玻璃化转变温度＞460℃；热膨胀系数＜5×10^{-6}℃$^{-1}$（100～400℃），抗拉强度＞300MPa；②PSPI，浆料黏度波动＜5%（冷冻储存6个月）；曝光量＜300mJ，解析度＜3μm。

（二）柔性OLED玻璃基板用PI浆料材料应用研究

内容：研究柔性OLED玻璃基板用PI的单体、预聚体浆料的批量生产技术及其工艺稳定性，对产品质量和性能的一致性进行验证；研究在柔性OLED屏生产线上PI浆料的成膜工艺、耐热稳定性、尺寸稳定性和力学强度等特性，实现批量流片应用；建立PI浆料的成膜工艺及薄膜性能的评价方法，开发国产基板材料在柔性OLED屏生产中的全工艺流程，并完成批量导入。

目标：浆料固含量＞15%，大于0.5μm的颗粒物杂质数＜$1mL^{-1}$，印刷孔洞数＜$1cm^{-2}$；薄膜失重率＜0.5%（500℃），抗拉强度＞180MPa，弯折半径＜10mm，柔性AMOLED样机屏尺寸≥10in。形成1000t/年PI浆料的产能规模，存储稳定性＞6个月；在6代柔性OLED屏量产线上完成200张/批流片应用，满

足柔性AMOLED量产的良率和显示的性能要求。

（三）柔性显示用透明COP/COC关键技术

内容：构筑高活性高共聚性能的催化剂，研究催化剂结构、环烯烃单体结构对环烯烃聚合反应及共聚性能的影响规律，研究所制备的COP或COC的透光率、耐温性、韧性等性能的调控方法，研究环烯烃单体开环易位聚合及后续氢化反应制备COP的方法与工艺过程，研究烯烃与环烯烃共聚反应制备COC的方法与工艺过程，开展模式放大试验制备透明COP/COC。

目标：①开发两类新结构催化剂；②聚合物的密度为0.90～1.05g/cm^3，熔融指数为15～30（260℃/2.16kg），吸水率（平衡）＜0.010%，透光率（3000μm）≥91.5%，玻璃化转变温度≥115℃，抗拉强度≥65MPa，断裂伸长率≥8%，悬臂梁缺口冲击强度＞20J/m。

（四）PI基无胶覆铜板基材产业化及应用

内容：开发高品质PI前驱体，包括单体、填料、多层结构的设计及制备；研究PI组分、结构、工艺与性能的相关性；进行纳米分散、填充制胶、悬浮涂布线、亚胺化设备的开发及验证；开展高品质PI的表面改性技术、复合技术的开发及工程化验证；研究PI高端柔性覆铜板稳定化生产技术，并在新一代信息技术领域的典型应用（场景）中进行验证。

目标：D_k/D_f（15GHz）≤3.2/0.003，插入损耗（15GHz）＜–2dB/10cm，剥离强度≥0.7N/mm；吸水率（E-1/105+D-24/23）≤0.5%；热膨胀系数（蚀后，室温～250℃）≤25×10^{-6}℃$^{-1}$；尺寸稳定性（E-0.5/150）≤±0.05%；燃烧性UL94V-0；耐折性（无压膜，R=0.38mm，n=175r/min，G=500g）≥150次。

（五）AR柔性显示用全息高分子材料

内容：研究高分子结构调控与性能的影响规律，研究高性能全息高分子材料体系及柔性加工工艺，构筑高性能全息高分子纳米复合材料体系，研究高性能全息高分子纳米复合材料的柔性加工工艺，研发高精度全息打印机，开展高性能全息高分子材料在AR柔性显示中的应用研究。

目标：①全息高分子材料，折射率调制度＞0.15，感光灵敏度＞30cm/mJ；②三色光响应的全息高分子材料，开发出对红、绿、蓝三色激光同时响应的全息高分子材料；③研发出打印面积大于10cm×10cm、分辨率高于1mm×1mm的全息打印机。

第五节　我国柔性显示高分子材料发展对策建议

信息显示产业在我国经济发展中举足轻重，未来5 ～10年将是争取产业发展主动权的关键时期。在未来很长的一段时间内，各种显示技术将在各自优势的应用领域共存、多元化发展，有望呈现百花齐放、全面发展的局面。其中，柔性显示是主流目标之一，因其概念新颖、需求多面，未来将有无限的应用可能。

在信息显示产业转型发展的重要节点，应论证柔性显示高分子材料的战略目标与规划部署，致力于由长期的跟随发展转变为引领未来的技术和产业创新协同发展。与其他新兴领域的关键材料类似，柔性显示高分子材料具有研发投入大、技术流程长、投资风险高等特点，上游关键材料大部分依赖进口，巨大的产业规模与风险并存。为了确保我国柔性显示产业的自主可控安全发展，需以材料突破为引领，围绕材料、器件及系统的应用开展产业链协同部署，打通各技术环节，各领域加强交流合作，共同解决材料、技术、设备的瓶颈问题。长远来看，行业需要建成上下游创新体系及评价标准，打造产业生态链，提升高分子材料技术成熟度、研发能力和市场竞争力，实现关键材料国产化率的进一步提升。同时，需要形成具有自主知识产权的关键材料体系，实现在国民经济重大领域的全面自主保障，支撑信息显示产业聚集，推动技术、产业和人才水平达到国际领先，跻身显示材料强国行列。

目前，我国在柔性显示领域相关的外观设计、实用新型、发明专利授权申请数量呈现大幅度上升，但业内还存在着科研成果产品化和商品化转化率低的现象。同时，由于我国在相关设备方面落后于欧洲、美国、日本、韩国等国家和地区，需要通过广泛的技术交流、合作以及人才引进，实现高分子材料产业链的发展和提升，力争使我国在关键层面上达到国际一流水平，在国际信息显示产业发展中占有主动权。为此，我国需要继续重视材料和器件，尤其是柔性显示高分子材料的研发与创新，为后续产业化打下坚实的基础，重点发展建议如下。

一、打造技术创新平台，推动产业聚集发展

从宏观视角来看，新型柔性显示作为涵盖材料、设备、面板、终端产品在内的完整体系，需要发挥国家级产业政策引导作用，聚集国内优质创新资源，实行政产学研协同创新。打造创新平台，是契合未来信息显示产业发展趋势、构建信息显示产业生态链的重要举措，也是把握新一代信息显示技术与产业变革转型机遇、引领产业国际技术创新合作与竞争的有力依托。在平台建设思路上，应由国家引导，聚集柔性显示行业中材料、工艺、设备、器件方面的优势机构，联合开

展关键高分子材料技术攻关。关键装备制造是推动工艺技术转化为先进生产力与核心竞争力的必需环节，因此需要集合一系列顶尖基础设施来为一流产品的研发提供条件。在平台运营方面，按照市场化原则，以技术为导向，以市场为牵引，为上下游企业提供开放共享的研发、中试与服务环境。将产业链、创新链、资金链进行有机整合，强调产学研用结合，为形成我国完整的柔性显示产业链，占领下一代信息显示产业战略高地提供核心技术支撑。除此之外，平台还应整合监督、指导体系，如依托第三方机构对重大项目进行科学论证、引导地方政府强化投资风险意识等，保证产业基础方针和市场需求均具有战略意义，推动产业实现“区域集聚、主体集中”的有序发展态势。

二、充分结合实际需求，加快行业创新应用

柔性显示高分子的下一步发展应该更多地关注实际应用，在前瞻性的战略指导下充分实践。例如，在共轭高分子合成方面，注重绿色、高效、低成本合成工艺的研究；在导电高分子方面，应该加强对柔性透明导电高分子的开发和研究，争取实现其在柔性透明导电电极上的应用；在有机电致发光高分子方面，应该努力研究我国拥有自主知识产权的发光材料，打破国外龙头企业的垄断局面。实现关键材料制造的高质量发展，解决PVA及PMMA等高端产品产业化难题，引导建立从前瞻研究到产业化落地的多层次递进创新体系，鼓励协同创新，突破产业链、供应链升级面临的难点。引导面板企业和配套企业建立深入合作机制，提升资源配置水平和协作效率。此外，信息显示产业具有全球性市场化特点，要加强全球产业链协作创新，推动信息显示产业国内国际双循环相互促进，构建稳定安全高端的产业链、供应链。

三、强化知识产权保护，支持创新优势企业

重视知识产权的战略地位，把握柔性显示高分子材料发展新趋势，在关键材料与器件技术两个方向上齐头并进，利用关键材料的突破来带动器件技术的发展，让器件技术的需求来引导关键材料的开发。发展具有自主知识产权的高分子显示材料，完善全球专利布局。统筹资源，重点扶持具有创新实力和产业优势的企业，夯实产业基础、强化产业优势，抢占产业制高点。继续加大财政资金支持，一方面补齐短板，夯实产业基础；另一方面强化产业优势，抢占产业制高点。灵活运用税收政策，发挥关税杠杆调节作用，适时调整进出口关税税目、税率，继续落实新型显示企业研发费用加计扣除政策，修订进口物资及重大装备税收优惠政策目录。创新金融支持方式，引导金融机构、社会资本以多种方式支持

柔性显示产业发展，降低企业融资成本。

总的来说，柔性高分子材料已经成为一个热门的前沿研究领域，我国也有越来越多的研究者投身其中，为该领域的发展做出了卓越的贡献。深入开展柔性显示高分子材料领域的研究是驱动我国显示行业创新发展的新引擎。柔性显示的多学科交叉性将打破传统学科间的壁垒，以创新的人才引进和培养方式，促进新兴前沿交叉学科的建设与发展。在新一轮科技革命和产业变革中，柔性显示是我国自主创新引领未来的重要战略机遇。应把握住发展柔性显示这一产业，立足于前瞻性基础研究，凝练重大科学问题，寻求重大理论突破，掌握关键核心技术，产出引领性原创成果，提高我国相关学科及产业的自主创新能力。